"十三五"国家重点出版物出版规划项目
城市地下综合管廊建设与管理丛书

城市地下综合管廊设计与工程实例

王　建　编著

中国建筑工业出版社

图书在版编目（CIP）数据

城市地下综合管廊设计与工程实例/王建编著.—北京：中国建筑工业出版社，2019.7（2025.1重印）

（城市地下综合管廊建设与管理丛书）

ISBN 978-7-112-23664-0

Ⅰ.①城…　Ⅱ.①王…　Ⅲ.①市政工程-地下管道-管道工程　Ⅳ.①TU990.3

中国版本图书馆 CIP 数据核字（2019）第 081353 号

本书共分两部分，第一部分为综合管廊工程设计，内容包括：综合管廊建设发展概况，综合管廊相关政策解读，综合管廊规划，综合管廊设计，综合管廊管线设计，综合管廊 BIM 设计；第二部分为综合管廊工程规划设计案例，内容包括：海口市地下综合管廊工程规划，椰海大道综合管廊工程设计，松江南站大型居住区综合管廊工程。

本书适用于从事综合管廊规划、设计工作的技术和管理人员参考使用。

责任编辑：万　李　范业庶
责任校对：姜小莲

“十三五”国家重点出版物出版规划项目

城市地下综合管廊建设与管理丛书
城市地下综合管廊设计与工程实例
王　建　编著

＊

中国建筑工业出版社出版、发行（北京海淀三里河路 9 号）

各地新华书店、建筑书店经销

北京佳捷真科技发展有限公司制版

建工社（河北）印刷有限公司印刷

＊

开本：787×1092 毫米　1/16　印张：27　字数：656 千字
2019 年 10 月第一版　　2025 年 1 月第二次印刷
定价：78.00 元
ISBN 978-7-112-23664-0
（33952）

前　言

我国综合管廊的发展，从探索到试点，再到常态化的建设，经历了数十年时间，这个发展过程，体现了城市迈向高质量发展的内在需求。在新型城镇化建设的背景下，提升城市品质和综合承载能力，重视科学规划，重视地下空间开发利用和管线设施安全，重视绿色韧性发展，已成为共识，综合管廊正是适应了这样的发展趋势，进入到城市基础设施建设的基本序列。

近二十年来，从广州大学城到武汉王家墩，从世博会园区到苏州月亮湾、桑田岛，从长沙到海口，作为综合管廊从星星之火到燎原之势发展过程的亲历者，我们深切感到，科学规划、精细化设计是工程成功建设的基本前提和重要保证。而做好综合管廊的规划设计，除了要熟练应用规范，更要对综合管廊有着深刻全面的理解与认识，坚持系统思维，追本溯源，回归初心，方可完成好这项工作。

正是怀着这样的初心，本书的内容编排，大致希望帮助读者更好地理解和认识综合管廊，进而在规划设计时，做到安全、适用、经济、先进。本书第一部分为理论分析和经验总结，其中第2章将相关政策罗列并做简要解读，梳理这一系列政策的内在逻辑和技术脉络，有助于从宏观层面，理解综合管廊与管线—基础设施—城市的关系。第二部分选择了三个典型的案例，本书较完整地保留了原规划与设计的内容，算是对第一部分规划及设计经验的实践。

本书编著得到"十三五"国家重点研发项目"城市市政管网运行安全保障技术研究"（2016YFC080240）课题"城市地下综合管廊规划建设与安全运维体系"（2016YFC0802405）、上海市工程技术研究中心建设专项"上海城市地下综合管廊工程技术研究中心"（17DZ2251800）的基金资助。本书吸收了综合管廊技术研究中心的相关研究成果。第3章部分内容参考了住房城乡建设部刘晓丽研究员的相关资料，本书还有诸多参考来源（如标准、规范、图集等），在此一并致谢。

特别要说明的是，本书的完成，上海市政工程设计研究总院（集团）有限公司给予了大力支持，本书也是上海市政工程设计研究总院（集团）有限公司综合管廊技术团队集体努力的结果，彭涛、黄剑、李世民、吴宝荣、胡玉龙、张晏晏、王潇宇、徐海宁、康加华、刘建苛、黄凯、张浩、唐志华、仇含笑等同事均参与了相关工作。长江学者、同济大学薛伟辰教授对本书提供了宝贵建议。

感谢王恒栋副总工的鼓励和支持!

虽然用了近一年时间,但是由于水平所限,仍有诸多遗憾,例如以系统思维推进管廊规划建设的具体方法,如何按照本质安全理念合理设置综合管廊技术标准等,都未能在书中有较好体现,其他诸多错漏之处,敬请读者批评指正!

上海市政工程设计研究总院(集团)有限公司　王建

目　　录

第一部分　综合管廊工程设计

第二部分　综合管廊工程规划设计案例

第一部分
综合管廊工程设计

第1章 综合管廊建设发展概况

1.1 国外综合管廊建设发展概况

综合管廊起源于19世纪的法国,最早是利用排水渠道上部空间,将给水、通信等管线集中敷设。综合管廊最大宽度约为6m,最大高度约为5m,标准断面如图1.1-1、图1.1-2所示。

图1.1-1 巴黎综合管廊示意图

图1.1-2 巴黎综合管廊内部照片

巴黎早期综合管廊收纳的管线主要有给水管道、电力电缆、通信电缆、压缩空气管道等。各类管线共舱敷设,安装在管廊中上部。下部凹槽用于排放雨污水。为了防止在城市排水量较大时,水位较高淹没其他管线,电力电缆、通信电缆、给水管道、压缩空气管道距离地面有一定高度。

随着欧洲城市工业化发展,人口向城市集聚,对城市基础设施尤其是管线供给设施的需求越来越高，管线集约敷设成为一种趋势，法国、英国和德国等率先进入工业化的国家，均开始兴建综合管廊，积累了宝贵的综合管廊的建设经验，这些经验对今天的综合管廊建设，仍有一定的借鉴意义。相比于法国、英国、德国等欧洲国家，捷克作为中欧地区的内陆国家，综合管廊的建设甚少为人所知。其实，在布拉格地区建有规模约为 100km 的综合管廊系统（图 1.1-3、图 1.1-4）。1969 年建成了第一条综合管廊——霍特科瓦街（Chotkova Street）综合管廊。1971 年在新建的城北住宅区采用明挖方式建造了长为 5.7km，断面宽 2.4m，高 2.1m 的综合管廊，服务了周边 2 万人的生活。1977 年，利用暗挖法在瓦茨拉夫广场（Wenceslas Square）历史中心建造了一条综合管廊。综合管廊的建设位于新城区和老城区，采用明挖和暗挖，并穿越公路、铁路、地铁等基础设施。由于存在大量地下服务设施且位于繁华的市中心，所以综合管廊的设计和建设任务充满挑战。作为输送型的综合管廊，一般建于地面下 25～40m 的深层地下空间，无分支口与之相连，断面较大。作为配给型的综合管廊，一般建于 2～12m 的浅层地下空间，直接与用户相连，断面较小。电力、通信、供水、供热、供冷、燃气管道敷设于同一舱室，不采取任何分隔措施。综合管廊内部设有铁轨，利用工程车实现人员、机械和管道材料及其他配件的运输。综合管廊的通风口和人员进出口设计成城市小品，与地面景观融为一体（图 1.1-5）。

图 1.1-3　布拉格综合管廊内部照片

图 1.1-4　布拉格综合管廊内部轨道检修车照片

图 1.1-5　布拉格综合管廊通风口和人员进入口照片

日本国土狭小，城市用地紧张，且地震、海啸、台风、暴雪等自然灾害频发。在 1923 年关东大地震后，通过对欧洲综合管廊深入考察，配合灾后重建，日本于 1926 年开始了综合管廊的建设。但在相当长的一段时间内，日本综合管廊建设发展缓慢，直到 1962 年政府颁布《共同沟特别措施法》后，日本的综合管廊进入了快速发展阶段。1995 年阪神大地震，神户市大量房屋倒塌、道路毁坏，但由于综合管廊的保护，震区市政管线大多完好，这大大减轻了震后救灾和重建工作的难度。日本的综合管廊建设较好地解决了城市土地综合利用和管线防灾的问题。到 1981 年末，日本全国综合管廊总长约 156.6km，经过数十年的建设，目前日本综合管廊总里程达到约 1000km，是世界上综合管廊建设管理最先进的国家之一。

日本综合管廊（共同沟）主要有以下几类：

（1）城市间的干线共同沟

干线共同沟（综合管廊）即直辖国道建设的辐射性干线共同沟（综合管廊），几乎不与街区连接。一般与地铁和大范围排水沟等一体化建设（图 1.1-6）。东京都内干线道路约 1100km，已建成 126km 干线综合管廊。

（2）新开发区域内的干线共同沟

规模较大、为区域内个别街区提供服务的，用来收容电话、电力、煤气、自来水及下水管等干线市政公用管线的市政公用设施，是支撑城市运转的地下大动脉。主要埋置在道路下方，人员可入内进行维修管理。

（3）供应管共同沟

敷设在人行道下，为附近商业区、居住区等提供服务，收容电缆、给水等管线，可直接引入到一般居住区和办公大楼等，一般埋置在人行道下方，可以避免道路反复开挖；容纳给水、电力、燃气等配给管线，可与建筑连接。从功能上划分，此类综合管廊应为支线综合管廊。

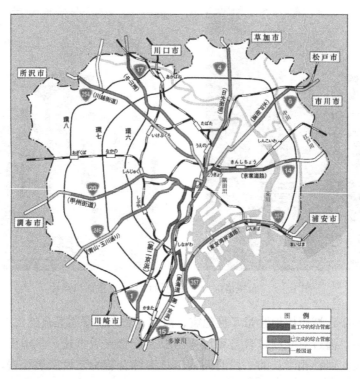

图 1.1-6　日本干线综合管廊

（4）缆线共同沟

布置在人行道下方，用于容纳电力和通信管线的设施。缆线管廊消除了人行道上竖立的电线杆和架空线等，美化了城市景观。缆线管廊对城市架空线入地和合杆整治具有重要意义。

日本近期建设的综合管廊工程中，较为典型的项目有东京临海副都心地下综合管廊（图 1.1-7、图 1.1-8），该综合管廊总长度约 16km，工程建设历时 7 年，耗资 3500 亿日元，是目前日本规模最大、充分利用地下空间将各种基础设施融为一体的建设项目。该项目为一条距地下 10m、宽 19.2m、高 5.2m 的地下隧道，把给水管、再生水管、排水管、天然气管、电力电缆、通信电（光）缆、空调冷热水管、垃圾气力收集管等九种城市管线科学、合理地分布其中，有效利用了地下空间，美化了城市环境，方便了管道检修，使城市功能更加完善。该综合管廊内中水管是将污水处理后再进行回用，有效节约了水资源；空调冷热管分别提供 7～15℃和 50～80℃的水，使制冷、制热实现了区域化；垃圾收集管采取吸尘式，以每小时 90～100km 的速度将各种垃圾通过管道送到垃圾处理厂。为了防止地震对综合管廊的破坏，采用了先进的管道变型调节技术和橡胶防震系统。该综合管廊对现代城市新规划区域基础设施建设具有重要借鉴意义。

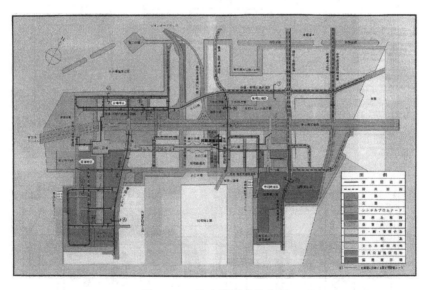

图 1.1-7　综合管廊系统布置

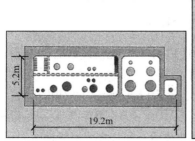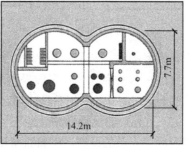

图 1.1-8　综合管廊断面

人口高度集中的东京，已提出了利用深层地下空间资源（地下 50m），建设规模更大的干线共同沟网络体系的设想。采用盾构法施工的日比谷地下管廊建于地表以下 30 多米处，全长约 1550m，直径约 7.5m，如同一条双向车道的地下高速公路。由于日本许多政府部门集中于日比谷地区，是国家的神经中枢，人员和交通流量大，须时刻确保电力、通信、供排水等公共服务，因此日比谷地下综合管廊的现代化程度非常高，为该地区管线运行提供了重要的安全保障。

横滨 MM21 综合管廊总长 8.2km，投资约 200 亿日元，建成后对城市安全及高效运营起到了重要的保障作用（图 1.1-9、图 1.1-10）。

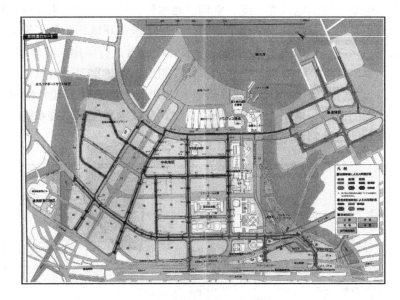

图 1.1-9　综合管廊系统布置图

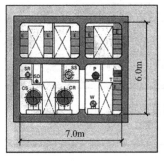
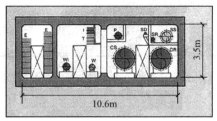

图 1.1-10　综合管廊断面

日本除进行大型干线综合管廊建设外，还进行了大规模缆线管廊建设（图 1.1-11），为国内缆线管廊的技术研究和工程实践提供了借鉴。

新加坡对地下空间的开发利用有具体规定：地表以下 20m 内，建设供水、供气等城市管线设施；地下 15～40m，建设地铁站、地下商场、地下停车场和实验室等设施；地下 30～130m，建设涉及较少人员的设施，比如油库和水库等。新加坡滨海湾地区为国际商务区和金融中心，该地区规划建设了先进的综合管廊设施，有力保障了区域发展，滨海湾综合管廊容

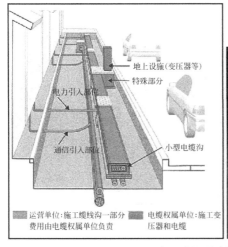

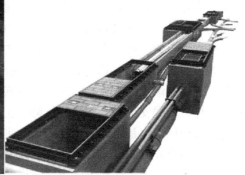

图 1.1-11　日本缆线管廊建设

纳了供水管道、通信线缆、电力电缆以及垃圾收集管道等（图 1.1-12、图 1.1-13）。

图 1.1-12　新加坡滨海湾综合管廊

图 1.1-13　新加坡滨海湾综合管廊

迄今为止，综合管廊已有一百多年的建设与发展历史。早期的欧洲国家建设综合管廊主要是为了解决城市排水问题，逐渐将电力等市政管线集约敷设在排水廊道内，形成了管线综合管廊，近代一些城市建设综合管廊主要是为了解决高强度开发区域地下空间的用地紧张问题，日本建设综合管廊则兼顾了城市防灾和地下空间综合利用。在这个发展过程中，综合管廊逐渐显现出传统管线直埋方式无法比拟的巨大优势：集约利用土地，美化城市景观，保障管线安全等，而这些优势，正是城市走向高质量发展所需要的。当然，综合管廊初始投资巨大也是阻碍其迅猛发展的重要因素。梳理国外综合管廊的建设历史，能够看出城市在每个发展阶段的有益探索，以及城市与人口、经济、环境、安全、地下空间利用等方面需求的关系，虽然不同国家建设综合管廊的初衷不尽相同，但是都从城市建设实际出发，形成了适合自身发展需求的综合管廊系统，为城市安全运行提供了重要保障。

1.2　国内综合管廊建设发展概况

我国国内综合管廊起步较晚，随着经济发展和城市建设的需求，我国一些城市也开始了综合管廊的探索。1958 年，北京市在天安门广场敷设了一条 1076m 长的综合管廊，主要用于敷设电力电缆。1977 年为配合"毛主席纪念堂"施工，又建设了一条长 500m 的综合管廊，采用盖板槽涵方式，内部容纳了电力、给水和供热管线，综合管廊标准断面如图 1.2-1 所示。

2000 年后，我国综合管廊进入到探索试点阶段，在上海安亭、上海松江、广州大学城、深圳大梅沙等地均试点建设了规模不等的综合管廊项目。

2003 年启动建设的广州大学城综合管廊是我国第一条体系完善、功能齐全、运营成

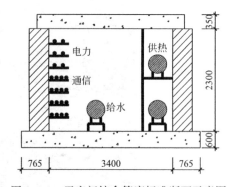

图 1.2-1　天安门综合管廊标准断面示意图

功的综合管廊。以"环形＋辐射"的布局方式服务 18km^2 的大学城区域，总长 18km（图 1.2-2），分为三舱、双舱、单舱三种断面，容纳了电力、通信、直饮水、生活用水、集中供热 5 种管线（图 1.2-3）。工程采用明挖现浇方式施工，由政府投资建设，并在建成后采用购买社会服务方式进行日常管理。该工程实现了向入廊管线单位收取一次性入廊费（直埋成本）及日常维护管理费，目前运营状况良好，为广州大学城提供了可靠的管线保障。广州大学城综合管廊在我国综合管廊专业发展中具有里程碑意义，主要体现在三个方面：在规划层面，首次实现了综合管廊规划与各项市政设施规划的高度融合，并形成层次化、网络化的管廊系统；在设计建造层面，确立并完善了综合管廊工程设计工艺及各类功能性节点的布置形式，解决了各种交叉施工、软土地基长距离地下工程施工的难点，有力推动了综合管廊专业发展；在运营管理层面，首次实现向入廊管线单位收费，保证了管廊建成后良性运行。该项目及相关研究成果获第七届中国土木工程詹天佑奖、广东省科技进步一等奖、上海市科技进步二等奖。

图 1.2-2　广州大学城综合管廊系统规划图

图 1.2-3　广州大学城综合管廊照片

我国台湾地区在 20 世纪 80 年代也开始兴建综合管廊，目前在台北、高雄、台中等城市和地区均建有综合管廊。规模最大的为台北市，结合市政道路和地铁的建设，建有多条综合管廊。管廊内敷设电力、电信、自来水等市政管线，形成了较发达的综合管廊网络。自 1991 年以来，台北市不断吸取其他国家的建设经验，综合管廊工程发展迅速。在建设模式上非常重视与地铁、高架道路、道路拓宽等大型城市基础设施的整合建设。如总长 6.3km 的东西快速道路综合管廊，其中就有 2.7km 与地铁整合建设，2.5km 与地下街、地下车库整合建设，单独施工的综合管廊仅 1.1km。这种整合在一定程度上降低了建设成本，并且拓展了综合管廊建设思路。台北综合管廊是综合管廊与其他城市基础设施共同开发建设的典型案例。

图 1.2-4　上海世博园区综合
管廊预制拼装断面

上海世博会园区综合管廊是我国城市地下空间整体开发的有益探索，世博会园区综合管廊总长 6.2km，分布在浦东片区，不但服务世博期间的各类管线设施，还重点考虑了后世博区域二次开发的需求。工程于 2005 年启动建设，2007 年建成，采用明挖施工，现浇＋预制的建造方式，总投资约 3.5 亿元。其创新点在于：（1）充分考虑了地下空间规划的协调，包括与规划地块及现状地铁 13 号线、打浦路隧道等设施的协调；（2）在建造工艺上，在国内首次采用预制拼装法施工（图 1.2-4、图 1.2-5），是综合管廊施工工艺的重大创新。基于世博综合管廊相关技术创新，上海市政工程设计研究总院（集团）有限公司与同济大学主编完成了《上海世博会园区综合管廊建设标准》，这是我国第一本关于综合管廊的技术标准，并结合预制拼装开展了一系列试验研究，提出了节段整体预制和单舱槽型拼装综合管廊的计算模型和相关计算公式，这些研究成果为我国预制拼装综合管廊标准的建立奠定了良好基础。世博会园区管廊采用政府直接投资建设，委托社会企业进行日常管理方式，目前没有向管线单位收费。

图 1.2-5　上海世博会园区综合管廊照片

武汉王家墩中央商务区综合管廊自 2007 年启动建设，是全国首条与地下交通环廊合建的综合管廊，树立了集约型地下空间开发的典范。其规划建设与地下环路有机结合

（图 1.2-6、图 1.2-7），实现了地下空间的集约、综合利用。该项目整合了综合管廊、地下车库联络道、车形隧道、地下人行通道及地铁换乘站等功能，由"一环一隧、一廊一网"组成。

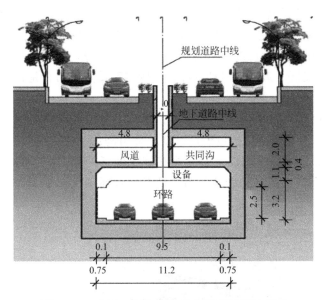

图 1.2-6　武汉王家墩 CBD 综合管廊断面示意图

图 1.2-7　武汉王家墩综合管廊内部照片

国家层面对城市基础设施建设高度重视，近年来出台一系列政策，对地下管线和综合管廊的建设管理提出要求。

2013 年 9 月，国务院出台《关于加强城市基础设施建设的意见》（国发〔2013〕36号），最早提出开展城市地下综合管廊试点工作。2014 年 6 月，国务院办公厅出台《关于加强城市地下管线建设管理的指导意见》（国办发〔2014〕27 号），提出稳步推进城市地下综合管廊建设的要求。2015 年 1 月，住房城乡建设部和财政部联合发布了《关于组织申报 2015 年地下综合管廊试点城市的通知》（财办建〔2015〕1 号），启动中央财政支持地下综合管廊试点建设工作。同年 4 月，经评审，包头、沈阳、苏州、厦门、海口、长沙、六盘水、十堰、白银、哈尔滨 10 个城市入选第一批试点城市。2015 年 7 月，国务院常务会议专题部署推进城市地下综合管廊建设工作。2015 年 8 月，国务院办公厅出台《关于推进城市地下综合管廊建设的指导意见》（国办发〔2015〕61 号），对综合管廊建设提出了明确的要求——到 2020 年建成一批具有国际先进水平的地下综合管廊并投入运营。2016 年 4 月，财政部、住房城乡建设部组织了第二批综合管廊试点城市申报工作。石家庄、杭州、合肥等 15 个城市列入 2016 年中央财政支持地下综合管廊建设的试点城市。

综合管廊作为城市重要的基础设施和"生命线"工程，在新型城镇化发展过程中的作用已经得到了广泛认可。截至 2018 年底，全国已建和在建的综合管廊总里程已达 6000km。从建设总长度看，我国已成为综合管廊工程建设的第一大国。近年来建设的综合管廊项目具有如下特点：

第一，积极应用最新技术，体现最新政策要求，全面按照新修订的工程技术规范进行设计施工，试点城市的综合管廊项目将天然气和污水等排水管道纳入综合管廊，对综合管廊工程规划建设技术发展起到重要推动作用；第二，是对"先规划、后建设"这一原则的重要实践，各地综合管廊项目按照"先规划、后建设"的原则稳步推进，技术先进，功能适用；第三，是我国城市建设进入到新的发展阶段，发展模式转变的重要体现，按照《中共中央 国务院关于进一步加强城市规划建设管理工作的若干意见》（中发〔2016〕6号）和《国务院办公厅关于推进城市地下综合管廊建设的指导意见》（国办发〔2015〕61号）的相关要求，我国城市建设发展重点将转向基础设施尤其是地下管线设施建设，以提高城市综合承载能力，促进城市韧性和绿色发展。近年来启动的综合管廊国家试点城市正是这一转型的重要体现。

苏州作为第一批综合管廊国家试点城市，率先进行了探索。苏州工业园区桑田岛综合管廊，是最早开工并建设完成的综合管廊项目（图1.2-8）。桑田岛综合管廊总长8km，容纳电力、通信、给水、蒸汽等管线，桑田岛综合管廊在软土地基处理、统一管理平台建设、各类交叉节点处理等方面进行了多项创新，为后期综合管廊建设积累了宝贵经验。

图1.2-8 苏州桑田岛综合管廊控制中心

包头市新都市中心区定位为城市生态宜居区，重点打造城市中央生态园区、城中草原周边地区及建设路沿线行政办公区三个区域，主要以生态绿化、体育休闲、文化娱乐、高端居住区、配套区域商业五大功能为主，以达到优化公共空间环境、实现公众利益最大化的目的。综合管廊系统布置围绕都市中心区最核心的行政办公区域、商业区域，并结合主要市政管线走向及高压电缆入地的要求，规划与地区功能相适应、满足未来发展需求的综合管廊系统，综合管廊内容纳了电力、通信、给水、供热等市政管线（图1.2-9、图1.2-10）。

海口作为典型的滨海城市，台风对管线安全影响较大，且城市地下管线种类繁多，管线产权分散，海口市政府决心通过综合管廊试点工程建设提升管线建设与运行水平。通过对海口市空间规划和管线规划分析，近远期共布局综合管廊总长度289km。在综合考虑道路和地块开发计划后，先期启动43条道路的综合管廊作为2020年以前的建设重点。项目采用PPP模式实施。建设区域涵盖新城区和老城区，综合管廊断面包括单舱、双舱、三舱、双层四舱等多种形式（图1.2-11）。在建造方式方面，采用现浇与预制装配施工方式相结合，其中双层四舱断面的设计方案及U型盾构＋预制拼装的施工工艺为国内首创，对城市中心区大断面干线综合管廊规划建设有一定的借鉴意义。

图 1.2-9　包头综合管廊系统布局

图 1.2-10　包头综合管廊

图 1.2-11　海口综合管廊

2017 年 3 月，成都市启动成洛大道综合管廊项目建设。成洛大道综合管廊采用大直径盾构施工，是国内目前直径最大的盾构综合管廊项目（图 1.2-12）。综合管廊隧道内径8.1m、外径 9m，最大深度 36.2m，最小深度 18m。工程将下穿渠道、高架桥和多个地铁站点。比如东洪路的地铁 4 号线和 9 号线换乘站，为了保护好这些既有构筑物，防止沉降，综合管廊被挖到最深的 36.2m。采用直径 9.33m 的土压平衡盾构机施工，为缩短工期最多将有 3 台盾构机同时掘进。工程全长 4437m，预计造价达 11 亿元（图 1.2-13）。圆形综合管廊断面被一分为四，分别为综合舱、高压电力舱、燃气舱和输水舱。综合管廊中预留了一条两米宽的通道，可容纳检修车通行。同步配置环境与设备监控系统、视频安防监控系统、通信系统、火灾自动报警系统等。

综前所述，梳理我国综合管廊工程的建设与发展，从技术特点分析大致经历了三个阶段，分析见表 1.2-1。

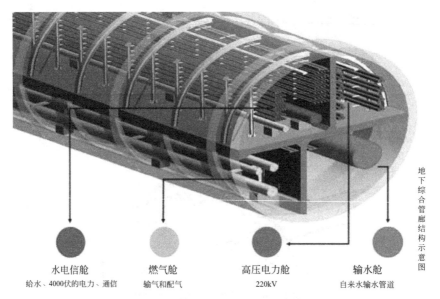

水电信舱
给水、4000伏的电力、通信

燃气舱
输气和配气

高压电力舱
220kV

输水舱
自来水输水管道

地下综合管廊结构示意图

图 1.2-12 成都成洛大道综合管廊标准断面

图 1.2-13 成都成洛大道综合管廊盾构区间图

我国综合管廊发展阶段表   表 1.2-1

阶段	代表工程	主要技术特点
第Ⅰ阶段 (新中国成立 后～2000年)	张杨路共同沟	(1)以单一路段建设为主,满足局部需求,没有对区域统筹规划; (2)技术标准不健全,相关设施不够规范; (3)没有充分发挥功能。本阶段是我国综合管廊探索阶段
第Ⅱ阶段 (2000～2015年)	广州大学城、上海世博会园区、苏州桑田岛等综合管廊	(1)系统化、网络化规划; (2)地方标准和国家规范出台,技术体系逐步形成,相关设施较为完善; (3)运行状况良好,功能发挥较为充分。本阶段是我国综合管廊逐步试点阶段
第Ⅲ阶段 (2015年～)	第一、二批试点城市综合管廊 (厦门、苏州、海口 等共计25个城市)	(1)以城市综合管廊规划为依据开展工程建设;(2)修编完成《城市综合管廊工程技术规范》GB 50838—2015成为综合管廊建设的主要技术指导文件,污水及天然气管道开始纳入综合管廊;(3)预制拼装等新型施工工艺广泛应用;(4)运维管理能力提升,收费制度逐步建立,规划建设与运维走上良性发展轨道。本阶段是我国综合管廊从试点走向常态化建设的阶段,综合管廊开始成为城市基础设施建设基本内容之一

经过数十年的探索与发展，我国综合管廊技术标准体系逐渐完善，规划建设水平和运维能力不断提高，一大批综合管廊工程已经建成运营，为城市综合承载能力提升和安全运行提供了坚实保障，综合管廊已成为我国新型城镇化发展的重要标志。

我国综合管廊的建设与发展，既是新一轮城镇化发展的内在要求，也与国家重视和政策推动密不可分，正是各项具有针对性的政策文件及时出台，有效的引导资源投入综合管廊建设，使综合管廊进入到基础设施建设的基本序列。2015 年 6 月，新修订完成的《城市综合管廊工程技术规范》GB 50838—2015 发布实施，为大规模综合管廊建设提供了技术支撑。在各项合力共同作用下，形成了我国综合管廊由探索试点到常态化建设的发展新局面。如前所述，政策对综合管廊的建设起到了重要推动作用，了解认识我国综合管廊的发展脉络，就必须对我国城镇化发展中的政策进行研究，本书第 2 章对相关政策进行梳理，并做简要解读。

第 2 章 综合管廊相关政策解读

2.1 国家相关政策解读

我国综合管廊建设与发展，与国家和相关部委出台的一系列支持政策密不可分，这些政策不但体现了我国新型城镇化发展进程中，提高城市基础设施建设水平的客观需求，也表明了国家层面对城市综合承载能力提升和城市安全运行的高度关注。

2.1.1 《中共中央、国务院关于进一步加强城市规划建设管理工作的若干意见》(中发〔2016〕6 号)

2016 年 2 月份召开的中央城市工作会议，对我国综合管廊建设提出了新的要求：城市新区和老城区要逐步推进地下综合管廊建设。会后出台的《中共中央国务院关于进一步加强城市规划建设管理工作的若干意见》（中发〔2016〕6 号）第十五条对综合管廊建设要求如下：认真总结推广试点城市经验，逐步推开城市地下综合管廊建设，统筹各类管线敷设，综合利用地下空间资源，提高城市综合承载能力。城市新区、各类园区、成片开发区域新建道路必须同步建设地下综合管廊，老城区要结合地铁建设、河道治理、道路整治、旧城更新、棚户区改造等，逐步推进地下综合管廊建设。加快制定地下综合管廊建设标准和技术导则。凡建有地下综合管廊的区域，各类管线必须全部入廊，管廊以外区域不得新建管线。管廊实行有偿使用，建立合理的收费机制。鼓励社会资本投资和运营地下综合管廊。各城市要综合考虑城市发展远景，按照先规划、后建设的原则，编制地下综合管廊建设专项规划，在年度建设计划中优先安排，并预留和控制地下空间。完善管理制度，确保管廊正常运行。

中央文件要求在综合管廊国家试点城市基础上，认真总结相关城市综合管廊规划建设和运营管理的经验，逐步推开综合管廊建设。在规划层面，要求城市新区、园区、成片开发区域新建道路必须同步配建综合管廊，老城区结合道路改造、旧城更新等逐步推进综合管廊建设。在规范标准方面，要求加快制定综合管廊建设标准和技术导则。对管线入廊，文件要求凡建有地下综合管廊的区域，各类管线必须全部入廊。在收费方面，明确综合管廊实行有偿使用，并建立合理的收费机制。在投融资方面，鼓励社会资本投资运营综合管廊。各地应按照"先规划、后建设"的原则，在年度建设计划中优先安排综合管廊建设项目。

2.1.2 《关于加强城市地下管线建设管理的指导意见》

2014 年 6 月，国务院办公厅出台了《关于加强城市地下管线建设管理的指导意见》（国办发〔2014〕27 号），对我国城市地下管线建设与管理进行指导，其中第七条对综合管廊建设的要求如下：稳步推进城市地下综合管廊建设。在 36 个大中城市开展地下综合管廊试点工程，探索投融资、建设维护、定价收费、运营管理等模式，提高综合管廊建设管理水平。通过试点示范效应，带动具备条件的城市结合新区建设、旧城改造、道路新（改、扩）建，在重要地段和管线密集区建设综合管廊。城市地下综合管廊应统一规划、建设和管理，满足管线单位的使用和运行维护要求，同步配套消防、供电、照明、监控与报警、通风、排水、标识等设施。鼓励管线单位入股组成股份制公司，联合投资建设综合管廊，或在城市人民政府指导下组成地下综合管廊业主委员会，招标选择建设、运营管理单位。建成综合管廊的区域，凡已在管廊中预留管线位置的，不得再另行安排管廊以外的管线位置。要统筹考虑综合管廊建设运行费用、投资回报和管线单位的使用成本，合理确定管廊租售价格标准。

国办发〔2014〕27 号文的主要内容是关于城市地下管线建设与管理的，其中对综合管廊建设的要求，主要从试点的角度，提出综合管廊规划建设的意见。在城市中应结合新区建设、旧城改造、道路新（改、扩）建，在重要地段和管线密集区建设综合管廊，满足管线单位的使用和运行维护要求，并同步配套相关附属设施。鼓励管线单位入股组成股份制公司，联合投资建设综合管廊。统筹考虑综合管廊建设运行费用、投资回报和管线单位的使用成本，合理确定管廊租售价格标准，做到综合管廊功能性与经济性的平衡，发挥综合管廊容纳管线的最大效能。

2.1.3　《国务院办公厅关于推进城市地下综合管廊建设的指导意见》（国办发〔2015〕61 号）

2015 年 7 月 28 日，国务院召开常务会议，部署推进城市地下综合管廊建设，扩大公共产品供给，提高新型城镇化质量。会后出台的《国务院办公厅关于推进城市地下综合管廊建设的指导意见》（国办发〔2015〕61 号）（以下简称《指导意见》），对我国综合管廊建设给出了详细指导，这是我国出台的第一个综合管廊建设指导性文件，对规划、建设、投融资、运营管理、新技术新材料应用等方面提出了具体要求。

《指导意见》指出当前推进综合管廊的重要意义：我国正处在城镇化快速发展时期，地下基础设施建设滞后。推进城市地下综合管廊建设，统筹各类市政管线规划、建设和管理，解决反复开挖路面、架空线网密集、管线事故频发等问题，有利于保障城市安全、完善城市功能、美化城市景观、促进城市集约高效和转型发展，有利于提高城市综合承载能力和城镇化发展质量，有利于增加公共产品有效投资、拉动社会资本投入、打造经济发展新动力。

推进综合管廊建设的指导思想是：适应新型城镇化和现代化城市建设的要求，把地下综合管廊建设作为履行政府职能、完善城市基础设施的重要内容，在继续做好试点工程的基础上，总结国内外先进经验和有效做法，逐步提高城市道路配建地下综合管廊的比例，全面推动地下综合管廊建设。

推进综合管廊建设的目标是：到 2020 年，建成一批具有国际先进水平的地下综合管廊并投入运营，反复开挖地面的"马路拉链"问题明显改善，管线安全水平和防灾抗灾能力明显提升，逐步消除主要街道蜘蛛网式架空线，城市地面景观明显好转。

综合管廊建设应遵循的基本原则：

（1）坚持立足实际，加强顶层设计，积极有序推进，切实提高建设和管理水平。

（2）坚持规划先行，明确质量标准，完善技术规范，满足基本公共服务功能。

（3）坚持政府主导，加大政策支持，发挥市场作用，吸引社会资本广泛参与。

《指导意见》明确要求综合管廊建设要按照"先规划、后建设"的原则，在地下管线普查的基础上，统筹各类管线实际发展需要，组织编制地下综合管廊建设规划。结合地下空间开发利用、各类地下管线、道路交通等专项建设规划，合理确定地下综合管廊建设布局、管线种类、断面形式、平面位置、竖向控制等，明确建设规模和时序，综合考虑城市发展远景，预留和控制有关地下空间。积极、稳妥、有序推进地下综合管廊建设。

《指导意见》对综合管廊建设标准提出明确要求：地下综合管廊工程结构设计应考虑各类管线接入、引出支线的需求，满足抗震、人防和综合防灾等需要。地下综合管廊断面应满足所在区域所有管线入廊的需要，符合入廊管线敷设、增容、运行和维护检修的空间要求，并配建行车和行人检修通道，合理设置出入口，便于维修和更换管道。地下综合管廊应配套建设消防、供电、照明、通风、给水排水、视频、标识、安全与报警、智能管理等附属设施，提高智能化监控管理水平，确保管廊安全运行。要满足各类管线独立运行维护和安全管理需要，避免产生相互干扰。

推进综合管廊应按照有序建设的思路，首先划定建设区域，《指导意见》要求：从2015年起，城市新区、各类园区、成片开发区域的新建道路要根据功能需求，同步建设地下综合管廊；老城区要结合旧城更新、道路改造、河道治理、地下空间开发等，因地制宜、统筹安排地下综合管廊建设。在交通流量较大、地下管线密集的城市道路、轨道交通、地下综合体等地段，城市高强度开发区、重要公共空间、主要道路交叉口、道路与铁路或河流的交叉处，以及道路宽度难以单独敷设多种管线的路段，要优先建设地下综合管廊。加快既有地面城市电网、通信网络等架空线入地工程。

《指导意见》对新材料、新技术应用也提出了要求：根据地下综合管廊结构类型、受力条件、使用要求和所处环境等因素，考虑耐久性、可靠性和经济性，科学选择工程材料，主要材料宜采用高性能混凝土和高强钢筋。推进地下综合管廊主体结构构件标准化，积极推广应用预制拼装技术，提高工程质量和安全水平，同时有效带动工业构件生产、施工设备制造等相关产业发展。

综合管廊是为管线服务的，规划纳入综合管廊的管线应按规划有序入廊：城市规划区范围内的各类管线原则上应敷设于地下空间。已建设地下综合管廊的区域，该区域内的所有管线必须入廊。在地下综合管廊以外的位置新建管线的，规划部门不予许可审批，建设部门不予施工许可审批，市政道路部门不予掘路许可审批。既有管线应根据实际情况逐步有序迁移至地下综合管廊。各行业主管部门和有关企业要积极配合城市人民政府做好各自管线入廊工作。

纳入综合管廊的管线应按照"有偿使用"的原则，缴纳入廊费和日常维护费：具体收费标准要统筹考虑建设和运营、成本和收益的关系，由地下综合管廊建设运营单位与入廊管线单位根据市场化原则共同协商确定。入廊费主要根据地下综合管廊本体及附属设施建设成本，以及各入廊管线单独敷设和更新改造成本确定。日常维护费主要根据地下综合管廊本体及附属设施维修、更新等维护成本，以及管线占用地下综合管廊空间比例、对附属设施使用强度等因素合理确定。

投入运营的综合管廊要确保管线运行安全，应制订完善的运营管理办法：地下综合管廊运营单位要完善管理制度，与入廊管线单位签订协议，明确入廊管线种类、时间、费用和责权利等内容，确保地下综合管廊正常运行。地下综合管廊本体及附属设施管理由地下综合管廊建设运营单位负责，入廊管线的设施维护及日常管理由各管线单位负责。管廊建设运营单位与入廊管线单位要分工明确，各司其职，相互配合，做好突发事件处置和应急管理等工作。

梳理我国基础设施相关政策文件可以看出，《国务院关于加强城市基础设施建设的意见》（国发〔2013〕36号文）（2013年9月6日）主要指导城市基础设施建设与管理，首次提出了综合管廊建设的要求：开展城市地下综合管廊试点，用3年左右时间，在全国36个大中城市全面启动地下综合管廊试点工程；中小城市因地制宜建设一批综合管廊项目。新建道路、城市新区和各类园区地下管网应按照综合管廊模式进行开发建设。《关于加强城市地下管线建设管理的指导意见》（国办发〔2014〕27号）主要指导城市地下管线建设与管理，也提到推进综合管廊试点。《国务院办公厅关于推进城市地下综合管廊建设的指导意见》（国办发〔2015〕61号）则进一步聚焦，全文针对综合管廊建设进行指导，内容详实全面，贴近实际，具有很强的指导性，是当前我国综合管廊建设的指导性文件。

《指导意见》共分为五章十三条。第一章为总体要求，明确了综合管廊建设的指导思想、目标和原则，指出地下综合管廊建设是履行政府职能、完善城市基础设施的重要内容。目标是反复开挖地面的"马路拉链"问题明显改善，管线安全水平和防灾抗灾能力明显提升，逐步消除主要街道蜘蛛网式架空线，城市地面景观明显好转。原则是立足实际、有序推进、规划先行、政府主导。综合管廊建设对提高城市综合承载能力，提升城市内在发展品质，转变城市发展模式，消除一系列城市病具有重要意义，文件明确了综合管廊实施过程中要立足实际、有序推进，先规划后建设，由于投资较大，协调难度大，工程关系民生，必须由政府主导建设。

第二章是统筹规划，强调科学合理的规划对综合管廊建设的重要性。要求各城市人民政府要按照"先规划、后建设"的原则，在地下管线普查的基础上，统筹各类管线实际发展需要，组织编制地下综合管廊建设规划。并要求抓紧制定和完善地下综合管廊建设和抗震防灾等方面的国家标准。按照文件要求，我国先后启动了综合管廊规划设计、运维系列标准编制，为综合管廊的建设与管理提供技术支撑。

第三章是有序建设，拓宽投融资渠道，推广新材料新工艺。按照文件要求，PPP投融资模式已在多个试点城市推行，推动了一大批重点工程建设。在施工工艺方面，预制拼装已成为我国综合管廊施工的重要发展方向，节段整体预制、叠合法拼装、槽型拼装等预制工艺逐步在工程中应用，推动了综合管廊绿色施工技术发展。

第四章是严格管理，明确规定了管线入廊原则：一是要确保入廊，二是要有偿使用。收费是综合管廊运营的核心，也是工程长效发展的关键，在相关文件指导下，多个城市制定了收费细则，并实现了运维费和入廊费收取，如第一批试点城市厦门制定了完备的收费政策，通过与管线单位协商，实现了收费的较大突破。

第五章是支持政策，指出要发挥中央财政作用，地方政府要优先安排地下综合管廊项目，鼓励相关金融机构积极加大对地下综合管廊建设的信贷支持力度。

《指导意见》明确了政府及各部门在综合管廊建设中的责任分工，城市人民政府是地下综合管廊建设管理工作的责任主体，住房城乡建设部会同有关部门建立推进地下综合管廊建设工作协调机制，组织设立地下综合管廊专家委员会；各管线行业主管部门、管理单位等要各司其职，密切配合，共同有序推动地下综合管廊建设。中央企业、省属企业要配合城市人民政府做好所属管线入地入廊工作。

我国综合管廊建设已进入新的发展阶段，为确保综合管廊又好又快健康发展，《指导意见》从规划、建设、管理、资金支持及责任分工等方面进行了全面的指导，为推进综合管廊科学建设，实现提升城市基础设施水平和综合承载能力的目标，提供了重要的政策支撑。

2.2 部委相关政策解读

2.2.1 《关于城市地下综合管廊实行有偿使用制度的指导意见》（发改价格〔2015〕2754号）

根据国家相关文件要求，综合管廊实行有偿使用，为指导各地综合管廊运营收费，国家发改委和住房城乡建设部于2015年12月出台了《关于城市地下综合管廊实行有偿使用制度的指导意见》（发改价格〔2015〕2754号）（简称《指导意见》），对相关收费原则进行了明确。

《指导意见》明确：城市地下综合管廊各入廊管线单位应向管廊建设运营单位支付管廊有偿使用费用。城市地下综合管廊有偿使用费标准原则上应由管廊建设运营单位与入廊管线单位协商确定。凡具备协商定价条件的城市地下综合管廊，均应由供需双方按照市场化原则平等协商，签订协议，确定管廊有偿使用费标准及付费方式、计费周期等有关事项。

关于费用构成，《指导意见》给出了明确的计算依据：

1. 城市地下综合管廊有偿使用费包括入廊费和日常维护费

入廊费主要用于弥补管廊建设成本，由入廊管线单位向管廊建设运营单位一次性支付或分期支付。日常维护费主要用于弥补管廊日常维护、管理支出，由入廊管线单位按确定的计费周期向管廊运营单位逐期支付。

2. 费用构成因素

（1）入廊费。可考虑以下因素：

1）城市地下综合管廊本体及附属设施的合理建设投资；

2）城市地下综合管廊本体及附属设施建设投资合理回报，原则上参考金融机构长期贷款利率确定（政府财政资金投入形成的资产不计算投资回报）；

3）各入廊管线占用管廊空间的比例；

4）各管线在不进入管廊情况下的单独敷设成本（含道路占用挖掘费，不含管材购置及安装费用，下同）；

5）管廊设计寿命周期内，各管线在不进入管廊情况下所需的重复单独敷设成本；

6）管廊设计寿命周期内，各入廊管线与不进入管廊的情况相比，因管线破损率以及水、热、气等漏损率降低而节省的管线维护和生产经营成本；

7）其他影响因素。

（2）日常维护费。可考虑以下因素：

1）城市地下综合管廊本体及附属设施运行、维护、更新改造等正常成本；

2）城市地下综合管廊运营单位正常管理支出；

3）城市地下综合管廊运营单位合理经营利润，原则上参考当地市政公用行业平均利润率确定；

　　4）各入廊管线占用管廊空间的比例；

　　5）各入廊管线对管廊附属设施的使用强度；

　　6）其他影响因素。

《指导意见》明确了各入廊管线单位应向管廊建设运营单位支付管廊有偿使用费用，对入廊费和日常维护费的构成和分摊方法进行了规定，其中特别提到管廊设计寿命周期内，各管线在不进入管廊情况下所需的重复单独敷设成本，以及管廊设计寿命周期内，各入廊管线与不进入管廊的情况相比，因管线破损率以及水、热、气等漏损率降低而节省的管线维护和生产经营成本，应作为费用计算的重要考虑因素。《指导意见》对各城市制定收费细则具有重要指导意义。

2.2.2　《关于提高城市排水防涝能力推进城市地下综合管廊建设的通知》（建城〔2016〕174 号）

近年来，我国各地经常出现极端暴雨天气，城市排涝能力不足问题凸显，综合管廊作为地下线型隧道设施，可借鉴国外综合管廊建设经验，利用大型排洪设施的上部空间，布置城市工程管线，形成排水设施与管线设施结合，发挥管廊的综合性效益。在此背景下，住房城乡建设部出台了《关于提高城市排水防涝能力推进城市地下综合管廊建设的通知》（建城〔2016〕174 号）（以下简称《通知》），《通知》对城市排涝设施建设，以及将综合管廊与排涝设施合建等提出指导意见。

《通知》指出：各地要做好城市排水防涝设施建设规划、城市地下综合管廊工程规划、城市工程管线综合规划等的相互衔接，切实提高各类规划的科学性、系统性和可实施性，实现地下空间的统筹协调利用，合理安排城市地下综合管廊和排水防涝设施，科学确定近期建设工程。

将综合管廊与排水防涝设施合建，应坚持"因地制宜，科学建设"的原则，《通知》要求：各地要结合本地实际情况，有序推进城市地下综合管廊和排水防涝设施建设，科学合理利用地下空间，充分发挥管廊对降雨的收排、适度调蓄功能，做到尊重科学、保障安全。依据城市地下综合管廊工程规划确定的管廊建设区域，结合地形坡度、管线路由等实际情况，因地制宜确定雨水管道入廊的敷设方式。依据城市排水防涝设施建设规划需要建设大口径雨水箱涵、管道的区域，可充分考虑该片区未来发展需求，在不影响排水通畅和保障管线安全的前提下，利用其上部空间敷设适当的管线。

将综合管廊与排水设施合建，一方面要在规划阶段做好协调，确保技术经济合理；另一方面，也要满足相关规范标准要求，确保管线运行安全。

2.2.3　《关于推进电力管线纳入城市地下综合管廊的意见》（建城〔2016〕98 号）

电力管线是综合管廊的主要服务对象，电力入廊与安全运行是综合管廊建设管理最重要的工作。为推进综合管廊建设，解决电力管线入廊问题，住房城乡建设部和国家能源局经过调研和充分论证，出台了《关于推进电力管线纳入城市地下综合管廊的意见》（建城〔2016〕98 号）（以下简称《意见》），指导综合管廊建设和运行过程中电力管线入廊的相关规划、建设和运行问题。

《意见》对综合管廊建设和电力管线入廊的重要意义进行了详细分析，明确指出：要充分认识电力等管线纳入管廊是城市管线建设发展方式的重大转变，有利于提高电力等管线运行的可靠性、安全性和使用寿命；对节约利用城市地面土地和地下空间，提高城市综合承载能力起到关键性作用，对促进管廊建设可持续发展具有重要意义。要加强统筹协调、协商合作，认真做好电力管线入廊等相关工作，积极稳妥推进管廊建设。

《意见》对综合管廊规划及电网规划的编制提出要求：城市编制管廊专项规划，要充分了解电力管线入廊需求，事先征求电网企业意见，合理确定管廊布局、建设时序、断面选型等。各级能源主管部门和电网企业编制电网规划，要充分考虑与相关城市管廊专项规划衔接，将管廊专项规划确定入廊的电力管线建设规模、时序等同步纳入电网规划。

综合管廊建设计划与电网建设计划应做好协调：城市组织编制管廊年度建设计划，要提前告知当地电网企业，协调开展相关工作。已经纳入电网规划的电力管线，电网企业要结合管廊年度建设计划，将入廊部分的电力管线纳入电网年度建设计划，与管廊建设计划同步实施。

《意见》对电力管线在综合管廊中敷设的技术标准进行明确：电力管线在管廊中敷设，应遵循《城市综合管廊工程技术规范》GB 50838、《电力工程电缆设计规范》GB 50217等相关标准的规定，按照确保安全、节约利用空间资源的原则，结合各地实际情况实施。

《意见》依据国务院相关文件要求，指出电力管线应按照有偿使用的原则，积极推进入廊工作：电网企业要主动与管廊建设运营单位协作，积极配合城市人民政府推进电力管线入廊。城市内已建设管廊的区域，同一规划路由的电力管线均应在管廊内敷设。新建电力管线和电力架空线入地工程，应根据本区域管廊专项规划和年度建设，同步入廊敷设；既有电力管线应结合线路改造升级等逐步有序迁移至管廊。

管廊实行有偿使用，入廊管线单位应向管廊建设运营单位交纳入廊费和日常维护费。鼓励电网企业与管廊建设运营单位共同协商确定有偿使用费标准或共同委托第三方评估机构提供参考收费标准；协商不能取得一致意见或暂不具备协商条件的，有偿使用费标准可按照《国家发展改革委住房和城乡建设部关于城市地下综合管廊实行有偿使用制度的指导意见》（发改价格〔2015〕2754号）要求，实行政府定价或政府指导价。各城市可考虑电力架空线入地置换出的土地出让增值收益因素，给予电力管线入廊合理补偿。

电力管线路由是综合管廊系统规划的重要依据，电力管线应与综合管廊同步编制规划，并使电力规划与管廊规划尽量统一、融合，以充分发挥综合管廊的效益。

第3章 综合管廊规划

3.1 城市地下综合管廊建设规划技术导则

综合管廊建设规划是用于指导综合管廊工程建设的专项规划，是城市市政专项规划的重要组成部分。综合管廊建设规划应根据城市总体规划、地下管线综合规划、控制性详细规划编制，并与地下空间规划、道路规划等保持衔接。

2019年6月，为指导综合管廊规划编制，住房城乡建设部出台了《城市地下综合管廊建设规划技术导则》（简称《导则》）。

《导则》明确了综合管廊建设规划编制的主要思路：管廊建设规划应在做好新老城区统筹、地下空间统筹、直埋及入廊管线统筹的基础上，根据城市总体规划、地下管线综合规划、控制性详细规划编制，并与地下空间规划、道路规划等保持衔接与协调。管廊建设规划应对相关专项规划起到引导作用，实现多规融合。新区管廊建设规划应与新区各项规划同步编制，老城区管廊建设规划应结合旧城改造、棚户区改造、道路改造、河道改造、管线改造、轨道交通建设、人防建设和地下综合体建设等编制。

综合管廊建设规划的主要功能：用于指导综合管廊工程建设，形成与城市发展需求相适应的干、支、缆线综合管廊体系。

规划技术路线：依据上位规划及相关专项规划，合理确定规划范围、规划期限、规划目标、指导思想、基本原则。开展现状调查，通过资料收集、相关单位调研、现场踏勘等，了解规划范围内的现状及需求。确定系统布局方案。分析综合管廊建设区域内现状及规划管线情况，并征求管线单位意见，进行入廊管线分析。结合入廊管线分析，优化综合管廊系统布局方案，确定综合管廊断面选型、三维控制线、重要节点、监控中心及各类口部、附属设施、安全及防灾、建设时序、投资估算等规划内容。提出综合管廊建设规划实施保障措施。详见图3.1-1。

综合管廊工程规划的编制内容：

综合管廊建设规划宜根据城市规模及规划区域的不同，分类型、分层级确定规划内容及深度。市级综合管廊建设规划，应在分析市级重大基础设施、轨道交通设施、重要人民防空设施、重点地下空间开发等现状、规划情况的基础上，提出综合管廊布局原则，确定全市综合管廊系统总体布局方案，形成以干线、支线管廊为主体的、完善的骨干管廊体系，并对各行政分区、城市重点地区或特殊要求地区综合管廊规划建设提出针对性的指引，保障全市综合管廊建设的系统性。

区级综合管廊建设规划是市级综合管廊工程规划在本区内的细化和落实，应结合区域内实际情况对市级综合管廊规划确定的系统布局方案进行优化、补充和完善，增加缆线管廊布局研究，细化各路段综合管廊的入廊管线，以此细化综合管廊断面选型、三维控制线划定、重要节点控制、配套及附属设施建设、安全防灾、建设时序、投资估算、保障措施

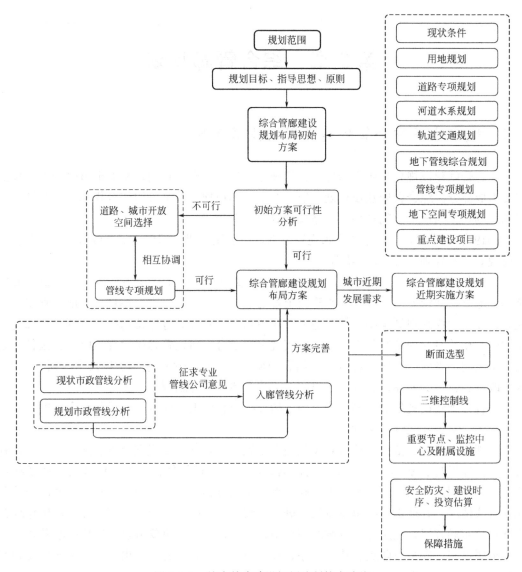

图 3.1-1　综合管廊建设规划编制技术路线

等规划内容。城市新区、重要产业园区、集中更新区等城市重点发展区域，根据需要可依据市级和区级综合管廊建设规划，编制片区级综合管廊建设规划，结合功能需求，按建设方案的内容深度要求，细化规划内容。

　　不同层级的综合管廊建设规划，其内容侧重也有所不同，市级规划应确定全市综合管廊的骨架系统，实现跨区干线综合管廊规划管控，并对未来重点发展区域进行前瞻性的研究，并提出建设要求。区级综合管廊建设规划应在市级规划框架内，结合行政区内需求，按照因地制宜、统筹协调的原则，形成区级综合管廊系统布局，确定断面形式及入廊管线，明确建设计划，是市级建设规划的细化、完善。片区综合管廊建设规划应面向工程实施，对断面尺寸、入廊管线规模、口部及配套设施、三维控制线等进行明确，用于指导工程实施。

综合管廊建设规划的主要内容应包括：

1 规划可行性分析。根据城市经济、人口、用地、地下空间、管线、地质、气象、水文等情况，分析管廊建设的必要性和可行性。

2 规划目标和规模。明确规划总目标和规模、分期建设目标和建设规模。

3 建设区域分析：敷设两类及以上管线的区域可划为管廊建设区域。

高强度开发和管线密集地区应划为管廊建设区域。主要是：

（1）城市中心区、商业中心、城市地下空间高强度成片集中开发区、重要广场，高铁、机场、港口等重大基础设施所在区域。

（2）交通流量大、地下管线密集的城市主要道路以及景观道路。

（3）配合轨道交通、地下道路、城市地下综合体等建设工程地段和其他不宜开挖路面的路段等。

4 分析研究各类管线专项规划及地下空间、轨道交通、人防等相关规划，做好统筹衔接。

5 系统布局。根据城市功能分区、空间布局、土地使用、开发建设等，结合道路布局，确定管廊的系统布局和类型等。

6 管线入廊分析。根据管廊建设区域内有关道路、给水、排水、电力、通信、广电、燃气、供热等工程规划和新（改、扩）建计划，以及轨道交通、人防建设规划等，确定入廊管线，分析项目同步实施的可行性，确定管线入廊的时序。

7 管廊断面选型。根据入廊管线种类及规模、建设方式、预留空间等，确定管廊分舱、断面形式及控制尺寸。

8 三维控制线划定。管廊三维控制线应明确管廊的规划平面位置和竖向规划控制要求，引导管廊工程设计。

9 重要节点控制。明确管廊与道路、轨道交通、地下通道、人防工程及其他设施之间的间距控制要求。

10 配套设施。合理确定控制中心、变电所、吊装口、通风口、人员出入口等配套设施规模、用地和建设标准，并与周边环境相协调。

11 附属设施。明确消防、通风、供电、照明、监控和报警、排水、标识等相关附属设施的配置原则和要求。

12 安全防灾。明确综合管廊抗震、防火、防洪等安全防灾的原则、标准和基本措施。

13 建设时序。根据城市发展需要，合理安排管廊建设的年份、位置、长度等。

14 投资估算。测算规划期内的管廊建设资金规模。

15 保障措施。提出组织、政策、资金、技术、管理等措施和建议。

3.2 城市地下综合管廊建设规划编制要点

3.2.1 规划编制存在的问题

"先规划、后建设"是工程建设应遵循的基本原则。规划是工程建设的基本依据，为科学推进综合管廊建设，近年来，各地均开展了综合管廊规划编制工作，但由于我国幅员辽阔，城市间经济基础、建设条件差异较大，且各编制单位对综合管廊的认识水平不一，因此在编制规划过程中出现了各种问题：

（1）对管廊建设的必要性和可行性分析不足，未针对当地特点具体分析各片区、重点道路下管廊建设的必要性和建设需求，以及是否具备建设条件，特别是老旧城区的综合管廊规划未充分论证可行性。部分规划在确定综合管廊系统布局时过分强调连通性，忽略了实用性。

（2）管廊规划定位不清晰，意图一个规划全覆盖，各方面内容涵盖较多，但缺乏重点。

（3）对未来发展需求分析论证不足，各级各类城市发展需求不同，要分类考虑综合管廊规划编制；未充分分析城市发展水平，有规划规模过大的问题；对入廊管线需求分析不足，容易造成空廊等现象；综合管廊建设与各种实施计划衔接不充分，造成近期可操作性较差。

（4）规划衔接不充分，规划成果仅是基于城市地下管线、道路交通等相关规划简单叠加，没有对各专项规划之间有机衔接问题进行详细分析，不能准确反映管线需求，系统布局未能做到管线容量的最大化。

（5）对于入廊管线的分析过于简单，对天然气、污水、雨水等管线不入廊的原因分析不够。

（6）综合管廊断面设计不科学，雨、污水等重力流管线的舱室设计可操作性不强；综合管廊断面过大，对未来预留缺乏科学分析，存在一定的浪费。

（7）缺乏对综合管廊功能的全面理解，重要节点设计相对薄弱，对管廊穿过铁路、高速公路、重要输水工程以及特殊节点的衔接处理缺乏分析。

（8）安全防灾的内容未得到足够重视，对防空、防恐、防入侵等内容缺乏规划措施。

（9）各专项规划间缺乏协同融合，没有从深层次对综合管廊与城市发展、人口分布、管线路由、交通、环境、安全等因素的关联性进行分析推导，导致规划成果不具备指导工程建设和实施规划管控的科学性和权威性。

3.2.2　规划编制要点

基于以上分析，对照《导则》要求，将综合管廊规划编制要点梳理如下：

（1）综合管廊建设规划应结合地下空间开发利用、各类管线、道路交通等专项规划进行编制，明确综合管廊的系统布局、入廊管线、断面方案、平面及竖向关系、建设时序及保障措施等，并制定五年项目滚动规划和年度建设计划。

（2）规划编制主要目的是指导管廊工程建设，并实施规划管控。应根据城市需求，通过统筹建设提升综合管廊的综合效益，保障管线安全运行，提高城市管线供给的可靠性。

（3）编制原则是因地制宜、科学决策、统筹衔接、适度超前。

（4）规划编制过程中应与城市总体规划、地下管线综合规划、控制性详细规划做好协调，并与地下空间规划、道路规划等保持衔接（图3.2-1）。

（5）遵循科学的规划编制方法，按照"多规融合"的原则，做好协调衔接，实现规划科学、合理，既能满足需求，又可落地，便于实施。

"多规融合"从三个层面理解，第一是综合管廊规划与总体规划的关系，综合管廊规

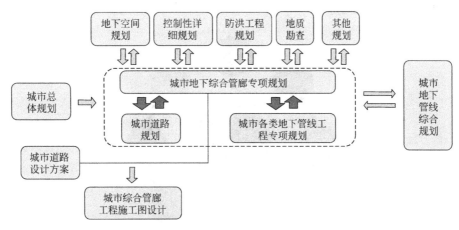

图 3.2-1　综合管廊建设规划编制

划应符合城市总体规划的要求（《城市综合管廊工程技术规范》GB 50838—2015，第 4.1.1 条），管廊工程规划应根据城市总体规划、地下管线综合规划、控制性详细规划编制，综合管廊规划要依据城市总体规划，通过总体规划提取城市经济发展、人口规划、城市空间结构等方面的发展重点，确定综合管廊重点建设区域和系统布局。第二是要处理好综合管廊规划与城市管线规划的关系，管线规划与综合管廊规划密切关联，综合管廊工程规划应结合城市地下管线现状，在城市道路、轨道交通、给水、雨水、污水、再生水、天然气、热力、电力、通信等专项规划及地下管线综合规划的基础上，确定综合管廊的布局（《城市综合管廊工程技术规范》GB 50838—2015，第 4.2.2 条），在规划综合管廊的区域，应确保前述专项规划齐备或同步编制。综合管廊规划应与管线专项规划协调，并对其提出优化调整建议，即综合管廊规划应引导其他专项规划，编制过程中应做到动态调整，多规融合，以确保综合管廊发挥最大效益。第三，综合管廊规划应处理好与相关设施规划之间的关系，这些设施包括轨道交通、地下空间、道路工程、未进入综合管廊的排水管线、以及各类现状设施等，管廊与这些设施之间的关系协调，既包括空间上的避让或结合，也包括时间上的先后建设顺序，以及由此引起的工程方案选择。

（6）规划编制应合理确定管廊建设区域和时序，划定管廊空间位置、配套设施用地等三维控制线，纳入城市黄线管理。

（7）管廊规划应统筹兼顾城市新区和老旧城区。城市新区管廊规划应与新区规划同步编制，老旧城区管廊规划应结合旧城改造、道路改造、河道改造、管线改造、轨道交通建设、人防建设和地下综合体建设等编制。

3.2.3　规划编制内容分析

综合管廊建设规划编制内容包括：规划可行性分析、规划目标和规模、建设区域、系统布局、管线入廊分析、管廊断面选型、三维控制线划定、重要节点控制、配套设施、附属设施、安全防灾、建设时序、投资估算、保障措施等。

（1）规划可行性分析重点应强调规划的落地性和可实施性，要求规划中必须详细说明规划期内的管廊项目是否具备建设条件，特别是位于老旧城区的近期规划管廊项目，应重点分析其可行性（图 3.2-2）。

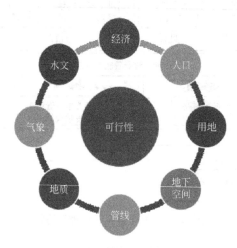

图 3.2-2　综合管廊规划可行性分析

以苏州市为例：在综合管廊规划中，针对苏州市区，通过分析其建设影响因素，表明苏州市具备了建设综合管廊的必要条件（表 3.2-1）。

综合管廊规划建设影响因素分析　　　　表 3.2-1

分析层次	影响因素	相关指标及分析
目标城市分析	城市经济发展水平	2014 年，苏州市实现国内生产总值 1.38 万亿，在全国所有城市中位列第七，地级市第一
	城市规模	2014 年末苏州市区常住 548.3 万人，已进入中国特大城市之列
	城市地下空间开发规模	苏州目前轨道交通 1、2 号线形成十字形轨道网络，轨道交通 4、3 号线建设正在稳步推进。隧道及地下空间开发提升到新的高度
目标区域分析	区域现状	苏州市区仍有部分为规划新建区，市区交通流量主要分布在高架段、主次干道上
	区域功能定位	规划构建以名城保护为基础，以和谐苏州为主题的"青山清水，新天堂"，将苏州建设成为："文化名城、高新基地、宜居城市、江南水乡"
	区域容量	苏州市区范围总面积约 2742.6km^2，包括姑苏区、高新区、工业园区、吴中区、相城区和吴江区
	区域内地下空间	以轨道交通及核心区中心轴线为主要地下空间，围绕轨道站点及中心轴线进行综合开发，形成层次体系清晰的地下空间网络
	开发状况	苏州市区核心区主要规划为住宅区、商住混合区用地和商务用地
目标道路分析	道路性质	苏州高区内规划有快速路、主干道、次干道和支路，主干道宽度在 50～72m，道路通行量大
	承载的管线性质	苏州市区现状道路下主要有自来水、雨水、污水、电力、通信、燃气等市政管线
	道路地质条件	苏州市区地势平坦、坡度平缓，区内浅层内以灰色变形较小、强度较高的黏性土为主，道路地质条件相对较差

（2）规划目标和规模，应明确总规模、总目标，近期建设规模和建设任务。

（3）确定建设区域，分析方法如图 3.2-3、图 3.2-4 所示。

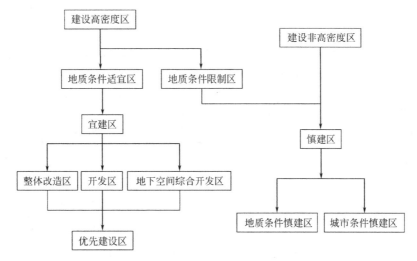

图 3.2-3　综合管廊建设区域分析

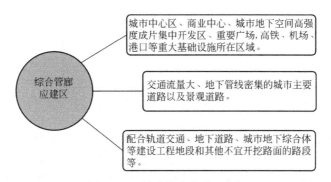

图 3.2-4　综合管廊应建区分析

（4）规划衔接。规划衔接是前文所述"多规融合"规划方法的具体实践，是在总体规划框架下，对专项规划进行融合引导，并在时间、空间上与相关设施规划衔接协调。以融合为基础的规划方法，本质是贯穿于综合管廊规划—设计全过程的一种理念，通过融合，不但使规划具有科学性，具备管控的权威性，还使规划具有合理性，即具备可实施性。因此，对于综合管廊建设规划，既要前瞻，又要后望，把规划和实施统一起来，此外，还应跳出规划做规划，用工程结构专业去验证规划的合理性，并把规划放到时空的维度去评价，按照建设的时序修正规划。综上，在纵向（全过程）、横向（全专业）、竖向（建设时序）的坐标系中做好统筹，以系统的思维完成的规划成果，可认为是具备了科学性、合理性。

以桃浦智慧城综合管廊建设规划为例（对应《导则》中的规划层级划分，桃浦智慧城综合管廊建设规划为片区级规划，其侧重为指导项目实施，应对系统布局、断面分析、入廊管线、重要节点控制、建设时序等做出详细规划，下文仅对系统布局阶段的规划衔接进行分析（本书第 7 章规划案例将对市级综合管廊建设规划进行分析）。

1）与城市规划的融合

桃浦科技智慧城是上海城市转型发展的示范性区域，聚焦城区再生、环境修复、产城融合的转型发展目标，以总部商务、科技研发、生态绿地为核心功能，打造生态良好、配套完善、宜业宜居的综合性城区。规划区总面积 4.2km²，原址为化工原料、合成药、塑料、橡胶、染料、化纤、香料等产品为主的化学工业基地。亟待通过产业转型，实现城市功能和城区环境品质提升。其开发建设的重要特点是既有转型再生的高端规划定位，又有重要的现状情况需要考虑，这些共同构成了本区域综合管廊规划建设的边界条件。综合管廊规划研究的思路如图 3.2-5 所示。

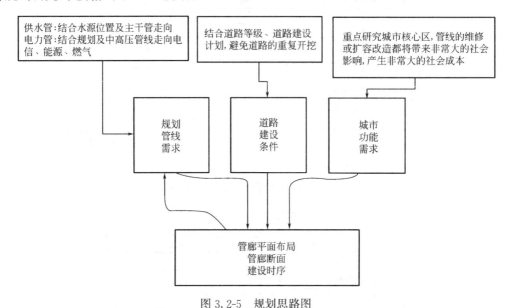

图 3.2-5　规划思路图

规划区域用地的重点分布在中央公园南部两侧（图 3.2-6），是地上、地下空间开发强度较大的区域，对管线服务保障要求高，应提高管线集约化敷设的标准，综合管廊工程的重点也集中在核心用地附近，管廊的服务范围应覆盖整个核心区域，并辐射到周边相关区域。

2) 与管线专项规划的融合

电力规划（图 3.2-7）路由沿北部的古浪路（东西向）、东部的祁连山路（南北向）以及由南至北的真南路布置，其中主要的路由祁连山路和真南路为现状道路，近期无改造计划，不具备综合管廊实施条件。

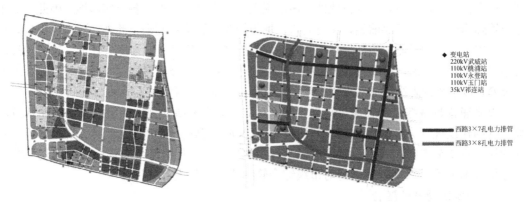

图 3.2-6　土地利用规划　　　　　图 3.2-7　电力专项规划

根据通信管线的规划与现状（图 3.2-8），真南路-古浪路、武威路、绿芳路-真南路、武山路、敦煌路与祁连山路下均有通信管线。因此，综合管廊适宜布置在通信管线经过的道路下方，且能用较短的距离连接到两座通信机房。

综合考虑给水管线位置、水源点与直饮水水站的位置（图 3.2-9），综合管廊干线布置宜选择在地块主管经过的道路下方（如古浪路，武威路），支线布置位置选择在能够最大面积辐射给水管线服务范围的道路下方（如景泰路，永登路等）。

图 3.2-8 通信管线规划

图 3.2-9 给水管线规划

目前规划区尚未敷设供热（冷）管道。远期规划（图 3.2-10）在区域内建设三座能源站，通过古浪路、祁连山路、纬三路敷设能源主管，为地区供热或供冷。能源主管规划为 3～5 根 $DN720～DN1300$ 直径的管道，主要以水为热媒或冷媒。因现状管线较少、规划管线尚未施工，宜将区域内的供热（冷）管线纳入综合管廊内。

目前规划区天然气气源来自上海天然气主干网。现状外环线敷设有 1.6MPa、$DN800$ 天然气管道；真南路有 $DN500$ 中压天然气管；祁连山路有 $DN500$ 中压天然气管，规划将予以保留。规划：在环西二大道东、真南路北的绿地中新增一座区域高中压天然气调压站。规划沿桃惠路、古浪路、常和路、武威路、绿栀路、玉门路、武山路、敦煌路新建市政道路敷设 $DN200～DN300$ 中压天然气管（图 3.2-11）。

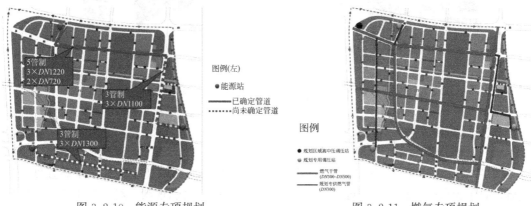

图 3.2-10 能源专项规划　　　　　　　　　图 3.2-11 燃气专项规划

3）与交通规划及地下空间规划的融合

现状 11 号线：现状有轨道交通 11 号线服务，规划范围内有 2 个轨道交通站点：威武路站、祁连山路站；拓展区有 1 个轨道交通站点：李子园站。站体覆土较浅，如果管廊需要通过站体，需要采用排管方式穿越区间段。规划 16 号线：16 号线在本次研究区域内设三站，其中祁连山路站与 11 号线换乘；桃浦智慧城站（暂名）与南何支线换乘；古浪路站与 15 号线换乘。预留祁连山路-古浪路-华灵路轨道交通优化通道，增加建筑退界，为16 号线优化提供基础和预留（图 3.2-12）。

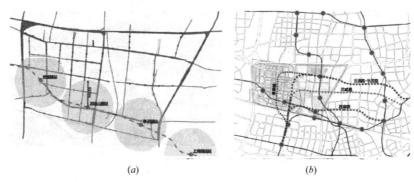

(a) (b)

图 3.2-12 轨道交通现状及规划

(a) 11 号线设施现状；(b) 16 号线规划方案图

区域内地下一层空间除了中央绿轴周围为城市广场与部分地下商铺外，其余为地下停车用地；地下二层在中央绿轴对应位置为文化用地，其余部分依旧为停车用地；地下三层与四层的部分空间为停车用地（图 3.2-13、图 3.2-14）。

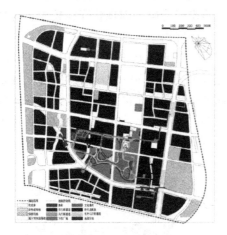

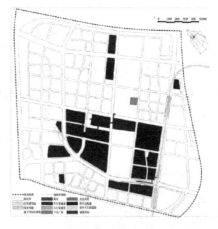

图 3.2-13 规划区域地下空间示意图（-1 层）   图 3.2-14 规划区域地下空间示意图（-2 层）

4）系统布局分析

通过对相关规划的梳理研究，结论如下：

① 区域规划等级高，开发强度分区明显，沿中央公园两侧及南部区域是高强度开发区域，应作为综合管廊布置的重点。但区域内有保留的建筑和现状管线，在工程实施阶段应采取保护措施；

② 电力管线缺口大，需增设多回路电力通道；应结合综合管廊一次性建成电力通道；

③ 给水管道亟待改造；

④ 通信根据新的道路改造需要重新铺设管道；

⑤ 雨污水部分管线仍需保留，与其他工程关系需重点考虑；

⑥ 区域内规划有能源管道，应纳入综合管廊；

⑦ 地下空间情况：现状需要保留的地下空间对管廊建设基本无影响，但应做好保护；规划的地下空间与管廊之间应处理好竖向关系和建设时序；

⑧ 轨道交通：对现状的 11 号线，应处理好站体与综合管廊的关系；

⑨ 本区域原址为化工厂区，管道采用直埋敷设时较易受到土壤腐蚀，采用综合管廊方式敷设，有利于延长管道使用寿命，提高管线安全保障能力。

综上分析，确定在古浪路、武威路规划建设主干线综合管廊，主要容纳高压电力、中压电力、信息、给水、供热（冷）等管线；在绿栀路、景泰路、永登路、纬三路、武山路规划支线综合管廊，容纳电力、信息、给水、供热（冷）等管线。

以古浪路、武威路为干线形成东西向重要的管线通道，以绿栀路、永登路、玉门路-武山路、山丹南路等干支线（支线）管廊服务地块，同时容纳重要管线，形成层次化、网络化的综合管廊系统（图 3.2-15）。

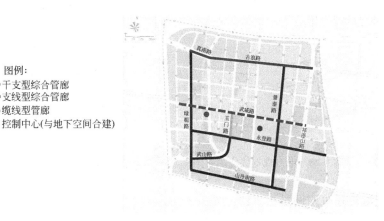

图例：
—— 干支型综合管廊
—— 支线型综合管廊
—— 缆线型管廊
● 控制中心(与地下空间合建)

图 3.2-15　综合管廊系统布置

方案特点：

① 真南路-古浪路与武威路作为干支线管廊所在道路，位于规划区域的核心区域，通过对各项管线路径现状与规划的分析，这两条路上可纳入的管线多，辐射范围广；且在电力、能源、给水管线规划优化后，均能入廊，效能发挥明显；

② 支线管廊所在道路与真南路-古浪路与武威路形成网格结构，之间互相联通。并且各项管线优化后均能通过两条干线管廊与 5 条支线管廊辐射出去，最大程度地服务周边；

③ 根据道路规划情况，综合管廊设计布置的道路，除了武威路外，其余均处于待翻建或待新建状态，对于将来综合管廊的施工来说，省去了二次开挖的麻烦。而通过对武威路道路情况的分析，建议将武威路纳入近期翻建的道路；

④ 在古浪路、武威路规划综合管廊，同时考虑初期雨水收集，能够集成"海绵城市"理念。

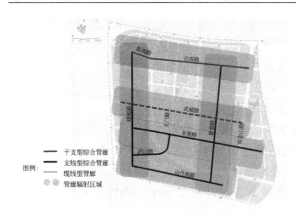

图 3.2-16 服务能力分析

5）综合管廊服务能力分析

综合管廊的主要功能一是服务地块，二是确保市政管线安全运行。本系统方案基本覆盖了科技智慧城的核心区域，与区域的土地利用具有较好的适应性，可以为地块开发提供较好的管线保障服务（图 3.2-16）。

6）对管线规划优化整合

综合管廊系统布局对相关的市政专项将起到引导作用，通过对相关市政管线规划的优化，实现各系统间高度融合，将使综合管廊系统发挥更大的效能（图 3.2-17～图 3.2-22）。

① 与电力规划协调见图 3.2-17、图 3.2-18。

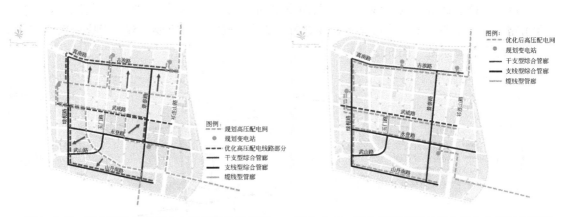

图 3.2-17 综合管廊系统与电力规划优化示意图 　图 3.2-18 综合管廊系统与优化后电力规划布置图

② 与能源规划协调见图 3.2-19、图 3.2-20。

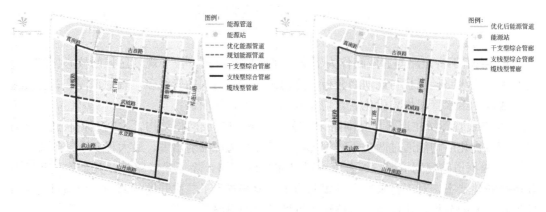

图 3.2-19 综合管廊布置与　　　　　　图 3.2-20 综合管廊与优化后
　　能源规划优化分析图　　　　　　　　　能源管道布置图

③ 与给水通信协调见图 3.2-21、图 3.2-22。

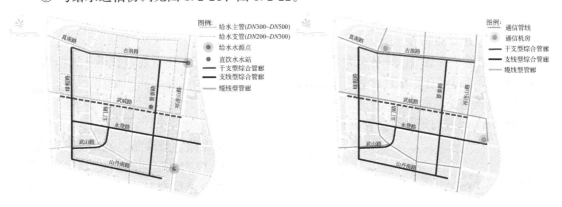

图 3.2-21　综合管廊与优化后的给水管线布置图　　图 3.2-22　综合管廊与优化后的通信管线布置图

7）与相关工程的衔接协调

与道路、地下空间、设施站点等规划的衔接，将使综合管廊建设规划在工程层面具有更强的实施性，可以更好地指导工程建设（图 3.2-23～图 3.2-27）。

① 与道路建设计划协调见图 3.2-23。

② 与地块及设施站点衔接见图 3.2-24、图 3.2-25。

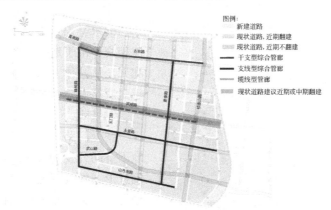

图 3.2-23　规划管廊与道路建设计划优化分析（现状道路建设方案）

图 3.2-24　综合管廊与地块衔接示意图

图 3.2-25　综合管廊与设施衔接示意图

管廊除了要服务重要的干线管线敷设外，还应服务沿线地块（图 3.2-24）。为了向地块引出管线，在综合管廊沿线布置有管线分支口，布置原则是在道路路口位置及街坊需求处，一般间距150m左右。在管线分支口，设置有电力、通信、给水、供热（冷）等管线引出通道。

③ 与设施站点衔接。

在桃浦科技智慧城，分布有大量的高压电力、通信管线，还有能源管道，这些管道自站点引出，通过综合管廊到达另一站点，沿线服务地块（图3.2-25）。

④ 与轨道交通衔接。

地铁11号线与规划综合管廊有多处交叉（图3.2-26）。

图3.2-26　综合管廊与轨道交通衔接

图3.2-27　综合管廊与地下空间建设衔接

a.绿栀路、景泰路、武山路-玉门路综合管廊与11号线区间段交叉。

b.永登路综合管廊与地铁武威路站体相交。

相交解决方案如下：

c.绿栀路、景泰路、武山路-玉门路综合管廊与11号线区间段交叉。虽然11号线覆土厚度为8～11.5m，但是为了确保地铁运行安全，应尽量避免在盾构顶面卸载，建议景泰路管廊在穿越11号线处采用排管形式穿越。

d.永登路综合管廊与地铁武威路站体相交。由于地铁站体覆土较浅，综合管廊无法从站体上部穿越，采用排管形式穿越武威路站体。

⑤ 与地下空间衔接。

在玉门路（武威路～永登路），由于地下空间开发为2～4层，综合管廊采用倒虹形式埋设深度太大，在此段采用缆线型管廊，灵活布置在人行道上，可以占用较少的地下空间（图3.2-27）。

（5）系统布局，根据城市功能分区、空间布局、土地使用、开发建设等，结合道路布局，确定管廊的系统布局和类型（表3.2-2）。

综合管廊选型　　　　　　　　　　　　　　表3.2-2

类型	功能	容纳管线	建设位置	特点
干线综合管廊	连接输送原站与支线综合管廊，一般不直接为用户提供服务	城市主干工程管线	一般设置在机动车道或道路中央下方	结构断面尺寸大、覆土深、系统稳定、输送量大、安全度高、管理运营较复杂。可直接供应至使用稳定的大型用户
支线综合管廊	将各种管线从干线综合管廊分配、输送至各直接用户	城市配给工程管线	多设置在人行道或绿化带下，一般布置于道路一侧	断面较小、结构简单、施工方便

类型	功能	容纳管线	建设位置	特点
缆线管廊	将电力和通信管线引至用户	电力和通信管线	多设置在人行道下，且埋深较浅，一般为2m以内	空间断面较小、埋深浅、建设施工费用较少，一般不设置通风、监控等设备，维护管理较简单

以海口为例，一是在全市层面规划干线综合管廊系统，依托干线网络规划片区内服务地块的子系统，形成干支结合的网络化、层次化综合管廊系统布局（图 3.2-28）；二是重视新老城区统筹协调，结合老城区的棚改和道路改造规划建设支线综合管廊或缆线管廊；三是重视工程可实施性，充分考虑建设时序和建设条件。

图 3.2-28　海口综合管廊系统布局

（6）管线入廊分析

按照如图 3.2-29 原则进行分析。电力、通信、给水等常规管线应纳入综合管廊。

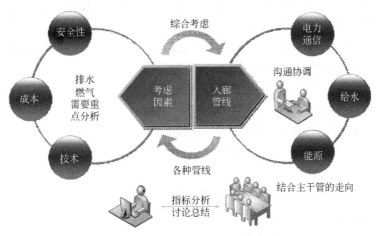

图 3.2-29　管线入廊分析

雨、污水管道：需要有一定的坡度，可因地制宜，经过论证后决定是否纳入综合管廊；污水管道易产生有毒、易燃、易爆的气体，入廊后其舱室内需设置相应的监测设备等。

天然气管道：纳入管廊时应设置单独舱室，且应配备可燃气体探测与报警系统。

（7）管廊断面方案

确定管廊断面时，首先应根据施工方式确定断面形状，采用明挖法施工的综合管廊，一般采用矩形断面，采用顶管或盾构施工的综合管廊，一般采用圆形断面。

其次应根据入廊管线的种类及规模确定断面的分舱形式，天然气管道应单舱敷设，电力电缆不得与热力管线同舱敷设，蒸汽管道应单舱敷设等。

综合管廊的断面尺寸应按照《城市综合管廊工程技术规范》GB 50838—2015 的要求，在满足管线安装、运行维护的基础上确定。

此外，还应充分考虑工程建设条件，确定综合管廊断面形式，例如当建设场地受限时，可采用双层布置断面。

断面方案布置时，应遵循以下原则：

1）管线种类较多时应把电缆、通信光缆设在上侧；

2）横穿管廊的管线不应妨碍管廊内通行、检修；

3）管线间的上下间距及左右间距应满足规范要求；

4）管廊高度满足管线安装、更换、引出及检修通行即可，高度不宜太大；

5）管廊宽度需考虑维修管理时便于通行。

以海口椰海大道综合管廊为例：

结合各市政管线专项规划和电力、水务、燃气及电信部门相关要求，并考虑适当预留，椰海大道综合管廊管线需求如表 3.2-3 所示。

椰海大道综合管廊入廊管线 表 3.2-3

给水	110kV 电力	220kV 电力	10kV 电力	天然气	通信
$DN1000+2DN400$	6 回	4 回	80 回	$DN400+DN250$（预留）	30 孔

由于工程建设条件的限制，椰海大道综合管廊采用双层四舱的断面形式，根据管线需求，分设燃气舱（舱室净尺寸 1900mm×2500mm）、中压电力舱（舱室净尺寸 5000mm×2500mm）、给水及信息舱（舱室净尺寸 4100mm×3700mm）及高压电力舱（舱室净尺寸 2800mm×3700mm），如图 3.2-30、图 3.2-31 所示。

在管线规模较小的路段，规划建设支线或缆线综合管廊，见图 3.2-32、图 3.2-33。

（8）三维控制线划定

平面线形：管廊平面线形宜与所在道路平面线形一致，平面位置应考虑与现状及规划的桥梁、地道及轨道交通等设施及邻近建（构）筑物的平面位置相协调（图 3.2-34、图 3.2-35）。

1）平面控制

干线管廊：一般布置在机动车道、道路绿化带下方。

支线管廊：一般布置在道路绿化带、人行道或非机动车道下方。

缆线管廊：一般布置在人行道下或绿化带下方。

临近设施间距：与外部规划工程管线的最小水平净距应符合《城市工程管线综合规划

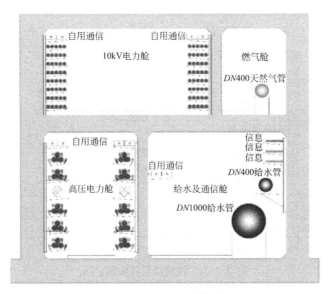

图 3.2-30 椰海大道综合管廊断面图

图 3.2-31 椰海大道综合管廊位置

规范》GB 50289—2016 的规定。

与现状邻近建（构）筑物的间距应满足施工及基础安全间距要求。

2）竖向控制

覆土深度：根据地下设施竖向规划、行车荷载、绿化种植、抗浮、横穿管线及设计冻深等因素综合确定。

交叉避让：与非重力流管道交叉时非重力流管道避让管廊。与重力流管道交叉时应根据实际情况，经过经济技术比较后确定解决方案。

穿越河道：一般从河道下部穿越。

（9）重要节点控制

节点包括：十字路口或丁字路口的综

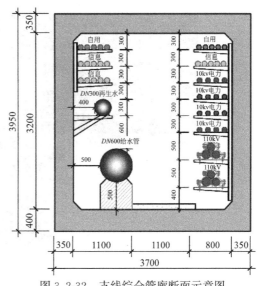

图 3.2-32 支线综合管廊断面示意图

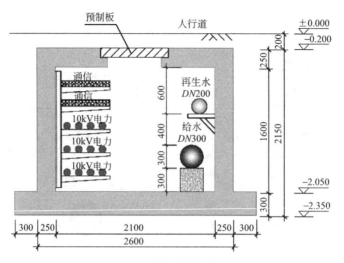

图 3.2-33　缆线综合管廊示意图

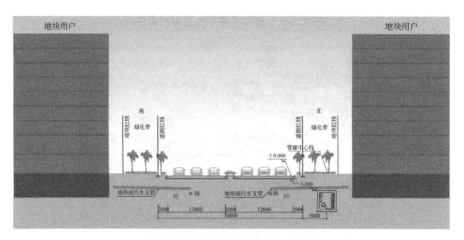

图 3.2-34　综合管廊在道路下方位置关系图

图 3.2-35　综合管廊与地道位置关系图

合管廊交叉部位，与轨道交通、地下通道、人防工程、河道、高架道路桩基、大口径雨污水管道等交叉部位（图 3.2-36～图 3.2-39）。

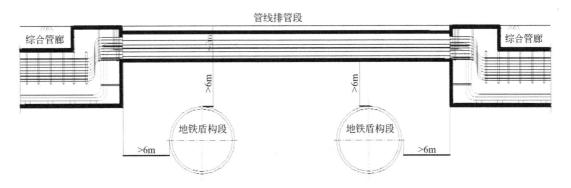

图 3.2-36 综合管廊过已建地铁区间段

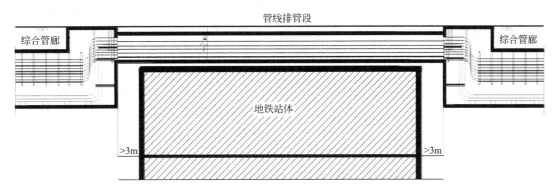

图 3.2-37 综合管廊过地铁车站（排管）

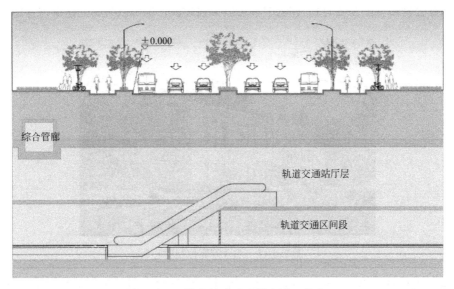

图 3.2-38 综合管廊过地铁车站（共建）

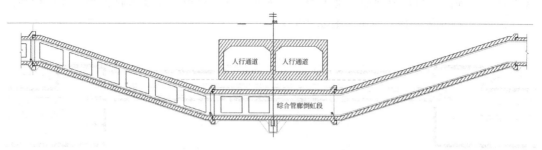

图 3.2-39　综合管廊过人行通道

节点控制主要是通过确定节点处理方式，明确节点的控制尺寸及与其他设施的控制间距等。

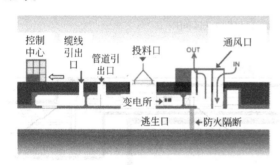

图 3.2-40　综合管廊配套设施

（10）配套设施

配套设施包括控制中心、变电所、吊装口、通风口、人员出入口、逃生口等，管廊内的管道及附属配件运输、安装，人员进出、应急逃生等均需通过相关配套设施来完成（图 3.2-40）。

综合管廊应设置控制中心，对各类设备进行控制和供配电，以及为管廊工作人员提供办公场所。根据城市规模不同，可建立不同的管理层级，大城市以上可建立市级-区级-组团级的管理机制，即设置三个层次的控制中心，中等规模城市可设置市级和组团级两级控制中心，小城市可按需求确定。不同层级的控制中心功能侧重不同，相关配置也不相同。控制中心应与综合管廊同步实施。项目级控制中心地下一层为配电间、通风机房和储藏间，并设有通向管廊的通道；地面以上为监控室和管理办公区域（图 3.2-41）。控制中心可以单独建设，也可以与其他建筑物合建。

图 3.2-41　综合管廊控制中心

人员出入口是为满足管理人员和参观人员进出综合管廊而设置，一般高出地面，并与景观协调（图 3.2-42）。

图 3.2-42　综合管廊人员出入口

综合管廊吊装口主要功能是满足管线及设备投放，同时兼有人员逃生的功能。

吊装口的开口尺寸主要根据进出的管线及设备规格确定（图 3.2.3-15）。

吊装口节点宜结合绿化带布置，不能影响车行及人行交通，不影响道路景观，可设计为低平式，并做好密闭防水措施（图 3.2-43、图 3.2-44）。

图 3.2-43　综合管廊吊装口（投料口）　　　　图 3.2-44　综合管廊吊装口（投料口）

综合管廊通风口主要功能是保障综合管廊通风风机及其附属设施的安装及运行（图 3.2-45）。

图 3.2-45　综合管廊通风口

综合管廊除交叉路口需设置管线分支口外，在用户需求点也需要设置分支口，以方便综合管廊内管线接入用户（图 3.2-46）。

考虑到地块开发建设一般晚于综合管廊建设，当无法确定准确的用户接入点时，管线分支口一般按 150m 左右设置一处。

考虑到引出管线时不影响正常管线的敷设与运行，分支口处的管廊需进行加宽、加高处理。需引出的管线根据其敷设要求（转弯半径、阀门设备等）从原有管线或管位上接出，通过分支口壁板预埋的孔洞引出综合管廊，并敷设至地块。

综合管廊分支口除满足规划设计管线进出需求外，还应预留远期发展可能增加的管线接出口。

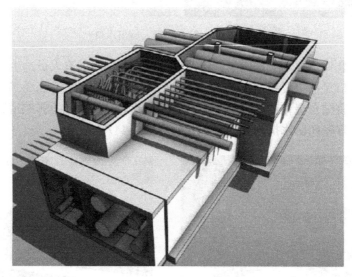

图 3.2-46　综合管廊管线分支口

综合管廊交叉部位需设置交叉口，交叉口应确保管线联通，人员互通，尤其是对于大直径的能源管道，应预留足够的安装检修空间，确保管线在交叉口范围能够实现互通（图 3.2-47、图 3.2-48），同时，交叉口处互相交叉的管廊，各自通风及防火分区应保持独立。

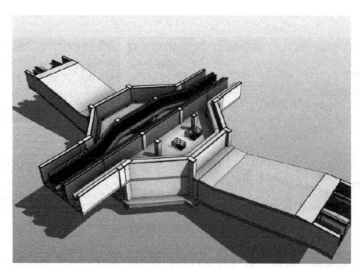

图 3.2-47　综合管廊交叉口

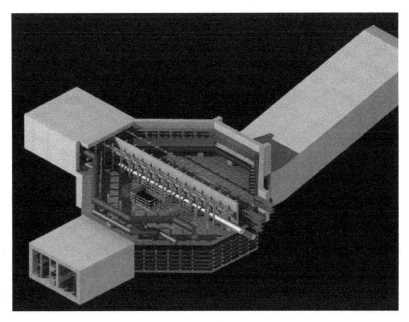

图 3.2-48　综合管廊交叉口

（11）安全防灾

综合管廊安全防灾主要考虑自然灾害和运行灾害，自然灾害包括地震和洪涝等，运行灾害包括管线运行过程中的火灾等，因此，综合管廊规划应在安全防灾方面提出要求：

抗震：①地质抗液化措施，②结构主体按照乙类建筑物进行抗震设计，③内部管线应与支撑系统可靠固定。

防洪：综合管廊露出地面的构筑物应满足城市防洪要求，并采取可靠措施防止地面水倒灌。

消防：综合管廊主体结构材料应采用不燃烧体，各类管材应采用不燃材料，纳入电力管线的舱室应设置防火分区，防火分区长度不大于 200m，并设置火灾自动报警系统。综合管廊舱室内应按规范要求设置灭火器材。

（12）建设时序

综合管廊规划应结合城市实际情况确定近、中、远期建设计划。近期应结合道路建设计划确定综合管廊建设年份、建设区域及建设长度等，优先安排新旧城区连接点、跨越河流、铁路和交通要道等关键节点的管廊建设。远期应根据城市中远期发展规划确定管廊建设区域、长度等。

（13）投资估算

综合管廊工程规划应根据《城市综合管廊工程投资估算指标》估算管廊建设资金规模。

（14）保障措施

综合管廊规划应从组织、政策、资金、技术、管理等方面提出规划实施的保障措施（图 3.2-49）。

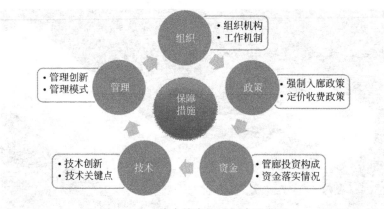

图 3.2-49　综合管廊规划保障示意图

综合管廊规划是综合管廊工程建设的依据，应力求做到科学、合理，既要满足城市发展及管线运行的需求，遵循相关指导文件及规范标准，具有指导工程建设和管控相关规划的功能，同时要充分论证建设可行性，做好与相关设施的衔接协调，合理安排建设时序，使规划具有可实施性。

第4章 综合管廊设计

根据专业构成和建设内容,结合管廊设计主要包括总体设计、土建设计、附属设施设计。附属设施设计又包含了消防、排水、电气、监控与报警、通风、标识等系统设计。缆线管廊由于不设置相关的附属系统,其设计内容主要包括总体设计和土建设计。

4.1 总体设计

总体设计是指基于综合管廊基本功能,并为确保工程顺利实施而对综合管廊平面、纵断面、横断面、口部及相关节点进行的空间设计,是综合管廊工程设计的核心内容。综合管廊总体设计应以"确保管线安装敷设及安全运行"这一基本功能为目标。

综合管廊总体设计一般包括设计总说明、标准断面设计、平面布置设计、纵断面布置设计及综合管廊功能性节点设计等内容(表 4.1-1)。

综合管廊总体设计 表 4.1-1

总体设计	主要内容	设计要求
总说明	总体设计说明	规模、位置、主要技术要求
总体布置	标准断面	标准断面及特殊断面,入廊管线说明
	位置关系	在道路下方的平面、竖向位置及说明
	平面布置	与道路及相关设施的平面关系,防火分区及通风区间标识,变形缝位置标识
	纵断面布置	与道路及相关设施的竖向关系
功能口部	端部井	综合管廊起始与结束,管线进入或引出综合管廊的口部
	分支口	管线进入综合管廊或自综合管廊引出至用户的口部及附属设施
	通风口	综合管廊进排风的口部,可兼做人员逃生口,出地面部分与景观协调,并应避开机动车道或非机动车道
	吊装口	设备及管线进入综合管廊的口部,可兼做人员逃生口,出地面部分与景观协调,并应避开机动车道或非机动车道
	分变电所	按照供电分区设置,用于放置供配电设备的口部,出地面部分与景观协调,并应避开机动车道或非机动车道
	交叉口	综合管廊交叉时,满足管线互通、人员通行及防火分区独立需求的口部
	人员出入口	综合管廊与外部联通的口部,一般应设置楼梯通向地面
	人员逃生口	满足人员自综合管廊主体舱室内逃生需求的口部,逃生口的形式有:(1)以直爬梯形式通向综合管廊安全夹层或地面;(2)通向临近安全舱室,并通过临近舱室通向安全空间。逃生口可与通风口、吊装口合建,人员出入口具有逃生口的功能

续表

总体设计	主要内容	设计要求
协调节点	倒虹	综合管廊与河流、地道、排水管线等竖向标高冲突时,设置的综合管廊局部标高变化段
	过地铁段	与地铁车站或区间段的关系处理,根据建设时序、工程结构及功能需求确定空间关系,采用合建与分离避让的建设方式
	地下空间	与同步规划建设的地下空间设施的平面和竖向关系。地下空间综合利用的核心是高效、有序,判断综合管廊与地下空间设施采用合建或分离方式,应以各自功能充分发挥、结构合理、工程安全为基本原则
控制中心	控制,配电	可采用单独建设或与其他建筑合建形式,一般包含控制室、总配电间(根据电气设计方案确定)、管理人员办公室及其他功能空间

4.1.1 设计总说明

综合管廊总体设计说明应对工程概况、工程设计依据及工程主要设计意图进行描述,一般包括如下内容:工程概况,设计范围及设计内容,设计依据,主要设计规范,总体设计说明及其他内容。

4.1.1.1 工程概况

工程概况主要对工程总体情况进行介绍,包括建设规模,综合管廊类型,舱室数量及纳入工程管线种类等内容,可采取表格形式进行说明(表4.1-2)。

综合管廊工程概况　　　　　　　　　　　表 4.1-2

位置			类型	断面	纳入管线		
	所属道路	长度			综合舱	天然气舱	高压电力舱
规划片区	规划路一	km	干线型	双舱	电力、信息、给水等	天然气	110kV 电缆
	规划路二	km	干线型	三舱	电力、信息、给水等	天然气	110/220kV 电缆
	—	—	—	—	—	—	—
	规划路 X	km	支线型	单舱	电力、信息、给水等	—	—

4.1.1.2 设计范围及设计内容

设计范围主要描述综合管廊设计起止桩号,综合管廊在道路下方位置。

设计内容主要描述综合管廊总体设计包含的内容,一般为标准断面布置设计、平面布置设计、纵断面布置设计以及综合管廊功能性节点的总体设计。

4.1.1.3 设计依据

主要为综合管廊设计的依据性基础资料及主管部门批复文件,一般包括但不限于以下内容:中标通知书、初步设计及批复、综合管廊规划建设方案、区域控制性详细规划、管线综合规划、管线专项设计、前期会议纪要及工程地质勘查报告等。

4.1.1.4 主要设计规范

对综合管廊设计依据的规范性文件进行描述,一般为现行国家及行业规范、标准图集等内容，如《城市综合管廊工程技术规范》GB 50838—2015 等。

4.1.1.5　总体设计说明及其他

对综合管廊的总体设计理念进行说明，一般包括但不限于以下内容：

（1）综合管廊使用年限、用途等；

（2）综合管廊平面、纵断面布置原则，与道路相关附属工程关系及处理原则；

（3）综合管廊标准断面内管线布置原则；

（4）综合管廊功能性节点设计原则，包括管线吊装口、管线分支口、进风口、排风口等各个节点的设计功能、设计理念等内容；

（5）综合管廊防火分区设置原则及本工程防火分区数量；

（6）综合管廊各个附属系统的设计原则介绍，包括综合管廊内消防系统、通风系统、供电系统、照明系统、监控与报警系统、排水系统及标识系统等内容；

（7）工程量表。主要统计综合管廊各类功能性节点的位置及数量、综合管廊引入引出排管的数量等内容；

（8）其他需要在总体设计说明里描述的内容。

4.1.2　标准断面设计

综合管廊标准断面的布置形式是综合管廊总体设计的重要内容。合理的标准断面布置形式不仅有利于综合管廊建设的实施，更有利于管廊内各种管线后期的安装、运行和维护，可以在合理的投资范围内使综合管廊实现功能最大化。因此综合管廊标准断面的布置需要结合工程的实际情况，综合考虑各类影响因素，进行精细化设计。

4.1.2.1　标准断面布置原则

一般情况下综合管廊的标准断面布置主要需解决以下问题：舱室数量；舱室大小；舱室布置形式。

1.综合管廊标准断面的舱室数量主要由纳入管线的种类确定：

（1）对于国家规范《城市综合管廊工程技术规范》GB 50838—2015 中规定的不能相容的管线的特殊要求应严格遵守：如天然气管道应在独立舱室内敷设；热力管道采用蒸汽介质时应在独立舱室内敷设；热力管道不应与电力电缆同舱敷设。因此在纳入天然气及蒸气等特殊管线时，综合管廊标准断面布置要预留单独的舱室空间。

（2）对于行业内有特殊敷设规定的市政管线，综合管廊标准断面布置时应充分尊重其要求，并做好方案比选工作，在技术可行、经济合理的前提下尽量满足。

（3）综合管廊断面布置时应尽量将运行属性相容的管线布置在同一舱室内。例如条件允许时将 10kV 电力电缆和通信光缆布置在同一舱室，将给水、中水等管道与热水管道布置在同一舱室，这种布置不仅便于各类管线的维护、运营和管理，还有利于优化综合管廊工程附属设施的设计，降低整体投资。

2.综合管廊标准断面舱室的尺寸应根据容纳管线的规模及各类管线安装、检修、维护作业所需要的空间要求确定：

（1）进入综合管廊内的管线主要有缆线和管道两种形式，缆线主要包括各类电压等级的电力电缆和各类运营商的通信光缆，管道主要包括各类给水、中水、再生水、热水等管道。一般在综合管廊内，缆线主要采用支架桥架系统敷设，管道主要采用支墩或支架的形式敷设。

对于采用支架桥架系统安装的电力电缆，其支架托臂间距应根据《电力工程电缆设计规范》GB 50217—2018 确定，如表 4.1-3 所示。

电缆支架、梯架或托盘的层间距离最小值（mm） 表 4.1-3

电缆电压级和类型、敷设特征		普通支架、吊架	桥架
控制电缆明敷		120	200
电力电缆明敷	6kV 及以下	150	250
	6~10kV 交联聚乙烯	200	300
	35kV 单芯	250	300
	35kV 三芯	300	350
	110~220kV，每层 1 根以上		
	330kV、500kV	350	400
电缆敷设于槽盒中		$h+80$	$h+100$

注：h 为槽盒外壳高度

对水平敷设时的电力电缆，其支架的最上层和最下层布置尺寸，应符合下列规定：

① 最上层支架距构筑物顶板或梁底的净距允许最小值，应满足电缆引接至上侧柜盘时的允许弯曲半径要求，且不小于表 4.1-3 所列数再加 80~150mm 的和值。

② 最上层支架距其他设备的净距，不应小于 300mm，当无法满足时应设置防护板。

③ 最下层支架距地坪、沟道底部的最小净距，在综合管廊内不宜小于 100mm。

对于采用支架桥架系统安装的通信线缆，其支架桥架间距应满足《光缆进线室设计规定》YD/T 5151-2007 的有关要求。

对于采用支架或支墩安装的管道，其安装净距宜满足图 4.1-1 及表 4.1-4 的要求：

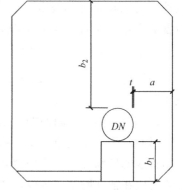

图 4.1-1　管道安装净距（mm）

综合管廊的管道安装净距（mm） 表 4.1-4

DN	综合管廊的管道安装净距					
	铸铁管、螺栓连接钢管			焊接钢管、塑料管		
	a	b_1	b_2	a	b_1	b_2
$DN<400$	400	400				
$400 \leqslant DN<800$	500	500	800	500	500	800
$800 \leqslant DN<1000$						
$1000 \leqslant DN<1500$	600	600		600	600	
$DN \geqslant 1500$	700	700		700	700	

（2）为满足管线的检修、运输、安装等要求，综合管廊的内部空间还需要满足如下要求：

1）综合管廊净高不宜小于2.4m；

2）综合管廊内两侧设置支架或管道时，检修管道净宽不宜小于1.0m；单侧设置支架或管道时，检修通道净宽不宜小于0.9m。配备检修车的综合管廊检修通道宽度不宜小于2.2m。

3. 综合管廊标准断面舱室布置形式需要结合多种因素综合确定：

（1）综合管廊各个舱室一般采用平铺并列的布置形式，当受到道路条件限制时，可将舱室上下叠放，采用双层布置方式；

（2）当各舱室采用平铺并列的布置形式时，宜将引出少、转弯半径要求大的管线布置在中间舱室，需要频繁引出、转弯半径要求小的管线及管道布置在两侧舱室，排水管线宜布置在两侧舱室内；

（3）当各舱室采用上下叠放的布置形式时，宜将中压电力、通信、天然气等管线布置在上层，将高压电力、排水、给水等管线布置在下层；

（4）各舱室位置的布置，还应考虑综合管廊在道路下方的位置，宜将管径较大或吊装难度大的舱室布置在人行道或绿化带一侧。

4.1.2.2 标准断面设计

根据规范规定的分舱原则，综合管廊通常有单舱、双舱、三舱及四舱等多种断面形式，其中单舱的标准断面是其他多舱断面的基础组成形式。故首先进行单舱综合管廊的标准断面设计研究，确定单舱断面在纳入不同管线类别和管径条件下的布置形式及断面尺寸。

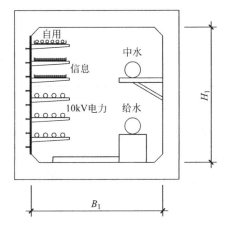

图4.1-2 单舱综合管廊标准断面一（mm）

1. 纳入电力、信息、给水、中水管线的综合管廊标准断面

纳入的管线有10kV电力、信息、给水、中水等管线时，其适用纳入管线规模及舱室断面尺寸如图4.1-2、表4.1-5所示，其断面尺寸根据纳入管线规模的变化而不同，推荐断面宽度以400mm为模数、断面高度以300mm为模数进行调整，以适应管廊内管道的检修、安装及运维需求。

单舱综合管廊舱室尺寸选用表一（mm） 表 4.1-5

编号	B_1(mm)	H_1(mm)	给水(mm)	中水(mm)	信息	10kV
1	2400	2400	$DN300$	$DN300$	2排桥架	3排托臂
2	2800	2700	$DN600$	$DN300$	2排桥架	4排托臂
3	3200	3000	$DN800$	$DN300$	3排桥架	4排托臂

2. 纳入110kV/220kV高压电力电缆的综合管廊标准断面

主要适用于110kV/220kV高压电力电缆采用单舱形式敷设的综合管廊断面。根据高压电力支架的竖向间距和托臂长度确定综合管廊标准断面的净宽和净高，其断面布置形式，可按图4.1-3、表4.1-6选用，其适用纳入管线规模及舱室断面尺寸见表4.1-6所示，断面的宽度和高度变化模数分别为 400mm 和 300mm。

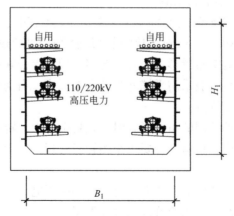

图 4.1-3　单舱综合管廊标准断面二（mm）

单舱综合管廊舱室尺寸选用表二（mm） 表 4.1-6

编号	B_1(mm)	H_1(mm)	110kV	220kV	备注
1	2000	2400	2 回	1 回	单侧布置
2	2800	2400	4 回	2 回	双侧布置
3	2800	3000	6 回	2 回	双侧布置
4	2800	3300	4 回	4 回	双侧布置

3. 纳入天然气管道的综合管廊标准断面

《城市综合管廊工程技术规范》GB 50838—2015 规定纳入管廊的天然气管道需单舱敷设，舱室断面尺寸根据天然气管径大小进行调整，其布置形式可按下图选用，其适用纳入管线规模及舱室断面尺寸如图 4.1-4、表 4.1-7 所示，断面的宽度和高度变化模数分别为 200mm 和 300mm。

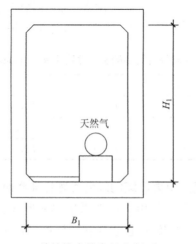

图 4.1-4　单舱综合管廊标准断面三（mm）

单舱综合管廊舱室尺寸选用表三 （mm）　　　　表 4.1-7

编号	B_1(mm)	H_1(mm)	天然气(mm)
1	1800	2400	$DN300$
2	2000	2400	$DN450$

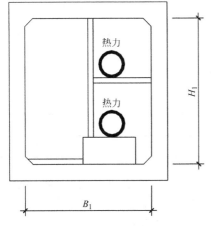

图 4.1-5　单舱综合管廊标准断面四（mm）

4. 纳入热力管道的综合管廊标准断面

《城市综合管廊工程技术规范》GB 50838—2015 规定热力管道采用蒸汽介质时应在独立舱室内敷设，热力管道不应与电力电缆同舱敷设，故存在热力管道需采用单舱敷设的情况。热力管道单舱敷设时有两种形式：热力管道上下叠放，热力管道两侧平敷。

（1）当热力管管径＜$DN800$ 时，热力管可上下叠放，舱室断面尺寸根据管径大小进行调整，其适用纳入管线规模及舱室断面尺寸如图 4.1-5、表 4.1-8 所示，断面的宽度和高度变化模数分别为 400mm 和 300mm。

单舱综合管廊舱室尺寸选用表四 （mm）　　　　表 4.1-8

编号	B_1(mm)	H_1(mm)	热力(mm)
1	2400	2700	$2\times DN400$
2	2800	3600	$2\times DN600$

（2）当热力管管径≥$DN800$ 时，热力管一般在两侧平铺，舱室断面尺寸根据管径大小进行调整，其适用纳入管线规模及舱室断面尺寸如图 4.1-6、表 4.1-9 所示，断面的宽度和高度变化模数分别为 400mm 和 300mm。

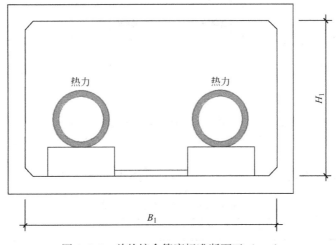

图 4.1-6　单舱综合管廊标准断面五（mm）

单舱综合管廊舱室尺寸选用表五（mm） 表 4.1-9

编号	B_1(mm)	H_1(mm)	热力(mm)
1	4800	2700	$2 \times DN800$
2	5600	3000	$2 \times DN1000$

明确了各种单舱形式综合管廊的标准化断面设计之后，在实际工程建设中，可以根据入廊管线的规模和种类，通过不同的单舱断面组合，形成双舱、三舱，甚至四舱的标准断面形式，下面举例说明：

案例一：某综合管廊工程，拟纳入管线种类及规模见表 4.1-10。

案例一入廊管线种类及规模 表 4.1-10

管线种类	给水(mm)	中水(mm)	信息	10kV	110kV	220kV	天然气
规模	$DN300$	$DN300$	2 排桥架	3 排托臂	4 回	2 回	$DN300$

根据规范规定、行业标准及管线规模种类，可以确定本工程需采用三舱断面，其中给水、中水、信息、10kV 管线一个舱，110kV、220kV 管线一个舱，天然气管线一个舱。明确三舱布置的基本形式后，可根据单舱形式的标准设计方案确定每个舱室的大小。

给水、中水、信息、10kV 管线舱：根据管线规模，可选用的断面尺寸为 $B_1 = 2400mm$，$H_1 = 2400mm$；

110kV、220kV 高压电力舱：根据管线规模，可选用断面尺寸为 $B_1 = 2800mm$，$H_1 = 2400mm$；

天然气管线舱：根据管线规模，可选用断面尺寸为 $B_1 = 1800mm$，$H_1 = 2400mm$；

最终得到的组成三舱断面的每个单舱形式如图 4.1-7 所示。

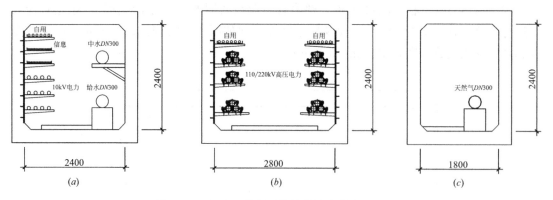

图 4.1-7　组成三舱断面的单舱管廊形式（mm）
(a) 给水、中水、信息、10kV 舱；(b) 110/220kV 舱；(c) 天然气舱

案例二：某综合管廊工程，拟纳入管线种类及规模见表 4.1-11。

案例二入廊管线种类及规模 表 4.1-11

管线种类	给水(mm)	中水(mm)	信息	10kV	110kV	220kV	天然气	热力(蒸汽)
规模	$DN800$	$DN300$	3 排桥架	4 排托臂	6 回	2 回	$DN300$	$2 * DN1000$

根据规范规定、行业标准及管线规模种类，可以确定本工程需采用四舱断面，其中给水、中水、信息、10kV 管线一个舱，110kV、220kV 管线一个舱，天然气管线一个舱，蒸汽热力管道一个舱。明确四舱布置的基本形式后，可根据单舱形式的标准设计方案确定每个舱室的大小。

给水、中水、信息、10kV 管线舱：根据管线规模，可选用的断面尺寸为 $B_1 = 3200$mm，$H_1 = 3000$mm；

110kV、220kV 高压电力舱：根据管线规模，可选用断面尺寸为 $B_1 = 2800$mm，$H_1 = 3000$mm；

天然气管线舱：根据管线规模，可选用断面尺寸为 $B_1 = 1800$mm，$H_1 = 2400$mm；

热力管线舱：根据管线规模，可选用断面尺寸为 $B_1 = 5600$mm，$H_1 = 3000$mm；

最终得到组成四舱断面的每个单舱形式如图 4.1-8 所示。

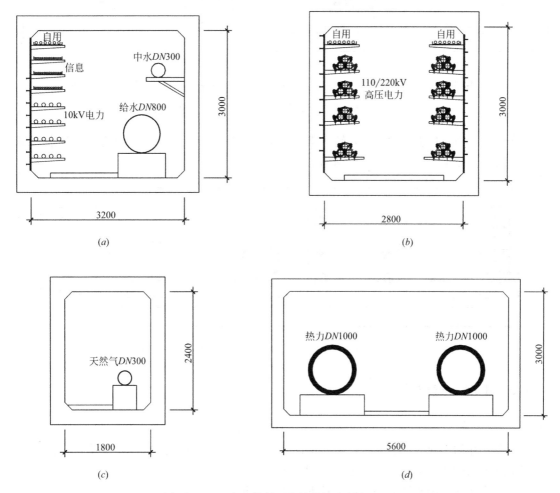

图 4.1-8　组成四舱断面的单舱管廊形式（mm）
（a）给水、中水、信息、10kV 综合舱；（b）110/220kV 电力舱；（c）天然气舱；（d）热力舱

从以上两个案例可以看出，在确定单舱综合管廊标准断面的基本形式后，可以在工程实际中由入廊管线规模及种类较简便的得出每个舱室的规格尺寸。在此基础上，根据上节

讨论的标准断面舱室布置形式原则确定综合管廊标准断面的布置形式。

在案例一中，由于110/220kV高压电力管线引出的频率较少，在断面布置时考虑将其布置在三个舱室的中间，其余两个舱室布置在两侧，便于舱室内管线引出至道路两侧，最终断面形式如图4.1-9所示。

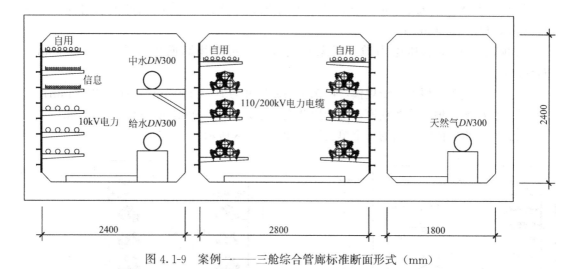

图4.1-9　案例一——三舱综合管廊标准断面形式（mm）

在案例二中，将引出频率少，转弯半径要求大的管线管道布置在中间舱室，其余管线布置在两侧，便于管线引出，最终断面形式如图4.1-10所示。

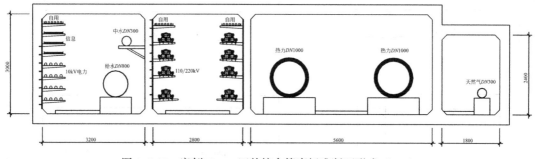

图4.1-10　案例二——四舱综合管廊标准断面形式（mm）

4.1.3　平面布置设计

4.1.3.1　平面布置原则

综合管廊的平面设计主要涉及管廊平面布局、管廊各功能节点定位，并反映与管廊周边现状或规划的建（构）筑物、道路及相关设施的相互关系。

综合管廊的平面布置原则：（1）根据本工程的道路、管线及所有附属设施的情况确定管廊在道路下方的平面位置；（2）根据本工程综合管廊的实际需求确定管廊各舱室及各类节点口部在道路下方的布置位置。

1. 道路、管线及附属设施情况

对于规划新建道路，需充分了解规划道路横断面、规划道路管线布置、规划道路附属工程（如桥梁、地道等）、轨道交通、河道水系、沿线建构筑物等情况，综合管廊的平面布置应采取有效的措施避让沿途障碍物，对无法避让的建构筑物，应采用迁改、保护，或调整施工顺序等措施予以解决。

对于现状道路，应提前做好道路既有管线等情况的资料收集，明确综合管廊建设过程中，既有管线的解决方案。如可以迁改既有管线，则综合管廊平面布置可不考虑管线影响；如不能迁改既有管线，则需要在采取管线保护方案的前提下，进行综合管廊平面的布置。

2. 综合管廊运行需求

为便于综合管廊内管线的运维检修，综合管廊最适宜布置在道路绿化带下方，管廊的各种功能性节点口部可以利用绿化带直通管廊底部，确保管廊内管线可以顺利吊装，减少了管线安装、检修和运维的难度。

对于绿化带较窄的道路，宜优先将管径大、吊装困难的管线舱室布置在绿化带下方。

对于无绿化带的道路，宜优先将综合管廊布置在非机动车道或人行道下方。

综合管廊的平面布置还应遵循规范规定的其他要求：

（1）综合管廊平面中心线宜与道路、铁路、轨道交通、公路中心线平行。

（2）综合管廊穿越城市快速路、主干路、铁路、轨道交通、公路时，宜垂直穿越，受条件限制时可斜向穿越，最小交叉角不宜小于 60°。

（3）容纳电力电缆的舱室应每隔 200m 采用耐火极限不低于 3.0h 的不燃烧墙体进行防火分隔。

（4）综合管廊的每个舱室应设置人员出入口、逃生口、吊装口、进风口、排风口、管线分支口等。

（5）综合管廊的人员出入口宜与逃生口、吊装口、进风口结合设置，且不宜少于两处。

（6）逃生口设置的间距应符合以下规定：

1）敷设电力电缆的舱室，逃生口间距不宜大于 200m；

2）敷设天然气管道的舱室，逃生口间距不宜大于 200m；

3）敷设热力管道的舱室，逃生口间距不应大于 400m；当热力管道采用蒸汽介质时，逃生口间距不应大于 100m；

4）敷设其他管道的舱室，逃生口间距不宜大于 400m。

（7）综合管廊吊装口的最大间距不宜超过 400m。

4.1.3.2　平面布置设计

综合管廊的平面布置设计主要解决以下问题：管廊在道路下的平面位置；管廊各功能节点的布置位置；管廊与其他相关构筑物或管线的关系。

1. 综合管廊在道路下的平面位置

综合管廊是道路下的附属设施，宜布置在道路红线或绿线范围内。

（1）当道路规划有较宽绿化带时，综合管廊优先布置在绿化带内（图 4.1-11）。

（2）当道路绿化带较窄时，宜优先将管径大、吊装困难的管线舱室布置在绿化带下方（图 4.1-12）。

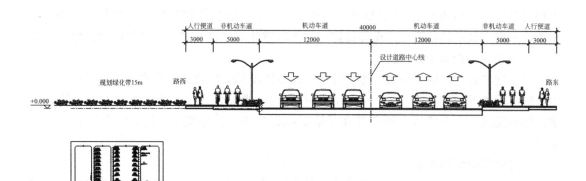

图 4.1-11 综合管廊布置在道路一侧绿化带内

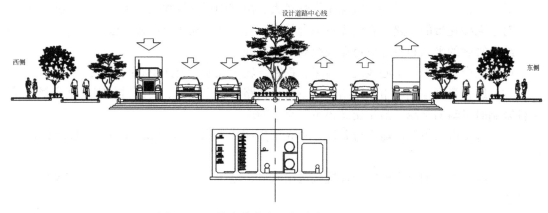

图 4.1-12 综合管廊布置在道路中央绿化带内

（3）当道路无绿化带，或绿化带规划有高架桥、轨道交通时，综合管廊宜布置在人行道或非机动车道下方（图 4.1-13）。

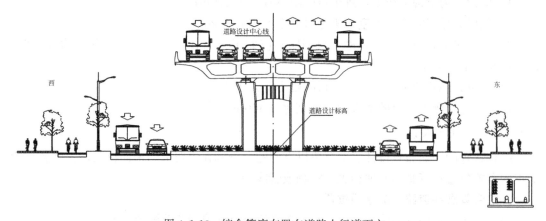

图 4.1-13 综合管廊布置在道路人行道下方

2. 综合管廊各功能节点的布置位置

为保证纳入管线的正常安全运行，综合管廊内需设置通风、供电、监控、消防及排水等附属设施，综合管廊内因此需设置各类节点满足以上附属设施的安装与运行，且管廊内的管线需要引入引出及维修更换等，也需通过各种功能性节点实现，一个通风区间内典型的节点布置如图 4.1-14 所示。

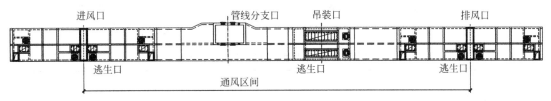

图 4.1-14 一个通风区间内节点布置示意

3. 综合管廊与其他构筑物或管线的关系

为准确表示综合管廊本体及与其他构筑物或管线的关系，平面图中应包括但不限于以下内容：

（1）拟建或规划道路平面布置图；

（2）现状管线在道路下的布置图；

（3）现状地形图；

（4）拟建或现状道路附属工程或其他构筑物，如人行地道、天桥、地铁及其附属构筑物等的平面位置，并注明管廊与其关系；

（5）综合管廊起止范围线；

（6）附属设施节点功能标注；

（7）关键定位位置坐标标示；

（8）防火区间及通风区间标示。

4.1.4 纵断面设计

4.1.4.1 纵断面设计原则

综合管廊纵向设计主要为了确定综合管廊纵向高程的定位及管廊覆土厚度，明确地下设施的位置关系，避免与地下规划或现状构筑物、河道、桥梁等产生施工冲突，以及明确综合管廊每个防火分区的集水坑位置等。

纵断面设计主要遵循以下原则：

1. 管廊覆土厚度

管廊覆土厚度主要由以下因素确定：

（1）管廊抗浮需要；

（2）管廊节点布置需要；

（3）管廊顶绿化种植需要；

（4）一般相交管线的埋置深度；

（5）寒冷地区冻土深度影响。

根据以上原则，综合管廊一般情况下的覆土厚度不小于 2.5～3m。

2. 综合管廊纵向坡度

综合管廊的纵向坡度一般与道路坡度一致，并满足管廊纵向排水最小坡度要求，且纵向坡度还应满足各管线的最小弯曲半径及人员通行要求，当坡度超过 10% 时应在人员通道部位设置防滑地坪或台阶。

3. 综合管廊与相交构筑物或管线关系

综合管廊在竖向上与重要的地下构筑物或重力流管线发生冲突时，应采取倒虹避让的措施，规范对综合管廊与相邻地下构筑物或管线的最小净距要求如下（表4.1-12）：

综合管廊与相邻地下构筑物的最小净距 表4.1-12

距离 工法	明挖施工	顶管、盾构施工
与地下构筑物水平距离	1.0m	综合管廊外径 D
与地下管线水平净距	1.0m	综合管廊外径 D
与地下管线交叉垂直净距	0.5m	1.0m

4. 综合管廊与河道的竖向关系

综合管廊穿越河道时应选择在河床稳定的河段，最小覆土深度应满足河道整治和综合管廊安全运行需求，并应符合下列规定：

（1）在Ⅰ～Ⅴ级航道下面敷设时，顶部高程应在远期规划航道底高程2.0m以下；

（2）在Ⅵ、Ⅶ级航道下面敷设时，顶部高程应在远期规划航道底高程1.0m以下；

（3）在其他河道下面敷设时，顶部高程应在河道底设计高程1.0m以下。

4.1.4.2 纵断面设计

纵断面布置图中应包括并不限于以下内容：

（1）双向比例尺；

（2）高程系标尺；

（3）里程桩号标尺；

（4）上部地面设计高程线；

（5）现状地面高程线；

（6）管廊覆土厚度；

（7）管廊上下顶板高程线；

（8）管廊纵坡及相应长度；

（9）附属设施节点功能标注；

（10）管廊所避让构筑物、管线的位置示意、标高标注；

（11）集水坑布置等。

典型的纵断面布置设计图如图4.1-15所示。

4.1.5 功能性节点口部设计

4.1.5.1 功能性节点口部布置原则

综合管廊功能性节点口部主要指为了满足管廊内通风、配电、监控、消防等附属功能要求以及为了实现管线的引入引出、检修运维而设置的特殊节点，主要包括吊装口、进风口、排风口、管线分支口等。《城市综合管廊工程技术规范》GB 50838—2015 中对功能性节点的设置有如下规定：

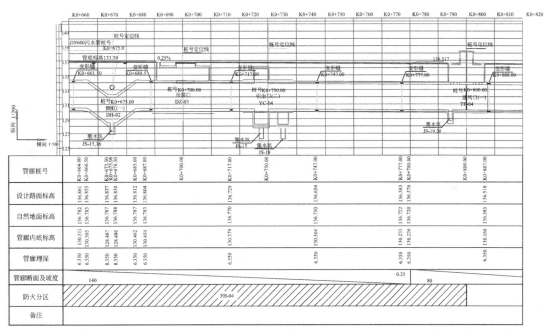

图 4.1-15　典型纵断面布置设计图

（1）综合管廊的每个舱室应设置人员出入口、逃生口、吊装口、进风口、排风口、管线分支口等。

（2）综合管廊的人员出入口、逃生口、吊装口、进风口、排风口等露出地面的构筑物应满足城市防洪要求，并应采取防止地面水倒灌及小动物进入的措施。

（3）综合管廊人员出入口宜与逃生口、吊装口、进风口结合设置，且不应少于 2 个。

（4）逃生口尺寸不应小于 1m×1m，当为圆形时，内径不应小于 1m。

（5）吊装口净尺寸应满足管线、设备、人员进出的最小允许限界要求。

（6）综合管廊进、排风口的净尺寸应满足通风设备进出的最小尺寸要求。

（7）天然气管道舱室的排风口与其他舱室排风口、进风口、人员出入口以及周边建（构）筑物口部距离不应小于 10m。天然气管道舱室的各类孔口不得与其他舱室连通。

（8）露出地面的各类孔口盖板应设置在内部使用时易于人力开启，且在外部使用时非专业人员难以开启的安全装置。

4.1.5.2　功能性节点口部设计

1. 通风口

综合管廊通风口的主要功能是保障综合管廊通风风机及其附属设施的安装及运行，配电监控的设备间及人员逃生口可与通风口结合设置。

通风口一般利用综合管廊上部覆土空间，以夹层的形式布置，为全地下式结构，仅通风格栅等露出地面。

通风口各个区域的面积大小应由各种设备所占空间决定：通风机房的面积应能满足风机、风管的安装需要，并预留人员检修逃生、设备更换的空间；配电间的面积应能满足电气设备的安装、检修需要；风井及露出地面格栅部分的面积应能满足通风功能的需要。

典型的通风口节点设计如图 4.1-16～图 4.1-18 所示。

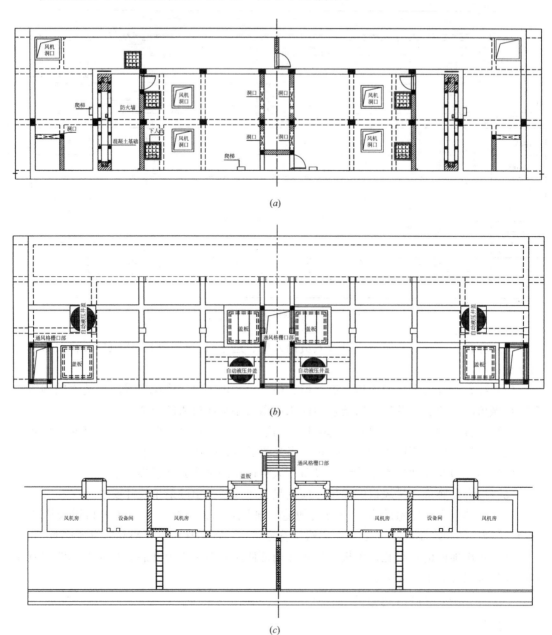

图 4.1-16　通风口节点标准化设计图

(a) 通风口中板平面布置图；(b) 通风口顶板平面布置图；(c) 通风口剖面布置图

2. 吊装口

综合管廊吊装口的主要功能是满足各类管线及其附属构件安装、运维时进出管廊的需要，一般还同时兼顾人员逃生的功能。

吊装口一般利用综合管廊上部覆土空间，以夹层的形式布置，为全地下式结构，仅吊装的口部露出地面。

图 4.1-17 通风口节点低平做法

图 4.1-18 通风口

吊装口尺寸由管线及其附属构件的尺寸决定，特别是对于刚性管件的吊装口，其在长度方向上要满足管线单元（附属构件）的进入要求（如给水管线管节一般长度为 6m，天然气、热力管线管节一般长度为 12m），在宽度方向上要满足管道管径（附属构件宽度）的最小要求，特别需要注意管道附属构件（如阀门、伸缩节等）的尺寸一般比管径要大的情况，应留足吊装口空间。

吊装口一般结合设置人员逃生口，其内部开洞位置应安装可拆卸栏杆，确保人员安全。

典型的吊装口节点设计如图 4.1-19、图 4.1-20 所示。

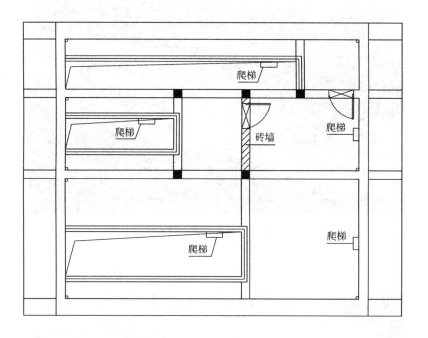

(a)

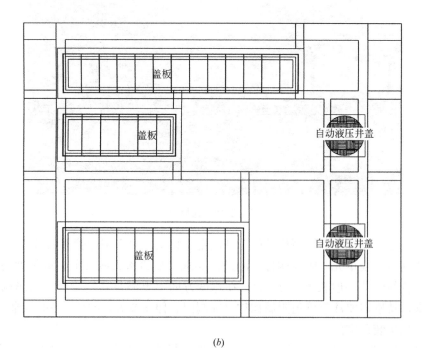

(b)

图 4.1-19　吊装口节点标准化设计图（一）

（a）吊装口中板平面布置图；（b）吊装口顶板平面布置图；

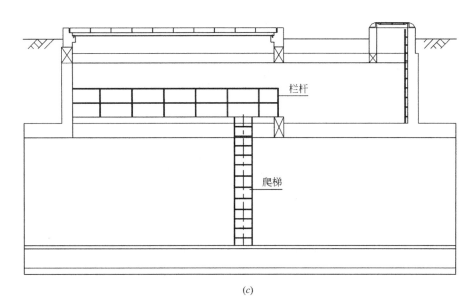

(c)

图 4.1-19　吊装口节点标准化设计图（二）

（c）吊装口剖面布置图

图 4.1-20　吊装口

3. 管线分支口

综合管廊管线分支口的主要功能是满足各类管线引入引出的需要。

管线分支口处引入引出的管线应根据管线单位的需求确定，并适当预留。管线分支口内部空间应能满足各类管线在管廊内转弯半径的需求，管廊外壁应根据引入引出的管线规模预埋定型防水套管或防水组件。管线过路套管应与管线分支口同步实施，确保后期管线引入引出时可以通过套管出入管廊，避免对道路的反复开挖，在管线穿管之前后应做好对套管的封堵。

典型的管线分支口如图 4.1-21、图 4.1-22 所示。

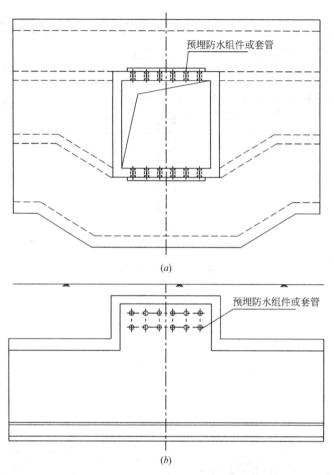

(*a*)

(*b*)

图 4.1-21　管线分支口节点标准化设计图

（*a*）管线分支口上层平面布置图；（*b*）管线分支口剖面布置图

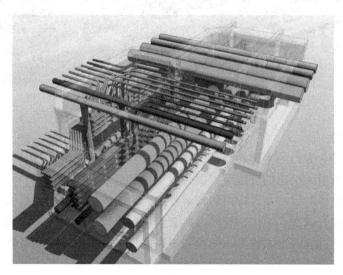

图 4.1-22　管线分支口

4. 交叉口

综合管廊交叉口是指两条管廊相交处，满足管廊内各个舱室管线互相联通、人员互相通行的功能性节点。

管廊交叉口一般采用上下叠交的形式，其内部尺寸应满足管廊内部管线转弯半径以及人员通行的需求，其上下层之间各类洞口应采用防火盖板封闭，盖板上预留穿线位置。

典型的综合管廊交叉口如图 4.1-23～图 4.1-25 所示。

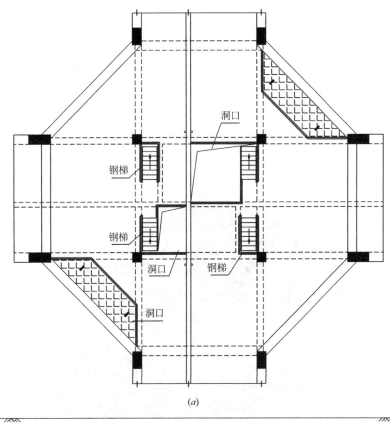

(a)

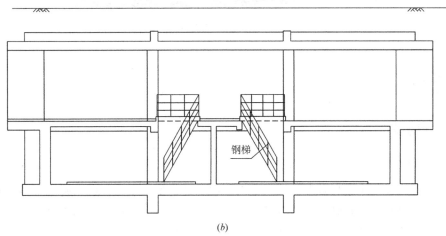

(b)

图 4.1-23　管廊交叉口节点标准化设计图

(a) 交叉口中板平面布置图；(b) 交叉口剖面布置图

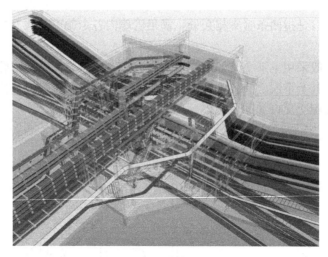

图 4.1-24　管廊交叉口

图 4.1-25　管廊交叉口

4.2　土建设计

4.2.1　结构设计

4.2.1.1　结构设计说明

综合管廊结构设计说明的重点是对工程结构设计原则、方法及设计施工过程中需要注意的问题进行说明，一般包括如下内容：设计总则、设计依据、主要技术规范和标准、结构材料种类、结构混凝土保护层厚度、受力钢筋锚固长度及搭接长度、变形缝设计、防水工程设计、预埋件设计、混凝土浇筑和养护、基坑工程、地基处理、施工工艺简述、结构工程验收标准及其他要求。

1. 设计总则

设计总则主要对工程情况进行简述，并规定本工程结构设计使用年限、安全等级、结构重要性系数、结构构件裂缝控制等级、防水等级、地基基础设计等级及混凝土结构环境类别，明确本工程抗震设计的基本要求，包括场地类别、抗震设防烈度、设计基本地震加速度值、抗震等级等，明确本工程结构设计荷载，以及其他需要明确的结构专业问题。一般按规范规定如下：

（1）综合管廊的结构设计使用年限应为 100 年；

（2）综合管廊的结构安全等级应为一级；

（3）综合管廊结构构件的裂缝控制等级应为三级，结构构件的最大裂缝宽度限值应小于或等于 0.2mm，且不得贯通；

（4）综合管廊的防水等级应为二级，并应满足结构的安全、耐久性和使用要求。综合管廊的变形缝、施工缝和预制构件拼接缝等部位应加强防水和防火措施；

（5）综合管廊工程应按乙类建筑物进行抗震设计，并满足国家现行标准的要求；

（6）综合管廊结构设计应对承载能力极限状态和正常使用极限状态进行计算。

2. 设计依据

主要为综合管廊结构设计的依据性基础资料及其他文件，一般包括但不限于以下内容：初步设计及批复、本工程地质勘查报告等内容。

3. 主要技术规范和标准

对综合管廊结构设计采用的主要技术规范和标准进行描述，一般为国家现行标准、规范、图集等，如：

（1）《混凝土结构设计规范》；

（2）《建筑抗震设计规范》；

（3）《建筑结构荷载规范》；

（4）《建筑地基基础设计规范》；

（5）《建筑抗震设计规范》；

（6）《建筑地基处理技术规范》；

（7）《地下工程防水技术规范》；

（8）《城市综合管廊工程技术规范》；

（9）《混凝土结构耐久性设计规范》；

（10）《建筑基坑支护技术规程》等。

4. 结构材料种类

主要对综合管廊结构采用的混凝土、水泥、钢筋等材料的技术要求、技术参数进行描述，如混凝土强度等级、抗渗/抗冻等级、混凝土水泥用量、水胶比、总碱量及外加剂要求，钢筋强度牌号、钢筋混凝土用钢的其他要求等。

（1）一般情况下管廊及其附属工程结构混凝土强度等级不应低于 C30，采用预应力混凝土结构时不应低于 C40。具体应根据实际工程的建设条件等情况进行确定。

（2）混凝土的抗渗等级应符合表 4.2-1 的要求。

综合管廊设计抗渗等级　　　　　表 4.2-1

综合管廊埋置深度 H（m）	设计抗渗等级
$H<10$	P6
$10{\leqslant}H<20$	P8
$20{\leqslant}H<30$	P10
$H{\geqslant}30$	P12

混凝土的抗冻等级应符合表 4.2-2 的要求。

综合管廊设计抗冻等级　　　　　表 4.2-2

建筑物所在地区	海水环境		淡水环境	
	钢筋混凝土和预应力混凝土	素混凝土	钢筋混凝土和预应力混凝土	素混凝土
严重受冻地区 （最冷月平均气温低于−8℃）	F350	F300	F250	F200
受冻地区 （最冷月平均气温在−4～−8℃）	F300	F250	F200	F150
微冻地区 （最冷月平均气温在0～−4℃）	F250	F200	F150	F100

（3）混凝土在满足抗渗等级、强度等级和耐久性条件下，水泥用量一般不宜小于 280kg/m³，水胶比不得大于 0.5，有侵蚀性介质时水胶比不宜大于 0.45。防水混凝土中各类材料的总碱量（Na_2O 当量）不得大于 3kg/m³，氯离子含量不应超过胶凝材料总量的 0.1%。

（4）混凝土可根据工程需要掺入减水剂、膨胀剂、防水剂、密实剂、引气剂、复合型外加剂及水泥基渗透结晶型材料等，其品种和用量应经试验确定，所用外加剂的技术性能应符合国家现行标准有关质量要求。

（5）纵向受力钢筋宜采用 HRB400 及以上牌号，强度标准值应具有不小于 95% 的保证率，应符合现行国家标准《钢筋混凝土用钢 第 1 部分：热轧光圆钢筋》GB 1499.1、《钢筋混凝土用钢 第 1 部分：热轧带肋钢筋》GB 1499.2 和《钢筋混凝土用余热处理钢筋》GB 13014 的有关规定。有抗震设防要求时还应满足相关规范要求。预应力筋宜采用预应力钢绞线和预应力螺纹钢筋，并应符合现行国家标准《预应力混凝土用钢绞线》GB/T 5224 和《预应力混凝土用螺纹钢筋》GB/T 20065 的有关规定。

（6）预埋钢板宜采用 Q235、Q345 钢，其质量应符合现行国家标准《碳素结构钢》GB/T 700 的有关规定。

5. 混凝土保护层

针对钢筋混凝土结构环境类别，依据《混凝土结构设计规范》GB 50010、《混凝土结构耐久性设计规范》GB/T 50476、《地下工程防水技术规范》GB 50108 等确定混凝土保护层厚度。

混凝土暴露的环境类别按如下条件（表 4.2-3）划分。

环境类别分类　　　　　　　　　　　　　　表 4.2-3

环境类别	条件
一	室内干燥环境； 无侵蚀性静水浸没环境
二 a	室内潮湿环境； 非严寒和非寒冷地区的露天环境； 非严寒和非寒冷地区与无侵蚀性的水或土壤直接接触的环境； 严寒和寒冷地区的冰冻线以下与无侵蚀性的水或土壤直接接触的环境
二 b	干湿交替环境； 水位频繁变动环境； 严寒和寒冷地区的露天环境； 严寒和寒冷地区的冰冻线以上与无侵蚀性的水或土壤直接接触的环境
三 a	严寒和寒冷地区冬季水位变动区环境； 受除冰盐影响环境； 海风环境
三 b	冰渍土环境； 受除冰盐作用环境； 海岸环境
四	海水环境
五	受人为或自然的侵蚀性物质影响的环境

设计使用年限为 50 年的混凝土结构，其最外层钢筋的保护层厚度应符合表 4.2-4 的规定，设计使用年限为 100 年的混凝土结构，最外层钢筋的保护层厚度应不小于表 4.2-4 中数值的 1.4 倍。

钢筋保护层厚度　　　　　　　　　　　　　　表 4.2-4

环境类别	板、墙、壳	梁、柱、杆
一	15	20
二 a	20	25
二 b	25	35
三 a	30	40
三 b	40	50

一般迎水面钢筋保护层厚度不应小于 50mm。

6. 受力钢筋锚固长度及搭接长度

对结构受力钢筋的锚固长度进行规定，对受力钢筋的接头提出要求。

受拉钢筋的锚固长度和抗震锚固长度应满足不同的混凝土强度等级和钢筋强度条件下，《混凝土结构设计规范》GB 50010、《建筑抗震设计规范》GB 50011 的规定。

7. 变形缝设计

明确结构变形缝的布置原则、选用材料的性能指标、构造做法以及施工要求。

变形缝的设置应符合下列规定：

（1）现浇混凝土结构变形缝的最大间距应为 30m；

（2）结构纵向刚度突变处以及上覆荷载变化处或下卧土层突变处，应设置变形缝；

（3）变形缝的缝宽不宜小于 30 mm；

（4）变形缝应设置橡胶止水带、填缝材料（苯板等）和嵌缝材料（聚硫密封膏、聚氨酯密封膏等）等止水构造。

8. 防水工程设计

明确防水工程设计原则、设计标准，明确选用防水技术方案、材料性能指标，对特殊部位防水提出构造要求，提出施工过程中需要注意的问题等。

（1）综合管廊应根据气候条件、水文地质状况、结构特点、施工方法和使用条件等因素进行防水设计，防水等级标准应为二级，并应满足结构的安全、耐久性和使用要求，具体规定如下：总湿渍面积不应大于总防水面积的 2/1000，任意 100m^2 防水面积上的湿渍不超过 3 处，单个湿渍的最大面积不大于 0.2m^2，平均渗水量不大于 0.05L/（m^2·d），任意 100m^2 防水面积的渗水量不大于 0.15L/（m^2·d）；

（2）防水设计应遵循"防、排、截、堵相结合，刚柔并济，因地制宜，综合治理"的原则，确立钢筋混凝土的结构自防水体系，以自防水为根本，加强钢筋混凝土结构的抗裂、防渗能力，同时以施工缝、变形缝等接缝防水为重点，辅以附加防水层加强防水；

（3）明挖法综合管廊工程防水设防要求见表 4.2-5；

防水措施（明挖法） 表 4.2-5

工程部位 防水措施\防水等级	主体结构							施工缝								后浇带						变形缝(诱导缝)				
	防水混凝土	防水卷材	防水涂料	塑料防水板	膨润土防水材料	防水砂浆	金属防水板	遇水膨胀止水条(胶)	外贴式止水带	中埋式止水带	外抹防水砂浆	外涂防水涂料	水泥基渗透结晶型防水涂料	预埋注浆管	补偿收缩混凝土	补偿收缩混凝土	外贴式止水带	预埋注浆管	遇水膨胀止水条(胶)	防水密封材料	中埋式止水带	外贴式止水带	可卸式止水带	防水密封材料	外贴防水卷材	外涂防水涂料
一级	应选	应选一至二种						应选二种							应选	应选二种					应选	应选一至二种				
二级	应选	应选一种						应选一至二种							应选	应选一至二种					应选	应选一至二种				
三级	应选	宜选一种						宜选一至二种							应选	宜选一至二种					应选	宜选一至二种				
四级	宜选	—						宜选一种							应选	宜选一种					应选	宜选一种				

暗挖法综合管廊防水设防要求见表 4.2-6。

防水措施（暗挖法）　　　　　　　　　　　　表 4.2-6

工程部位	衬砌结构							内衬砌施工缝						内衬砌变形缝(诱导缝)			
防水措施	防水混凝土	塑料防水板	防水砂浆	防水涂料	防水卷材	金属防水层	外贴式止水带	预埋注浆管	遇水膨胀止水条(胶)	防水密封材料	中埋式止水带	水泥基渗透结晶型防水涂料	中埋式止水带	外贴式止水带	可卸式止水带	防水密封材料	遇水膨胀止水条(胶)
防水等级　一级	必选	应选一至二种						应选一至二种						应选	应选一至二种		
二级	应选	应选一种						应选一种						应选	应选一至二种		
三级	宜选	宜选一种						宜选一种						应选	应选一至二种		
四级	宜选	宜选一种						宜选一种						应选	应选一至二种		

（4）防水混凝土采用的相应材料应满足《地下工程防水技术规范》GB 50108 的规定；

（5）选用的附加水泥砂浆防水层、卷材防水层、涂料防水层、塑料防水板防水层、金属防水层、膨润土防水材料防水层等材料性能指标应满足国家规范规定，其设计及施工方法也应按照标准执行；

（6）特殊部位如阴阳角、变形缝、施工缝等位置处，其防水做法应满足相关标准规范、国家标准图集的要求。

9. 预埋件设计

对钢筋混凝土结构中的预埋件材料、布置及施工时序提出设计要求。

综合管廊内的预埋件包括预埋的各种钢板及拉环、管线进出管廊时的套管及组件、管廊内的爬梯及栏杆、采用预埋槽形式的支架立柱等。各类套管应在土建施工时同步预埋，不得事后补埋。

预埋件在实施过程中应准确定位，特殊部位的预埋件，如防水套管及组件等，还应按设计要求或国家标准做好防水措施。

10. 混凝土浇筑和养护

对混凝土浇筑过程提出技术要求，特别是养护时间、特殊天气条件采取的措施、回填土实施节点及地下水控制要求等。

混凝土的浇筑应按《混凝土结构工程施工质量验收规范》GB 50204 的规定进行，应对极端天气情况做好应急预案，在混凝土达到设计要求时，尽快组织验收，并进行基坑回填。在此之前应严格控制地下水位高度。

11. 基坑工程

明确基坑开挖形式及基坑实施过程中需特殊注意的事项。

综合管廊工程一般应进行基坑专项设计，详见基坑设计章节。

12. 地基处理

明确地基承载力要求、基础持力层，并对工程实施范围内不满足设计要求的地基提出解决方案。

综合管廊结构设计应明确对地基承载力的要求，对不满足要求的天然地基应提出适合的改良措施，详见地基处理章节。

13. 施工工艺简述

提出实施过程中需遵循的施工时序及其他需要注意的问题。

综合管廊工程施工工艺应遵照先深后浅的施工顺序，统筹与其他相关工程的关系，特别应注意处理好与道路工程其他附属构筑物的关系。

14. 结构工程验收标准

提出基础工程、钢筋混凝土结构工程、防水工程等的施工质量验收标准。

15. 其他

其他有关结构设计需要明确及提出规定和要求。

4.2.1.2 结构计算

1. 结构上的作用

综合管廊结构上的作用，按性质可分为永久作用和可变作用。结构设计时，对不同的作用应采用不同的代表值，永久作用应采用标准值作为代表值；可变作用应根据设计要求采用标准值、组合值或准永久值作为代表值。

当结构承受两种或两种以上可变作用时，在承载力极限状态设计或正常使用极限状态按短期效应标准值设计时，对可变作用应取标准值和组合值作为代表值；当正常使用极限状态按长期效应准永久组合设计时，对可变作用应采用准永久值作为代表值。

结构主体及收容管线自重可按结构构件及管线设计尺寸计算确定。常用材料及其制作件的自重可按现行国家标准采用。预应力综合管廊上的标准值，应为预应力钢筋的张拉控制应力值扣除各项预应力损失后的有效应力值。建设场地地基土有显著变化段的综合管廊结构，应计算地基不均匀沉降的影响。制作、运输和堆放、安装等短暂设计状况下的预制构件验算应符合相关规范的规定。

2. 结构计算

综合管廊土建结构工程设计应采用以概率理论为基础的极限状态设计方法，应以可靠指标度量结构构件的可靠度。除验算整体稳定外，均应采用含分项系数的设计表达式进行设计。综合管廊的设计应对承载能力极限状态和正常使用极限状态进行计算。

（1）现浇结构

现浇混凝土综合管廊结构的截面内力计算模型宜采用闭合框架模型。作用于结构底板的基底反力分布应根据地基条件确定，并符合如下原则：

1）地层较为坚硬或经过加固处理的地基，基底反力可视为直线分布；

2）未经处理的软弱地基，基底反力应按弹性地基上的平面变形截条计算确定。

（2）预制拼装结构

对于仅带纵向拼缝接头的预制拼装综合管廊结构的截面内力计算模型宜采用与现浇混凝土综合管廊结构相同的闭合框架模型。

带纵、横向拼缝接头的预制拼装综合管廊的截面内力计算模型应考虑拼缝接头的影响。

4.2.2 预制拼装综合管廊

预制拼装法施工工艺是将综合管廊结构拆分为单个管节或者若干预制构件，在预制工厂浇注成型后，运至现场拼装，通过特殊的拼缝接头构造并在纵向（横向）施加预应力，使管廊形成结构整体，并满足结构强度和防水性能要求。

预制拼装是一种较为先进的施工方法，具有以下优越性：

（1）施工周期短：所有构件实现工厂化制作，现场装配速度快。

（2）结构质量好：在工厂内预制结构构件，工程质量控制严格。

（3）对周边环境影响小，有利于保证生产安全。

预制拼装符合国家对预制装配产业化发展的要求，同时可以满足工程对工期、质量等方面的要求。近年来，上海市政工程设计研究总院（集团）有限公司与同济大学薛伟辰教授团队开展了一系列综合管廊预制拼装技术研究，在整体节段拼装、叠合法拼装、槽型拼装等体系方面开展了试验和理论分析，提出了相关设计理论，相关研究成果已纳入国家规范。

国内预制综合管廊的主要体系有节段整体式拼装、叠合法拼装、槽型拼装、板式拼装及多舱组合拼装等五类，一般常用的有节段整体预制拼装和叠合法预制拼装。

1）节段整体预制拼装

整节段预制拼装即把整个综合管廊的标准断面按照一定的节段长度，在整体预制模板中完成一体化预制，预制完成后运输至现场拼装施工（图 4.2-1、图 4.2-2）。

该方法的优点是施工速度快，把传统现浇钢筋混凝土的钢筋绑扎、模板支撑及混凝土浇筑养护等一系列工作都放在预制厂完成，大大缩短了现场施工的时间。同时，在预制厂进行构件加工，使得钢筋绑扎到位、保护层厚度均匀、混凝土振捣密实、养护充分更易实现，综合管廊的成品质量能够得到最大限度的保证，外观质量也优于现场浇筑的钢筋混凝土结构。

图 4.2-1　整节段预制拼装综合管廊

该方法的缺点在于对截面尺寸较大的综合管廊，需采用较大尺寸的模板，且由于断面尺寸较大，在运输及吊装过程中会产生一定困难。所以一般两舱及以下规模的综合管廊可采用该方法，三舱及以上断面一般可以通过将舱室分解成多个两舱或单舱的形式组装而成，或采用槽型拼装的方式进行预制与拼装。

节段整体式预制拼装综合管廊宜采用预应力筋连接接头、螺栓连接接头或承插式接头。当场地条件较差时，或易发生不均匀沉降时，宜采用承插式接头。当有可靠依据时，

图 4.2-2　综合管廊拼装模拟

也可采用其他能够保证预制拼装综合管廊结构安全性、适用性和耐久性的接口构造，如采用企口连接等（图 4.2.3、图 4.2-4）。节段整体式预制拼装综合管廊结构的截面内力计算模型宜采用与现浇混凝土综合管廊结构相同的闭合框架模型。

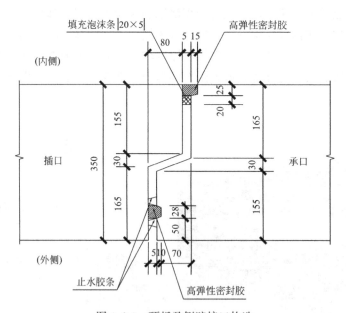

图 4.2-3　顶板及侧壁接口构造

国内的工程实践表明，节段整体式预制拼装综合管廊的研究重点是接头，接头构造的重点是防水，防水既与接头形式有关，也与相关的密封胶条、预应力、构件质量及拼装精度有关，因此，解决阶段拼装综合管廊的防水问题，应对材料、构件、拼装等进行全过程控制。

2）叠合法预制拼装

叠合法预制拼装是通过预制底板、预制叠合式侧墙和顶板预制构件组合，然后在施工现场通过混凝土整浇而成结合管廊的施工工艺。（图 4.2-5）。

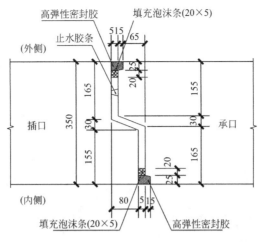

图 4.2-4 底板接口构造

图 4.2-5 叠合法预制拼装综合管廊

采用这种施工方法的优点是施工速度较快，避免大断面综合管廊整体预制模板费用高、构件不方便运输和吊装的缺点，同时现浇整合预制构件的施工方法对解决管廊防水有一定优势。

采用叠合法预制拼装，钢筋绑扎工作全部在预制厂完成，现场有部分混凝土的浇筑工作，工期与现浇施工法比较有很大优势，同时避免了现浇施工法浇筑连续性难以保证的问题。此外，通过"化整为零"的方法，也解决了运输、吊装等一系列问题。

海口、哈尔滨等地均有综合管廊工程采用叠合法预制拼装进行施工，具体的叠合壁板与底板之间连接做法各有不同，但通过试验研究和理论计算，均可满足设计要求。

在采用叠合法预制综合管廊时，应考虑侧向叠合墙板与底板及顶板搭接接头的钢筋连接处理，并考虑由于有效高度的减小带来节点极限承载能力的削弱，从而需要在设计时适当提高钢筋用量。同济大学薛伟辰教授团队开展了系列工程试验研究，提出了较为完整的计算理论与方法，同济大学与上海市政工程设计研究总院（集团）有限公司正在主编的 CECS 协会标准《预制综合管廊结构设计规程》，将会对相关的研究成果进行规范化，以指导工程设计和施工。

3）槽型拼装综合管廊

当综合管廊为双舱或三舱断面时，由于断面尺寸较大，受通行高度限制，运输较为困难，可采用预制上下半幅的方式，运输至现场拼装，上下半幅实施预应力拉结，再进行纵向拼装，拼装方式参照节段整体式综合管廊预制拼装工艺，六盘水等地综合管廊工程采用此项工艺施工（图4.2-6～图4.2-8）。

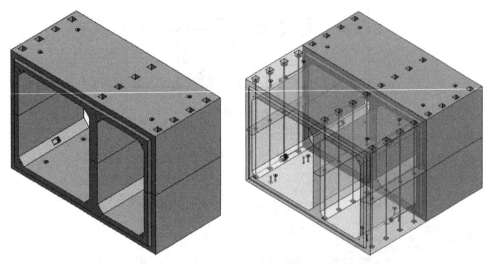

图4.2-6　槽型拼装综合管廊整体模型

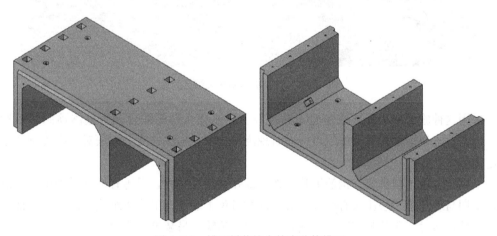

图4.2-7　槽型拼装综合管廊分体模型

槽型拼装综合管廊的截面内力计算模型应考虑拼缝接头的影响，《城市综合管廊工程技术规范》GB 50838—2015在进行相关规定时，依据了上海市政工程设计研究总院（集团）有限公司与同济大学共同完成的上海世博会园区预制拼装综合管廊相关研究，并参考国际隧道协会公布的《盾构隧道衬砌设计指南》中关于结构构件内力计算的相关建议。需要指出的是，相关试验研究是对单舱槽型拼装开展的，对双舱及多舱综合管廊，其上下槽型拼装的结构内力计算模型，在参考单舱综合管廊的基础上，仍需进行研究。

槽型拼装综合管廊的内力计算模型，与横向及纵向预应力的施加有密切关系，因此在

图 4.2-8　六盘水综合管廊施工照片

设计与施工时，应着重开展预应力张拉值及张拉位置的研究，以使拼装完成后的综合管廊
受力状态与内力计算模型更为吻合，使以界面应力控制的纵向节段间防水胶条发挥更好的
防水性能。

4）多舱拼装综合管廊

多舱拼装综合管廊是针对双舱及以上的综合管廊工程，采用单舱或双舱节段整体预
制，在现场横向拼装后，再进行纵向拼装的形式。目前在广州、深圳等地工程中已有应用
（图 4.2-9）。

多舱拼装应解决截面内力计算模型的问题，尤其是当横向连接时，施加的预应力值对
中隔墙及整体结构受力的影响，尚应深入研究。

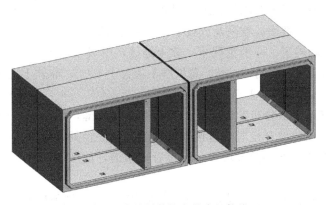

图 4.2-9　多舱拼装综合管廊整体模型

5）板式拼装综合管廊

板式拼装综合管廊是将综合管廊的侧壁及顶底板分别预制，运至现场后进行连接的预
制拼装形式。其中侧壁与预制底板可采用灌浆套筒形式连接，侧壁与顶板的连接，当顶板
为预制单面叠合板时，采用后浇顶板连接形式，当顶板为预制板时，在核心区后浇混凝土

连接。板式拼装综合管廊具有构件加工速度快、运输便利的优点。

前述 5 种体系基本涵盖了预制拼装综合管廊的主要形式，《城市综合管廊工程技术规范》GB 50838—2015 对节段整体式及单舱槽型拼装综合管廊进行了相关规定。预制拼装综合管廊重点应解决内力计算及防水的问题，国内研究团队已完成了大量的试验及理论分析工作，并在工程中积累了丰富的经验。

国内外的工程实践表明，综合管廊预制拼装的主要目的是加快施工进度，提升施工质量，实现绿色施工，因此其发展趋势应是标准、轻型、简易，标准化程度越高，模具成本就越低，推广应用范围就越大。构件轻量化，便于运输，也可以降低成本。拼装简易，有利于现场控制质量，避免出现渗漏情况。

4.2.3 基坑设计

4.2.3.1 基坑围护设计

综合管廊普遍为浅埋箱涵结构，为保证箱涵结构有足够的施工操作空间，一般需要进行基坑围护工程专项设计。

基坑围护工程专项设计应结合各地区工程地质和水文地质条件、施工经验、地区习惯及基坑规模、开挖深度、周边环境保护要求及管廊自身结构等，合理选择围护型式，精心设计。

综合管廊基坑围护工程中常用的围护型式如下：放坡开挖、土钉墙、水泥土重力式围护墙、钢板桩、型钢水泥土搅拌墙（通常称为 SMW 工法）、灌注桩排桩等，也可根据需求采用地下连续墙、钢筋混凝土板桩等围护型式。钢板桩、型钢水泥土搅拌墙、灌注桩排桩等板式支护结构须与支锚结构联合使用，常用支锚结构包括钢筋混凝土支撑、钢支撑、锚杆及支撑立柱及立柱桩等。

4.2.3.2 放坡开挖

在基坑周边环境无保护要求且施工空间充足的情况下，宜优先采用放坡开挖。

放坡开挖的级数、坡率、坡高及放坡平台宽度等参数应结合岩土物理力学特性、基坑开挖深度及地区经验确定。一般情况下，软土地区，单级坡道不应大于 4m，坡率不应大于 1∶1.5，平台宽度不应小于 1.5m，总坡率不应大于 1∶2；非软土地区，单级坡高不应大于 6m，平台宽度不宜小于 1.5m。

在开挖范围有地下水分布的情况下，宜设置止水帷幕，隔断坑内外水力联系。若周边环境允许，亦可在放坡开挖时，直接在坡顶或放坡平台处设置降水井，降低坑内地下水水位。并应在坡顶、坡脚及放坡平台上设置排水沟，放坡表面按 2.0m×2.0m 设置泄水孔。

放坡表面宜采用钢筋网喷射混凝土面层作为护坡面层，坡顶扩展长度不应小于 1.0m，坡脚可与垫层相连。护坡面层的厚度不宜小于 50mm，混凝土强度等级不应小于 C20，面层钢筋直径不小于 $\phi6mm$，间距不宜大于 250mm 且应双向设置（图 4.2-10）。

4.2.3.3 土钉墙

土钉墙由密布于原位土体中的细长土钉、粘附于土体表面的钢筋混凝土面层及土钉之间的被加固土体组成（图 4.2-11）。一般适用于周边环境保护要求低、基坑开挖深度不大于

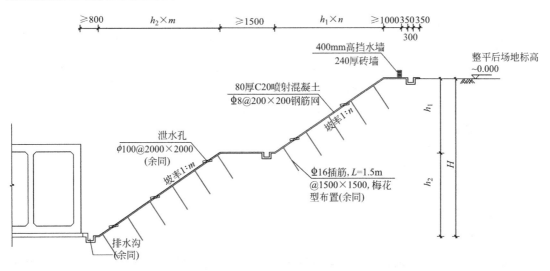

图 4.2-10　放坡开挖剖面示意图

10m 的人工填土、黏性土和弱胶结砂土的基坑，不适用于：（1）含水丰富的粉细砂、中细砂及含水丰富且较为松散的中粗纱、砾砂及卵石层；（2）丰富的地下水易造成开挖面不稳定且与喷射混凝土面层粘结不牢靠的砂层；（3）缺少粘聚力的、过于干燥的砂层及相对密度较小的均匀度较好的砂层；（4）淤泥质土、淤泥等软弱土层；（5）膨胀土；（6）新近填土等。

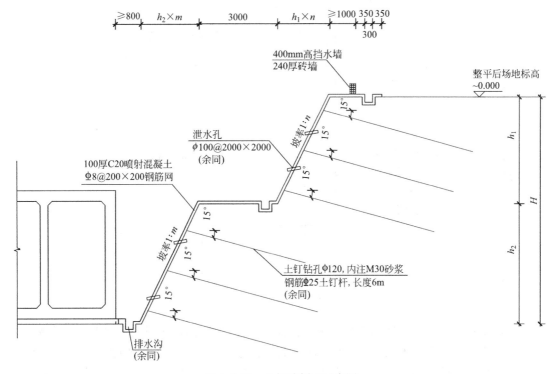

图 4.2-11　土钉墙剖面示意图

常用土钉分为成孔注浆型、直接打入型及打入注浆型等。土钉墙宜采用洛阳铲人工成孔或机械成孔，全长注水泥浆，具有适用性强、承载力高、经济性好等特点；在承载力要求不高，工期较紧的情况下，亦可采用直接打入钢管、角钢等直接打入型土钉；对于不易成孔的松散、稍密砂层或流塑状态的黏性土层宜优先采用打入注浆型土钉。

土钉墙按分层开挖、分层施工土钉及混凝土面层的工序进行设计、施工，并按工况的整体稳定性和土钉承载力验算各排土钉的排距、水平间距、土钉长度及孔径等参数。

土钉排距和水平间距一般为 $1\sim2m$，必要时可小于 $1m$；

土钉长度一般取 $0.5\sim1.2H$（H 为基坑开挖深度），软土地区可取 $1.5\sim2.0H$，土钉不得超出用地红线且不应进入邻近建（构）筑物基础之下；

土钉与水平面夹角宜取 $5°\sim20°$，若利用重力向钢筋土钉孔中注浆时，夹角不宜小于 $15°$；

土钉墙墙面的坡率宜取 $1:0.3\sim1:0.7$，且不宜大于 $1:0.2$；

注浆材料一般采用强度不低于 M10 的水泥砂浆或水泥浆。

4.2.3.4 水泥土重力式围护墙

水泥土重力式围护墙是以水泥系材料为固化剂，通过搅拌机械喷浆施工将固化剂和地基土强行搅拌，形成相互搭接的水泥土柱状加固体挡墙（图 4.2-12）。

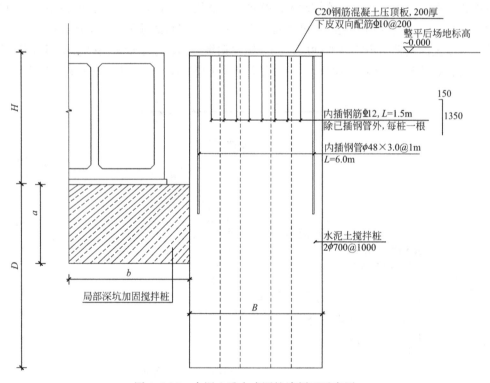

图 4.2-12 水泥土重力式围护墙剖面示意图

水泥土重力式围护墙适用于淤泥质土、含水量较高而地基承载力小于 120kPa 的黏土、粉土、砂土中开挖深度不大于 7m 的基坑工程，周边 $1\sim2$ 倍开挖深度范围内没有对沉降和变形较敏感的建（构）筑物。水泥土重力式围护墙一般采用两轴水泥土加固体，特殊情况下亦可采用三轴或单轴水泥土加固体。

两轴水泥土加固体水泥掺量宜取 13%～15%（重量比，土的密度可取 18kN/m³），水泥宜采用 P.O 42.5 及硅酸盐水泥，水灰比宜区 0.5：1～0.6：1。

水泥土重力式围护墙顶部应设置钢筋混凝土压顶板，板厚宜取 200mm，混凝土设计强度不宜低于 C25，板内底层设置双向钢筋，直径不小于 8mm，间距不大于 200mm。

水泥土重力式围护墙中宜在内、外排加固体中插入钢管、毛竹等加强构件，加强构件上端应锚入压顶板中，下端应插入坑底以下不小于 1.0m。

水泥土加固体与压顶板之间应设置连接钢筋，连接钢筋上端应锚入压顶板内，下端应插入水泥土加固体中 1～2m。

水泥土重力式围护墙应按成桩施工期、基坑开挖前和基坑开挖期分阶段进行质量检测。基坑开挖前，须对水泥土加固体进行取芯检测，28d 无侧限抗压强度 Q_u 达到 0.8MPa 方可进行土方开挖。

4.2.3.5　钢板桩

钢板桩是一种带锁口热轧型钢相互咬合形成连续钢板桩墙的板式支护结构，可以用来挡土、挡水，具有施工便捷、效率高、绿色环保及可循环利用等特点，非常适合用于综合管廊"线型"基坑中（图 4.2-13）。

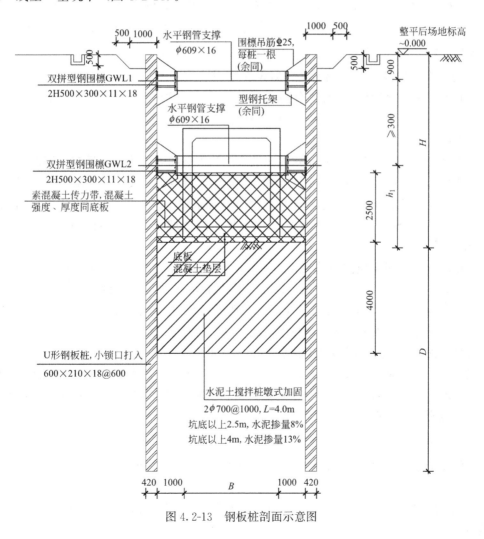

图 4.2-13　钢板桩剖面示意图

在合理选择沉桩机械设备的情况下，钢板桩几乎可以适用各类地质条件。对于常用的U型钢板桩，由于锁口在中性轴上，施工中很容易发生转动，削弱钢板桩围护结构的抗弯刚度，因此，现行行业标准《建筑基坑支护技术规程》JGJ 120 对钢板桩支护刚度计算进行了折减。一般情况下，采用钢板桩板式支护时，基坑开挖深度不宜超过10m。

钢板桩施工前，宜提前进行试沉桩，以便选择合适的机械设备，减小挤土和振动的影响。钢板桩拔除前应先用高频振动锤振动钢板桩，并在拔出时边拔边密实孔隙。

综合管廊基坑中宜采用大截面的钢板桩（如 PU600×210×18、PU500×200×24.3）结合钢支撑使用，钢支撑应设置在管廊结构顶板以上，净距不宜小于200mm。钢腰梁应贴合钢板桩，其间如有间隙应灌筑 C25 细石混凝土填实。

钢板桩宜采用整材，分段焊接时应采用坡口等强焊接，焊缝质量等级不应低于二级。单根钢板桩中焊接接头不超过 2 个，焊接接头的位置须避免设置在支撑位置或开挖面附近等型钢受力较大处，型钢接头距离坑底面不小于 2m；相邻型钢的接头竖向位置宜相互错开，错开距离不小于 1m。

钢板桩进场使用前应进行检验，保证桩身挺直，经检验合格的钢板桩在堆放时应避免沉陷弯曲和碰撞。锁口宜涂抹黄油以利于咬合、防渗，必要时可在压桩完成后在坑外设置止水帷幕。

4.2.3.6 型钢水泥土搅拌墙

型钢水泥土搅拌墙，通常称为 SMW 工法（Soil Mixed Wall），是一种在连续的水泥土加固体内插入型钢形成的复合挡土、隔水结构。水泥土加固体可采用三轴水泥土搅拌桩、双轮铣深搅墙（CSM 工法）或等厚度水泥土地下连续墙（TRD 工法）（图 4.2-14）。

型钢水泥土搅拌墙充分发挥了水泥土混合体和型钢的力学特性，具有经济性好、工期短、隔水性强、对周边环境影响小及节省社会成本等特点。广义上讲，水泥土加固体可施工的场地，均可考虑施工型钢水泥土搅拌墙，三轴水泥土搅拌桩墙体深度不宜大于 30m，双轮铣深搅墙（CSM 工法）和等厚度水泥土地下连续墙（TRD 工法）墙体深度不宜大于 60m。

常用的三轴水泥土搅拌桩直径有 650mm、850mm、1000mm 三种，内插 500×300、700×300、800（850）×300 型钢。根据工程经验，在常规支撑设置下，直径 650mm、850mm、1000mm 的型钢水泥土搅拌墙，一般开挖深度不宜大于 8.0m、11.0m、13m，超过此开挖深度时，须采取必要的技术措施，以确保安全。

三轴水泥土加固体水泥掺量不宜小于 20%（重量比，土的容重可取 $18kN/m^3$），在淤泥及淤泥质土中，应提高水泥掺量。水泥宜采用强度等级不低于 P.O 42.5 及硅酸盐水泥，水灰比宜取 1.5∶1～2.0∶1。具体水泥掺入量和水灰比等参数应结合土质条件和机械性能等指标通过现场试验确定。

4.2.3.7 灌注桩排桩

灌注桩排桩围护墙是由灌注桩挡土、止水帷幕截水共同形成的围护结构。其主要优点有：工艺简单、技术成熟、质量易控制；噪声小、无振动、无挤土效应，施工时对周边环境影响小；围护桩刚度大，并可以根据基坑变形控制要求，灵活调整围护桩刚度（图 4.2-15）。

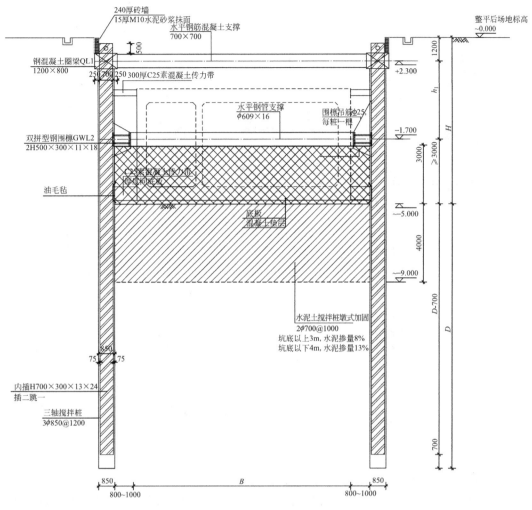

图 4.2-14 型钢水泥土搅拌墙剖面示意图

灌注桩施工工艺土层适用性强，但止水帷幕应根据土层特性合理选择两轴水泥土搅拌桩、三轴水泥土搅拌桩或高压旋喷桩等具有自防渗性的水泥土加固桩。采用灌注桩排桩时，基坑开挖深度不宜大于 20m。

灌注桩桩径不宜小于 500mm，并宜取 100mm 的模数。当直径大于 1000mm，宜考虑施工不利因素的影响。

桩身混凝土设计强度等级宜为 C30，水下灌注时应相应提高灌注混凝土强度等级及配比。

灌注桩桩间净距宜取 150～200mm，在粉性土、砂土较厚的土层中宜取大值，且不大于 1 倍桩径。

止水帷幕与灌注桩之间的净距不宜大于 200mm。

4.2.3.8 坑内土体加固

坑内土体加固是指对软弱地基中围护结构被动区土体掺入一定量的固化剂，以提高被

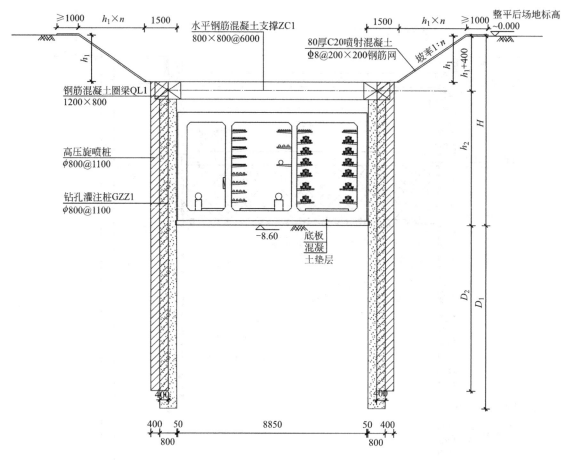

图 4.2-15 灌注桩排桩剖面示意图

动区土体的力学性能。

管廊基坑中，常用的坑内土体加固方法包括两轴水泥土搅拌桩、三轴水泥土搅拌桩、高压旋喷桩、注浆等，各加固方法适用土体分布见表 4.2-7；坑内土体加固常用平面布置形式包括满堂式、格栅式及抽条式，四舱以上或周边环境保护要求不高的管廊基坑中亦可采用墩式布置。

各加固方法适用土体分布表 表 4.2-7

	人工填土	淤泥质土、黏性土	粉土	砂土
两轴水泥土搅拌桩	慎用	可用	可用	慎用
三轴水泥土搅拌桩	慎用	可用	可用	可用
高压旋喷桩	可用	可用	可用	可用
注浆	慎用	慎用	可用	可用

4.2.3.9 内支撑系统

内支撑体系由围檩（或圈梁）、支撑和竖向支撑结构组成。支撑体系应采用稳定的结构体系和可靠的连接构造，并应具有足够的刚度和适度的冗余度。一般从形式上可分为水平支撑、斜支撑；按材料可分为钢筋混凝土支撑和钢支撑。

综合管廊基坑为"狭长型"基坑，宽度较窄，"时空效应"显著。

综合管廊基坑宜优先采用钢水平支撑，多道支撑时，第一道支撑应为钢筋混凝土水平支撑，以便于施工。

平面布置形式宜采用对撑、角撑等结构形式，钢筋混凝土对撑间距不宜大于 8.0m、钢支撑间距不宜大于 6.0m，垂直取土处支撑水平距离不宜小于 4.0m。

应结合围护桩刚度，合理布置竖向支撑间距，为便于挖土，竖向支撑间距不宜小于 3.0m。

如须设置立柱及立柱桩，须避让管廊主体结构梁、柱、壁板等，穿越管廊底板、顶板须设置止水措施。

钢支撑应等强度接长，并施加预压力，密实支撑与围护桩，保证支撑传力的可靠性（图 4.2-16）。

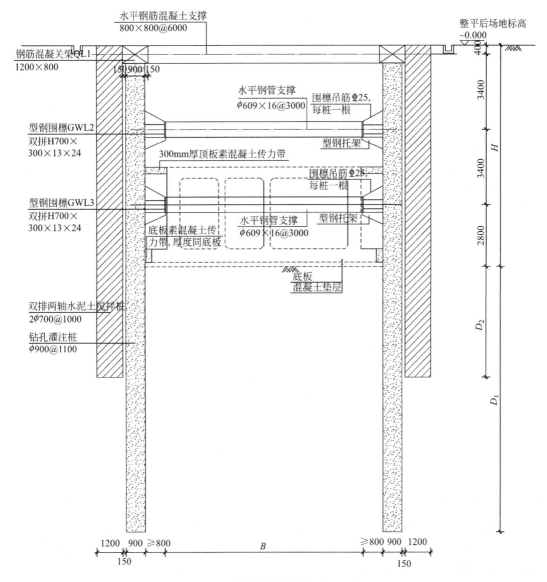

图 4.2-16　内支撑系统剖面布置示意图

4.2.3.10 锚杆系统

锚杆系统一般由锚头、自由端以及锚固段组成，其中锚固段用水泥浆或水泥砂浆将杆体和土体粘结在一起，形成锚杆的锚固体。

综合管廊基坑围护周长较长、基坑面积相对较小，无法充分发挥锚杆系统对内支撑系统的经济性优势。

另外，虽然锚杆系统可以创造一个更加开放的施工环境，但需要占用更大的施工空间，建设单位征（租）地难度较大；并且锚杆杆体全部或部分将永久留在土体中，给道路后期排管施工或周边地块后期开挖带来不利影响（图 4.2-17）。

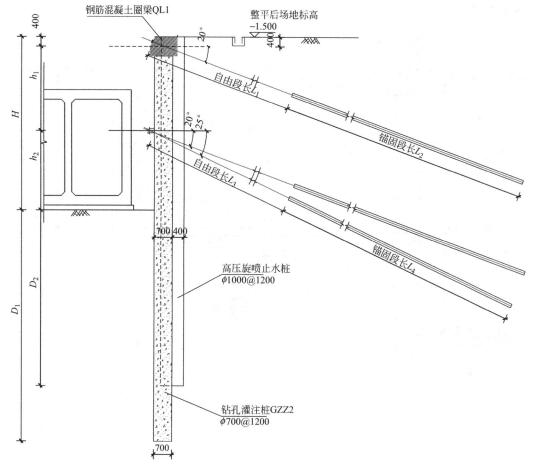

图 4.2-17　锚杆系统剖面布置示意图

4.2.4　地基处理

地基处理一般指用以改善支承建（构）筑物的地基（土或岩石）的承载能力、变形性能或稳定性所采取的工程技术措施。当综合管廊标准段及节点基础下的天然地基不能满足结构对承载力、变形及稳定性的要求时，应采用地基处理措施保证综合管廊结构的安全与正常使用。

地基处理设计的一般原则为：

（1）在具体确定地基处理方案前，应根据天然地层的条件、地基处理的原理、当地地基处理经验和施工工艺，进行方案的可行性研究，提出多种技术上可行的方案进行综合比选。

（2）当天然地基不能满足综合管廊结构对地基的要求时，应将上部结构、基础和地基统一考虑。在确定地基处理方案时，应同时考虑只对地基进行处理的方案，或选用加强上部结构刚度和地基处理相结合的方案。

（3）地基处理除应满足工程设计要求外，尚应做到因地制宜、就地取材、保护环境和节约资源等。

（4）处理后的地基，当在地基受力层范围内仍存在软弱下卧层时，软弱下卧层的承载力、变形及稳定性应满足要求。

（5）地基处理应满足综合管廊在不同受力情况下接头处、廊内管线抵御沉降的相关要求。

（6）当综合管廊工程位于道路路基范围内，应加强道路地基处理，避免综合管廊建设对路基造成影响。

地基处理应依据其加固原理、处理深度、适用范围选用，常用的方法包括：换填垫层法、水泥搅拌桩法、水泥粉煤灰碎石桩法、注浆法。

4.2.4.1　换填垫层法

（1）换填垫层是挖除基础底面下一定范围内的软弱土层或不均匀土层，回填其他性能稳定、无侵蚀性、强度高的材料，并夯压密实形成的垫层。

（2）换填垫层法适用于浅层软弱土层或不均匀土层的地基处理。

（3）采用换填垫层法处理地基时，垫层厚度应根据置换软弱土的深度以及下卧土层的承载力确定，厚度宜为 0.5～3.0m，并应与其他处理方法进行经济比较后择优选用（图 4.2-18）。

4.2.4.2　水泥搅拌桩法

（1）水泥搅拌桩施工工艺分为浆液搅拌法和粉体搅拌法。

（2）水泥搅拌桩适用于处理正常固结的淤泥、淤泥质土、素填土、黏性土（软塑、可塑）、粉土（稍密、中密）、中粗砂（松散、稍密）、饱和黄土等土层。不适用于含大孤石或障碍物较多的且不易清理的杂填土、欠固结的淤泥和淤泥质土、硬塑及坚硬的黏性土、密实的砂类土，以及地下水渗流影响成桩质量的土层。当地基土的天然含水量小于 30%（黄土含量小于 25%）时不宜采用粉体搅拌法。冬期施工时，应考虑负温对处理效果的影响。当水泥搅拌桩用于处理有机质土、泥炭土、pH 值小于 4 的酸性土、塑性指数大于 25 的黏土，火灾腐蚀环境中以及无工程经验的地区时，必须通过现场或室内试验确定其适用性。

（3）水泥搅拌桩固化剂为水泥。水泥掺量应根据拟加固场地的室内试验及其单桩承载力确定，增强体的水泥掺量不应小于 12%，湿法的水泥浆水灰比可取 0.5～0.6。

（4）水泥搅拌桩复合地基宜在基础和桩之间设置褥垫层，厚度可取 200～300mm。褥垫层材料可选用中砂、粗砂、级配碎石等，最大粒径不大于 20mm，褥垫层的夯填度不应大于 0.9。

（5）水泥搅拌桩的布置可根据上部结构特点及对地基承载力和变形的要求，桩径宜为 0.4～0.6m，桩间距不大于 4 倍桩径。

（6）水泥搅拌桩的长度，应根据上部结构对地基承载力和变形的要求确定，并应穿透

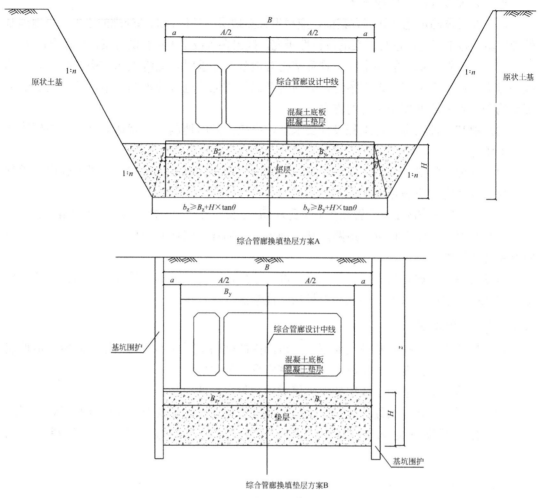

图 4.2-18　换填垫层处理综合管廊地基横断面图

（a）综合管廊换填垫层方案 A；（b）综合管廊换填垫层方案 B

软弱土层到达地基承载力相对较高的土层；当设置的搅拌桩同时为提高地基稳定性时，其桩长应超过危险滑弧下不少于 2.0m（图 4.2-19）。

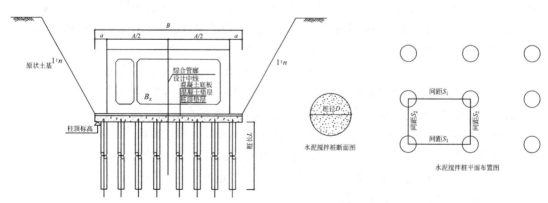

图 4.2-19　水泥搅拌桩处理综合管廊地基断面图

4.2.4.3　旋喷桩法

（1）旋喷桩适用于处理淤泥、淤泥质土、黏性土（流塑、软塑和可塑）、粉土、沙土、黄土、素填土和碎石土等地基；特别适宜在施工场地狭窄、净空低、上部土质较硬而下部软弱时采用，对土中含有较多大直径块石、大量植物根茎和高含量有机质，以及地下水流速较大的工程以及无工程经验的地区，必须通过现场试验确定其适应性。

（2）旋喷桩的固化剂为水泥，水泥应采用强度等级为 42.5 级及以上的普通硅酸盐水泥，根据需要可加入适量的外加剂及掺合料，外加剂和掺合料的用量应通过试验确定。水灰比为 0.8～1.2，水泥掺入量根据拟加固场地的水泥土室内配比试验以及单桩承载力确定。

（3）桩顶设置褥垫层，厚度宜为 0.15～0.3m，可选用中砂、粗砂和级配砂石等，褥垫层最大粒径不宜大于 20mm。褥垫层的夯填度不应大于 0.9。

（4）旋喷桩加固体强度和直径，应通过现场试验确定。旋喷桩的平面布置可根据上部结构和基础特点确定，桩径宜为 0.4～0.6m，间距不大于 4 倍桩径（图 4.2-20）。

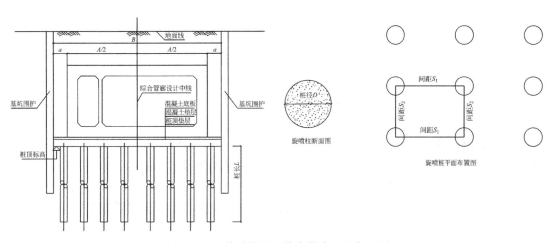

图 4.2-20　旋喷桩处理综合管廊地基断面图

4.2.4.4　水泥粉煤灰碎石桩法

（1）水泥粉煤灰碎石桩复合地基适用于处理黏性土、粉土、砂土和自重固结完成的素填土地基处理。对淤泥和淤泥质土应按地区经验或通过现场试验确定其适用性。

（2）水泥粉煤灰碎石桩宜选择承载力和压缩模量相对较高的土层作为桩端持力层。

（3）桩径及间距应根据基础形式、设计要求的复合地基承载力和变形、土形及施工工艺确定，桩径宜为 350～800mm，桩间距宜为 3～6 倍桩径。

（4）坍落度应根据成桩要求、桩体强度进行配合比试验确定，宜为 160～200mm。

（5）水泥粉煤灰碎石桩桩顶设褥垫层，褥垫层厚度宜为桩径的 40%～60%，垫层材料宜采用中砂、粗砂、级配砂砾或碎石等，应级配良好，不含植物残体、垃圾等杂质，最大粒径不大于 30mm。

4.2.4.5　多桩型复合地基法

（1）多桩型复合地基是指采用两种及以上不同材料增强体，或采用同一材料、不同长度增强体加固形成的复合地基。

（2）多桩型复合地基适用于处理不同深度存在相对硬层的正常固结土或浅层欠固结土，以及地基承载力和变形要求较高的地基。

（3）桩型及施工工艺确定，应考虑土层情况、承载力与变形控制要求、经济性和环境要求等综合因素。

（4）对复合地基承载力贡献较大或用于控制复合土层变形的长桩，应选择相对较好的持力层；对处理欠固结土的增强体，其桩长应穿越欠固结土层。

（5）若浅部存在有较好持力层的正常固结土，可采用长桩与短桩的组合方案。

（6）多桩型复合地基单桩承载力应由静载荷试验确定，对施工扰动敏感的土层，应考虑后施工对已施工桩的影响，单桩承载力予以折减。

（7）多桩型复合地基的布桩宜采用正方形或三角形布置。

（8）多桩型复合地基垫层设置，对刚性长、短桩复合地基宜选用砂石垫层，垫层厚度宜取对复合地基承载力贡献大的增强体直径的1/2；对刚性桩与其他材料增强体组合的复合地基，垫层厚度宜取刚形桩的1/2。

4.2.4.6　混凝土预制桩法

（1）混凝土预制桩适用于淤泥、淤泥质土、黏性土、粉土、砂土和人工填土等地基处理。

（2）混凝土预制桩桩体可采用边长为 150～300mm 的预制混凝土方桩，直径为 300mm 的预应力混凝土管桩等。

（3）预制桩的混凝土强度等级不宜低于C30；预应力混凝土实心桩的混凝土强度等级不应低于C40；预制桩纵向钢筋的混凝土保护层厚度不宜小于30mm。

（4）混凝土预制桩可按正方形或等边三角形布置。桩径宜根据成桩设备确定，且不宜小于5倍桩径。桩长可根据管廊对地基稳定性和变形要求，结合地质条件，通过计算确定。

（5）水泥混凝土预制桩，形状可采用圆柱体、台体或倒锥台体。桩帽直径或边长宜为 1.0～1.5m，厚度宜为 0.3～0.4m，宜采用 C30 水泥混凝土现浇而成。

（6）桩帽顶上应铺设垫层，垫层材料宜选择级配良好的碎石、砂砾、石屑等，垫层的厚度不宜小于 0.3m。

（7）预应力混凝土空心桩质量要求，尚应符合国家现行标准《先张预应力混凝土管桩》GB 13476 和《预应力混凝土空心方桩》JG 197 及相关标准的规定。

4.2.4.7　注浆法

注浆加固适用于地基局部加固处理，适用于砂土、粉土、黏性土和人工填土等地基加固。加固材料可选用水泥浆液、硅化浆液和碱液等固化剂；

地基处理检验的一般原则：

（1）检验数量应根据场地复杂程度、管廊的重要性以及地基处理施工技术的可靠性确定，并满足处理地基的评价要求。对重要的部位，应增加检验数量。检验结果不满足设计要求时应分析原因，提出处理措施。

（2）验收检验的抽检位置应按下列要求综合确定：

1）抽检点宜随机、均匀和有代表性分布；

2）设计人员认为的重要部位；

3）局部岩土特性复杂可能影响施工质量的部位；

4）施工出现异常情况的部位。

（3）工程验收承载力检验时，静荷载试验最大加载量不应小于设计要求的承载力特征值的 2 倍。

（4）换填垫层的静荷载试验的压板面积不应小于 $1.0m^2$。

地基处理监测的一般原则：

（1）地基处理工程应进行施工全过程监测。施工中，应有专人或专门机构负责监测工作，随时检查施工记录和计量记录，并按照规定的施工工艺对工序进行质量评定。

（2）当旋喷桩、水泥粉煤灰碎石桩施工可能对周边环境及建筑物产生不良影响时，应对施工过程的振动、噪声、孔隙水压力、地下管线和建筑物变形进行监测。

（3）地基处理工程施工对周边环境有影响时，应进行邻近建（构）筑物竖向及水平位移检测、邻近地下管线监测以及周围地面变形监测。

4.2.5 基础

4.2.5.1 基础类型及使用范围

建（构）筑物的基础形式与上部结构、地基土类别及土层分布密切相关。根据综合管廊工程标准断面及节点的结构形式、地基类别，一般选用筏板基础或桩基础。

4.2.5.2 筏板基础

（1）综合管廊标准段及特殊节点一般采用筏板基础。筏板基础整体性好，能减少地基不均匀沉降。筏板基础分为梁板式和平板式两种类型，其选型应根据地基土质、上部结构体系、柱距、荷载大小、使用要求及施工条件等因素确定。综合管廊结合其结构形式宜采用平板式筏板基础（图 4.2-21）。

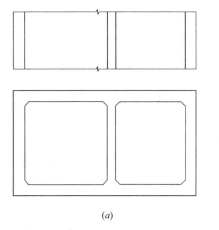
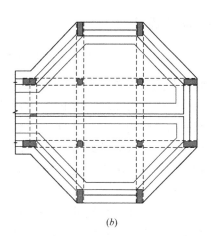

（a） （b）

图 4.2-21 综合管廊筏板基础示意图

（a）标准断面；（b）交叉口

（2）筏板基础的平面尺寸，应根据工程地质条件、上部结构的布置、地下结构底层平面以及荷载分布等因素确定。在地基土比较均匀的条件下，基底平面形心宜与结构竖向永久荷载重心重合。当不能重合时，在作用的准永久组合下，偏心距宜符合相关规定。

（3）平板式筏基尺寸及厚度主要考虑结构抗浮、地基承载力及结构受力要求。

（4）当满足以下条件时：①地基土比较均匀；②地基压缩层范围内无软弱土层或可液化土层；③上部结构刚度较好；④柱网和荷载较均匀；⑤相邻柱荷载及柱间距的变化不超过20%；⑥平板式筏基板的厚跨比不小于1/6。筏板基础可仅考虑局部弯曲作用。筏板基础的内力，可按基底反力直线分布进行计算，计算时基底反力应扣除底板自重及其上填土的自重。当不满足上述要求时，筏基内力可按弹性地基梁板方法进行分析计算。

（5）筏形基础施工完毕后，应及时进行基坑回填。填土应按设计要求选料，回填时应先清除基坑中的杂物，在相对的两侧或四周同时回填并分层夯实，回填土的压实系数不应小于0.94。

4.2.5.3 桩基础

综合管廊在遇到软弱土层，基础承载力及沉降量无法满足要求时，宜采用桩基础。一般采用PHC预制管桩和钻孔灌注桩。

竖向受压桩按桩身竖向受力情况可分为摩擦型桩和端承型桩。摩擦型桩的桩顶竖向荷载主要由桩侧阻力承受，端承型桩的桩顶竖向荷载主要由桩端阻力承受。

所有桩基均应进行承载力和桩身强度计算。对预制桩，尚应进行运输、吊装和锤击等过程中的强度和抗裂验算。桩基础沉降验算应符合相关规范规定。

桩基宜选用中、低压缩性土层作桩端持力层。同一结构单元内的桩基，不宜选用压缩性差异较大的土层作桩端持力层，不宜采用部分摩擦桩和部分端承桩。

在欠固结软土、湿陷性土和场地填土等场地中，由于场地大面积堆载、降低地下水位等原因，引起桩周土的沉降大于桩的沉降时，应考虑桩侧负摩擦力对桩基承载力和沉降的影响。

桩基设计时，应结合地区经验考虑桩、土、承台的共同工作。承台周围的回填土，应满足密实度要求。

4.2.6 防水设计

4.2.6.1 综合管廊工程防水特点及规范要求

1. 综合管廊工程防水应遵循的原则

城市综合管廊为深埋于地下的"线形"构筑物，时刻受到地下水的渗透和侵蚀，一旦综合管廊的防水问题处理不得当，致使地下水渗漏进管廊内部，将会带来一系列的问题。包括使综合管廊内部的设备和钢制构件、钢制管道加快锈蚀，对管廊检修人员的工作产生不利影响等。另外，由于一般综合管廊出现渗漏时，管廊已经覆土完成，对渗漏部位的修补工作仅能从管廊内部实施，难以从根本上彻底消除漏点。因此，在综合管廊工程的防水设计和施工中，应始终把质量放在首位。

防水工程也是一项系统工程，首先应对渗漏薄弱点进行识别分析，制订系统防水技术方案，采取针对性措施，其次应对建设条件，如地下水、地基、周边建设规划等进行研究，对综合管廊在建设期及运营期可能遇到的外部影响做好预判，在设计中采用科学合理的结构和防水构造措施。在施工阶段，应严把质量关，使用合格防水产品，对每一个环节和细节都严控施工质量。在运维阶段，应做好巡检和监测，排除渗漏隐患，预警外部影响。可以说，防水工程贯穿到综合管廊规划设计、建造到运维的全过程，需要每个环节都做好管控，方可实现防水目标。

根据《地下工程防水技术规范》GB 50108—2008 中第1.0.3 的规定，综合管廊防水工程设计和施工应遵循"防、排、截、堵相结合，刚柔相济，因地制宜，综合治理"的原则。以防水系统的可靠性和耐久性为基础，以保证综合管廊的正常使用功能和结构寿命为目标，以混凝土结构自防水为基础，与外设柔性防水系统共同作用，多道设防，保证防水工程质量。

"以防为主"，综合管廊工程作为地下工程，尤其是在南方地下水位较高的地区，长期受到地下水的侵袭，因此防水设计应是工程设计的重点，综合管廊防水设计应该遵照系统防水、刚性为主的原则，找准渗漏的薄弱点，采取针对性措施，同时重视刚性自防水。综合管廊的渗漏薄弱点主要有变形缝、施工缝、管线出线孔、口部盖板等，一是要精细化设计，采取科学的细部做法，不留渗漏隐患，二是采取高标准的材料，确保材料发挥应有功能，三是重视施工质量，确保各类构件达到设计要求。刚性自防水是主体结构防水的基本防线，应从混凝土自身的质量，辅以外防水措施，实现防水设防目标。

"刚柔相济"是从材料角度，要求在综合管廊工程中应采取混凝土结构自防水和柔性外设防水层相结合的方式进行防水。

"多道设防"是指通过防水材料和构造措施，充分发挥每道设防的作用，达到优势互补、综合设防的要求，以确保综合管廊工程防水的可靠性，从而提高结构的使用寿命。

"因地制宜、综合治理"是指勘察、设计、施工、管理和维护保养每个环节都要考虑防水要求，应根据工程及水文地质条件、结构形式及工艺、施工技术水平、防水等级、材料性能和造价等因素，因地制宜地选择合适的防水措施。

2. 综合管廊防水等级

根据《城市综合管廊工程技术规范》GB 50838—2015 中第8.1.8 条的规定：综合管廊应根据气候条件、水文地质状况、结构特点、施工方法和使用条件等因素进行防水设计，防水等级标准应为二级，并应满足结构安全、耐久性和使用要求。综合管廊的变形缝、施工缝和预制构件接缝等部位应加强防水和防火措施"，这足见防水系统对管廊工程设计寿命的重要作用和影响。

《地下工程防水技术规范》GB 50108—2008 中，第3.2.1 条（强制性条文）规定除工业与民用建筑以外的二级防水设防判定标准为"总湿渍面积不应大于总防水面积的2/1000；任意100m^{2}防水面积上的湿渍不超过3 处，单个湿渍的最大面积不大于 0.2m^2；其中，隧道工程还要求平均渗水量不大于0.05L/m^2·d，任意100m^{2}防水面积上的渗水量不大于 0.15L/m^2·d"，即允许一定程度上的渗漏水。

《混凝土结构设计规范》GB 50010—2010（2015 年版）、《混凝土结构耐久性设计规范》GB/T 50476—2008 中都非常重视对长设计使用寿命建（构）筑物耐久性措施的应用。综合管廊具有功能重要、结构设计使用年限长的特点，应根据《城市综合管廊工程技术规范》GB 50838—2015 及相关规范的规定，做好防水措施，隔绝地下水及其中有害物质与主体结构的接触，保证结构的使用寿命。

考虑到现阶段我国防水工程实际应用水平，综合管廊的防水设防等级不应低于二级。干线综合管廊往往是多舱及多种管道复合铺设，对防水功能要求高，故有的工程要求防水特别加强。对于埋深较浅的综合管廊，考虑到在使用过程中，上部绿化植物根系对顶板上部防水层的可能的穿刺作用，应采取对应的处理措施。

综合管廊工程防水设计方案应根据综合管廊施工工艺，在收集到的技术资料的基础上综合考虑后确定，内容包括：①防水等级和设防要求；②混凝土的抗渗等级和其他耐久性技术指标；③外设防水层选用的材料及其技术指标；④细部节点的防水措施，选用的材料及其技术指标；⑤地面挡水、截水系统及工程各种洞口的防倒灌措施。

3. 综合管廊防水的主要措施

综合管廊工程应以混凝土结构自防水为基础，并应根据防水设防等级采取相应的外设防水措施。混凝土结构自防水是指通过采取各种措施增加混凝土的密实性、减少或消除有害结构裂缝，并对变形缝、后浇带、施工缝等接缝部位和管道、桩基等穿结构构件根部进行防水密封处理，从而赋予钢筋混凝土结构防水功能。结构自防水涵盖的内容较广，包括混凝土（材料）、裂缝控制、耐久性设计、结构设计、施工等多个方面。

硬化混凝土本质上是一种非均质的多孔材料，天生具有一定的渗透性，无论采用现浇还是预制工艺，都很难消除这些缺陷。强调综合管廊以混凝土结构自防水为基础，是希望在混凝土结构的设计和施工阶段做好各项措施，尽量减少渗漏水通道，再通过设置全外包防水系统，进一步消除可能的渗漏水风险。常见的卷材、涂膜等外设柔性防水层具有适应基层变形、阻止水分到达混凝土表面的作用，铺设在混凝土表面，充分体现了"刚柔结合"的防水原则。

工程实践表明，混凝土结构自防水和外设防水系统二者的功能相辅相成，不可偏废。既不能因为设计使用外设防水系统而放松对混凝土结构的质量要求，也不能因为采取了混凝土结构自防水，而放弃或忽视外设防水系统的使用和质量。两者的关系在综合管廊对防水功能的高要求和结构设计使用长寿命上得到统一。

（1）防水混凝土自防水

依据现行国家标准《地下工程防水技术规范》GB 50108—2008 的规定：地下工程迎水面主体结构应采用防水混凝土。防水混凝土可通过调整配合比，或掺加外加剂、掺合料等措施配置而成，并应满足抗渗等级要求。当综合管廊的埋深小于 10m 时，抗渗等级为 P6，当埋深大于等于 10m 小于 20m 时，抗渗等级为 P8。防水混凝土结构应符合《地下工程防水技术规范》GB 50108 中的各项要求。

（2）外设防水层

外设防水层的设置应符合下列规定：

1）宜采用能使防水层与主体结构满粘并具有防窜水性能的材料及施工工艺；

2）柔性外设防水层宜用于结构的迎水面；

3）宜连续满粘在结构迎水面；

4）卷材-卷材相邻使用时，卷材防水层之间应满粘；

5）不同种类的防水材料相邻使用时，材料性能应相容。

由于综合管廊等地下工程可能长期处在潮湿或有水环境中，持续的地下水作用会使渗漏水发生的概率明显提高。所谓防窜水性能就是通过防水层与防水层或防水层与主体结构之间的满粘，避免渗漏水在两层界面之间流窜。这是地下工程防水设防时需要遵守的一个重要理念。当防水层具有良好的防窜水功能时，可减少或消除渗漏水路径，显著降低渗漏概率，减轻后期运营维护压力。

外设防水层是避免地下水与混凝土主体结构直接接触的主要屏障，因此一般情况下应设置在结构的迎水面。柔性防水材料不宜用于结构背水面，主要是考虑到在水压作用下，渗漏到结构背水面的水分会导致绝大多数柔性防水材料与基层的粘结力下降，容易造成脱落和渗漏水。

外设防水层连续包覆主体结构的目的在于尽量少留防水层收头、接槎，完整的外设防水层能更好地对主体结构起到保护作用，增加防水功能的可靠性。要求防水卷材相邻使用时，两层必须满粘的原因主要是避免层间窜水。

此外，防水材料间的相容性也是需要考虑的一个因素。所谓材料的相容性，是指相邻两种材料之间互不产生有害的物理和化学作用的性能。考虑防水材料间的相容性是为了防止材料间的有害反应对防水系统寿命的不利影响。例如，改性沥青类的卷材和涂料之间相容性较好，经常采用卷材-卷材或卷材-涂料复合使用的方式，如弹性体 SBS 改性沥青防水卷材/自粘聚合物改性沥青防水卷材与非固化橡胶沥青防水涂料的复合使用；再如，水泥基类防水材料，如聚合物水泥防水涂料、聚合物水泥防水砂浆、水泥基渗透结晶型防水涂料等，与混凝土基层和部分柔性防水材料的相容性良好，因此可以复合使用。

4.2.6.2　管廊防水薄弱部位及其防水做法

同其他地下工程一样，在综合管廊中，变形缝、施工缝、各类口部、对拉螺栓口、管线出线孔（管线分支口、端部井）等细部构造部位最容易发生渗漏，属于防水薄弱部位，因此在设计、施工阶段需要通过采取多种防水措施以提高这些细部构造防水的可靠性。

1. 变形缝防水做法

变形缝是综合管廊最易出现渗漏的部位，根据工程统计，变形缝渗漏率经常达到 50% 以上，解决变形缝的渗漏问题，应从防止沉降差和位移差、合理的变形缝构造、高质量的止水带及密封膏材料、科学的施工等方面着手。

当变形缝两侧结构出现较大沉降差或倾角时，超过橡胶止水带伸长率，变形缝就会渗漏，因此对地基处理、回填材料、围护结构施工及拆除、临建建设项目等均应通盘考虑，制订合理的设计与施工方案。

变形缝施工时，橡胶止水带埋设应遵循"两个居中"原则：止水带应位于结构壁厚的正中，球部应位于变形缝的正中。

在综合管廊的变形缝处，一般采用的中埋式止水带通常为中孔型，中埋式止水带宜采用中埋式钢边橡胶止水带，止水带的宽度一般不小于 350mm（图 4.2-22、图 4.2-23）。

（1）变形缝可采用中埋式钢边橡胶止水带与外贴式止水带复合密封止水的措施（图 4.2-24～图 4.2-26）。一般在地基稳定路段，也可仅采用中埋式带钢边橡胶止水带。当变形缝宽度不大于 30mm 时，侧墙和顶板迎水面变形缝内可嵌填密封膏；施工缝可采用中埋式钢板止水带。

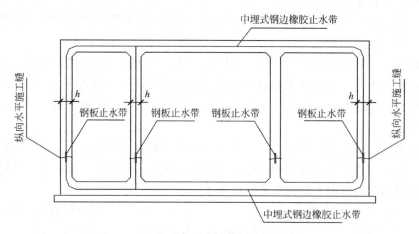

图 4.2-22　综合管廊变形缝及施工缝布置图

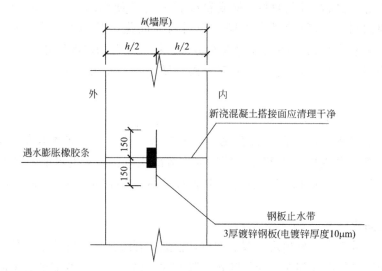

图 4.2-23　综合管廊施工缝构造

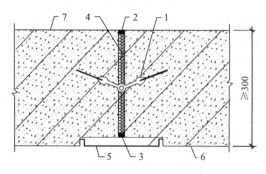

图 4.2-24　结构顶板中埋式止水带和密封膏、排水盒复合使用
1—中埋式止水带；2—迎水面低模量密封膏；3—背水面高模量密封膏；
4—变形缝衬垫板；5—排水盒；6—结构背水面；7—结构迎水面

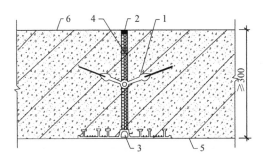

图 4.2-25　结构底板中埋式止水带和密封膏、外贴式止水带复合使用

1—中埋式止水带；2—背水面高模量密封膏；3—外贴式止水带；

4—变形缝衬垫板；5—结构迎水面；6—结构背水面

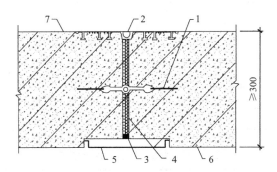

图 4.2-26　结构侧墙中埋式止水带、外贴式止水带、密封胶和排水盒复合使用

1—中埋式止水带；2—迎水面低模量密封材料；3—背水面高模量密封膏；

4—变形缝衬垫板；5—排水盒；6—结构背水面；7—结构迎水面

　　综合管廊及其附属工程中的变形缝，包括天然橡胶止水带、聚硫密封膏、低发泡聚乙烯板等，变形缝所用的材料应符合《给水排水工程混凝土构筑物变形缝技术规范》T/CECS 117 的要求。中埋式止水带采用带钢边橡胶止水带，型号为 CB350X8-30。纯天然橡胶止水带、双组分聚硫密封膏、聚乙烯泡沫塑料板的物理性能应符合表 4.2-8～表 4.2-10 的要求。

纯天然橡胶止水带的物理性能表　　　　　　　　　　　　　表 4.2-8

项目		天然橡胶
硬度(邵尔 A，度)		60±5
拉伸强度(MPa)≥		18
拉断伸长率(%)≥		450
定伸永久变形(%)≤		20
压缩永久变形	70℃×24h，%≤	35
	23℃×168h，%≤	20
撕裂强度(kN/m)≥		35
脆性温度(℃)≤		−45

续表

项目			天然橡胶
			无龟裂
热空气老化	70℃×72h	硬度变化(邵尔 A,度)≤	+8
		拉伸强度(MPa)≥	12
		拉断伸长率(%)≥	300
	臭氧老化 50PPm;20%,48h		2 级

双组分聚硫密封膏的物理性能表　　　　表 4.2-9

项目	指标	项目	指标
密度(g/cm³)	1.6	低温柔性(℃)	−30
适用期(h)	2~6	拉伸粘结性、最大伸长率(%)(不小于)	200
表干时间(h)(不大于)	24	恢复率(h)(不小于)	80
渗出指数(不大于)	4	拉伸-压缩循环性能、粘结破坏面积(%)	25
流变性、下垂度(mm)(不大于)	3	加热失重(%)(不大于)	10
抗微生物		防霉等级(不低于)	0

聚乙烯泡沫塑料板的物理性能表　　　　表 4.2-10

项目	单位	指标	项目	单位	指标
表观密度	g/cm³	0.05~0.14	吸水率	g/cm³	≤0.005
抗拉强度	MPa	≥0.15	延伸率	%	≥100
抗压强度	MPa	≥0.15	硬度	邵尔硬度	40~60
撕裂强度	N/m	≥4.0	压缩永久变形	%	≤3.0
加热变形	%(70℃)	≤2.0			

（2）当采用密封胶时，迎水面应采用低模量密封胶，背水面应采用高模量密封胶；结构迎水面往往需要承受水压，低模量密封胶能更好地适应变形，故常用于顶板及侧墙部位变形缝的迎水面密封。一旦地下水突破变形缝中的密封措施到达背水面，则变形缝中的密封胶需要承担一定的水压，此时高模量密封胶具有更好抵御变形的能力，故推荐用于变形缝的背水面。

（3）顶板和侧墙变形缝部位可预留安装排水盒的凹槽，顶板部位的排水盒的坡度不宜小于1%，并应做好密封。在实际工程中，变形缝部位发生渗漏水的概率很高。对综合管廊而言，运营过程中如果变形缝发生渗漏，则很难维修。作为一项预防性措施，可在顶板及侧墙部位的变形缝背水面预留安装排水盒的凹槽，在结构施工完成后安装排水盒，将可能的渗漏水导入管廊内部的排水系统进而排出，减少可能的渗漏水带来的影响。

（4）底板混凝土垫层及外设柔性防水层的混凝土保护层宜在变形缝处断开，断开宽度宜与变形缝宽度相同，以避免变形缝两侧结构沉降差异导致的垫层和保护层开裂进而造成柔性防水层损坏。断开部位宜嵌填弹性泡沫材料，外设柔性防水层在断开部位应设置成 Ω 型，从而充分发挥柔性防水层适应形变能力。

变形缝施工时，所用产品都应严格按照生产厂家推荐的方法装卸、放置、装配和安装。当温度低于10℃时不应浇筑热浇封缝料。变形缝嵌缝材料施工前，应对变形缝进行检查，使其符合图样要求，并将预留凹槽内混凝土打毛，清扫干净。止水带宽度和材质的物理性能应符合设计要求，且无裂缝和气泡；接头应采用热接，不得重叠，接缝应平整、牢固，不得有裂口和脱胶现象。止水带中心线应和变形缝中心线重合，止水带不得穿孔或用铁钉固定。止水带在施工过程中严禁在阳光下曝晒，露在外面的止水带应采用草袋等覆盖，避免紫外线辐射引起橡胶老化。

2. 后浇带防水做法

后浇带的混凝土结构断面内可采用丁基橡胶腻子钢板止水带、钢板止水带、预埋注浆管、遇水膨胀止水胶等防水措施。

后浇带两侧混凝土竖向断面可采用竖直、凹凸企口或台阶等形式。为增加后浇混凝土与先浇混凝土的结合力，并且便于接缝中密封防水措施的施工，经常会设计后浇带两侧混凝土的竖向断面形式。具体采用何种断面形式，宜重点考虑接缝中密封防水措施的施工，如当采用遇水膨胀止水胶或预埋注浆管时，采用台阶断面更方便，但如果设置有中埋式钢板止水带，则可采用竖直断面。

底板及侧墙后浇带部位的柔性外设防水层应采取有效的保护措施。后浇带暴露在外的时间较长，在封闭之前底板、侧墙部位的防水层可能遭受机械损伤、阳光照射、浸水等破坏，因此必须采取有效的保护措施，如覆盖加筋混凝土板或钢板等。

当后浇带需超前止水时，应设置临时变形缝并应符合下列规定：

（1）底板后浇带留置深度应大于底板厚度50～100mm，侧墙后浇带深度可与结构侧墙厚度相同；

（2）后浇带下部用于封底的混凝土厚度不应小于200mm，配筋应经结构计算确定，混凝土强度等级应与底板混凝土相同；

（3）封底混凝土的临时变形缝宽度宜为30～50mm，宜采用中埋式橡胶止水带或外贴式橡胶止水带作防水措施（图4.2-27、图4.2-28）；

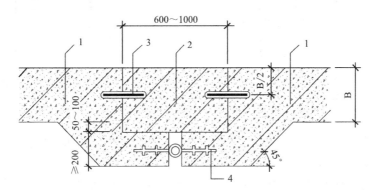

图4.2-27 采用中埋式钢板止水带的超前止水后浇带防水构造

1—先浇混凝土结构；2—后浇带补偿收缩混凝土；3—丁基橡胶腻子钢板止水带；4—中埋式橡胶止水带

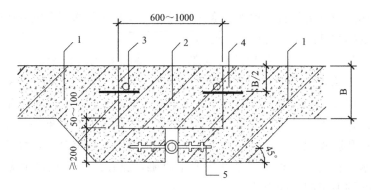

图 4.2-28　钢板止水带与预埋注浆管复合使用的超前止水后浇带防水构造
1—先浇混凝土结构；2—后浇带补偿收缩混凝土；3—预埋注浆管；4—钢板止水带；5—中埋式橡胶止水带

（4）超前止水后浇带位置可根据工程情况设置，底板超前止水后浇带应在端部做好封头防水措施。

后浇带留置期间，如果不采取遮挡和保护措施，则施工期间的垃圾、杂物、自然降水及残余施工用水可能进入后浇带，给后期的清理带来很大的挑战，因此应对水平部位的后浇带进行覆盖和保护。浇筑混凝土施工前，应将残留的积水、垃圾等清理干净。

3. 穿墙套管防水做法

穿墙管或直埋穿墙短管应在浇筑混凝土前预埋。浇筑混凝土时，应采取措施防止水泥浆进入套管内。结构上的埋设件宜采用预埋或预留孔（槽）等方法。

预埋套管式穿墙管防水构造应符合下列规定：

（1）预埋套管可采用翼环、丁基密封胶带或遇水膨胀止水胶止水（图 4.2-29、图 4.2-30）。

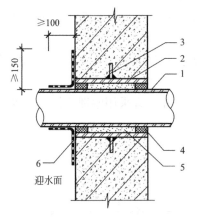　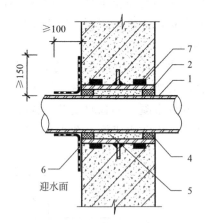

图 4.2-29　带翼环套管穿墙管防水构造　　图 4.2-30　止水胶条套管穿墙管防水构造
1—穿墙道；2—套管；3—翼环；4—封口密封胶；5—聚氨酯泡沫填缝剂；
6—防水加强层；7—丁基密封胶带或遇水膨胀密封胶

（2）穿墙管与套管、套管与混凝土之间，应在内外两侧端口进行密封处理。密封材料嵌入深度不应小于 20mm，且应大于间隙的 1.5 倍。

（3）中间间隙宜采用聚氨酯泡沫填缝剂填实；侧墙整体防水层应将加强层全部覆盖。

同一部位多管穿墙时，宜采用穿墙套管群盒。穿墙套管群盒应与结构钢筋焊接固定，空腔内宜浇注柔性密封材料或无收缩水泥基灌浆料（图 4.2-31）。

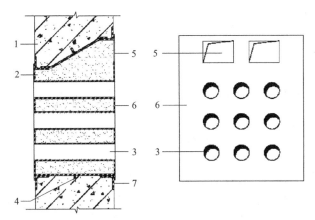

图 4.2-31　穿墙套管群盒防水构造

1—混凝土侧墙；2—无收缩自流平水泥灌浆料；3—穿墙套管；4—止水环、止水钢板；

5—浇注孔；6—封口钢板；7—固定角钢

穿墙管防水施工应符合下列规定：

（1）金属止水环应与主管或套管满焊密实。采用套管式穿墙防水构造时，翼环与套管应双面满焊密实，并应在施工前将套管内表面清理干净；

（2）采用遇水膨胀止水胶防水的穿墙管，止水胶应形成连续密封；采用丁基密封胶带防水的穿墙管，丁基密封胶带应平行搭接，搭接宽度不应小于 50mm。

由于电缆穿墙处极易出现漏水，因此在综合管廊分支口处，应推广采用专用橡胶密封件，通过调节孔径并挤压电缆绝缘层，实现防水。

管线穿墙密封组件是电力电缆、通信缆线及天然气管道进出综合管廊壁板时，为达到防水和气密要求，在结构本体混凝土浇筑时同步预埋的密封装置。其应满足如下技术要求：

（1）防水密封组件应具有可变径、阻燃防火、水密、气密等功能，其材质为无卤橡塑制品，内嵌橡胶为高性能无卤橡胶。组件由耐（阻）火橡胶材料，PVC 穿墙套管以及可拆式防水隔板、紧固件系统等组成。密封组件应能够通过内置橡胶分层剥离实现变径，并通过螺丝拧紧实现压紧功能，达到长期防渗止漏效果，系统自带螺丝等金属构件应为不锈钢材料（304）。

（2）阻燃防火性能：密封件采用耐（阻燃）火橡胶材料，阻燃防火等级应达到 UL 94：2006 标准 V-1 及以上；预埋套管为阻燃 PVC 电力套管。

（3）防水、气密性能：组件应达到《船体分段肋板拉入法工艺要求》GB/T 4208—2013 防护等级 IP67 级以上，密封系统满足水密 0.4bar，气密 0.2bar 要求。

（4）力学性能：预埋 PVC 套管应达到《热塑性塑料管材　环刚度的测定》GB/T 9647—2015 环刚度大于 8kN/m（10mm/min）及以上。

（5）环保性能：材料的烟毒性能应达到《材料产烟毒性危险分级》GB/T 20285—2006 规定的安全级（AQ2）指标。

（6）变径功能：为满足不同规格电缆外径变化，电力密封件的最大变径范围应大于 100mm，可覆盖从 60～105mm 外径的所有电缆。

（7）耐久性：为满足现场工况环境，密封系统应通过老化试验，并提供相应数据。

（8）工作温度：密封系统应满足－40～110℃工作温度要求。

（9）天然气舱内管道及缆线穿墙应预埋密封件，密封件除应满足前述技术要求外，气密性要求不低于0.25bar。

（10）密封组件中PVC穿墙套管外侧部分应与管廊管线分支口预留的过路排管具备可靠连接构造，避免地下水渗入。

（11）PVC套管内应平顺无尖棱，避免管线穿越时划损。

4. 桩头防水做法

在软弱地基条件下，综合管廊需要采用桩基础。桩基与综合管廊主体结构之间，一种方式是综合管廊位于桩基承台之上，结构之间不连接，桩基仅承担综合管廊及覆土荷载，不考虑综合管廊抗浮所需的抗拔承载力。另一种方式综合管廊与桩基连接，综合管廊底板作为桩基承台，桩基既有抗压也有抗拔作用，此时，需考虑桩头的防水。

现行国家标准《建筑地基基础设计规范》GB 50007—2011规定，桩顶嵌入承台内的长度不应小于50mm。桩头与底板混凝土间不得有间隙，因此，一般采用刚性防水材料，如水泥基渗透结晶防水材料或聚合物水泥防水砂浆等。为了保证底板防水层的连续性，桩顶防水措施必须与底板防水层保持有效衔接。在实际工程中，存在水沿桩头钢筋渗入底板的情况，因此，桩头顶面有渗漏水现象时，必须先进行堵漏处理，同时可在桩头钢筋的根部采用遇水膨胀止水胶进行防水（图4.2-32）。

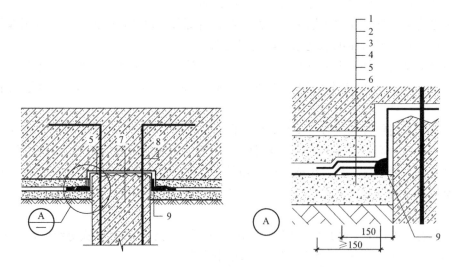

图4.2-32 底板为防水卷材的桩头防水构造

1—混凝土底板；2—细石混凝土保护层；3—防水涂料收头封口；4—底板卷材防水层；5—水泥基渗透结晶型防水涂料；6—混凝土垫层或找平层；7—桩头；8—桩头钢筋；9—密封胶

底板防水层为防水卷材时，卷材应贴近桩头切割，并采用防水涂料密封处理。防水涂料与卷材的搭接宽度不应少于150mm，桩侧涂刷高度不应超过细石混凝土保护层上表面。

底板防水层为防水涂料时，桩头根部应增设同材质的防水涂料加强层。加强层的平面涂刷宽度不宜小于200mm，高度不应超过细石混凝土保护层上表面，涂膜厚度不宜小于

2.0mm（图 4.2-33）。

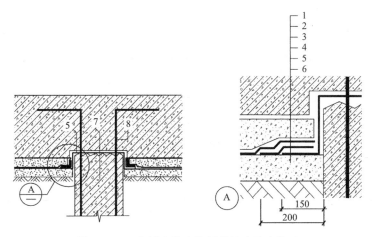

图 4.2-33　底板为防水涂料的桩头防水构造

1—混凝土底板；2—细石混凝土保护层；3—底板涂膜防水层；4—防水涂料加强层；
5—水泥基渗透结晶型防水涂料；6—混凝土垫层或找平层；7—桩头；8—桩头钢筋

桩头防水施工应符合下列规定：①应按设计要求将桩顶剔凿至混凝土密实处，并清洗干净；②破桩后如发现渗漏水，应采取堵漏措施；③桩顶及露出垫层以上的桩身四周应涂刷水泥基渗透结晶型防水涂料，涂刷时应连续、均匀，不应少涂或漏涂，并应及时进行养护。

5. 引出接头防水做法

综合管廊主体结构与控制中心连接段之间，或综合管廊管线分支口与过路箱涵段之间，以及采用顶管法穿越障碍时，顶管井与明挖现浇段之间，存在先后施工的接缝，此类接缝也容易出现漏水，解决此类渗漏的重点是防止沉降差异和对预先埋设的橡胶止水带做好保护。

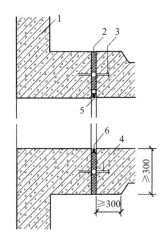

图 4.2-34　预留引出接头防水构造

1—现浇混凝土结构；2—嵌缝板；3—中埋式止水带；
4—后浇混凝土；5—密封材料；6—保护材料

综合管廊引出接头处宜采用变形缝防水构造（图 4.2-34），构造同变形缝防水构造；也可采用后浇带方式进行连接，其防水措施同后浇带。接头从结构主体引出的结构长度不应小于 300mm、厚度不应小于 300mm。在引出接头接驳施工前，预留引出接头应采用临时封堵的防水措施，在其附近应设置集水坑或排水沟。

通道接口先施工部位的柔性防水层的甩槎部分、中埋式止水带、外贴式止水带等与防水相关的预埋件应采取有效的保护措施，确保止水带、防水层甩槎部分清洁，预埋件不锈蚀。中埋式止水带、遇水膨胀止水胶（条）、预埋注浆管及密封胶的施工应符合《地下工程防水技术规范》GB50108-2008 的有关规定。

4.2.6.3 管廊外设防水层

"刚柔相济"是综合管廊防水设计的基本技术原则。"刚"指的是混凝土结构自防水，而"柔"则为管廊的外设防水系统。相对于混凝土自身比较单一的防水方式，外防水的产品多种多样，在许多工程实践中都有应用。常见的外设防水层根据其材料、物理化学性能、施工工艺上的不同，主要分为卷材防水层、涂膜防水层和砂浆防水层三种类型。明挖法现浇混凝土结构综合管廊外设防水层设防要求应符合表 4.2-11 的规定。

明挖法现浇混凝土结构综合管廊外设防水层设防要求　　　　　表 4.2-11

防水等级	外设防水层[1]		
	卷材防水层	涂膜防水层	砂浆防水层
一级	不应少于两道[2]		
二级	不应少于一道		

注：1. 外设防水层应至少有一道柔性防水层；
　　2. 当采用两道设防时，宜采用卷材-卷材、卷材-涂料、卷材-砂浆、涂料-砂浆相结合的设防措施；当采用合成高分子自粘胶膜预铺防水卷材时，可为一道。

明挖法现浇混凝土结构综合管廊工程中，当采用分离墙结构时，主体结构侧墙迎水面应设置柔性外设防水层，并应与结构顶板及底板防水层形成整体封闭的外包防水系统；当采用叠合墙结构时，由于侧墙与支护结构在顶板和底板部位采用钢筋接驳器连接，可能无法施做外设柔性防水层或造成侧墙柔性防水层与底、顶板防水层不连续，在此情况下，侧墙部位通常采取涂刷水泥基渗透结晶型防水涂料或直接浇筑防水混凝土等刚性防水措施。

4.2.6.4 卷材防水层

1. 防水卷材的种类

卷材防水层宜用于经常处在地下水环境，且受侵蚀性介质作用或受振动作用的地下工程。卷材防水层一般铺设在混凝土结构的迎水面。从结构底板垫层一直铺设至顶板基面，并在外围形成封闭的防水层。

防水卷材的品种规格和层数，应根据地下工程防水等级、地下水位高低及水压力作用状况、结构构造形式和施工工艺等因素确定。

卷材防水层的卷材品种见表 4.2-12。

卷材防水层的卷材品种　　　　　表 4.2-12

防水卷材类别	名称
高聚物改性沥青类	弹性体改性沥青防水卷材
	改性沥青聚乙烯胎防水卷材
	自粘聚合物改性沥青防水卷材
合成高分子类	三元乙丙橡胶防水卷材
	聚氯乙烯防水卷材
	聚乙烯丙纶复合防水卷材
	高分子自粘胶膜防水卷材

2. 防水卷材的一般规定

防水层的厚度是影响其防水系统功能可靠性和耐久性的关键技术指标之一。地下防水工程对防水层厚度的要求是根据其材料特性、施工工艺与使用条件等因素综合决定的。表 4.2-13 给出了卷材防水层单道、双道及与卷材或涂料叠合使用时的最小厚度。另外，当两层防水卷材分开设置或与不同品种卷材叠合使用时，每层防水卷材厚度应符合一道设防厚度的规定；当同种防水卷材相邻叠合使用时，其厚度应符合两道设防厚度的规定。

卷材防水层最小厚度（mm）　　　　　　　　　　表 4.2-13

卷材品种		改性沥青类防水卷材						合成高分子类防水卷材			
		弹性体改性沥青防水卷材	自粘改性沥青聚乙烯胎防水卷材	自粘聚合物改性沥青防水卷材		湿铺防水卷材		自粘三元乙丙橡胶防水卷材	聚氯乙烯防水卷材、热塑性聚烯烃防水卷材	聚乙烯丙纶复合防水卷材	高分子自粘胶膜预铺防水卷材
				聚酯胎基（PY类）	高分子膜基（N类）	聚酯胎基（PY类）	高分子膜基（N类）				
一道设防		4.0	3.0	3.0	2.0	—	2.0	1.5	1.2[1]	卷材:(0.7+0.7)聚合物水泥粘结料；(1.3+1.3)芯材厚度 0.5　0.7[2]	1.2
二道设防	卷材-卷材	4.0+3.0	2.0+2.0	3.0+3.0	1.5+1.5	—	1.5+1.5	1.2+1.2	—	—	—
	卷材-涂料	3.0	2.0	3.0	1.5	3.0	1.5	—	—	—	—

防水卷材的搭接边宽度、搭接边粘接剥离强度是卷材防水层施工质量的重要保证。根据相关规范，防水卷材搭接边的最小宽度见表 4.2-14。

防水卷材的最小搭接宽度　　　　　　表 4.2-14

卷材品种	最小搭接宽度(mm)
弹性体改性沥青防水卷材	100
自粘聚合物改性沥青防水卷材	80
自粘改性沥青聚乙烯胎防水卷材	80
湿铺防水卷材	80
自粘三元乙丙橡胶防水卷材	60

卷材品种	最小搭接宽度（mm）
聚氯乙烯防水卷材、热塑性聚烯烃防水卷材	单焊缝：60，有效焊接宽度不应小于25； 双焊缝：80，有效焊接宽度10×2+空腔宽； 管根、阴阳角等细部节点处的有效焊接宽度不应小于10mm； 自粘搭接宽度不应小于60mm
聚乙烯丙纶复合防水卷材	100（采用聚合物水泥粘结料时）
合成高分子自粘胶膜预铺防水卷材	80（当采用自粘胶、胶粘带/热风焊接搭接时）； 120且有效搭接宽度不应小于75（短边采用对接搭接）

3. 防水卷材施工注意事项

卷材防水层的基面应坚实、平整、清洁，阴阳角处应做圆弧或折角，并应符合所用卷材的施工要求。铺贴卷材严禁在雨天、雪天、五级及以上大风中施工；冷粘法、自粘法施工的环境气温不宜低于5℃，热熔法、焊接法施工的环境气温不宜低于−10℃。施工过程中下雨或下雪时，应做好已铺卷材的防护工作。

采用热胶粘、热熔、冷自粘法铺贴防水卷材时，施工前基面应干净、干燥，并应涂刷基层处理剂。基层处理剂的配制与施工应符合下列规定：

1）基层处理剂应与卷材及其粘结材料的材性相容。

2）基层处理剂喷涂或刷涂应均匀一致，不应露底，表面干燥后方可铺贴卷材。

铺贴各类防水卷材应符合下列规定：

1）应铺设卷材加强层。

2）结构底板垫层混凝土部位的卷材可采用空铺法或点粘法施工，其粘结位置、点粘面积应按设计要求确定；侧墙采用外防外贴法的卷材及顶板部位的卷材应采用满粘法施工。

3）卷材与基面、卷材与卷材间的粘结应紧密、牢固；铺贴完成的卷材应平整顺直，搭接尺寸应准确，不得产生扭曲和皱折。

4）卷材搭接处和接头部位应粘贴牢固，接缝口应封严或采用材性相容的密封材料封缝。

5）铺贴立面卷材防水层时，应采取防止卷材下滑的措施。

6）铺贴双层卷材时，上下两层和相邻两幅卷材的接缝应错开1/3～1/2幅宽，且两层卷材不得相互垂直铺贴。

7）弹性体改性沥青防水卷材和改性沥青聚乙烯胎防水卷材采用热熔法施工应加热均匀，不得加热不足或烧穿卷材，搭接缝部位应溢出热熔的改性沥青。

铺贴自粘聚合物改性沥青防水卷材应符合下列规定：

1）基层表面应平整、干净、干燥、无尖锐突起物或孔隙。

2）排除卷材下面的空气，应辊压粘贴牢固，卷材表面不得有扭曲、皱折和起泡现象。

3）立面卷材铺贴完成后，应将卷材端头固定或嵌入墙体顶部的凹槽内，并应用密封材料封严。

4）低温施工时，宜对卷材和基面适当加热，然后铺贴卷材。

铺贴三元乙丙橡胶防水卷材应采用冷粘法施工，应符合下列规定：

1）基底胶粘剂应涂刷均匀，不应露底、堆积。

2）胶粘剂涂刷与卷材铺贴的间隔时间应根据胶粘剂的性能控制。

3）铺贴卷材时，应辊压粘贴牢固。

4）搭接部位的粘合面应清理干净，并应采用接缝专用胶粘剂或胶粘带粘结。

铺贴聚氯乙烯防水卷材，接缝采用焊接法施工时，应符合下列规定：

1）卷材的搭接缝可采用单焊缝或双焊缝。单焊缝搭接宽度应为 60mm，有效焊接宽度不应小于 30mm；双焊缝搭接宽度应为 80mm，中间应留设 10～20mm 的空腔，有效焊接宽度不宜小于 10mm。

2）焊接缝的结合面应清理干净，焊接应严密。

3）应先焊长边搭接缝，后焊短边搭接缝。

铺贴聚乙烯丙纶复合防水卷材应符合下列规定：

1）应采用配套的聚合物水泥防水粘结材料。

2）卷材与基层粘贴应采用满粘法，粘结面积不应小于 90%，刮涂粘结料应均匀，不应露底、堆积。

3）固化后的粘结料厚度不应小于 1.3mm。

4）施工完的防水层应及时做保护层。

高分子自粘胶膜防水卷材宜采用预铺反粘法施工，并应符合下列规定：

1）卷材宜单层铺设。

2）在潮湿基面铺设时，基面应平整坚固、无明显积水。

3）卷材长边应采用自粘边搭接，短边应采用胶粘带搭接，卷材端部搭接区应相互错开。

4）立面施工时，在自粘边位置距离卷材边缘 10～20mm 内，应每隔 400～600mm 进行机械固定，并应保证固定位置被卷材完全覆盖。

5）浇筑结构混凝土时不得损伤防水层。

采用外防外贴法铺贴卷材防水层时，应符合下列规定：

1）应先铺平面，后铺立面，交接处应交叉搭接。

2）临时性保护墙宜采用石灰砂浆砌筑，内表面宜做找平层。

3）从底面折向立面的卷材与永久性保护墙的接触部位，应采用空铺法施工；卷材与临时性保护墙或围护结构模板的接触部位，应将卷材临时贴附在该墙上或模板上，并应将顶端临时固定。

4）当不设保护墙时，从底面折向立面的卷材接槎部位应采取可靠的保护措施。

5）混凝土结构完成，铺贴立面卷材时，应先将接槎部位的各层卷材揭开，并应将其表面清理干净，如卷材有局部损伤，应及时进行修补；卷材接槎的搭接长度，高聚物改性沥青类卷材应为 150mm，合成高分子类卷材应为 100mm；当使用两层卷材时，卷材应错槎接缝，上层卷材应盖过下层卷材。

除上述热胶粘、热熔、冷自粘法铺贴防水卷材外，还有一种卷材铺贴方法，就是湿铺法铺贴。

湿铺卷材是采用水泥基粘结料与混凝土基层粘结，具有自粘性的聚合物改性沥青防水卷材，其特点是能在潮湿无明水的基层上施工。对湿铺卷材防水层推荐使用高分子膜基（N类）产品，不推荐使用聚酯胎湿铺防水卷材，后者仅用于和非固化橡胶沥青防水涂料等沥青基防水涂料复合使用。为了保证湿铺卷材防水层质量，铺贴时应符合下列规定：

1）基层表面应坚固、平整、干净、无明水和尖锐突起物，并保持湿润。

2）粘结卷材宜采用水泥基粘结料，拌制的水胶比不应大于0.45。

3）卷材搭接边隔离膜与卷材大面隔离膜应断开。卷材的长边和短边应采用自粘或自粘胶带搭接；搭接部位胎体或高分子膜基的重叠宽度不应小于30mm。

4）铺贴时，拌制均匀的水泥基粘结料应均匀刮涂在基层表面，并应沿卷材展开方向向前铺贴。应在撕除卷材大面隔离膜的同时，辊压排除卷材下部空气，并应保留搭接边的隔离膜。

5）待卷材铺贴完毕、粘结料终凝后24h，应撕除搭接边的隔离膜，并应清理残留的硬化粘结料后，进行搭接边自粘胶层的粘合。

6）水泥粘结料终凝后24h内，不应在卷材表面行走和进行后续作业。

7）双层铺设时，两层卷材之间应采用自粘粘结。

水泥基粘结料拌制的水胶比不应大于0.45，主要因为有施工人员为了操作方便，倾向于多加水，多余的水分没有合适的出口，会在卷材受阳光照射时形成水蒸气，引起卷材起鼓。同时，多余的水分也会降低水泥基粘结料的硬化强度，造成起壳。

湿铺卷材特殊的施工方法决定了这种卷材在表面隔离膜的设计上与自粘聚合物改性沥青防水卷材有所不同。后者的隔离膜是一整块，可以整体去除，这是因为基层表面没有湿铺卷材所用的水泥基粘结料。正是由于采用了水泥基粘结料，在铺贴时，粘结料溢出容易污染搭接边，故N类湿铺防水卷材在长边方向的粘接面的隔离膜通常分成两部分：大面隔离膜（在铺贴时撕除）和搭接边隔离膜（二次搭接时撕除）。同时，在卷材背面的搭接边也要设置隔离膜，在二次搭接时撕除后和相邻卷材长边的搭接边进行粘结。为保证搭接部位卷材的力学强度，卷材背面搭接边的宽度应小于粘接面搭接边宽度30mm以上。

防水卷材的甩槎、接槎应符合下列规定：

1）砖胎模应砌筑牢固，内侧应采用砂浆找平。

2）防水层为单层卷材时，卷材甩槎在临时性保护墙高度不小于150mm；防水层为双层卷材时，第一层卷材甩槎在临时性保护墙高度不应小于150mm，第二层卷材甩槎在临时性保护墙高度不应小于300mm（图4.2-35、图4.2-36）。

3）卷材与砖胎模宜点粘固定。

4）接槎搭接宽度不应小于150mm。

4.2.6.5 涂料防水层

1. 防水涂料的种类

涂料防水层又称为涂膜防水层。防水涂料在地下防水工程中的应用量仅次于防水卷材。涂料防水层应包括无机防水涂料和有机防水涂料。无机防水涂料可选用掺外加剂、掺合料的水泥基防水涂料、水泥基渗透结晶型防水涂料。有机防水涂料可选用反应型、水乳型、聚合物水泥等涂料。

无机防水涂料宜用于结构主体的背水面，有机防水涂料宜用于地下工程主体结构的迎水面，用于背水面的有机防水涂料应具有较高的抗渗性，且与基层有较好的粘结性。

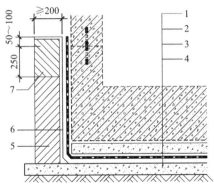
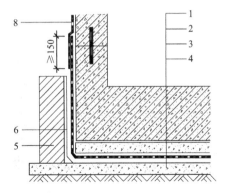

图 4.2-35 底板卷材防水层甩槎构造　　　图 4.2-36 底板卷材防水层接槎构造

1—底板；2—保护层；3—卷材防水层；4—垫层；5—砖胎模；6—水泥砂浆找平层；

7—临时保护砌体；8—侧墙防水层

2. 防水涂料的一般规定

防水涂料品种的选择应符合下列规定：

（1）潮湿基层宜选用与潮湿基面粘结力大的无机防水涂料或有机防水涂料，也可先涂无机防水涂料而后再涂有机防水涂料构成复合防水涂层。

（2）冬期施工宜选用反应型涂料。

（3）埋置深度较深的重要工程、有振动或有较大变形的工程，宜选用高弹性防水涂料。

（4）有腐蚀性的地下环境宜选用耐腐蚀性较好的有机防水涂料，并应做刚性保护层。

（5）聚合物水泥防水涂料应选用Ⅱ型产品。

采用有机防水涂料时，基层阴阳角应做成圆弧形，阴角直径宜大于50mm，阳角直径宜大于10mm，在底板转角部位应增加胎体增强材料，并应增涂防水涂料。

防水涂料宜采用外防外涂或外防内涂如图 4.2-37、图 4.2-38 所示。

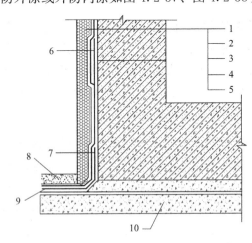

图 4.2-37 防水涂料外防外涂构造

1—保护墙；2—砂浆保护层；3—涂料防水层；4—砂浆找平层；5—结构墙体；6—涂料防水层加强层；

7—涂料防水加强层；8—涂料防水层搭接部位保护层；9—涂料防水层搭接部位；10—混凝土垫层

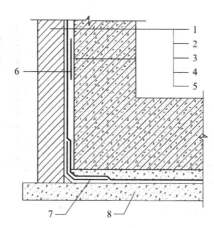

图 4.2-38　防水涂料外防内涂构造

1—保护墙；2—涂料保护层；3—涂料防水层；4—找平层；5—结构墙体；

6—涂料防水层加强层；7—涂料防水加强层；8—混凝土垫层

水泥基渗透结晶型防水涂料，可用于潮湿基层，水泥基渗透结晶型防水涂料用量不应小于 $1.5kg/m^2$，且厚度不应小于 1.0mm。

同样可用于潮湿基层的还有聚合物水泥防水涂料。国内用于配置聚合物水泥防水涂料的聚合物乳液品种常见包括聚丙烯酸酯乳液、醋酸乙烯酯-乙烯（VAE）乳液，前者的改性能力高于后者，涂膜的耐水性也优于后者。一些不合格的产品往往会使用聚醋酸乙烯酯（PVAc）乳液，甚至聚乙烯醇（PVOH）乳液，造成涂膜性能下降，耐水性变差。故推荐使用聚丙烯酸酯乳液。

对于非固化橡胶沥青防水涂料、热熔橡胶沥青防水涂料，宜与沥青类防水卷材叠合使用。非固化橡胶沥青防水涂料与热熔橡胶沥青防水涂料本体强度很低，宜与材性相容的改性沥青类防水卷材叠合使用，充分发挥涂料对基层缺陷的弥合能力，及卷材良好的力学性能及厚度均一的优势。

另外要注意的是，严禁直接在有机涂料防水层上热熔施工防水卷材。在聚氨酯、聚合物水泥涂膜防水层上直接热熔施工改性沥青防水卷材会造成涂膜防水层损伤。

关于有机涂料防水层最小厚度，从施工工艺、固化条件、性能、工期及成本等综合因素考虑，每种涂料的厚度都有其上下限，不同品种的有机涂料防水层的最小厚度应符合表 4.2-15 的规定，表中的数值给出了最低合理要求。

不同品种的有机涂料防水层的最小厚度（mm）　　　　　　　　　　　　表 4.2-15

涂料种类		聚氨酯防水涂料	聚合物水泥防水涂料	非固化橡胶沥青防水涂料	喷涂橡胶沥青防水涂料	喷涂聚脲防水涂料
一道设防		2.0	2.0	2.0[1]	2.5	1.5
两道设防	涂料-卷材叠合使用	—	1.5	1.5	—	—
	涂料-卷材分开设置	1.5	2.0	—	2.0	—

1 仅限于与聚乙烯丙纶复合防水卷材叠合使用。

3. 涂料防水层施工注意事项

无机防水涂料基层表面应干净、平整、无浮浆和明显积水。有机防水涂料基层表面应干燥，不应有气孔、凹凸不平、蜂窝麻面等缺陷。涂料施工前，基层阴阳角宜做成圆弧形。

涂料防水层严禁在雨天、雾天、五级及以上大风时施工，不得在施工环境温度低于5℃及高于35℃或烈日暴晒时施工。涂膜固化前如有降雨可能时，应及时做好已完涂层的保护工作。

防水涂料的配制应按涂料的技术要求进行。防水涂料应分层刷涂或喷涂，涂层应均匀，不得漏刷漏涂；接槎宽度不应小于100mm。铺贴胎体增强材料时，应使胎体层充分浸透防水涂料，不得有露槎及褶皱。

有机防水涂料施工完后应及时做保护层，保护层应符合下列规定：

（1）底板、顶板应采用20mm厚1：2.5水泥砂浆层和40～50mm厚的细石混凝土保护层，防水层与保护层之间宜设置隔离层。

（2）侧墙迎水面保护层宜选用软质保护材料或20mm厚1：2.5水泥砂浆。

涂膜防水层的甩槎、接槎构造应符合下列规定（图4.2-39、图4.2-40）：

（1）甩槎部位宜做临时保护措施，保护层宽度不应小于350mm。

（2）甩槎部位涂膜防水层表面应设置隔离层。

（3）接槎施工前，应清除保护层及隔离层，侧墙防水层与底板防水层宜在底板部位搭接，搭接宽度应不小于150mm。

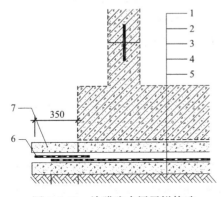 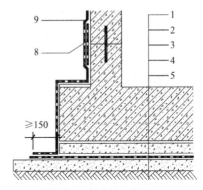

图 4.2-39　涂膜防水层甩槎构造　　　　图 4.2-40　涂膜防水层接槎构造

1—混凝土结构底板；2—细石混凝土保护层；3—涂膜防水层；4—混凝土垫层；5—素土
夯实；6—隔离层；7—临时保护层；8—防水加强层；9—侧墙防水层

4.2.6.6　砂浆防水层

砂浆防水层可用于综合管廊主体结构的迎水面或背水面。应采用聚合物水泥防水砂浆、掺外加剂的防水砂浆，防水砂浆宜采用多层抹压或喷涂的方法施工。

砂浆防水层的品种和配合比应根据防水工程要求确定，宜采用预拌防水砂浆。预拌砂浆性能应符合现行国家标准《预拌砂浆》GB/T 25181的规定。

聚合物水泥防水砂浆的厚度不应小于6mm；掺外加剂的防水砂浆厚度不应小于18mm。

砂浆防水层施工前应将预埋件、穿墙管周边嵌填密实。

砂浆防水层应分层施工，各层应紧密粘合，每层宜连续施工。应采用坡形阶梯接槎，但离阴阳角处的距离不应小于200mm。铺抹时应压实、抹平，最后一层表面应提浆压光。

砂浆终凝后，应及时养护，养护时间不应少于14d。聚合物水泥防水砂浆未达到硬化状态时，不应浇水养护或直接受雨水冲刷，硬化后应采用干湿交替的养护方法。潮湿环境中，可在自然条件下养护。

4.3 附属设施设计

4.3.1 消防设计

4.3.1.1 综合管廊内火灾的分析

在综合管廊内敷设的管线主要有电力电缆、通信光缆、给水管道、再生水管道、天然气管道、污水管道以及热力管道等市政管线设施，此外还有部分自用的缆线设施。在综合管廊内的各种管线中，主要是电力线路具有自身起火的可能性。

1. 火灾起因

电力线路起火的原因主要有以下几方面：

（1）相间短路

一路高压输电线由三根具有不同相位的电缆或由一根有三条不同芯线的电缆组成。由于有不同的相位，其间就有电位差。若电缆间局部绝缘体损坏或绝缘老化破损，则有可能因为二相间的电位差而形成短路放电现象，从而造成电缆局部温度升高进而发生起火。

（2）对地短路

这种情况与相间短路类似，其不同点在于这个放电现象不是不同相电缆间短路放电，而是电缆与大地间发生短路放电。

（3）接触不良

输电电缆一般是由单位长度的电缆通过电缆接头进行连接而形成的长距离导电体。若电缆接头处二根电缆连接不紧密，将造成接头处局部接触不良、电阻增大，此时将在接头处发生过热，从而引起接头爆炸、燃烧。

（4）线路过载

当由于外部原因造成输电线路过载时，由于电缆中通过的电流强度大于电缆允许的电流强度，有可能造成电缆温度升高，当温度达到一定值时，将形成电缆起火。

在以上几种起火的情况中，相间短路、对地短路、接触不良等造成的起火一般在局部产生，而线路过载起火则有可能造成整条输电电缆多处起火。

2. 火灾机理

（1）火灾蔓延路径

火由起火部位向其他区域蔓延是通过可燃物的直接延烧、热传导、热辐射和热对流等方式扩大蔓延的。火灾蔓延的路径为失火的电缆本身，还可能为敷设在电缆同侧的通信电缆，和管廊自用线路。

（2）火焰载体与燃烧物

综合管廊内的可燃物主要是电缆、光缆和管线（保温层）。

3. 管廊火灾特点

集中敷设管线的综合管廊火灾主要存在以下特点：

（1）火势猛烈、燃烧迅速。管廊内前后贯通，电缆敷设集中密集，一旦着火，电缆会形成火流迅速蔓延到邻近区域，致使火势沿电缆走向蔓延迅速。

（2）扑救困难。电缆燃烧产生大量有毒气体，管廊内通道狭窄，同时通信器材受屏蔽影响，通信联络不便，给消防员灭火造成困难。

（3）存在触电危险。在电线电缆密集布置的廊道内，高压电缆在断电后仍有可能留有余压，存在触电危险。

（4）电缆接头区爆燃破坏性强。

4. 火灾发生概率

由火灾起因可以看出，其主要是电缆线路故障引起。而电力系统对电缆线路均配备完善的继电保护，且电压等级越高保护越完备。对于高压线路，其系统接地方式均为中心点直接接地，线路都配有 2 套不同原理的主保护及后备保护，所用保护均为目前先进的光纤纵差保护，高频距离保护，高频方向保护，遇故障时线路保护全线速动，且继电器及机构动作时间更短，主保护切断故障总时间将小于 0.2s，若遇主保护拒动，后备护切除故障总时间将小于 0.6s，动作可靠性和及时性较中低压电缆更高。故超高压电缆因线路故障而引起火灾的可能性很低。

目前纳入综合管廊的电力电缆一般均采用交联电缆，排除了因充油电缆泄油造成大规模延燃的可能性，同时敷设的电缆均采用阻燃型电缆。并且综合管廊内的监控系统对高电压等级的电缆进行温度监控，一旦有温度异常情况，则可进行事前处理。这进一步大大降低了火灾发生的概率和延燃的可能性。故综合管廊内部发生火灾的概率是比较低的。

但是由于高压电力电缆的接头由人工安装完成，仍然存在火灾可能，近年来的火灾事故多数发生在电缆接头位置，因此研究电力线路的防火措施，应首先从电缆接头的安全防护着手。

5. 火灾损失分析

综合管廊一旦着火，将会造成一定的损失，主要可分为两个方面：

（1）经济损失

综合管廊内的火灾发生后，其产生的经济损失主要为电力电缆本身的损失、停电所造成的外部经济损失，以及其他线缆过火造成的损失。对于防火隔断间的电缆（电力电缆、通信线缆等），一旦过火后，由于其外部绝缘材料已被破坏，不能再使用，因此无论是否对其进行扑灭，经济损失已经造成，无法挽回。

（2）人身安全

综合管廊内部监控设施较为齐全，除控制中心等关键部位有人员值守外，一般均为无人状态，只有定期巡检人员在内部进行巡查。因此，综合管廊内可以认为处于无人状态，故综合管廊内的火灾基本不会造成人身安全。

但由于高电压等级的电缆覆盖面积大，一旦失火，将会造成相关地区停电，严重时由于短路造成整个供电系统的崩溃，将会造成巨大的损失。故在综合管廊内部采取有效的工程措施即设置消防监控系统和适当的灭火系统是必要的。

4.3.1.2 设计规范分析

《城市综合管廊工程技术规范》GB 50838—2015 规定：

6.6.1 电力电缆应采用阻燃电缆或个燃电缆（强制性条文）。

6.6.2 应对综合管廊内的电力电缆设置电气火灾监控系统。在电缆探头处应设置自动灭火装置。

7.1.3 综合管廊主结构体应为耐火极限不低于 3.0h 的不燃性结构。

7.1.4 综合管廊内不同舱室之间应采用耐火极限不低于 3.0h 的不燃性结构进行分隔。

7.1.5 除嵌缝材料外，综合管廊内装修材料应采用不燃材料。

7.1.6 天然气管道舱及容纳电力电缆的舱室应每隔 200m 采用耐火极限不低于 3.0h 的不燃性墙体进行防火分隔。防火分隔处的门应采用甲级防火门，管线穿越防火隔断部位应采用阻火包等防火封堵措施进行严密封堵。

7.1.7 综合管廊交叉口及各舱室交叉部位应采用耐火极限不低于 3.0h 的不燃性墙体进行防火分隔，当有人员通行需求时，防火分隔处的门应采用甲级防火门，管线穿越防火隔断部位应采用阻火包等防火封堵措施进行严密封堵。

7.1.8 综合管廊内应在沿线、人员出入口、逃生口等处设置灭火器材，灭火器材的设置间距不应大于 50m，灭火器的配置应符合现行国家标准《建筑灭火器配置设计规范》GB 50140 的有关规定。

7.1.9 干线综合管廊中容纳电力电缆的舱室，支线综合管廊中容纳 6 根及以上电力电缆的舱室应设置自动灭火系统；其他容纳电力电缆的舱室宜设置自动灭火系统。

7.1.10 综合管廊内的电缆防火与阻燃应符合国家现行标准《电力工程电缆设计规范》GB 50217 和《电力电缆隧道设计规程》DL/T 5484 及《阻燃及耐火电缆塑料绝缘阻燃及耐火电缆分级和要求　第 1 部分阻燃电缆》GA 306.1 和《阻燃及耐火电缆塑料绝缘阻燃及耐火电缆分级和要求　第 2 部分耐火电缆》GA 306.2 的有关规定。

7.5.7 干线、支线综合管廊含电力电缆的舱室应设置火灾自动报警系统，并应符合下列规定：

1 应在电力电缆表层设置线型感温火灾探测器，并应在舱室顶部设置线型光纤感温火灾探测器或感烟火灾探测器；

2 应设置防火门监控系统；

3 设置火灾探测器的场所应设置手动火灾报警按钮和火灾报警器，手动火灾报警按钮处宜设置电话插孔；

4 确认火灾后，防火门监控器应联动关闭常开防火门，消防联动控制器应能联动关闭着火分区及相邻分区通风设备、启动自动灭火系统；

5 应符合现行国家标准《火灾自动报警系统设计规范》GB 50116 的有关规定。

7.5.8 天然气管道舱应设置可燃气体探测报警系统，并应符合下列规定：

1 天然气报警浓度设定值（上限值）不应大于其爆炸下限值（体积分数）的 20%；

2 天然气探测器应接入可燃气体报警控制器；

3 当天然气管道舱天然气浓度超过报警浓度设定值（上限值）时，应由可燃气体报警控制器或消防联动控制器联动启动天然气舱事故段分区及其相邻分区的事故通风设备；

　　4 紧急切断浓度设定值（上限值）不应大于其爆炸下限值（体积分数）的 25%；

　　5 应符合国家现行标准《石油化工可燃气体和有毒气体检测报警设计规范》GB 50493、《城镇燃气设计规范》GB 50028 和《火灾自动报警系统设计规范》GB 50116 的有关规定。

　　《城市电力电缆线路设计技术规定》DL/T 5221-2016 规定：在电力电缆进出线集中的隧道、电缆夹层和竖井中，如未全部采用阻燃电缆，为了把火灾事故限制在最小范围，尽量减小事故损失，可加设监控报警和固定自动灭火装置。

　　《电力工程电缆设计标准》GB 50217—2018 规定：在地下公共设施的电缆密集部位，多回充油电缆的终端设置处等安全要求较高的场所，可装设水喷雾灭火等专用消防设施。

　　《35～110kV 变电所设计规范》GB 50059—2011 规定：电缆从室外进入室内的入口处、电缆竖井的出入口处及主控制室与电缆层之间，应采取防止电缆火灾蔓延的阻燃及分隔措施。

　　《火力发电厂与变电站设计防火标准》GB 50229—2019 规定：电缆从室外进入室内的入口处、电缆竖井的出入口处、电缆接头处、主控制室与电缆夹层之间以及长度超过 100m 的电缆沟或电缆隧道，均应采取防止电缆火灾蔓延的阻燃及分隔措施，并应根据变电所的规模和重要性采取一种或数种措施。

　　综上分析，现行规范从本质安全到被动防护方向，对综合管廊内电缆火灾均进行了规范，按照规范规定，采用阻燃或不燃电缆，设置火灾自动报警和灭火系统，可以有效应对电缆火灾事故。

4.3.1.3　有效降低火灾危害的工程措施

1. 选取合适的设计参数

电缆的电阻使电流产生损耗引起电缆发热，而电缆持续发热将对电缆的绝缘层及保护层产生破坏作用。因此，选取合适的设计电流密度，可以降低电缆的发热量，延长电缆的寿命，减少起火的可能性。

2. 采用合适的电缆类型

电缆具有多种类型，不同类型的电缆适应于不同的使用场合。在综合管廊内宜采用阻燃型或防火型电缆，减少电缆起火的可能性。在管廊设计时要求入廊电缆采用阻燃型电缆。若采用普通电缆必须采用外部防延燃措施。同时在综合管廊内禁止使用充油电缆。

3. 采取必要的预防措施

在电缆上设置感温装置，及时监测电缆的运行情况，以便在电缆发生事故前就能及时发现问题，进而避免起火造成损失。

4. 采取必要的保护措施

电缆燃烧主要是由于电流过高造成电缆温度升高而产生的，当失去电流后，电缆芯的温度即不再升高，如果没有其他助燃因素，阻燃型电缆便能自行熄灭。如果当电缆中发生电流过高，或接到火警信号时，上级供电站能及时切断电源，则能有效控制火势。因此，在供电站内应设置必要的保护措施，以便电缆起火后及时切断电源，避免火势蔓延。

5. 设置必要的隔断

为防止电缆起火后随电缆蔓延，综合管廊的设计中每隔一定的距离需要设置防火隔断（防火墙、防火门等），将起火控制在一定的范围内，以防止火灾进一步的蔓延，减小火灾引起的损失。

6. 设置火灾报警系统和手提式灭火器

综合管廊的设计中设置了以感温线缆为探测器的火灾报警系统，并联动风机、风阀及时将火灾区段隔绝空气，降低助燃因素。廊内沿线另分布设置有手提式灭火器，有利于人员巡检时发现火情及时扑救。

7. 合理布置电缆

在综合管廊内部电缆的布置上，将双回及以上电源电缆尽可能分侧布置，从而避免因火灾的发生而相互影响，提高供电可靠性。

8. 设置防小动物网

在电缆起火的原因中，有较多的对地短路是由于电缆被局部破坏，特别是一些啮齿类动物如老鼠等啃咬电缆造成的破坏。因此，需要在通风百叶窗等处设置防止小动物进入的防护网，防止小动物进入综合管廊对电缆的破坏。

通过以上的工程措施，可有效的避免综合管廊内火灾的发生。

4.3.1.4 消防设计标准

综合管廊内部安装多种管线，管线种类不同，火灾危险性类别不同，根据《城市综合管廊工程技术规范》GB 50838—2015，各廊道、舱室火灾危险性类别为管廊舱室内安装管线种类中最高火灾危险性类别。各管线火灾类别见表4.3-1。

综合管廊火灾危险性分类　　　　　　　　　　　表4.3-1

舱室内容纳管线种类		舱室火灾危险性分类
天然气管道		甲
阻燃电力电缆		丙
通信线缆		丙
热力管道		丙
污水管道		丁
雨水管道、给水管道、再生水管道	塑料管等难燃管材	丁
	钢管、球墨铸铁管等不燃管材	戊

在管廊防火设计时，对电力舱应按每200m的距离布设防火分区。相邻两个防火分区采用耐火极限不低于3.0h的不燃性结构体进行防火分隔。防火分隔处的门应采用甲级防火门，管线穿越防火隔断部位应采用阻火包等防火封堵措施进行严密封堵，缝隙处用无机防火堵料填塞，以防止烟火穿越分区。综合管廊交叉口及各舱室交叉部位应采用耐火极限不低于3.0h的不燃性墙体进行防火分隔，当有人员通行需求时，防火分隔处的门应采用甲级防火门。

综合管廊内部，应当布设应急疏散系统、照明系统以及灯光疏散标志，其照度至少应为平均工作照度的百分之十。布设位置应当明显可视，主要入口位置设管廊标识牌，而且内容要简易，信息要明确，能够使受灾人群快速识别管廊分区。

对于综合管廊而言，除监控中心以外基本上没有人员操控。然而，日常检修工作是必不可少的，因此应按规范要求设置逃生口，逃生口可与通风口、吊装口等结合设置。逃生口处应当布设灭火器材，如黄沙箱、灭火器等。

综合管廊结构设计时，应当注意抗火性能，选用不燃性结构体，而且耐火极限不低于 3h。防火分隔处设防火墙以及甲级防火门、阻火包等。

防火门尺寸应满足舱室内最大尺寸管道或阀件搬运要求。

4.3.1.5　自动灭火系统设计

1. 灭火措施

通常对于密闭环境内的电气火灾，可采用以下一些灭火措施：气体灭火、高倍数泡沫灭火、水喷雾灭火、高压细水雾灭火、超细干粉灭火。综合管廊内可燃物较少，电缆等均采用阻燃型或防火型，局部燃烧时危险性较小。故综合管廊内消防可按轻危险级考虑。对各种灭火方式的分析如下（表 4.3-2）：

（1）气体灭火

气体灭火包括二氧化碳、赛龙灭火等，是一种利用向空气中大量注入灭火气体，相对地减少空气中的氧气含量，降低燃烧物的温度，使焰焰熄灭。二氧化碳是一种惰性气体，对绝大多数物质没有破坏作用，灭火后能很快散逸，不留痕迹，又没有毒害。二氧化碳还是一种不导电的物质，可用于扑救带电设备的火灾。

二氧化碳对于扑救气体火灾时，需在灭火前能切断气源。因为尽管二氧化碳灭气体火灾是有效的，但由于二氧化碳的冷却作用较小，火虽然能扑灭，但难以在短时间内使火场的环境温度降至燃气的燃点以下。如果气源不能关闭，则气体会继续逸出，当逸出量在空间里达到或高过燃烧下限浓度，则有发生爆炸的危险。

由于综合管廊是埋设于地下的封闭空间，且其保护范围为一狭长空间，难以定点实施气体喷射保护，因此，需采用全覆盖灭火系统。

（2）高、中倍数泡沫灭火

高倍数、中倍数泡沫灭火系统是一种较新的灭火技术。泡沫具有封闭效应、蒸汽效应和冷却效应。其中封闭效应是指大量的高倍数、中倍数泡沫以密集状态封闭了火灾区域，防止新鲜空气流入，使火焰熄灭。蒸汽效应是指火焰的辐射热使其附近的高倍数、中倍数泡沫中水分蒸发，变成水蒸气，从而吸收了大量的热量，而且使蒸汽与空气混合体中的含氧量降低到 7.5% 左右，这个数值大大低于维持燃烧所需氧的含量。冷却效应是指燃烧物附近的高倍数、中倍数泡沫破裂后的水溶液汇集滴落到该物体燥热的表面上，由于这种水溶液的表面张力相当低，使其对燃烧物体的冷却深度超过了同体积普通水的作用。

由于高倍数、中倍数泡沫是导体，所以不能直接与带电部位接触，否则必须在断电后，才可喷发泡沫。

综合管廊是埋设于地下的封闭空间，其中分隔为较多的防火分区，根据对规范的系统分类及适用场合的分析，消防系统可采用高倍数泡沫灭火系统，一次对单个防火分区进行消防灭火。但该系统较复杂，且需先切断电源才能进行灭火。

（3）自动水喷雾灭火

水喷雾灭火系统是利用水雾喷头在一定水压下将水流分解成细小水雾滴进行灭火或防护冷却的一种固定式灭火系统。该系统是在自动喷水系统的基础上发展起来的，不仅安全可靠，经济实用，而且具有适用范围广，灭火效率高的优点。

水喷雾的灭火机理主要是具有表面冷却、窒息、乳化、稀释的作用。

1）表面冷却

相同体积的水以水雾滴形态喷出时比直射流形态喷出时的表面积要大几百倍，当水雾滴喷射到燃烧表面时，因换热面积大而会吸收大量的热迅速汽化，使燃烧物质表面温度迅速降到物质热分解所需要的温度以下，使热分解中断，燃烧即中止。

2）窒息

水雾滴受热后汽化形成原体积 1680 倍的水蒸气，可使燃烧物质周围空气中的氧含量降低，燃烧将会因缺氧而受抑或中断。

3）乳化

乳化只适用于不溶于水的可燃液体。当水雾滴喷射到正在燃烧的液体表面时，由于水雾滴的冲击，在液体表面造成搅拌作用，从而造成液体表层的乳化，由于乳化层的不燃性使燃烧中断。

4）稀释

对于水溶性液体火灾，可利用水雾稀释液体，使液体的燃烧速度降低而较易扑灭。

以上四种作用在水雾喷射到燃烧物质表面时通常是以几种作用同时发生，并实现灭火的。

由于水喷雾所具备的上述灭火机理，使水喷雾具有适用范围广的优点，不仅在扑灭固体可燃物火灾中提高了水的灭火效率，同时由于独特的优点，在扑灭可燃液体火灾和电气火灾中得到广泛的应用。但当灭火面积较大时，灭火所需的水量也较大。

（4）移动式水喷雾灭火

移动式水喷雾系统是根据综合管廊发生火灾的特点以及可采用的扑救方式所确定的灭火系统。火灾发生时该系统利用综合管廊外部的道路上的消防设施（消火栓），通过综合管廊每个消防分区预留的水泵结合器进行灭火。综合管廊内部预留与水泵结合器相联的消防支管。消防支管的服务范围仅为一个防火分区，故消防支管的预留一般对标准断面的影响不大。该系统的特点是系统布置简单，对综合管廊的断面影响小，相对节约投资。虽不可在火灾发生的第一时间进行自动灭火，但对于采取了有效防火措施的综合管廊来说，防火功能可以满足要求。

（5）高压细水雾灭火

细水雾灭火机理为物理灭火，主要表现为表面冷却、窒息、乳化、稀释的作用。细水雾的雾滴直径小，比表面积非常小，遇热后迅速汽化、蒸发，当火焰温度下降到维持其燃烧的临界值以下时，火焰就熄灭了。当细水雾射入火焰区时，细水雾雾滴迅速汽化，体积迅速膨胀 1700～5800 倍，水汽化后形成的水蒸气将燃烧区域整体包围和覆盖，阻止新鲜空气进入燃烧区，大幅度地降低了燃烧区的氧气浓度，使燃烧明火因缺氧而中断。

高压细水雾灭火系统主要依靠高压喷嘴喷射出的细水雾吸热降低火焰区温度，同时排出空气使燃烧区的氧气浓度降低，达到火焰窒息的效果。与水喷雾灭火系统相比，细水雾灭火系统的水雾滴粒径更小、灭火效能更好，且灭火后不会产生大量水，对环境无污染。细水雾灭火系统的工作压力往往都在 1.0MPa 以上，需设置单独的泵组（瓶组）加压或增大消防主泵扬程，系统对水质和管材均有特殊要求，这些使得细水雾灭火系统工程造价较其他灭火系统明显偏高，给大范围的推广带来一定难度。根据不同的灭火要求，可设置湿式、干式和预作用细水雾灭火系统。

细水雾灭火系统主要由水源、供水装置、区域选择阀、压力开关、开式喷头、火灾报警控制器、火灾探测器及管网组成。控制方式主要有自动控制、电气手动控制、应急手动控制三种控制方式。

（6）超细干粉灭火

1）灭火原理

超细干粉灭火剂是哈龙灭火剂及系列产品替代研究的最新技术，可广泛应用于各种场所扑救 A、B、C 类火灾及带电电气火灾。该灭火剂 90％的颗粒粒径≤20μm，在火场反应速度快，灭火效率高。单位容积灭火效率是哈龙灭火剂的 2～3 倍，是普通干粉灭火剂的 6～10 倍，是七氟丙烷灭火剂的 10 倍，是细水雾的 40 倍。是目前国内已发明的灭火剂中灭火浓度最低，灭火效率最高，灭火速度最快的一种。由于灭火剂粒径小，流动性好，具有良好的抗复燃性、弥散性和电绝缘性。当灭火剂与火焰混合时超细干粉迅速捕获燃烧自由基，使自由基被消耗的速度大于产生的速度，燃烧自由基很快被耗尽，从而切断燃烧链实现火焰被迅速扑灭。

2）系统特点

① 可使用于有人场所：超细干粉灭火剂灭火时不会因窒息氧气而造成人员事故，且喷洒时可瞬间降低火场温度，喷口处不会产生高温，喷出的灭火剂对皮肤无损伤，属于洁净、环保的新型产品。

② 独立系统：超细干粉自动灭火系统自带电源、自成系统。在无任何电气配合的情况下仍可实现无外源自发启动、手动启动、区域组网联动启动。

③ 结构简单：细干粉自动灭火系统由灭火装置、温控启动模块、手启延时模块组成，安装使用方便，可单具使用，也可多具联动应用，组成无管网灭火系统，扑救较大保护空间或较大保护面积的火灾。不需要管网、喷头、阀门等繁琐的配套设备。

④ 方便施工：超细干粉自动灭火装置结构简单，安装位置可调整，对施工没有特殊要求，方便施工；不需要与土建工程一同进行，特别适合应用于改扩建及狭长空间。

⑤ 安全可靠：常态无压储存，不泄露不爆炸，自动感应启动，灭火性能可靠，系统组件全为自主研发生产，系统稳定性高。

⑥ 维护简单：免维护期可达 10 年。

⑦ 灭火效率高：超细干粉灭火时间为不大于 5s，可在探测到火灾信号后迅速灭火，将火灾损失降到最低。

⑧ 可全淹没应用灭火，也可局部淹没应用灭火。全淹没应用效率高，局部淹没应用保护范围大。

灭火方式比较

表 4.3-2

	气体灭火	泡沫灭火	水喷雾灭火	高压细水雾灭火	超细干粉灭火
特点	可带电消防	需断电消防	可带电消防	可带电消防	可带电消防
优点	气体消防不对任何物体造成损坏	1. 消防用水量少； 2. 绝热性能好； 3. 可以排除烟气和有毒气体	1.灭火系统设备较简单； 2.可以有效降低火场温度	1. 灭火系统设备较简单； 2. 可以有效降低火场温度	1.设置方便； 2.灭火系统设备简单； 3.可以带电消防

	气体灭火	泡沫灭火	水喷雾灭火	高压细水雾灭火	超细干粉灭火
缺点	1.二氧化碳能使人窒息,须在人员撤离后使用; 2.由于长距离输送气体将带来压力下降及较大的蒸发量,使有效喷射量减少,故为保证整个综合管廊的消防,需设置较多数量的二氧化碳储存站,投资费用较高; 3.二氧化碳在日常储存中会发生泄漏,需及时进行补充或更换	1.系统较复杂,需设较多的泡沫液储存装置及泡沫发生装置; 2.电气消防时需先切断电源; 3.消防后需对设备进行清洗	1.消防用水量大,水量较难保证; 2.消防后,需将积水排除; 3.需配备加压水泵房,占用了较多的建筑用地,工程投资较大; 4.综合管廊较长时,为了不使管道内压力过高,消防干管直径较大,占用较多的综合管廊空间; 5.在较高的压力条件下,雨淋报警阀易损坏,维修工作量较大	1.需有消防用水,消防后,需将积水排除; 2.需配备加压水泵房,三个消防分区设一套高压细水雾装置;含泵及电源、控制柜;每套装置含有30min灭火用水不锈钢水箱,20m³左右。土建需要配套设泵房,造价显著升高; 3.综合管廊内需设置消防管,占用一定的综合管廊空间; 4.在较高的压力条件下,区域控制阀易损坏,维修工作量较大; 5.每个防火分区设置区域控制阀,火灾自动报警系统设计规范中要求需手动联动,会增加有人值班场所; 6.因在灭火时需形成水雾,故对水质要求较高	1.未及时更换时或药剂失效后,将不能正常使用; 2.每10年需更换药剂箱,相应产生运行费用,增加管理工作; 3.在长条形的管廊中,超细干粉设备安置较多

2. 灭火系统设计

(1) 自动水喷雾灭火系统设计

水喷雾消防系统是由水源、管网、雨淋间组和水雾喷头以及火灾探头控制设备组成的一种自动的或人工启动的固定灭火系统。

水喷雾灭火系统工作原理如图 4.3-1 所示。

系统设计以某工程为例,根据工程特点,选用 $K=43$、$\theta=120°$、$P=0.35MPa$ 的水喷雾喷头。

喷头数量计算:

水雾喷头的流量和数量分别按照式(4.3-1)、式(4.3-2)计算。

$$q=K\times\sqrt{10\times p} \tag{4.3-1}$$

式中　q——水雾喷头的流量(L/min);

　　　K——水雾喷头的流量系数(根据设备确定);

　　　p——水雾喷头的工作压力(MPa)。

$$N=\frac{S\times W}{q} \tag{4.3-2}$$

式中　N——保护对象的水雾喷头的计算数量;

　　　S——保护对象的保护面积(m²);

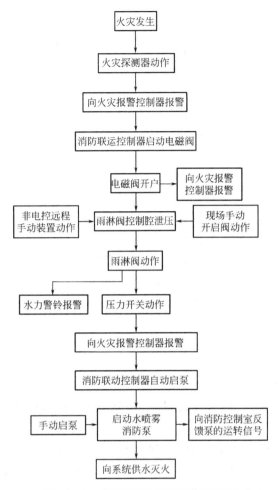

图 4.3-1　水喷雾灭火系统工作原理图

W——保护对象的设计喷雾强度 [L/(min・m²)]。

喷头间距计算及校验：

根据得出的喷头数量计算喷头间距＝单个防火分区最长长度/水雾喷头的计算。喷头间距应满足式 (4.3-3) 的规定。

$$R = B \cdot \tan \frac{\theta}{2} \tag{4.3-3}$$

式中　R——水雾锥底圆半径（m）；

　　　B——水雾喷头的喷口与保护对象之间的距离；

　　　θ——水雾喷头的雾化角（°）。

当水雾喷头按矩形布置时，水雾喷头之间的距离应满足距离≤1.4R 的要求。

系统流量计算见式 (4.3-4)。

$$Q_j = 1/60 \sum_{i=1}^{n} q_i \tag{4.3-4}$$

式中　Q_j——系统的计算流量（L/s）；

n——系统启动后同时喷雾的水雾喷头的数量（只）；

q_i——水雾喷头的实际流量（L/min），应按水雾喷头的实际工作压力计算。

水喷雾消防干管的管径按照流速确定管径，对管道沿程水头损失计算要求见式（4.3-5）。

$$i = 0.0000107 \frac{v^2}{D_j^{1.3}} \qquad (4.3-5)$$

式中　i——管道的沿程水头损失（MPa/m）；

　　　v——管道内水的流速（m/s）；

　　　D_j——管道的计算内径（m）。

根据式（4.3-5）分段计算管道流量、流速。

消防水泵扬程计算见式（4.3-6）。

$$H = \sum h + h_0 + Z/100 \qquad (4.3-6)$$

式中　H——水泵的计算压力（MPa）；

　　　$\sum h$——系统内局部、沿程水头损失之和（MPa）；

　　　h_0——最不利点水雾喷头的实际工作压力（MPa）；

　　　Z——最不利点水雾喷头与消防水池最低水位或系统水平供水引入管中心线之间的静压差（MPa）。

（2）移动式水喷雾系统

1）灭火范围

根据综合管廊内火灾原因的分析，电力电缆是较容易产生火灾的物件，需设置水喷雾灭火系统保护，而通信舱、管道舱不设置主动灭火系统，仅考虑设置灭火器进行保护。

2）消防用水量

以世博会园区综合管廊为例，电力舱室断面2.8m×3.2m，根据《自动喷水灭火系统设计规范》GB 50084—2001（2005版）及《水喷雾灭火系统设计规范》GB 50219—2014的有关规定，电力舱内消防按作用面积计算，消防强度按电缆灭火强度13L/min·m² 计算，安全系数取1.1，消防时间0.4hr，计算的消防流量为2288L/min（38.1L/s），一次消防用水量55m³。

3）消防分区布置

按水雾喷头工作压力0.35MPa，流量系数42.8计，单个喷头流量为80L/min，单个喷头保护距离2.2m，喷头雾化角度120°。

每个消防分区长度约60m，喷头布置于通信电缆一侧，喷向电力电缆。喷头间距2.0～2.5m。相邻两个消防分区的喷头采取措施保证可重叠喷射保护。

每个防火分区设置一套雨淋阀组及相应的报警装置。

水喷雾系统干管为DN200热镀锌钢管，由于综合管廊系统为环形，DN200干管也构成环状，提高供水安全性。

4）消防泵房

在控制中心设置1座消防泵站，消防泵站内设置3台消防泵，消防泵房内设全自动稳压设备一套，包括稳压泵、气压罐等。消防泵直接由市政水管内取水，不设消防水池。

（3）气溶胶自动灭火系统

气溶胶设计用量应按式（4.3-7）计算：

$$W = C_2 \cdot K_v \cdot V \qquad (4.3-7)$$

式中 W——灭火剂设计用量（kg）；

C_2——灭火设计密度（kg/m³）；

V——防护区净容积（m³）；

K_v——容积修正系数。$V < 500$m³，$K_v = 1.0$；500m³$\leqslant V < 1000$m³，$K_v = 1.1$；

$V \geqslant 1000$m³，$K_v = 1.2$。

灭火设计密度一般取 140g/m³，容积修正系数取 1.2。

（4）超细干粉自动灭火系统

超细干粉设计用量应按式（4.3-8）～式（4.3-10）计算：

$$M \geqslant M_1 + \sum M_2 \tag{4.3-8}$$

$$M_1 = V_1 \cdot C \cdot K_1 \cdot K_2 \tag{4.3-9}$$

$$M_2 = M_1 \cdot \delta_1 \tag{4.3-10}$$

式中 M——超细干粉灭火剂实际用量（kg）；

M_1——超细干粉灭火剂设计用量（kg）；

M_2——超细干粉灭火剂喷射剩余量（kg）；

V_1——防护区容积（m³）；

C——灭火设计浓度（kg/m³）；

δ_1——灭火装置喷射剩余率（柜式装置取 10%，其他类型取 5%）；

K_1——配置场所危险等级补偿系数，取 1.1～1.5；

K_2——防护区不密封度补偿系数，取 1.1。

根据计算的设计灭火剂用量，并考虑到管廊狭长，为保证效果，综合管廊超细干粉设置情况，推荐采用悬挂式超细干粉自动灭火装置。

按照每台超细干粉的充装量（3～8kg），确定单个防火分区超细干粉灭火装置的布置间距。

（5）高压细水雾自动灭火系统（以某工程为例）

设计参数：

系统持续喷雾时间 30min；

开式系统的响应时间不大于 30s；

最不利点喷头工作压力不低于 10MPa；

高压泵组泵体材料为不锈钢而且工作压力不小于 14MPa；

细水雾粒径 Dv0.5 小于 65μm、Dv0.99 小于 100μm。

主要设备选型：

1）喷头选型

管廊均采用 $K = 1.0$ 的开式喷头。$q = 10$L/min，安装间距不大于 3.0m，不小于 1.5m，距墙不大于 1.5m。

选用喷头雾滴直径 Dv0.5 应小于 65μm、Dv0.99 应小于 100μm。

2）泵组选型

开式系统流量按照防护区内同时动作喷头数的流量之和进行计算。系统最大流量防护区为着火时同时开启的 3 个相邻防护区，设计流量为同时开启 45 只喷头流量之和，系统设计工作压力根据最不利点喷头最低工作压力为 10MPa 进行计算，计算公式采用 Darcy-

Weisbach（达西-魏斯巴赫）公式。

选用增压泵组，设置稳压泵（一用一备，共两套）。

稳压泵泵组自带控制柜。

设备型号、技术参数应与国家固定灭火系统和耐火构件 3C 报告对应。

3）供水

系统的水质不应低于现行国家标准《生活饮用水卫生标准》GB 5749 的规定。

高压细水雾灭火系统补水压力要求：压力不低于 0.2MPa，且不得大于 0.6MPa。

可以采用水箱增压供水方式供水，设置两座不锈钢储水水箱，水箱制作和安装要求参照国标《矩形给水箱》12S101 图集，水箱配套设增压泵两台。高压细水雾泵组补水电磁阀开启时，同时启动增压泵。

系统工作原理及控制方式：

1）开式系统工作原理

在准工作状态下，从泵组出口至区域阀前的管网由稳压泵维持压力 1.0～1.2MPa，阀后空管，发生火灾后，由火灾报警系统联动开启对应的区域控制阀和主泵，喷放细水雾灭火；或者手动开启对应的区域控制阀，管网降压自动启动主泵，喷放细水雾灭火。经人员确认火灾扑灭后，手动关闭主泵和区域控制阀，火灾报警系统复位，管网恢复、系统复位（图 4.3-2）。

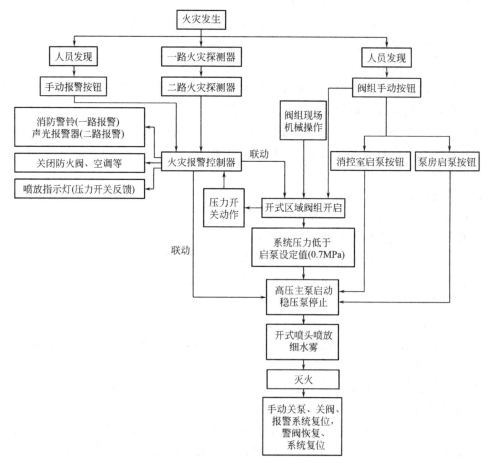

图 4.3-2 开式系统工作原理图

2）开式系统控制方式

当发生火灾时，开式系统具备三种控制方式：自动控制、手动控制和应急操作。

自动控制：高压细水雾灭火系统报警主机接收到灭火分区内一路探测器报警后，联动开启消防警铃；接收到两路探测器报警后，联动开启声光报警器，输出确认火灾信号，联动打开对应的区域控制阀和主泵，喷放细水雾灭火。区域阀组内的压力开关反馈系统喷放信号，灭火报警主机联动开启对应的喷雾指示灯。

手动控制：当现场人员确认火灾且自动控制还未动作时，可按下对应区域控制阀的手动启动按钮，打开区域控制阀，管网降压自动启动主泵，喷放细水雾灭火；或者按下对应手动报警按钮，联动打开对应的区域控制阀和主泵，喷放细水雾灭火。区域阀组内的压力开关反馈系统喷放信号，灭火报警主机联动开启对应的喷雾指示灯。

应急操作：当自动控制与手动控制失效时，手动操作区域控制阀的应急手柄，打开对应的区域控制阀，管网降压，自动启动主泵，喷放细水雾灭火。区域阀组内的压力开关反馈系统喷放信号，灭火报警主机联动开启对应的喷雾指示灯。

综合管廊所有舱室沿线、人员出入口、防火门处、投料口、通风口、逃生口、设备间、分变电所设置手提式磷酸铵盐干粉灭火器，灭火器的配置和数量按《建筑灭火器配置设计规范》GB 50140 要求计算确定。

4.3.1.6　电气消防

综合管廊内自用电缆在综合管廊内采用电缆桥架敷设，电缆桥架采用无孔槽式并作防火处理。强弱电电缆、消防与非消防电缆均分槽敷设，出电缆桥架穿热镀锌钢管敷设。

消防泵组、应急照明、综合管廊监控设备等采用耐火电缆或不燃电缆，敷设线路需作防火保护，其他负荷采用阻燃电缆。

变电所至中控室、综合管廊的电缆通道分区段设防火封堵。综合管廊内自用电缆沿专用电缆桥架敷设，跨越防火分区时设防火封堵，电缆出桥架采用穿钢管明敷形式引入设备，照明、插座箱敷线为穿钢管沿墙顶明敷方式。

4.3.1.7　自控消防

在综合管廊内含有电力电缆（不包含自用电缆）的舱内应设置火灾自动报警系统，其他舱室内不设置火灾自动报警系统。火灾报警采用集中报警系统。

火灾自动报警系统包括火灾自动报警系统、防火门监控系统和火灾报警联动系统等。

1. 火灾自动报警系统

火灾自动报警系统由三层组成：

（1）监控中心：设置一套火灾报警及联动主机于监控中心消防控制室内。

（2）分变电所：每个分变电所内设置一套火灾报警控制柜，内含火灾报警控制器 1 台、若干控制模块、若干信号模块、一套 24V 消防电源（防火门监控分机也放入该柜内）。

（3）监控与报警区间：在每个监控与报警区间的通风口设置一套火灾报警接线柜，负责本区间内消防设施的控制及信号反馈。火灾报警区域控制器的电源由区间电气专业消防负荷配电柜提供。

监控中心火灾报警联动主机与分变电所火灾报警控制器通过单模光纤组成火灾报警通信环网。分变电所的火灾报警控制器与其管辖报警区域内的区域火灾报警接线柜通过总线进行通信。区域火灾报警接线柜完成所管辖区间的火灾监视、报警、火灾联动及将所有信号通过网络上传至监控中心。

监控中心火灾报警联动主机与分变电所火灾报警控制器通过单模光纤组成火灾报警通信环网。分变电所的火灾报警控制器与其管辖报警区域内的区域火灾报警接线柜通过总线与电源线进行通信。区域火灾报警接线柜完成所管辖区间的火灾监视、报警、火灾联动及将所有信号通过网络上传至监控中心。

火灾自动报警系统具体配置如下：

1）区间火灾报警接线柜：设置于通风口设备层；

2）手动报警按钮、声光警报装置：每隔 50m 设置 1 套手动报警按钮、声光警报装置；

3）线型光纤感温火灾探测器的敷设：每个电缆舱顶部及敷设有电力电缆的支架上方（即其上层支架底部）沿直线敷设。

4）感烟探测器：设置在每个防火分区的投料口、通风口设备层、分变电所内及含有电力电缆的舱室内顶部设置；

5）非消防负荷强切：所有模块均设置在区间火灾报警控制柜内；

6）应急照明强启：所有模块均设置在区间火灾报警控制柜内；

7）防火阀强切：所有模块均设置在区间火灾报警控制柜内；

8）超细干粉灭火控制器：每个区间设置 1 套超细干粉灭火控制器，安装于火灾报警接线柜内，用于超细干粉灭火装置的联动及控制（以超细干粉灭火系统为例）。

在含有电力电缆的舱室内采用舱室内顶部的感烟探测器、每层电力电缆的支架上方及舱室顶部的感温光纤作为火灾探测器，当任意一路舱室顶部的感烟探测器或感温光纤发生报警，开启相应防火分区内的声光警报器、应急疏散指示和该防火分区防火门外的声光警报器。当任意一路舱室顶部的感烟探测器和感温光纤同时发生报警，关闭相应及相邻防火分区及正在运行的排风机、防火风阀及切断配电控制柜中的非消防回路，经过 30s 后打开现场放气指示灯，启动超细干粉灭火装置实施灭火。喷放动作信号及故障报警信号反馈至监控中心及超细干粉灭火控制器。

2. 防火门监控系统

在设有火灾自动报警的舱室设置防火门监控系统。

综合管廊内防火门有两种形式：常开防火门和常闭防火门。其中常开防火门需设置电磁释放器与门磁开关，常闭防火门只需设置门磁开关即可。

防火门监控系统的监控分机可设置在分变电所与火灾报警控制柜合柜。每台监控分机至管廊现场防火门监控模块的总线长度不宜大于 1000m。防火门监控系统通信总线可采用环网结构，也可采用星型结构。

门磁开关状态通过通信总线接入分变电所防火门监控分机，监控分机接入监控中心防火门监控主机。

3. 火灾报警联动系统

消防控制中心与设备监控中心合用同一中心控制室，消防设备由监控 UPS 供电。在中心控制室设置火灾报警上位机一套、火灾报警主控制器一套、分布式光纤测温控制单元一套（单通道）、手动联动控制柜一套。控制室消防设备由监控 UPS 供电。火灾报警主控制器与分布式光纤测温控制单元之间通过模块连接。火灾报警上位机与监控计算机之间通过 10/100Mbps 以太网连接。

在综合管廊现场设置一套火灾报警控制器，与火灾报警主控制器间隔 3000m 布置，通过光缆与控制中心火灾报警主控制器连接。一套火灾报警控制器监控左右各约 1500m 范围内的消防设备。

在管廊内每隔 50m 设置一套智能化手动报警按钮。每隔 100m 设置一套警铃，手动报警按钮固定在爬梯或电缆支架上，安装高度距行人地面 1.30～1.50m。测温光纤沿综合管廊走向在廊顶高压电缆侧敷设采用水喷雾灭火系统时。在消防水泵房设置消防电话、警铃、手动报警按钮和信号控制模块。在区段内照明配电箱、雨淋阀等处设置信号控制模块。

火灾报警联动系统具有以下功能：

（1）火灾信息监测功能。实时对廊内的监管空间进行环境温度的监测，一旦发现所测量值超过标准设定报警值时，测温光缆将向感温报警主机发出火灾报警信号，感温报警主机输出继电器动作，火灾报警控制器收到继电器动作监视信号后在控制中心火灾报警控制上位机和监控计算机上显示报警。

（2）灾情的处理。当系统确认为火警后，立即进入火灾处理程序，进行如下的火灾控制处理：开启相应区段和相邻区段的警铃；开启通风排烟机；切断相应区段照明用电；采用水喷雾灭火系统时，启动消防水泵，打开相应区段电控雨淋阀水喷雾进行灭火；关闭通风排烟机；待火焰熄灭并且温度降低后，停止消防泵、关闭电控雨淋阀，开启通风排烟机进行换气。

综合管廊的光纤分布式温度监测系统是对综合管廊整体进行防护。针对电力公司电缆的具体防护，由电力公司视具体情况自行解决。

4. 感温报警探测器

在管廊内发生紧急情况时，火灾探测器能及时把火警信号发送至值班室，进而联动其他消防设施进行灭火。一般报警探测器装在顶板下，发生火灾后，通过高温或烟雾进行报警，鉴于综合管廊的重要性和特殊性，采用线型感温探测器敷设在供电电缆上，一旦电缆温度过高，立即能监测报警。

4.3.1.8　暖通消防

（1）火灾后通风

综合管廊电力舱、综合舱（含电力电缆）平时通风系统兼做火灾后通风系统。为满足火灾时的密闭要求，电力舱通风系统排风的入口及进风的出口处均设置电动防火阀，阀门平时常开，火灾时接消防信号电动控制关闭。

（2）通风系统控制及运行模式

电力舱内设有火灾自动报警系统，当舱室内任一防火分区发生火灾时，消防联动控制器立即联动关闭发生火灾的防火分区及其相邻分区的通风设备及电动防火阀，以确保该防火分区的密闭；待确认火灾熄灭并冷却后，重新打开该防火分区的电动防火阀及通风设备，进行火灾后通风，排除火灾后残余的有毒烟气，以便工作人员灾后进入管廊进行清理工作。

4.3.1.9 燃气舱消防设计

在天然气舱敷设的电缆不应有中间接头，并按现行国家标准《爆炸危险环境电力装置设计规范》GB50058 规定的 2 区要求作防爆隔离密封处理。

天然气舱内设有可燃气体探测报警系统，且与天然气舱事故通风系统联动。当舱室内任一通风区间的天然气浓度大于其爆炸下限浓度值（体积分数）20％时，可燃气体报警控制器发出报警信号，同时立即联动启用事故段分区及其相邻分区的事故通风设备进行强制换气。

综合管廊天然气舱平时通风系统兼做事故通风系统。天然气舱风机应采用防爆型，通风系统应设置导除静电的接地装置；风机应分别在舱室内外便于操作的地点设置手动控制装置。

可燃气体探测报警系统：在天然气舱内人员出入口、逃生口、吊装口、进风口、排风口等舱室内最高点气体易于聚集处设置可燃气体探测器；在天然气舱沿线顶部设置可燃气体探测器，间隔不大于 15m。在区间通风口设备间设置 1 套可燃气体报警控制器，通过总线接入区间内的可燃气体探测器。可燃气体报警控制器通过现场总线将数据上传至监控中心报警主机。

可燃气体报警控制器的电源由区间消防负荷配电柜提供。

4.3.2 排水设计

4.3.2.1 综合管廊排水分析

综合管廊内积水的原因主要有以下几种：
（1）供水管道接口的渗漏水；
（2）综合管廊开口处进水；
（3）综合管廊内冲洗排水；
（4）综合管廊结构缝处渗漏水；
（5）检修放空排水；
（6）供水管道事故爆管排水；
（7）消防水排水。

对以上需排除的水进行分析可看出，除（5）、（6）、（7）这三种情况外，其余水量均十分少。对于管廊开口处进水，主要为降雨从管廊吊装口等处进入管廊的水量，由于工程区域内已设置雨水排水系统，不考虑地面雨水汇入管廊，故进入管廊的降水极少。

排水设计不考虑管道爆管排水，爆管时可考虑干管上电动阀门迅速隔断事故区，由检修人员外部协助排水，以缩短排水时间。

4.3.2.2 综合管廊排水设计

针对管道事故爆管建议设置报警及应对措施，可根据集水坑内液位、爆管检测专用液位开关、供水管道上压力开关等信号迅速侦测水管运行异常情况，并在事故发生时及时采取关闭事故管道阀门，以减少事故水量。

综合管廊沿全长设置排水沟，排水沟断面尺寸不小于 100m×50m，横断面地坪以 1％的坡度坡向排水沟，排水沟纵向坡度与综合管廊纵向坡度一致，但不小于 2‰，排水沟坡度坡向集水井。

集水井设置间距一般不超过 200m，端部井、进排风口、分支口以及局部低洼点（倒虹、交叉口）等部位宜设置集水井。集水井内设置潜水泵将积水就近排入市政雨水系统。

综合舱采用普通排水泵，天然气舱采用防爆型排水泵。

集水井内设液位浮球开关，高水位自动启泵，低水位停泵。

4.3.3　电气设计

4.3.3.1　电气设计总体概况

供电系统是综合管廊重要的附属系统之一，为综合管廊工艺设备、消防设备、照明系统、监控与报警设备供电。综合管廊供电系统设计是否合理直接关系到综合管廊的运行安全性及维护经济性。综合管廊作为集中敷设不同市政工程管线的通长及公共的隧道空间，具有下列特点：

（1）城市生命线。纳入综合管廊的专业工程管线的服务范围通常是一个或若干个区域，如果容纳这些管线的综合管廊发生事故，导致管线停运，那么造成的影响是非常大的。因此综合管廊已经名副其实成为城市的生命线，对城市的安全运行至关重要。

（2）少人场所。综合管廊是一个平时少人或基本无人的场所。综合管廊内平时处于无人状态，仅有专业工程人员定期巡检或不定期检修时进入综合管廊。

（3）隧道空间。综合管廊是一个设置在地下的隧道空间，地下隧道环境有一定的特殊性，包括潮湿及易于积水等特点。

根据综合管廊城市生命线的属性，综合管廊供电系统的可靠性，特别是对综合管廊内关键设备的供电可靠性是综合管廊电气设计的重要目标；根据综合管廊属于少人场所的特点，综合管廊电气设计不应简单套用公共建筑物电气设计，综合管廊的电气设计应重点考虑管线的安全运行，并兼顾必要的人员保护措施；根据综合管廊属于地下潮湿环境的特点，电气设计应考虑供电设备的环境适应性及耐久性。上述是综合管廊设计有别于其他工程而应重点遵循的原则，此外综合管廊电气设计还应考虑建设运行经济性及维护便利性。

综合管廊电气设计主要包括负荷分级及负荷计算、变配电系统设计、无功补偿设计、照明系统设计、设备拖动设计、防雷接地设计及电气设备选型等内容，以下分别对这些内容进行介绍。

4.3.3.2　负荷分级及负荷计算

1. 负荷分级

综合管廊中常用设备可大致分为工艺设备（排水设备）、消防设备、照明设备、监控与报警设备，对这些设备的负荷分级主要根据《供配电系统设计规范》GB 50052 中有关负荷分级的规定，按照设备断电带来的后果严重程度对设备进行负荷分级。综合管廊内消防设备、监控与报警设备、应急照明设备属于监控综合管廊状态，并在综合管廊发生事故时消除事故、缩小事故范围、指示人员逃生的设备，其中消防设备、火灾报警系统、可燃气体报警系统、应急照明属于消防负荷。如果综合管廊发生事故时，这些关键设备因故失电，将造成事故的扩大及管廊内人员的危险。此外天然气管道舱因存在密闭空间而使得一旦天然气发生泄漏，有在天然气管道舱内形成达到爆炸浓度天然气的危险，因此天然气管道舱的监控与报警设备、管道紧急切断阀、事故风机在天然气泄漏时的可靠供电显得尤为重要。《城市综合管廊工程技术规范》GB 50838—2015 中将消防设备、监控与报警设备、应急照明设备及天然气舱内的监控与报警设备、管道紧急切断阀、事故风机作为二级负荷，将在此之外的其他即使中断供电也不至于引起严重后果的负荷作为三级负荷。

在这里需要重点讨论的是非天然气舱通风机的负荷分级，在《城市综合管廊工程技术规范》GB 50838—2015 通风系统章节中强调综合管廊应该设置事故后机械排烟风机。由于规范中采用机械排烟风机的表述，使得全国很多综合管廊设计都将这些事故后机械排烟风机作为消防负荷（二级负荷）进行供电，供电系统需要采用双电源末端自切的方式为其进行供电，造成变配电设备及电源线路的投资增大。规范所指的机械排烟风机强调的是"事故后"而非"事故时"，甚至电力舱内发生火灾事故时不但不能启动通风机，而是要关闭通风机形成舱室内"闷烧"以阻止火灾事故的蔓延。因此在这里强调非天然气管道舱的排烟风机是事故后排烟风机，对事故时的连续可靠供电没有要求，因此将非天然气舱的通风机作为非消防负荷（三级负荷）。

综上所述，综合管廊具体设备的负荷分级见表 4.3-3。

综合管廊负荷分级表　　　　　　　　　　　　　　　表 4.3-3

序号	负荷等级	设备
1	二级	监控与报警设备、消防设备、应照明设备、天然气舱管道紧急切断阀、事故风机
2	三级	排水泵、一般照明、检修插座、非天然气舱风机、电力井盖

2. 负荷计算

对征收基本电费地区的已建成投运的综合管廊进行统计调查，绝大多数综合管廊的第一运行费用是电费，而电费中电度电费仅占很小的比例，构成电费绝大部分的是基本电费。基本电费的多少主要和综合管廊供电变压器的装机容量直接关联，变压器装机容量越大，基本电费呈线性增长。综合管廊的计算负荷是变压器容量选型的直接依据，因此综合管廊负荷计算的准确性直接关系到后期综合管廊的运行成本。

综合管廊风机、排水泵、消防设备等主要用电设备的数量及额定功率均由管廊主体专业、工艺专业、暖通专业等确定，因此电气专业负荷计算时主要可调的参数就是设备的需要系数。以下对综合管廊内的主要要电设备的需要系数进行分析：

（1）通风机。综合管廊内通风机非事故状态时仅在综合管廊内温度、湿度、含氧量、有毒有害气体含量不满足要求、人员进入综合管廊前开启。根据对综合管廊内的环境进行调查，管廊内温度、湿度、含氧量、有毒有害气体含量出现异常的概率较低，风机开启最常见的条件是工作人员进入综合管廊，而综合管廊作为一个地下管线敷设空间，工作人员进入综合管廊巡检或检修也并非是密集的，因此综合管廊风机开启的概率是比较低的。

（2）排水泵。综合管廊设置排水泵的主要目的是排出综合管廊内的一些渗漏积水，《城市综合管廊工程技术规范》GB 50838 规定的综合管廊防水等级为二级，正常情况下当综合管廊土建施工符合相应要求时，综合管廊内的渗水量非常有限的，且综合管廊内设有有一定调蓄能力的集水坑，因此排水泵频繁启动的概率同样较低。

（3）照明。为了节约电耗，综合管廊照明平时处于关闭状态，仅当人员巡检检修、事故联动时打开照明，因此综合管廊内照明开启的时间也是短时的。

除了上述主要设备外，检修插座箱、电力井盖、管道阀门等设备运行的概率也同样较低，在综合管廊内仅有监控与报警设备是不间断连续运行的。因此除监控与报警设备外，其他设备的需要系数可取较小值。表 4.3-4 是综合管廊各类设备负荷计算时需要系数的推荐值。

综合管廊用电设备需要系数推荐表　　　　　　　　　　　　表 4.3-4

序号	设备名称	需要系数	序号	设备名称	需要系数
1	风机	0.3	5	电力井盖	0.2
2	排水泵	0.2	6	管道阀门	0.2
3	照明	0.3	7	监控与报警设备	1
4	检修插座箱	0.3			

根据对已经建成的综合管廊实际运行负荷进行调查，综合管廊的用电负荷普遍较小，与较大的变压器装机容量形成矛盾，使得综合管廊后期运行基本电费相对较大。因此为了合理选择变压器容量及降低基本电费支出，负荷计算时不应对设备的需要系数取值过于保守。

4.3.3.3　变配电系统设计

综合管廊为线性通长隧道形式，综合管廊内设备通常均为低压设备，除较小规模的用于特殊节点综合管廊外，从控制中心采用低压向综合管廊内所有低压设备供电无法满足电压偏差要求，因此就需要在综合管廊沿线设置若干分变电所，采用高压电为综合管廊沿线分变电所供电、分变电所低压侧为综合管廊内设备供电的方案。因此综合管廊变配电系统设计主要包括分变电所设计、分变电所高压侧供电设计、分变电所低压侧供电设计及供电单元内配电设计。

1. 分变电所设计

分变电所宜结合综合管廊进行设置，分变电所设计主要考虑以下三个方面：

（1）分变电所的设置间距。沿综合管廊分变电所的设置间距主要考虑电压偏差及经济合理性。随着分变电所间距的增大，变电所相关土建及变配电设备的工程量及造价持续下降，但分变电所低压侧的主干电缆由于供电范围增大使得电缆截面上升，造成电缆造价的持续上升。因此分变电所的设置在满足末端电压偏差的前提下，分变电所相关土建设备造价与低压侧主干电缆造价之间存在一个平衡过程。根据工程实际经验，分变电所的合理间距约为 1.2～2km。对于一些线路比较复杂的综合管廊，宜将分变电所设置在综合管廊交叉口附近，以扩大分变电所供电范围及减少综合管廊分变电所数量。

（2）分变电所变压器数量及容量设计。综合管廊内消防设备、火灾报警设备、可燃气体报警设备、应急照明设备及天然气舱内的监控与报警设备、管道紧急切断阀、事故风机作为消防负荷。这些消防负荷应有双电源供电，双电源可以由两路市电或单路市电外加应急备用电源组成。综合管廊有距离长、分变电所多及负荷相对较小的特点，应急备用电源不宜采用维护量大、启动复杂的自备发电机组，而适合采用布置灵活、维护量较小的带蓄电池静止型不间断电源（如 EPS 不间断电源）。因此综合管廊为了满足消防负荷的供电要求，可采用两路市电或单路市电配外加蓄电池静止型不间断电源两种方案。选择哪一种方案，主要取决于具体综合管廊工程是否存在较大容量的消防负荷，当消防负荷容量较大时，分变电所宜采用双变压器两常用为消防负荷提供双电源的方案；当二级负荷较小时，分变电所宜采用设置单台变压器外配蓄电池静止型不间断电源的方案，减少一台变压器具有降低后期基本电费支出及降低变电所设备及高压侧线路投资的优点。综合管廊内较大容量的消防负荷主要是天然气管道舱通风机及水喷雾消防方案所需配置的消防水泵，而其他形式的消防设备、监控与报警设备、应急照明设备、管道紧急切断阀等容量较小，完全可由带蓄电池静止型不间断电源进行应急供电。变压器的容量应根据计算负荷选择，当采用双变压器时，应校验单台变压器因故退出时，另一台变压器保证全部二级负荷的用电负荷的能力。

（3）分变电所的布置形式。分变电所内设备通常可分为高低压开关设备及变压器，按布置形式可分为：全地上、半地上半地下、全地下三种形式。半地上半地下形式是指高低压开关设备布置在地坪以上，变压器布置在地坪以下。分变电所采用地上形式能够有效防止城市洪涝带来的隐患，分变电所采用地下形式能够避免分变电所布置在道路上方而破坏道路景观的缺点。因此分变电所的布置形式应根据综合管廊的所在地区环境因地制宜的设计。目前综合管廊主要建设分布在各类新区新建道路下方，这些道路对景观要求较高，变电所采用全地上布置形式势必对道路景观造成破坏。因此在目前市场上已有比较成熟的适合地下长期稳定运行的变配电设备产品的情况下，特别是在城市洪涝灾害能够有效控制的地区推荐采用全地下分变电所的方案。

2. 分变电所高压侧供电方案

为了便于集中管理及集中计量，通常在综合管廊控制中心设置总配电间，在配电间内配置一套高压配电系统，电源就地引自电网，并由控制中心高压系统向综合管廊分变电所供高压电源。由于综合管廊呈线形，因此如采用放射式为分变电所变压器进行供电，会造成大量高压电源电缆在同一通道内敷设，占用大量综合管廊空间，增加高压电源电缆工程量及造价。因此基于综合管廊呈线型的特点，宜采用树干供电方式为分变电所供电。综合经济性及供电安全性，单路高压电源电缆宜为 5 台左右变压器进行供电，但同一分变电所的 2 台变压器高压电源应引自不同的电源电缆，以避免单路高压电源电缆因故中断供电时，单个分变电所全部失电。图 4.3-3 为分变电所高压侧供电示意图

分变电所高压侧采用树干供电方式能降低高压电缆工程量及减少自用高压电缆对综合管廊内部空间的占用。当综合管廊规模较大时，从单一控制中心高压系统向综合管廊所有分变电所即使采用树干式供电方式仍会产生大量高压电缆工程量。在这种情况下，应在控制中心外另设集中高压供电用配电间及相应高压系统，控制中心及另设的高压供电配电间应按区域对综合管廊供电。有条件的地区，综合管廊每座分变电所高压电源单独引自就地电网，以进一步节约综合管廊内宝贵的空间资源。

3. 分变电所低压侧供电方案

综合管廊分变电所的供电半径宜为 0.6～1km，如供电范围内的所有大量设备均由分变电所低压侧直接供电，同样将导致产生大量的低压电缆工程量及占用大量的综合管廊空间，因此适合将分变电所供电范围内的综合管廊分成若干供电单元，在每个供电单元内设置总配电柜（箱）为单元内设备进行供电，单元总配电柜（箱）电源引自分变电所低压侧。

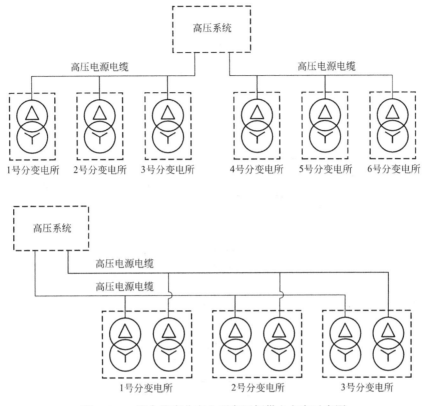

图 4.3-3　综合管廊分变电所高压侧供电方案示意图

电力舱是综合管廊最常见的舱室，电力舱设有防火分区，《城市综合管廊工程技术规范》GB 50838—2015 规定电力舱防火分区不得大于 200m，考虑到消防设备配电支线不宜跨越防火分区，因此可将防火分区范围内并列的若干舱室作为一个供电单元。在每个单元内配置非消防负荷总配电柜（箱）为供电单元各舱室内非消防负荷供电，配置应急电源柜（箱）为配电区间各舱室内消防负荷供电。分变电所低压侧通过树干式为各区间总配电柜（箱）、应急电源柜（箱）供电。根据分变电所变压器数量、带蓄电池静止型不间断电源配置的不同，有如图 4.3-4 所示的三种供电方案。

在综合管廊消防负荷容量较小时可采用方案 1 或方案 2，在分变电所设置单变压器，将 EPS 作为应急电源为消防负荷进行应急供电。方案 1 采用在供电单元设置独立 EPS，即使当 EPS 失去上级电源时仍可为供电单元内的消防负荷供电，可靠性较高，但存在 EPS 的数量较多、分散及不利于设备维护的缺点。方案 2 在分变电所设置集中 EPS 及在供电单元内设置应急配电柜（箱），应急配电柜（箱）电源引自分变电所集中 EPS，该方案存在 EPS 数量少且集中、有利于设备维护的优点，但所有分变电所供电范围内的消防负荷集中在单台 EPS 上，存在可靠性相对较低的缺点。当综合管廊消防负荷容量较大，采用带蓄电池静止型不间断电源启动设备不合理时可采用方案 3，在分变电所设置双变压器，在供电单元内设置分区应急配电柜（箱），应急配电柜（箱）采用双电源自切方案满足配电区间内消防负荷的供电需求，应急配电柜（箱）两路电源分别引自分变电所不同变压器低压侧。三种分变电所低压侧供电方案需要根据项目实际情况灵活确定。

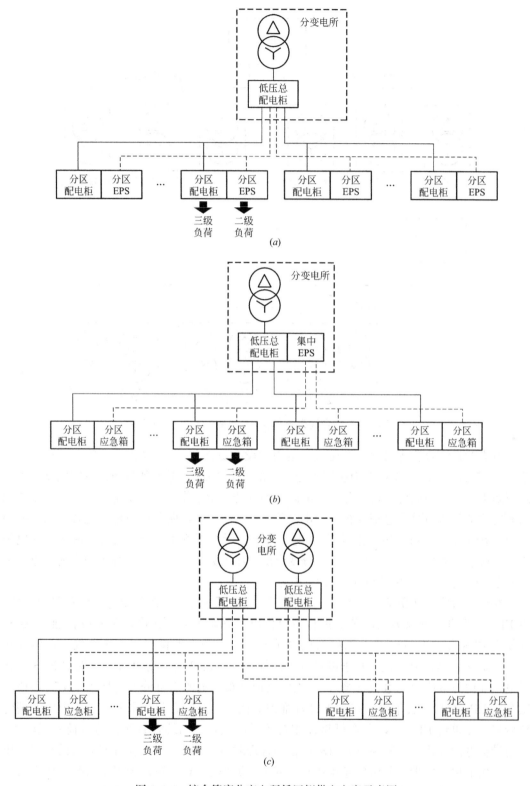

图 4.3-4　综合管廊分变电所低压侧供电方案示意图

(a) 方案 1：单变压器＋分区 ESP；(b) 方案 2：单变压器＋分变电所集中 ESP 方案；(c) 方案 3：双变压器方案

4. 供电单元配电系统

供电单元内非消防负荷需要在事故时由火灾报警控制器或可燃气体控制器联动切除，因此存在每个非消防负荷供电回路单独切除及按舱室分区整体切除非消防负荷两种方案，由单个舱室作为一个最小的事故区间，在发生事故时应对该舱室内所有非消防负荷进行整体切除，因此建议在非消防负荷配电柜（箱）内按舱室分区设置总开关，在总开关上配置分励脱扣，如图 4.3-5 所示。一旦单个舱室分区发生事故，由火灾报警控制器或可燃气体控制器联动跳闸相应舱室开关，切除该舱室分区内所有非消防负荷。

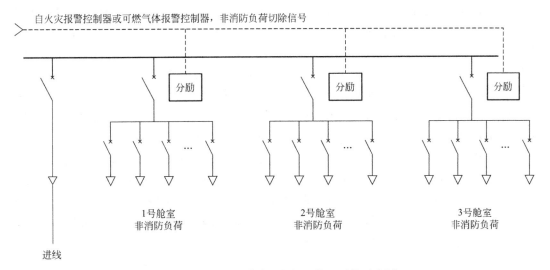

图 4.3-5　分区非消防配电柜（箱）系统示意图

4.3.3.4　无功补偿设计

综合管廊呈长距离线性特征，综合管廊内设有大量的引自高压集中系统为分变电所供电的高压电缆，因此在综合管廊内除设备运行时产生的感性无功外，还存在高压自用电缆带来大量容性无功。通过对已建综合管廊运行的实际情况进行调查，综合管廊内自用高压电缆产生的容性无功远大于设备运行产生的感性无功，甚至存在没有采取电缆容性无功补偿措施的综合管廊功率因数低至 0.3 以下。高压自用电缆带来的容性无功一方面使得用户承受电业罚款，另一方面又降低公共电网的电能质量，因此在综合管廊工程设计中高压电缆容性无功必须引起重视。

理论上设备运行产生的感性无功可以抵消一部分高压电缆带来的容性无功，可以降低电缆容性无功的补偿量，但实际上受电网电压波动、生产厂家不同等因素的影响，电缆容量无功量并不是一个固定的数值，且设备运行产生的感性无功与电缆容性无功相比较小。因此设备运行产生的感性无功仍采用在分变电所低压侧设置电容进行集中补偿的方案，高压电缆容性无功仍需要进行单独补偿，根据不同厂家的电缆进行无功计算，以常用的 3×70 电缆为例，10kV 及 20kV 电缆单位容性无功分别约为 $6 \sim 7$ 及 $21 \sim 23$ kVAR/km，因此当综合管廊里程较长时，综合管廊的高压自用电缆带来的容性无功总量是非常大的。为了补偿这部分容性无功，需在系统上注入感性无功用于抵消高压电缆带来的容性无功，注入感性无功需要在系统上并联电抗器，在综合管廊供电系统上并联电抗器设计需考虑以下几个方面：

（1）电抗器并联位置。电抗器可并联接入位置有控制中心高压系统及分变电所低压侧两种方案。接入分变电所低压侧可采用低压电抗器，但存在占用变压器容量、减少变压器利用率的问题，并且由于分变电所众多且分散，同样需要配置大量低压电抗器，不利于电抗器的集中补偿及集中管理。将电抗器并联接入控制中心高压系统有利于集中管理，并且控制中的良好环境有利于电抗器长期运行。因此推荐采用高压干式电抗器并入控制中心高压侧集中补偿的方案。

（2）电抗器补偿容量。综合管廊投运后自用设备的平均负荷较小，一旦电抗器补偿不精确，甚至在补偿误差较小的情况下仍可能造成功率因数不达标。如果并联电抗器容量偏大，会造成系统欠补偿；如果并联电抗器容量偏小，则系统仍然处于过补偿状态。并且不同厂商高压电缆由于绝缘层厚度、屏蔽层搭盖率等差异会造成高压电缆单位电容值的差异，因此在设计阶段无法精确计算电抗器补偿容量。如前分析，在设计阶段只需预估电抗器工程量、预留土建位置及高压接入舱位；待管廊高压系统建成投运后，通过实际测得的电缆容性无功量，配置相应容量的电抗器抵消电缆容性无功。

（3）电抗器与综合管廊的规划协调。目前综合管廊基本采用一次规划、分期建设的模式，使得综合管廊分变电所及高压自用电缆随着分期建设逐步增加，造成综合管廊内高压自用电缆带来的容性无功逐步增加。因此并联电抗器需要预留远期容量，预留容量可通过设置电抗器分接头实现。远期通过调整分接头的位置以满足远期电缆容性补偿要求。

图 4.3-6 为综合管廊无功补偿示意图。

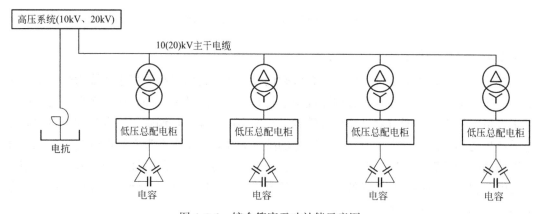

图 4.3-6　综合管廊无功补偿示意图

4.3.3.5　照明系统设计

《城市综合管廊工程技术规范》GB 50838 对综合管廊内不同功能区照明设计进行了明确规定：

（1）综合管廊内人行道上的一般照明的平均照度不小于 15lx，最低照度不小于 5lx；

（2）出入口和设备操作处的一般照明照度不小于 100lx；

（3）监控室的一般照明照度不宜小于 300lx；

（4）管廊内疏散应急照明照度不应小于 5lx，应急电源持续供电时间不应小于 60min；

（5）出入口和各防火分区防火门上方应设置安全出口标准灯，灯光疏散指示标志应设置在距地坪高度 1.0m 以下，间距不应大于 20m。

根据规范要求，在综合管廊内部设置一般照明及应急疏散照明，平时应急疏散照明可兼做一般照明，事故时开启应急疏散照明，关闭一般照明。综合管廊是一个敷设管线的静态隧道空间，只有定期巡检、不定期检修及发生异常时有开启照明的需求，为了节约电耗，平时综合管廊内部照明处于一个关闭状态。因此除在现场控制箱上能够控制照明开启及关闭外，需要在分区出入口设置手动按钮盒，用于人员进入该分区进行巡检及检修时打开照明，完成巡检及检修离开时关闭照明；同时需要可编程逻辑控制器能够远方自动开启照明，用于综合管廊发生异常时，由可编程逻辑控制器打开相应区域的照明，使得摄像机能够传送清晰的现场图像；当相关舱室发生火灾及天然气泄漏时，可由火灾报警控制器或可燃气体报警控制器联动打开应急疏散照明及关闭一般照明（图 4.3-7）。

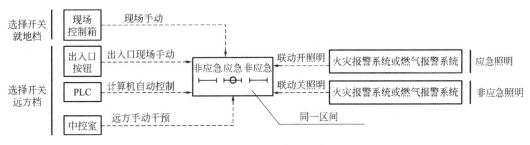

图 4.3-7　照明控制的示意图

4.3.3.6　设备拖动设计

为了调节综合管廊内环境，在综合管廊内设置通风机及排水泵。通风机通过开启风机调节综合管廊内含氧量、温湿度、有毒有害气体含量，排水泵用于及时排出综合管廊内积水，以下说明通风机及排水泵的拖动设计。

（1）通风机拖动控制。在各舱室同一通风区间内设置若干台通风机共同完成该通风区间的通风，因此同一通风区间内的若干台通风机可采用同开同关的运行方式。除天然气管道舱通风机属于消防负荷外，其余舱室通风机均属于非消防负荷，因此天然气管道舱通风机的电源引自供电单元内应急配电柜（箱），其他舱室内通风机的电源引自供电单元内非消防负荷配电柜（箱）。综合管廊正常运行时采用就地手动及远方可编程逻辑控制器根据管廊内环境自动启停风机的控制模式，并且为了适应综合管廊的人员巡检及临时检修操作，在管廊各通风区间出入口处设置控制按钮盒，便于人员进出综合管廊通风区间时开停风机，确保通风区间内的空气质量。当天然气舱发生泄漏时，由可燃气体报警控制器根据舱室的天然气泄漏浓度联动控制通风机的启停；其他存在火灾危险的舱室，当发生火灾时，由火灾报警控制器联动关闭风机运行，形成舱室"闷烧"。事故时天然气报警控制器、火灾报警控制器的联动信号具有优先于其他任何操作的权限。图 4.3-8 为通风机控制的示意图。

（2）排水泵拖动控制。排水泵属于非消防负荷，电源引自各供电单元的非消防负荷配电柜（箱）。排水泵仅根据所在集水井的液位高低进行启停，因此为了系统的简单可靠，在排水泵旁设置一台就地控制箱，采用马达保护器保护，设现场手动/液位自动控制。在液位自动时，通过马达保护器实现高液位开泵、低液位停泵、超高液位报警。排水泵的状

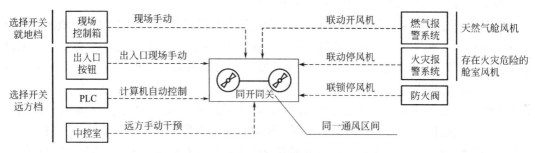

图 4.3-8　通风机控制的示意图

态、液位状态通过马达保护器的 RS485 通信口上传自动化系统。

4.3.3.7　防雷接地设计

1. 接地设计

在综合管廊内需设置保护及工作接地。《城市综合管廊工程技术规范》GB50838 规定综合管廊接地电阻不应大于 1Ω。综合管廊作为一个地下构筑物，本体就是一个良好的接地体，因此综合管廊应优先利用本体作为自然接地体接地，当接地电阻达不到 1Ω 或内部管线所要求的接地电阻时，在综合管廊外增打人工接地体并与本体自然接地体相连。

利用综合管廊结构靠外壁的主钢筋作自然接地体时，用于接地的钢筋应满足如下要求：

（1）用于接地的钢筋应采用焊接连接，保证电气通路。钢筋连接段长度应不小于六倍钢筋直径，双面焊。钢筋交叉连接应采用不小于 φ10 的圆钢或钢筋搭接，搭接连接段长度应不小于其中较大截面钢筋直径的六倍，双面焊。

（2）纵向钢筋接地干线设于板壁交叉处，每处选两根不小于 φ16 的通长主钢筋。横向钢筋环接地均压带纵向每 5m 设置一档，在距变形缝 0.35m 处需设一档。

在综合管廊变形缝处，应在变形缝两侧预埋连接板，连接板可靠连接本体内接地用钢筋接地网，应可靠焊接变形缝两侧预埋连接板以保证电气通路，使得综合管廊作为一个接地整体，做法详见国标图集 D501-4。

根据规范要求在综合管廊内敷设截面积不小于 40mm×5mm 的通长热镀锌扁钢作为接地干线，连接综合管廊内所有的金属构件、金属管道以及电气设备金属外壳，接地干线可通过与变形缝处引出钢板的焊接与综合管廊接地体相连。在每处分变电所处设置接地端子盒，通过不小于 40mm×5mm 的热镀锌扁钢连接于管廊接地干线。接地网应采用焊接搭接，不得采用螺栓连接。

敷设于综合管廊的高压电缆的接地需电力电缆设计单位另行校验热稳定性后方能接至本接地系统。如无法满足接入要求，可单独设置接地干线用于高压电缆的接地（图 4.3-9）。

2. 防雷设计

综合管廊地下部分可不设防直击雷保护措施，仅应在配电系统中设置防雷电感应过电压保护措施。通常综合管廊内低压系统位于 LPZ1 区，且无线路引出综合管廊，因此在综合管廊内部各级低压配电柜（箱）母线上可装设 II 级试验的电涌保护器，电涌保护器每一

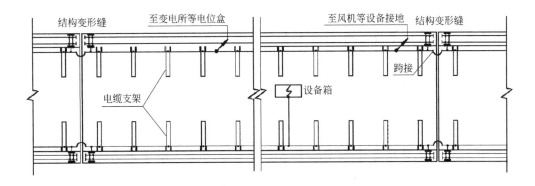

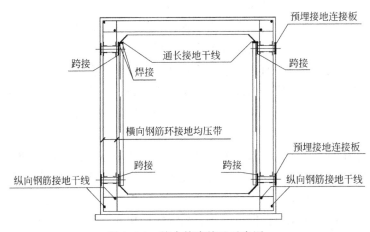

图 4.3-9 综合管廊接地示意图

保护模式的标称放电电流值应大于或等于 5kA,电涌保护器的电压保护水平值应小于或等于 2.5kV。

4.3.3.8 电气设备选型

综合管廊舱室位于地下,因此综合管廊内四季温度均较低,当外界湿热空气进入综合管廊且湿热空气露点温度高于综合管廊内部温度时,就产生了大量水分析出,同时综合管廊内管线分支口、另装口等存在自然的积水渗漏,因此综合管廊内环境存在较为潮湿的可能性,潮湿程度与综合管廊所在区域、综合管廊施工质量存在一定关联。

为了使电气设备能在综合管廊内长期稳定的工作,《城市综合管廊工程技术规范》GB 50838—2015 规定电气设备防护等级应适应地下环境的使用要求,采取防潮措施,防护等级不应低于 IP54。防潮措施包括采用抗潮湿材料、电气设备穿线后严密封堵及在电气箱柜内部增加电加热等,使得电气箱柜温度高于湿热空气露点温度,阻止水分在电气箱柜内部析出。

4.3.4 监控与报警系统设计

4.3.4.1 监控与报警系统设计总体概况

早期的综合管廊仅仅只是将各种管线放入管廊空间内,对于各种管线会产生的种种危险没有足够的认识，更没有采取必要的安全措施，最多只是安排人员进行定期的安全巡检。随着技术的发展，综合管廊运行安全日益得到重视，全面认识管廊运行的风险极为重要。研究和实践表明，地下综合管廊中存在的运维风险主要有以下五个方面：

（1）火灾。综合管廊内存在的潜在火灾危险源主要是电力电缆、电气设备等，因电火花、静电、短路、电热效应等引起火灾。综合管廊一般位于地下，火灾发生隐蔽，环境封闭狭小、火灾扑救困难。

（2）有毒有害气体。由于综合管廊属于封闭的地下构筑物，本身空气流通不畅，温湿度适宜，这种密闭环境很容易滋生尘螨、真菌等微生物，还会促进生物性有机体在微生物作用下产生很多有害气体，常见的有一氧化碳、硫化氢等，同时还会引起管廊内氧气含量的减少，严重影响维修人员的健康甚至危及生命安全。

（3）管线泄漏灾害。管廊内敷设有供水管线，供热管线，燃气管线，万一发生泄漏或爆管事故会给管廊内其他专业管线带来灾难性后果。

（4）管廊内温湿度过高，对人员进入管廊及电气设备和自动化设备长期运行不利。

（5）非法进入。综合管廊分布线路长，管廊内敷设有电力、通信、给水、燃气、热力等各种城市生命线，外部人员有可能通过管廊与外部连接出口非法进入，一旦管廊内设施遭人为破坏会导致严重后果。

基于上述存在的安全运维需求，为使城市地下市政设施在日常运行和管理过程中更加安全和方便，综合管廊一般有配套的附属设施系统，主要包括通风系统、照明系统、配电系统、消防系统、排水系统、监控与报警系统等。监控与报警系统就是运用先进的科学技术及设备，实现监控实时化、数据精确化、系统集中化和管理自动化的城市综合管廊的智能化管理系统。综合管廊监控与报警系统的主要功能为准确、及时地探测管廊内火情，监测有害气体、空气含氧量、温度、湿度等环境参数，并应及时将信息传递至监控中心。同时综合管廊的监控与报警系统应对管廊内的机械风机、排水泵、供电设备、消防等设施进行监测和控制。

对于缆线型综合管廊来说，由于平时人员不经常进入，管线维护的工作量也不大，因此一般情况下不设置监控与报警系统。

综合管廊监控与报警系统设计主要包括监控中心设计、统一管理平台设计、环境与设备监控系统设计、安全防范系统设计、火灾报警系统设计、可燃气体探测报警系统设计、通信系统设计及设备选型等内容，以下分别对这些内容进行介绍。

4.3.4.2 监控中心设计

1. 监控中心功能

对于设置了监控与报警系统的综合管廊来说，在管廊的运营管理过程中，为保证人员、环境、设备的安全性和经济性，需要监控中心人员随时、准确、全面地掌握管廊各环节的运行状态，预测和分析设备的运行趋势，对各环节运行中发生的问题作出及时准确的处理，通过多维度、全方位的监控管理，提高安全运营能力，更重要的是对管廊突发事故起到监控及预防的作用，而这些都有赖于监控中心对各类监控信息的直观显示。图4.3-10为监控中心示意图。

监控中心是整个系统的核心，它关联、协调、控制和管理其他系统的工作，同时监控

图 4.3-10　监控中心示意图

中心还担负与电力公司、供水公司、消防等部门的报警和事故处理联动通信任务。需要建立完善的预警、报警机制，避免城市管廊设施遭受人为破坏，保障管廊内的通风、照明、排水、消防、通信等设备的正常运转。

2. 监控中心的设置

监控中心是综合管廊运营管理最为重要的建筑之一，应具有较高的安全性和可靠性。考虑到监控中心的整体安全需要，应将其设置为独立专有建筑或建于公用建筑的独立空间内。

4.3.4.3　统一管理平台设计

综合管廊统一管理平台应基于城市地下管网（云）数据中心、基础网络、传感器等基础设施，通过分层建设，实现智慧管网的安全监控与应急指挥管理，并达到平台能力及应用的可成长、可扩充，创造面向未来的智慧管网框架。

综合管廊统一管理平台不仅要实现基本安全监控与专业管理，更重要的是基于 GIS 将各种相关信息充分利用，实现管网安全监控、突发事故的应急指挥决策的功能。其中包括基本信息的更新管理、业务流程处理，还有管网信息数据挖掘以及关键信息融合应用，如管网信息与监视影像、遥感影像、地形图的融合，并以 2D＋3DGIS 展现与分析，以及针对事故工况的应急处置与决策。

综合管廊是管廊建设运营单位与入廊各管线管理单位共同参与管理的特殊场所，综合管廊与内部管线密不可分。但综合管廊建设运营单位与管线管理单位的管理各有侧重，综合管廊建设运营单位负责综合管廊的本体和公共环境管理，管线管理单位负责各自专业管线管理。因此，统一管理平台除了需与监控中心管廊上位监控系统通信并对管廊监控与报警系统进行系统集成外，还需满足以下功能：

（1）管理平台需与电力、给水、热力、排水、燃气等公司监控平台联通；

（2）管理平台需与电力、给水、热力、排水、燃气等管线监控系统联通；

（3）管理平台与城市市政基础设施地理信息系统联通；

（4）管理平台需与相关管理部门的信息平台联通。

统一管理平台可以通过共享信息使得综合管廊建设运营单位及管线管理单位更全面的管理综合管廊及内部管线，也有利于各单位的协调联动。上文第四点中的相关管理部门是根据《城镇地下管线管理条例》规定的城镇地下管线综合管理部门、管线行业主管部门、涉及管线运行安全的公安、消防等部门。

统一管理信息平台系统框图如图 4.3-11 所示。

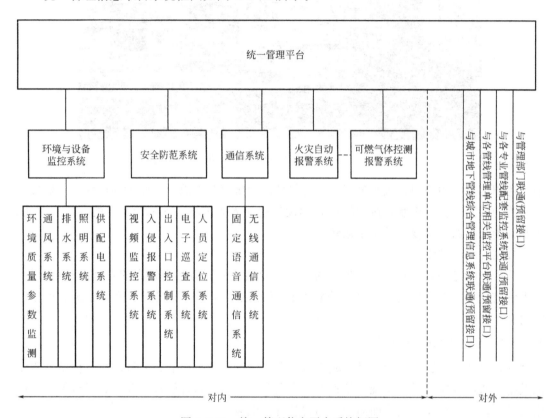

图 4.3-11　统一管理信息平台系统框图

4.3.4.4　环境与设备监控系统设计

1. 系统设计

（1）环境与设备监控系统的设计流程

1）划分监控与报警单元：结合防火分区的长度设置监控与报警单元，监控与报警单元可与电气专业的配电单元一一对应。根据管廊的舱室数量，每个监控与报警单元可由若干个防火分区组成。

2）构建底层汇聚网络：结合电气专业的分区变电所的供电范围，设置监控与报警系统的汇聚区间，汇聚区间内所有监控与报警系统设备的监控与报警信号。汇聚设备可设置在电气专业的分区变电所内。底层汇聚网络图如图 4.3-12 所示。

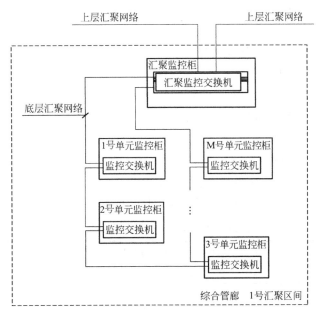

图 4.3-12　底层汇聚网络图

3）构建上层汇聚网络：将每个监控与报警汇聚区间的信号汇总至控制中心。上层网络可采用放射式网络或环形网络。上层汇聚网络图如图 4.3-13 所示。

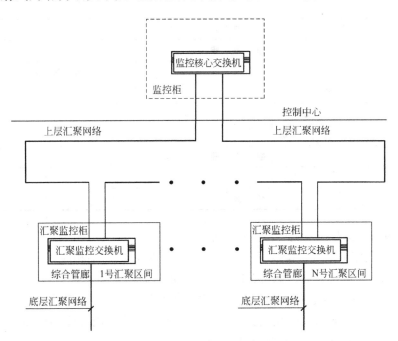

图 4.3-13　上层汇聚网络图

（2）环境与设备监控系统采集的信息

1）通风机运行工况；

2）照明系统运行工况；

147

3）排水泵运行工况；

4）集水坑水位检测值；

5）氧气浓度、温湿度传感器检测值；

6）硫化氢和甲烷浓度检测值；

7）配电控制柜进线电量参数、运行信号。

（3）环境与设备监控系统控制的设备

1）照明系统开关控制；

2）通风系统开关控制；

3）排水泵的控制（或采用就地液位自动控制）。

典型环境与设备监控系统监控点表详见表 4.3-5。

典型环境与设备监控系统监控点表　　　　　表 4.3-5

设备名称	模拟量输入（AI）				数字量输入（DI）			数字量输出（DO）	总线					
	湿度	温度	氧气	液位	设备运行状态	设备故障报警	手/自动状态	设备启停控制	设备运行状态	设备故障报警	液位超限报警	设备启停控制	手/自动状态	电力电量与信号
进风机					●	●	●	●						
排风机					●	●	●	●						
排水泵									●	●	●	●	●	
温度/湿度变送器	●	●												
氧气浓度变送器			●											
集水坑液位变送器				●										
一般照明配电箱					●	●	●	●						
电力配电柜智能仪表												●		
UPS					●	●								

（4）环境与设备监控系统运行控制的原则

1）当管廊舱室内氧气含量低于 19.5%（V/V）时，应启动相应分区的通风机，当氧气含量达到 21%（V/V）时，则可关闭相应分区的风机。

2）当管廊舱室内温度超过 40℃且室外比管廊内温度低时，应启动相应分区的通风机，当温度低于 30℃时，则可关闭相应分区的风机。当管廊舱室内温度超过 40℃但室外比管廊内温度高时，应关闭启动风机运行并报警。

3）当区间内集水坑处安装的液位变送器检测到液位高于设定液位时启泵，低于设定液位时停泵。当液位高于超高液位设定值时应发出报警信号，液位高于地坪 300mm 时，在发出报警信号的同时应有相应的报警联动措施。

4）当某分区发生入侵报警或其他报警时，自动打开相关区域的照明和摄像机，控制中心大屏自动显示相应区间的图像画面。

5）当某分区发生热力管道泄漏时，系统自动发出报警，停止泄漏分区的通风机的运行，关闭通风百叶、风阀，同时切换至中控室远程控制泄漏分区风机模式，按应急预案手动控制通风机、通风百叶、风阀的开启。

6）当非天然气舱室检测到硫化氢或甲烷超标时，启动相应分区的通风系统进行换气。

2. 仪表设计

管廊内由于空气流通性差，常出现氧气含量过低，有害、可燃气体含量过高等情况。运维人员贸然进入容易因缺氧晕厥或有害气体中毒，对人员安全造成很大威胁，可燃气体含量过高会导致火灾、爆炸事故。采用气体监测变送器实时监测管廊内可燃气体、氧气、硫化氢等气体浓度。此时，一旦探测器检测到危害气体，危险区域周边的作业人员会第一时间看到以数字形式显示每个防火区的气体百分比含量和温度/湿度等报警提示信息，并获知报警位置。

《城市综合管廊工程技术规范》GB 50838—2015 中对仪表的设置做了如下规定，见表4.3-6。

管廊仪表设置原则

表 4.3-6

舱室容纳 管线类别	给水管道、再生水 管道、雨水管道	污水管道	天然气管道	热力管道	电力电缆、 通信线缆
温度	●	●	●	●	●
湿度	●	●	●	●	●
水位	●	●	●	●	●
氧气	●	●	●	●	●
硫化氢	▲	●	▲	▲	▲
甲烷	▲	●	●	▲	▲

注：●应监测；▲宜监测。

除了环境参数监测外，在地质不稳定区或管线安全等级较高处还需要对综合管廊进行实时在线沉降监测，防止管廊沿线下沉或下沉不均导致廊内管线破坏。

4.3.4.5 安全防范系统设计

综合管廊安全防范系统应由安全管理系统和入侵报警系统、视频安防监控系统、出入口控制系统、电子巡查系统等子系统组成。根据综合管廊的规模、安全管理要求、建设标准，子系统可增加人员定位系统。

1. 视频安防监控系统设计

（1）摄像机的选择

1）日月转换功能

综合管廊内照明系统在正常运行时处于关闭状态，必要情况下打开照明，使得综合管廊内存在照度高、低两种状态。为了使得同一台摄像机能够适应照度高、低两种状态，需要摄像机带有日月转换功能。

所谓日月转换功能是指摄像机高照度到低照度图像彩转黑的功能，当综合管廊处于照明打开状态时，图像呈彩色，并且需要过滤掉对图像有干扰作用的红外光线；而当综合管廊处于照明关闭状态时，通过附加的红外照明提供照明，此时摄像机切换到接受红外光源状态，图像呈黑白。

基于此要求综合管廊内的摄像机采用日夜转换型以适应两种工况。且为了在日常照明关闭状态下有较好的视频图像效果，宜选择红外灯做辅助照明。

2）宽动态性能

综合管廊内敷设了各种专业管线，当综合管廊照明开启后，存在无遮挡的高亮区，及被专业管线遮挡的低亮阴影区。因此可选用具备宽动态功能摄像机，以适应亮度差异较大的综合管廊内部环境。

3）清晰度的选择

《视频安防监控系统工程设计规范》GB 50395—2007 中规定数字视频信号单路像素数量应大于 352×288，因此目前市面上的标清、高清、全高清摄像机均能满足规范要求。目前市场上主流摄像机产品均为 720P 及 1080P，720P 以下摄像机已经不是主流产品，因此结合综合管廊管理需求及市场产品情况，综合管廊内摄像机宜采用 720P 及以上的清晰度。

（2）系统架构

基于目前市场上主流的摄像机都已经达到 720P 以上的清晰度，且 720P 已经能够满足综合管廊的监控需求，因此本书视频网络比选基于采用 720P 清晰度的基础上，且采用主流的 H.264 压缩格式。720P 清晰度画面在 H.264 压缩格式下占用的带宽约为 4Mbps/s。

《城市综合管廊工程技术规范》GB 50838—2015 规定"综合管廊设备集中安装地点、人员出入口、变配电间应设置摄像机"，"舱室内摄像机设置间距不应大于 100m"。在目前综合管廊普遍设计中，最常见的重要节点为通风口，通常通风口包含风机房、配电及控制室。通风区间通常有 200m、400m、600m。根据规范描述，综合管廊大致需要设置摄像机的点位按式（4.3-11）进行计算：

$$n = 2a \times \frac{L}{100} + 3 \times \left(\frac{L}{b} + 1 \right) \tag{4.3-11}$$

式中　　L——综合管廊长度（m）；

a——舱室数量；

b——通风区间长度（m）。

网络组网架构有两种模式，单层组网架构以及双层组网架构。

1）单层组网架构

在综合管廊内通过单层网络传输所有的管廊内摄像机视频图像信号，所有信号统一存储在控制中心，单层网络可采用环网架构或者树干式架构，单层网络示意图如图 4.3-14 所示。

单层 1000M 光纤环网可服务的综合管廊非常有限，仅能够满足小规模综合管廊，随着综合管廊的规模越来越大，单层 1000M 光纤环网无法满足需求，此时就需要双层环网架构。

2）双层光纤环网架构

当综合管廊超过一定长度后，可采用双层网络实现综合管廊内所有图像信号的传输，下层网络仍为图 4.3-14 中的网络负责汇聚一定范围内的管廊内所有摄像机视频信号，上层网络传输汇聚若干个下层网络，上网网络可分为星型及环网两种拓扑，如图 4.3-15

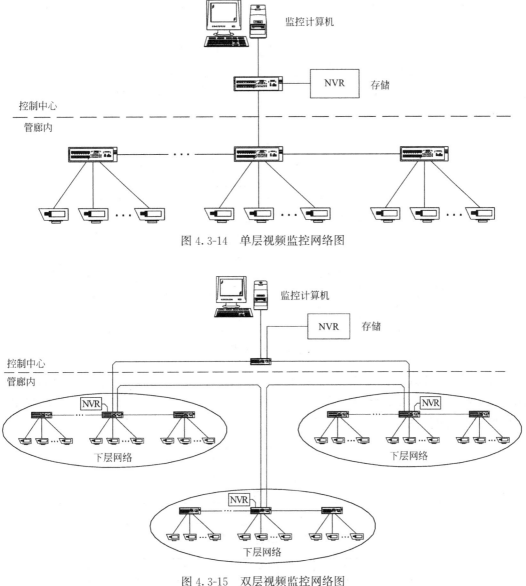

图 4.3-14　单层视频监控网络图

图 4.3-15　双层视频监控网络图

所示。

2. 入侵报警系统设计

在管廊每个吊装口、进风口以及通风口处设置双光束红外线自动对射探测器报警装置，其报警信号送至单元内入侵报警主机，并通过以太网送至安防计算机安防计算机显示器画面上相应分区和位置的图像元素闪烁，并产生语音报警信号。以太网可以与视频监控网络共用。

3. 出入口控制系统设计

出入口控制系统主要由识读系统、传输部分、管理/控制部分和执行部分以及相应的系统软件组成。系统有多种构建模式，可根据系统规模、现场情况、安全管理要求等，合理选择。

出入口控制系统应根据综合管廊的规模，采用总线制模式、网络制模式或总线制结合网络制的模式。

（1）总线制：出入口控制系统的现场控制设备通过联网总线与控制中心的系统显示、编程设备相联。总线制可分为树干式及环网式，树干式网络每条总线在控制中心只有一个网络接口，环网式网络每条总线在控制中心只有两个网络接口，当总线一处发生故障时，系统仍能正常工作，并可探测到故障的地点。图 4.3-16 为总线制出入口控制系统网络图。

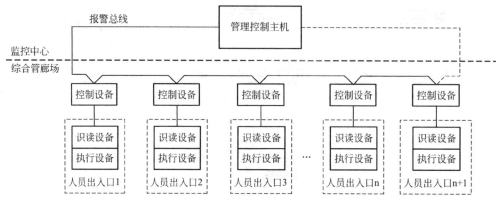

图 4.3-16　总线制出入口控制系统网络图

（2）网络制模式：出入口控制系统的现场控制设备通过网络设备与控制中心的系统显示、编程设备相联。根据网络层数的不同可分为单级网及多级网。图 4.3-17 为网络制出入口控制系统网络图。

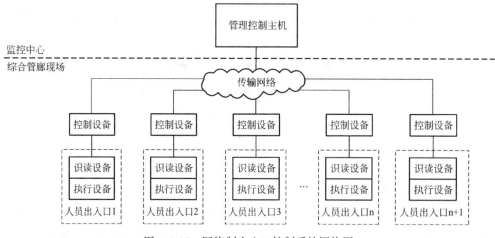

图 4.3-17　网络制出入口控制系统网络图

4. 电子巡查系统设计

在管廊每个舱室内下列场所设置离线电子巡查点，离线电子巡查系统后台设在管廊监控中心内。

（1）综合管廊人员出入口、逃生口、吊装口、进风口、排风口。

（2）综合管廊附属设备安装处。

（3）管道上阀门安装处。

（4）电力电缆接头处。

4.3.4.6　火灾报警系统设计

1. 火灾报警系统设计原则

根据以往电力隧道工程、综合管廊工程及其他电力工程的运行经验，综合管廊各类入廊管线中电力电缆发生火灾的概率最大，因此在含有电力电缆的舱室需设置火灾自动报警系统（此处所指电力电缆不包括为综合管廊配套设备供电的少量电力电缆）。热力管线保温材料若采用可燃材料，热力舱照明灯具、线路不能做到本质安全时，舱室也具有一定的火灾风险，也应设置火灾自动报警系统。

因此，综合管廊应该在下列场所设置火灾自动报警系统：

（1）干线综合管廊含电力电缆的舱室。

（2）支线综合管廊含电力电缆的舱室。

（3）采用可燃材料作为保温层的热力管线舱室。

2. 系统组成

（1）感烟探测器

含有电力电缆的舱室、含有可燃材料的热力舱室，在火灾初期，电缆绝缘护套、热力管道保温层等可燃材料的燃烧，会有大量的烟产生，感烟火灾探测器能够及时探测舱室的初期火灾。因此，综合管廊内设置感烟探测器是必要的。目前，常见的烟雾火灾探测器主要有三种形式，分别为吸气式感烟火灾探测器、图像型感烟火灾探测器和点型感烟火灾探测器。这三种探测器在综合管廊内的使用性比较分析见表4.3-7。

感烟探测器的特点及在综合管廊中的适用性　　　　　　　　　　表4.3-7

类型	吸气式感烟火灾探测器	图像型感烟火灾探测器	点型感烟火灾探测器
探测类型	烟雾	烟雾	烟雾
使用范围	灵敏度高，多应用于洁净场所。灰尘、水蒸气、气流易影响灵敏度，致误报或失效	适用于不同高度的空间、不同环境的工业或特殊建筑，探测范围广，最长可达100m	适用于火灾初期有阴燃阶段，产生大量的烟和少量的热，很少或没有火焰辐射，无大量粉尘滞留的场所
响应速度	由采样孔个数决定，采样孔越多灵敏度越差；而且管廊内灰尘和水蒸气易堵塞吸气口和过滤器，影响响应速度	通过视频图像处理对烟雾和火焰进行探测，响应速度较快	响应速度、探测灵敏度一般
定位能力	整段报警，无精确定位能力	提供视频监视功能，可以准确定位火源的位置，可以在图像中框定烟雾的位置	安装间距即定位精度
设备维护	采样管路易堵塞，维护难度大	可在控制室通过软件调试的方法进行维护	易损坏，需经常更换

由表4.3-7看出，吸气式感烟火灾探测器由于自身使用范围的局限不适宜在综合管廊内使用。图像型感烟火灾探测器及点型感烟火灾探测器均可以在管廊内使用，但优缺点也比较明显。图像型感烟火灾探测器价格较高，但后期的运营维护工作量较小。点型感烟火

灾探测器虽然价格较低，但受管廊内潮湿空气的影响，易损害需经常更换，后期运营维护的工作量较大。

（2）感温火灾探测器

《城市综合管廊工程技术规范》GB 50838—2015 第 7.1.9 的规定："干线综合管廊中容纳电力电缆的舱室，支线综合管廊中容纳 6 根及以上电力电缆的舱室应设置自动灭火系统；其他容纳电力电缆的舱室宜设置自动灭火系统。"因此，综合管廊内一般在电力电缆舱内均设置自动灭火系统。自动灭火系统的形式有多种，如细水雾、超细干粉等。

当管廊舱室的火灾发展到一定程度需要启动自动灭火系统实施灭火时，舱室内可燃物的燃烧已发展到明火燃烧阶段，舱室内的温度升高。舱室内设置的自动灭火系统需要由火灾自动报警系统联动控制启动时，为了保证自动灭火系统的可靠启动，根据《火灾自动报警系统设计规范》GB 50116—2013 的要求，自动灭火系统的联动触发信号应是两个及以上不同探测形式的探测器报警信号的"与"逻辑组合。因此，综合管廊内通常设置两种火灾探测器，除了上文所说的感烟火灾探测器外，还需设置感温火灾探测器，即采用感烟火灾探测器和感温火灾探测器组成的"与"逻辑作为自动灭火系统的联动触发信号。这样设计可以提高系统动作的可靠性，将误触发率降低至最小。感烟火灾探测器报警，表示有火灾发生，感温火灾探测器报警，表示火灾已经发展到一定程度了，应该启动超细干粉、细水雾等装置实施灭火。

现阶段在综合管廊内使用的感温火灾探测器主要分为两种：点式感温火灾探测器、线型感温火灾探测器。其中，线型感温火灾探测器又可以分为感温光纤及感温电缆两种类型，表 4.3-8 对感温电缆及感温光纤、点式感温火灾探测器这三种探测器在综合管廊内的技术做了比较分析。

感温探测器的特点及在综合管廊中的适用性 表 4.3-8

类型	感温电缆	感温光纤	点式感温火灾探测器
探测类型	温度	感温	感温
使用范围	电缆管廊、电缆竖井、电缆夹层；不宜安装点型探测器的夹层；其他环境恶劣不适合点型探测器安装的场所	电缆管廊、电缆竖井、电缆夹层；不宜安装点型探测器的夹层；其他环境恶劣不适合点型探测器安装的场所	相对湿度较大、有大量粉尘的场所
响应速度	报警响应速度快、灵敏度高，误报率低	感温光纤附近温度变化即能报警	响应速度、探测灵敏度一般
定位能力	整段报警，无精确定位能力	可精确定位到 1m 以内	安装间距即定位精度
设备维护	报警后，报警区域的感温电缆即损坏，在潮湿、腐蚀性场合易故障	感温光纤坚固耐用，不宜腐蚀；维护工作量较少。但光纤测温主机的维护工作量较大	点式安装，数量较多，维护工作量较大

在早期的综合管廊中，线型感温火灾探测器都以 S 型或直线型直接敷设在电力电缆的表面，如图 4.3-18 所示。感温探测器的报警信号直接接入火灾自动报警系统。当感温探测器报警时，直接联动启动自动灭火系统的启动。

但其实对于这种型式敷设的线型感温探测器来说，一旦探测器报警，只能表示其监视

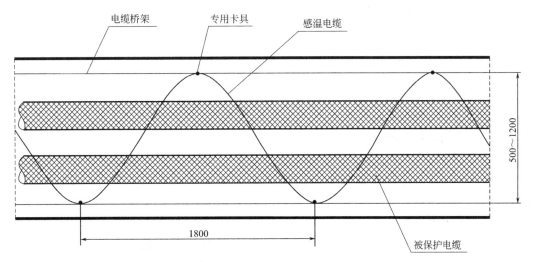

图 4.3-18 早期综合管廊线型感温火灾探测器敷设图

的保护对象（电力电缆）发生了异常，产生了一定的电气火灾隐患，容易引发电气火灾，但是并不能表示已经发生了火灾，因此报警后没有必要联动自动灭火系统动作，只要提醒维护人员及时查看电气线路和设备，排除电气火灾隐患即可。只有用于监测舱室空间温度的感温探测器动作了，才能表示真正的有火灾发生，此时应该去联动自动灭火系统动作。因此，接入火灾自动报警系统的线型感温探测器应该设置在用于监测舱室空间温度的位置，而不能直接敷设在电力电缆的表面。

目前，根据含有电力电缆舱室的结构特点，用于监测舱室空间温度的感温火灾探测器的选型和设置，可有下列两种形式：

1）选择线型感温火灾探测器，在每层或每两层电缆托架上方采用吊装方式设置线型感温火灾探测器，用于对电力电缆着火时托架区域温度变化的及时探测报警，以及时确认火灾，联动控制自动灭火系统启动，实施灭火。

2）选择点型感温火灾探测器或线型感温火灾探测器，在舱室的顶部设置，用于对舱室内空间温度变化做出探测报警，以确认火灾，联动控制自动灭火系统启动，实施灭火。

在每层或每两层电缆托架上方敷设线性感温火灾探测器，可以对电力电缆火灾做出快速响应；在舱室顶部设置的感温火灾探测器，需火灾发展到一定规模，舱室内的空间温度达到探测器的报警阈值时，方能做出报警响应，但此方式的线型感温火灾探测器用量较少且便于施工。

（3）手动报警按钮和声光警报器

1）在设有火灾自动报警系统的舱室，应在每个防火分区的人员出入口、逃生口、防火门处设置手动火灾报警按钮和火灾声光警报器，且每个防火分区不应少于 2 套。

由于综合管廊舱室内平时人员较少，且进入舱室的人员均为事先了解内部情况的工作人员，因此，手动火灾报警按钮的设置原则主要是基于便于工作人员发现火灾时，在撤离发生火灾防火分区时，向消防控制室手动报警；由于舱室内空间狭小，在每个防火分区的出入口设置声光警报器，警报器的警报范围已可以覆盖相应防火分区整个舱室。

2）若综合管廊具有多个舱室且共用出入口时，设置有火灾报警系统的舱室在进入共用出入口的防火门外侧应设置火灾声光警报器。

若综合管廊设有多个舱室，且不同舱室的并行区间共用对外的出入口时，当具有火灾危险性的舱室发生火灾时，会危及其他舱室内人员的安全，在该舱室进到共用出入口处应设置火灾声光警报器。它的主要功能是警示其他舱室进入共用出入口的人员避免误入火灾舱室并迅速撤离出口。当确认火灾后，消防联动控制器统一控制不同舱室共用出入口处相应设置的火灾声光警报器同时启动。

（4）防火门监控系统

综合管廊内防火门的工作状态直接影响到报警与灭火的效果，所以应纳入报警联动协同作业。根据《城市综合管廊工程技术规范》GB 50838—2015 的要求，在设置火灾自动报警系统的舱室内需设置防火门监控系统。

综合管廊通道上的防火门有常闭型和常开型两种。常闭型防火门在工作人员通过后，闭门器将门关闭，无需联动，只需上传防火门的开闭状态、故障状态至监控中心消防控制室即可。常开型防火门平时开启，在发生火灾时需联动关闭。

3. 系统联动

（1）联动控制流程

在系统自动控制状态下，一旦火灾监测设备检测到火灾发生，火灾报警系统就能够自动启动事先编制好的消防预案，联动控制相关消防设备，如切断非消防电源、关闭风机、启动灭火装置及时灭火、联动控制防火门及出/入口控制器等；在手动控制状态下，工作人员对火灾进行确认后，启动消防预案，联动控制相关消防设备，同时工作人员能够通过操作按钮启/停相关报警设备和消防设备。综合管廊一般情况下的联动流程如下：

1）首先关闭着火分区及同舱室相邻防火分区通风机及防火阀。当综合管廊内发生火灾时，应立即可靠的关闭通风设施，使综合管廊内形成密闭的环境，通过"闷烧耗氧"的形式有利于控制火势的蔓延。

2）第二步启动着火分区及同舱室相邻防火分区，及其进入共用出入口防火门外侧的火灾声光警报器。启动声光警报器不仅是提示处在着火分区的人员尽快离开分区，也是提醒在分区外的人员不要进入着火分区内。

3）第三步启动着火分区及同舱室相邻防火分区的应急照明及疏散指示标志，并应关闭火灾确认防火分区防火门外上方的安全出口标志灯。

4）第四步联动出入口控制系统解除着火分区及同舱室相邻防火分区出入口控制装置的锁定状态。解除出入口控制装置有利于处在管廊内人员的迅速逃生，也有利于外部消防人员迅速进入综合管廊内灭火作业。

5）第五步控制防火门监控器关闭着火分区所有常开防火门。关闭常开防火门是为了尽快将火势控制在着火分区内。

6）第六步联动控制自动灭火系统启动。

（2）联动存在的问题

根据《火灾自动报警系统设计规范》GB 50116—2013 的规定，消防水泵等重要消防设备应能被设置在消防控制室内的手动控制盘以直接连接方式启动或停止，图 4.3-19 中 C 总线即为手动控制线。但是综合管廊为带状的地下构筑物，不少城市综合管廊规模较大，长度几公里至上百公里，消防控制室至现场的消防设备距离较远，采用直接启动线方式不再适宜。这是综

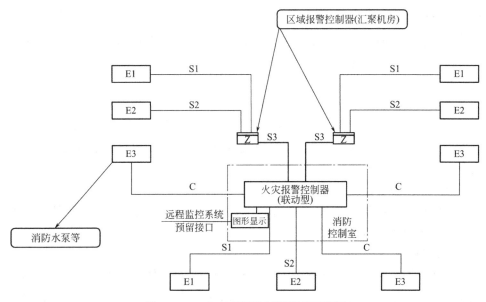

图 4.3-19 火灾报警控制器联动系统图

合管廊与普通民用建筑在火灾报警系统架构上存在特异性的一点，若出现此种情况，该设备应可由手动控制盘按钮经由火灾自动报警系统网络与总线远程控制。

4.3.4.7 可燃气体探测报警系统设计

综合管廊可燃气体探测报警系统应由可燃气体报警控制器、天然气探测器和声光警报器等组成，天然气探测器宜通过现场总线方式接入可燃气体报警控制器。具体系统图如图4.3-20 所示。

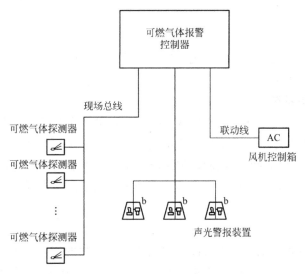

图 4.3-20 可燃气体报警控制器接线图

1. 系统组成

（1）可燃气体探测器

在天然气舱内顶部、管线引出段、阀门释放源处、人员出入口、进风口、排风口等舱室内最高点气体易于聚集处设置可燃气体探测器，且设置间隔不大于15m。探测器的可选用催化燃烧型或激光型气体探测器，并应根据国家相关标准对探测器定期进行校验。当管廊空气中含有能使催化燃烧型检测元件中毒的硫、磷、硅、铅、卤素化合物等介质时，应选用抗毒性催化燃烧型探测器。

（2）声光警报器

燃气舱的声光报警器应设置在舱室内每个防火分区的人员出入口、逃生口和防火门处，且每个防火分区不应少于2个。当可燃气体报警控制器发出报警信号时，应能启动保护防火分区的火灾声光警报器。

（3）可燃气体报警控制器

可燃气体报警控制器一般每一个或两个防火分区设置1套，在现场条件满足的情况下，控制器宜放置在非爆炸环境场所内。

2. 系统联动

在下列情况下，可燃气体报警控制器应能发出与可燃气体浓度报警信号有明显区别的声、光故障报警信号：控制器与探测器之间连线断路、探测器内部元件失效、控制器电源欠压、控制器与电源之间连接线路的断路与短路。

可燃气体的一级报警设定值小于或等于20%爆炸下限。可燃气体的二级报警设定值小于或等于40%爆炸下限。

燃气泄漏发出报警后，即使安装场所被测气体浓度发生变化恢复到正常水平，仍应持续报警。只有经确认并采取措施后，才能停止报警。当天然气管道舱天然气浓度超过一级报警浓度时，应由可燃气体报警控制器或消防联动控制器联动启动天然气舱事故防火分区及其相邻分区的事故通风设备。当天然气管道舱天然气浓度超过二级报警浓度时，应联动切断天然气管道紧急切断阀。

4.3.4.8 通信系统设计

综合管廊应设置固定语音通信系统，根据管理需求可设置无线通信系统。监控中心宜设置对外通信的直线电话。

1. 固定语音通信系统

固定语音通信系统一般在中心机房或中控室设置电话交换机，在需要通话的现场设置电话机，现场电话机和中心机房电话交换机通过电话线连接。但是在综合管廊内，受限于传统电话系统电话线传输的距离限制，传统电话系统并不能适应综合管廊长距离通信的要求。为了解决这个问题，经过研究，发现有两种电话的通信形式可以适应长距离通信的要求，分别为IP电话和隧道光纤电话。

图4.3-21为IP电话的系统图。

现场电话机的设置原则，根据目前已建成的综合管廊的使用经验，在每100m半径的区间内设置一台电话机比较合适。在电话机的选择上，现场电话应该具有IP67以上的防护等级。

光纤电话：综合管廊的形式和公路隧道有些相似，在公路隧道中有专门为隧道长距离通信而研发的光纤应急电话系统。

隧道光纤电话采用专用的光纤通道，系统结构是在控制中心设置电话控制器和话务

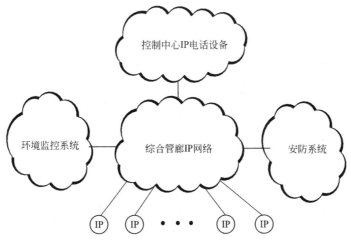

图 4.3-21　IP 电话系统图

台，控制中心设备通过专用光纤通信装置与管廊现场的电话机进行通信。在综合管廊内现场电话的设置原则和 IP 电话相同。

当综合管廊内有线电话通信采用光纤电话时，系统结构如图 4.3-22 所示。

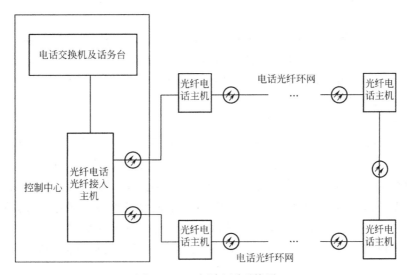

图 4.3-22　光纤电话系统图

虽然光纤应急电话在综合管廊内有以上这些适用性，但是综合管廊环境和公路隧道环境还是有比较大的区别，就是综合管廊的通风条件比隧道要差，管廊内的环境比隧道内还要潮湿的多，因此，对于应急电话系统的现场设备，如果设置在管廊环境下，还需要提高设备的防护等级和防潮性能。经过调研，管廊内的潮湿环境经常会形成冷凝水，为了防止冷凝水的滴落和渗透，现场应急电话的防护等级需要至少达到 IP67，才能有效应对管廊的潮湿环境。

以上两种有线电话形式根据研究均可以在综合管廊内使用，但是又都存在各自的优缺点。

IP 电话的优点是系统建设简单，不用单独为其设置传输网络。

但是，IP 电话也存在一些缺点，就是 IP 交换引起的传输时延无法确定：在网络传输中，成千上万的分组包同时涌入一个路由节点，由于互联网 IP 业务遵循"尽力服务"的原则，以"先来先服务"的方式逐个处理。分组包在每个节点不得不排队等待被发送，并且分组包从源到目的地要经过十几"跳"，引起几十到几百毫秒的延迟。对语音传输而言，时延实在太大了。即使利用专用网，或者加大骨干网带宽，加强路由交换节点处理能力，还是无法彻底解决这个问题。

光纤电话因为传输网络为自身专用的光纤通道，因此不存在 IP 电话因为网络延迟而造成语音通信延迟问题，这是它的优点，但是相对于 IP 电话，光纤电话在成本方面会高于 IP 电话。

经过分析，当管廊规模较小时，因为挂在管廊网络上的设备数量相对较少，会影响通话质量，其他数据分组包也相对较少，可以采用 IP 固定电话的形式，既能满足通话质量，又能节省投资。当综合管廊规模较大时，为了保证通话的质量，应该采用光纤电话作为综合管廊内固定语音通信装置。

2. 固定语音通信系统

无线通信技术目前可以分为两种方式，分别为传统无线对讲技术和基于 IP 的 WIFI 对讲系统。下面对这两种通信技术进行研究和比选，选择出在综合管廊内适用的形式。

（1）无线对讲系统

传统无线对讲系统是一种比较成熟的技术，系统一般由各级功率放大器及功分器、传输网络、现场天线或泄漏电缆和手持终端对讲机等部分组成。

在综合管廊内，传统无线对讲系统在使用上没有什么障碍，只需要在设置现场天线的时候选择 IP67 以上即可。

（2）基于 IP 的 WiFi 对讲系统

WiFi 对讲系统是工作于 WiFi 及 IP 网络系统上的无线对讲系统也可以称作无线局域网 WiFi 对讲系统，系统无需专门敷设射频电缆，单纯依靠无线局域网来传输无线对讲机信号，因此在综合管廊已有一套完善的通信网络的情况下，只需要在有线网络的通信节点上架设无线 WiFi 信号覆盖天线即可完成 WiFi 通信网络的架设，同时针对管廊的狭长环境，由于 WiFi 通信频率较高，传输距离相对较近，采用定向天线的效果比传统的全向天线效果好，可每隔 100m 左右设置一对背对背定向的 WiFi 天线，即可满足管廊内通信的需要。

系统设计如图 4.3-23 所示。

下面对这两种系统进行比较，传统无线对讲系统技术成熟，稳定性高，但是一般只能进行语音和简单报文的传输，在目前需要建设智慧型综合管廊的发展方向下，在无线覆盖系统的拓展性上存在着不足。而基于 IP 的 WiFi 对讲系统则可以弥补这个不足，这是因为基于 IP 的 WiFi 对讲系统通过采用标准的网络应用协议，便于各种扩展应用的实现，例如调度台软件、语音记录软件、GPS 定位软件等，并且具有足够的带宽传输更多的数据，而且通过 IP 网络的软件升级维护更容易。IP 对讲系统提供了多媒体协同通信能力，可以传送语音、文字、图片、视频、Email 等多种内容，这不同于传统对讲系统，而且在综合管廊已有一套成熟的通信以太网的前提下，获取这种通信能

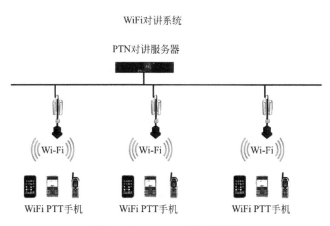

图 4.3-23　WiFi 对讲系统图

力的成本比较低。

因此推荐在综合管廊内使用基于 IP 的 WiFi 对讲系统。

4.3.5　通风设计

4.3.5.1　综合管廊通风系统的主要功能

综合管廊属于封闭的地下构筑物，通风条件较差，综合管廊内敷设的电力电缆、热力管线等在使用过程中会散发大量的余热，综合管廊内敷设的污水管道、燃气管道等，还有可能泄漏有毒、可燃的有害气体。为了保证管廊内敷设的各种市政公用管线在适宜的环境中正常运行，并在工作人员进入管廊进行巡视检修时提供适量的新鲜空气，应在综合管廊内设置可靠的通风系统，进行有效的通风换气，将管廊内的余热、余湿、有害气体等及时排出。

此外，当综合管廊内发生火灾时，通风系统应能自动关闭，协助自动灭火系统进行密闭灭火，当火灾熄灭并冷却后，通风系统应能及时排除管廊内积聚的有毒烟气，以便工作人员灾后进入管廊进行清理工作；对天然气管道舱，当舱室内天然气浓度大于其爆炸下限浓度值（体积分数）20％时，应能有效地进行事故通风，控制舱室内天然气浓度，以免发生爆炸事故。

综上所述，综合管廊通风系统的主要功能包括以下几个方面：

（1）为巡视检修人员提供适量的新鲜空气，保证管廊内氧气含量不低于 19.5％；

（2）保证管廊内敷设的各种管线散发的余热能及时排出，控制管廊内的温度最高不超过 40℃；

（3）控制管廊内 H_2S、CH_4 等有害气体浓度不超过环境与设备监控系统的设定值；

（4）当管廊内发生火灾时，应能自动关闭通风系统，协助自动灭火系统进行密闭灭火；当火灾熄灭并冷却后，应能及时排除管廊内积聚的有毒烟气，以便工作人员灾后进入管廊进行清理工作；

（5）当天然气管道舱内天然气浓度大于其爆炸下限浓度值（体积分数）20％时，应能有效地进行事故通风，控制舱室内天然气浓度，以免发生爆炸事故。

4.3.5.2 综合管廊通风系统的主要设计参数

1. 室外气象参数

综合管廊通风系统设计用到的室外气象参数主要有：夏季通风室外计算温度、冬季通风室外计算温度等。

2. 管廊内设计参数

综合管廊通风系统应根据各个不同的舱室类型及工况要求，设置相应的通风系统，详见表4.3-9。

综合管廊换气次数

表4.3-9

舱室	温度(℃)	通风换气次数(次/h)		
		正常通风	火灾后通风	事故通风
水舱	≤40	≥2	—	—
热力舱	≤40	≥2	—	—
综合舱(不含电力电缆)	≤40	≥2	—	—
污水舱①	≤40	≥6①	—	—
电力舱、综合舱(含电力电缆)②	≤40	≥2	≥6	—
燃气舱	≤40	≥6	—	≥12

①污水舱宜适当加大平时正常通风的换气次数；

②电力舱、综合舱（含电力电缆）和热力舱的通风换气次数，还应满足排除舱室内管线散发余热所需的风量要求。

3. 综合管廊外环境噪声要求

综合管廊外声环境执行《声环境质量标准》GB 3096—2008 中的第4a类，环境噪声等效声级限值：昼间70dB（A），夜间55dB（A）。因此，在综合管廊通风系统设计时，应采取一定的消声减震措施，以满足综合管廊外的环境噪声要求。

4.3.5.3 综合管廊通风系统的主要形式

综合管廊通风系统一般可利用管廊本体作为通风风道，沿管廊纵向划分一定数量的通风区间，每个通风区间一端设置进风口，另一端设置排风口，形成一进一出的纵向通风系统。

按照动力的不同，通风方式可分为自然通风和机械通风。

1. 自然通风

自然通风是以热压和风压作用的不消耗机械动力的、经济的通风方式，由于其无可比拟的节能环保优势，仍被广泛运用于各种场合。自然通风的动力来源于热压和风压，热压是由室内外温度差产生的空气密度差在一定高差的进排风口之间形成的自然通风作用压头，其值为：

$$P_r = gh(\rho_w - \rho_n) \tag{4.3-12}$$

式中　P_r——热压（Pa）；

　　　g——重力加速度（m/s²）；

　　　h——进排风口之间的高差（m）；

　　　ρ_w——室外空气密度（kg/m³）；

ρ_n——室内空气密度（kg/m³）。

由式（4.3-12）可知，室内外空气的温度差越大，进排风口之间高度差越大，热压作用力越大。反之，如果室内外没有空气温度差，或者进排风口之间没有高度差，就不会产生热压作用下的自然通风。

风压主要是指室外风作用在建筑物外围护结构上产生的室内外静压差。建筑物外围护结构上某一点的风压值可表示为：

$$P_f = K \frac{V_w^2}{2} \rho_w \tag{4.3-13}$$

式中　P_f——风压（Pa）；

K——空气动力系数；

V_w——室外空气流速（m/s）；

ρ_w——室外空气密度（kg/m³）。

K 值为正，说明该点的风压为正值；K 值为负，说明该点的风压为负值。一般在气流的冲击作用下，建筑物的迎风面将形成一个滞留区，这里的静压高于大气压，处于正压状态，是正压区；室外气流绕流时，在建筑物的顶部和后侧将形成弯曲的循环气流，这两个区域的静压均低于大气压力，形成负压区，称为空气动力阴影区。不同形状的建筑物在不同方向的风力作用下，空气动力系数分布是不同的。空气动力系数要在风洞内通过模型实验求得。

自然通风作用一般是热压和风压共同作用的结果，但由于室外风的风速和风向经常变化，风压不是一个稳定的因素。为了保证自然通风的效果，在实际设计计算时仅考虑热压的作用，一般不考虑风压。

在综合管廊各舱室中，对于电力舱、热力舱等在使用过程中会散发大量热量的舱室，理论上只要进排风口的高度差达到一定要求时，通过自然通风可以排走管廊内敷设的电力电缆及热力管线等散发的余热。但这就要求把排风口建得很高，而综合管廊通风口一般设置在道路中央或旁边的绿化带内，过高的通风口将给城市道路及景观环境造成严重的影响，一般很难满足该要求。而对于平时运行中基本不产生热量的舱室，根据自然通风的机理，一般很难形成有效的自然通风。

近年来，在自然通风的基础上，发展出了辅以无风管的诱导式通风技术，即在管廊的每个通风区间内，沿纵向方向布置若干台诱导风机，使室外新鲜空气从自然进风口进入管廊后以接力的形式流向排风口排出，达到通风的效果。无风管诱导式通风在国外综合管廊通风设计中有被采用。

2. 机械通风

机械通风主要是通过风机等机械装置对管廊内部空气进行强制流通，以达到通风换气的效果。与自然通风相比，机械通风可以增加通风区间的长度，相应减少管廊沿线通风口的数量，而且机械通风能迅速对管廊进行通风换气，以达到快速改善管廊内部空气质量的目的。但机械通风会相应增加通风设备及运行费用，并且会产生一定的噪声。按照各组成部分的不同，综合管廊机械通风系统又可分为：机械进风＋机械排风、自然进风＋机械排风和机械进风＋自然排风三种组合形式。

3. 综合管廊通风方式的选择

根据《城市综合管廊工程技术规范》GB 50838—2015 第 7.2.1 条的规定："综合管廊宜采用自然进风和机械排风相结合的通风方式。天然气管道舱和含有污水管道的舱室应采用机械进、排风的通风方式。"因此，燃气舱、污水舱应采用"机械进风＋机械排风"的通风方式，而其他舱室可根据工程的具体情况确定通风方式，推荐采用"机械进风＋机械排风"或"自然进风＋机械排风"的通风方式。

目前国内综合管廊通风系统设计一般采用机械通风系统形式。一些常用的综合管廊通风系统原理如图 4.3-24 所示。

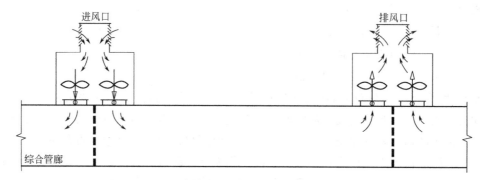

机械进风+机械排风通风系统

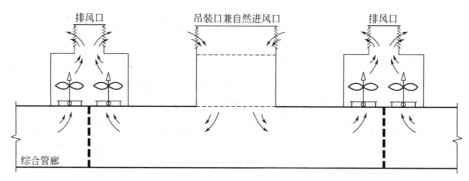

吊装口兼自然进风口的自然进风+机械排风通风系统

图 4.3-24 通风原理图

4.3.5.4 综合管廊通风系统通风区间的设置原则

综合管廊两个相邻的通风口之间形成一个完整的通风区间。规范对综合管廊通风区间的长度未作具体要求，在实际工程中，通风区间的长度主要受管廊沿线道路状况、城市道路景观环境、管廊施工工艺等因素的影响，需根据项目的实际情况具体确定。

通风区间越短，越有利于进行有效的通风换气，但过短的通风区间将导致管廊沿线通风口节点数量的增加，不仅提高了管廊的整体造价，同时也会对城市道路景观环境产生严重的影响。

通风区间越长，通风量越大，管廊内的断面风速也越大。一定的断面风速有利于在管廊内形成一定的气流组织，但过大的断面风速也不利于人员进入管廊内进行巡视、检修等活动，且随着断面风速的增大，通风系统的阻力也将增大，一般推荐管廊内断面风速不大于 1.5m/s。

此外，根据《城市综合管廊工程技术规范》GB 50838—2015 第 7.1.6 条的规定：天然气管道舱及容纳电力电缆的舱室应每隔 200m 采用耐火极限不低于 3.0h 的不燃性墙体进行防火分隔。

一般有条件时，综合管廊通风系统宜按防火分区设置，即以每隔约 200m 为一个防火分区，每个防火分区为一个独立的通风区间。

但特殊段的综合管廊由于顶管施工或受其他客观因素的制约（如过河、过较大的交叉路口等），在这些特殊段无法设置通风口节点，此时通风区间一般需要跨越一个或几个防火分区进行设置。此外，管廊总体也通常要求加大通风区间长度，以避免管廊沿线设置过多的通风口节点，影响城市道路景观环境。下文以典型的每隔约 400m 为一个通风区间的综合管廊通风系统进行分析讨论，其他通风区间长度可依此类推。

1. 水舱、热力舱及综合舱（不含电力电缆）等类型舱室

该类型舱室根据《城市综合管廊工程技术规范》GB 50838—2015，并没有要求每隔 200m 进行防火分隔，因此 400m 通风区间内部可以不设任何隔断，通风系统原理如图 4.3-25 所示。

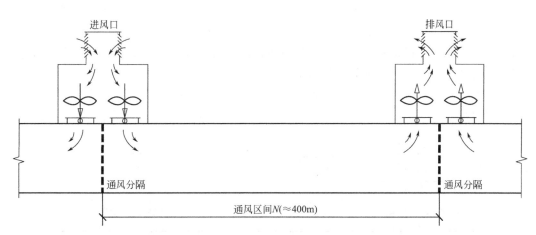

图 4.3-25　通风系统原理图（一）

2. 电力舱、综合舱（含电力电缆）等类型舱室

该类型舱室根据《城市综合管廊工程技术规范》GB 50838—2015，应每隔 200m 进行防火分隔，故 400m 通风区间跨越 2 个防火分区。且该类型舱室按规范要求一般均设有火灾自动报警系统及自动灭火系统，通风系统的主要功能为满足平时正常工况下的通风换气及火灾后的通风排烟要求。在保证防火分隔不变的前提下，为实现有效的通风换气，通风系统具体方案如下：

（1）每个通风区间中间防火分隔处设常开防火门，通风系统原理如图 4.3-26 所示。

说明：

1）通风区间中间防火门常开，满足平时正常工况下的通风换气要求；

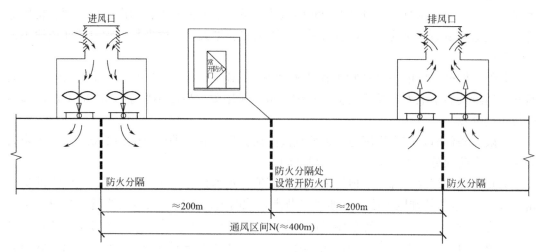

图 4.3-26 通风系统原理图（二）

2）以上舱室内任一防火分区发生火灾时，消防联动控制器立即联动关闭发生火灾的防火分区所对应的通风区间及其左右相邻的通风区间（共三个通风区间）的通风设备、电动防火阀及通风区间中间的常开防火门，以确保发生火灾的防火分区的密闭，并启动自动灭火系统；

3）待确认火灾熄灭并冷却后，现场工作人员穿戴防护服从安全区域进入管廊，打开发生火灾的防火分区所对应的通风区间中间已经电动关闭的常开防火门，然后再重新打开该通风区间通风口处的电动防火阀及通风设备，进行火灾后通风，排除火灾后残余的有毒烟气，以便工作人员灾后进入管廊进行清理工作。

（2）每个通风区间中间防火分隔处设常开防火门，并在此基础上，通风区间中间防火分隔处常开防火门上方再设常开型全自动电动防火阀，通风系统原理如图 4.3-27 所示。

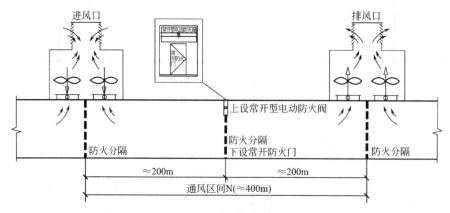

图 4.3-27 通风系统原理图（三）

说明：

1）通风区间中间防火门及电动防火阀常开，满足平时正常工况下的通风换气要求；

2）以上舱室内任一防火分区发生火灾时，消防联动控制器立即联动关闭发生火灾的防火分区对应的通风区间及左右相邻的通风区间（共三个通风区间）的通风设备、电动防火阀及通风区间中间的常开防火门、通风区间中间常开防火门上方的全自动电动防火阀，以确保发生火灾的防火分区的密闭，并启动自动灭火系统；

3）待确认火灾熄灭并冷却后，远程电动复位发生火灾的防火分区对应的通风区间中间防火分隔处的全自动电动防火阀，然后再重新打开该通风区间通风口处的电动防火阀及通风设备，进行火灾后通风，排除火灾后残余的有毒烟气，以便工作人员灾后进入管廊进行清理工作。

（3）每个通风区间中间防火分隔处设常开防火门，并在此基础上，通风区间中间防火分隔处两侧各开设一个常闭型液压井盖，平时常闭，火灾后可打开作为临时进（排）风口通风换气，通风系统原理如图 4.3-28 所示。

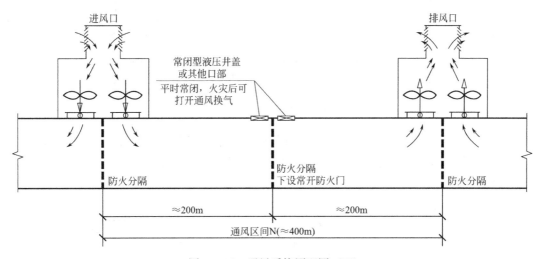

图 4.3-28　通风系统原理图（四）

说明：

1）通风区间中间防火门常开，满足平时正常工况下的通风换气要求；

2）以上舱室内任一防火分区发生火灾时，消防联动控制器立即联动关闭发生火灾的防火分区所对应的通风区间及其左右相邻的通风区间（共三个通风区间）的通风设备、电动防火阀及通风区间中间的常开防火门，以确保发生火灾的防火分区的密闭，并启动自动灭火系统；

3）待确认火灾熄灭并冷却后，现场打开发生火灾的防火分区对应的通风口处的电动防火阀及通风设备，以及对应的常闭型液压井盖，进行火灾后通风，排除火灾后残余的有毒烟气，以便工作人员灾后进入管廊进行清理工作。

3. 燃气舱

根据《城市综合管廊工程技术规范》GB 50838—2015，燃气舱应每隔 200m 设置防火分隔。本方案通风系统采用每约 400m 为一个通风区间，通风区间跨越 2 个防火分区。燃气舱通风系统的主要功能为满足平时正常工况下的通风换气及舱室内燃气浓度超标时的事故通风要求，在保证防火分隔不变的前提下，为实现有效的通风换气，通风系统具体方案如下：

（1）燃气舱按规范要求每隔 200m 进行防火分隔，但舱室内不设置火灾自动报警系统及自动灭火系统，因此通风区间中间防火分隔处无法设置常开防火门，需设置常闭防火门。为满足 400m 通风区间的通风换气要求，需在通风区间中间防火分隔处设置常开型全自动防火阀，通风系统原理如图 4.3-29 所示。

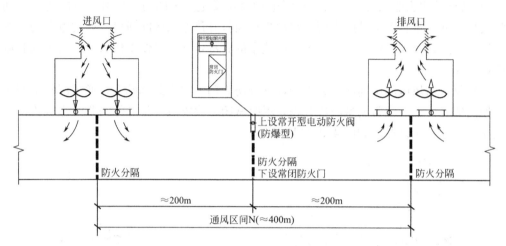

图 4.3-29　通风系统原理图（五）

（2）燃气舱按规范要求每隔 200m 进行防火分隔，舱室内增加火灾自动报警系统，但不设置自动灭火系统。此时，通风区间中间防火分隔处可设置常开防火门，通风系统原理如图 4.3-30 所示。

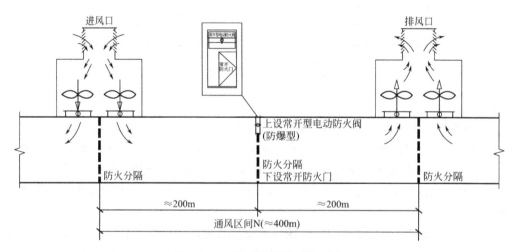

图 4.3-30　通风系统原理图（六）

说明：与方案（1）相比，燃气舱舱室内增设了一套火灾自动报警系统，但平时及事故通风时可依靠常开防火门与常开型全自动防火阀通风换气，通风效果较好。

此外，新修编的《城镇燃气输配工程设计规范》GB 50028 将对燃气舱防火分区的设置原则作出规定，对于无分段阀门或燃气舱内单独阀室两侧的区段，防火分隔的长度可增大至 500m，届时将更有利于燃气舱通风系统设置的灵活性和可操作性。

4.3.5.5　综合管廊各舱室通风量的计算

《城市综合管廊工程技术规范》GB 50838—2015 第 7.2.2 条对综合管廊通风量计算进

行了规定：综合管廊的通风量应根据通风区间、截面尺寸并经计算确定，且应符合下列规定：

（1）正常通风换气次数不应小于 2 次/h，事故通风换气次数不应小于 6 次/h；

（2）天然气管道舱正常通风换气次数不应小于 6 次/h，事故通风换气次数不应小于 12 次/h。

此外，综合管廊通风量计算还需考虑排除管廊内敷设的各种管线及设备散发的余热，最终设计风量应按两者中的较大值确定。

综合管廊内的余热量来源主要有以下几个方面：

（1）电力电缆的散热量；

（2）热力管线（热水管、蒸汽管）的散热量；

（3）管廊内的灯具、水泵、风机、配电柜等设备的散热量。

在综合管廊中，灯具、水泵、风机、配电柜等设备发热量一般较小，且一般均为间歇性开启，工程设计往往可以忽略。因此，应主要考虑电力电缆、热力管线的发热量。

1. 电力舱通风量计算

（1）电缆的散热量 Q_1 计算

1 条 n 芯（不包括不载流的中性线和 PE 线）电缆的热损失功率

$$q_{\mathrm{R}} = \frac{nI^2\sigma}{A} \tag{4.3-14}$$

综合管廊（电力舱）内 N 条 n 芯（不包括不载流的中性线和 PE 线）电缆的热损失率：

$$Q_1 = K_0 L (q_{\mathrm{R1}} + \cdots + q_{\mathrm{Ri}} + \cdots + q_{\mathrm{RN}})/1000 \tag{4.3-15}$$

式中　Q_1——电缆的热损失功率（kW）；

$\quad\quad q_{\mathrm{Ri}}$——第 i 条电缆的热损失功率（W/m）；

$\quad\quad n$——一条电缆的芯数；

$\quad\quad I$——一条电缆的允许持续载流量（A）；

$\quad\quad \sigma$——电缆运行时平均温度为 60℃时的电缆芯电阻率，对于铝芯电缆为 $0.033 \times 10^{-6}\Omega \cdot \mathrm{m}$，对于铜芯电缆为 $0.020 \times 10^{-6}\Omega \cdot \mathrm{m}$；

$\quad\quad L$——电缆长度（m）；

$\quad\quad A$——电缆芯截面（m^2）；

$\quad\quad K_0$——同时使用系数，可取 0.85～0.95，当舱内电缆较多时取下限，舱内电缆较少时取上限。

由于电流通过电缆的损失基本转换为热量散发到管廊中，电缆的热损失功率可以直接看作电缆的散热量。需要注意的是，在实际运行时，电缆的允许持续载流量应按照敷设条件、环境温度、排列方式、电缆间距、护层接地方式等因素进行修正，因此切不可按照电气相关手册的电缆允许载流量作为计算输入条件，有条件时应由电缆的管线设计单位提供电缆的载流量；同时，考虑到电力电缆供电的区域存在双回路供电、不同供电区域的用电高峰出现的时间差异等因素，某个供电回路出现满载的可能性非常低，而电力舱内所有电力电缆同时出现满载的可能性更低，因此必须考虑一定的使用系数。

（2）排除余热所需的通风量计算

$$G = 3600 \frac{Q_1}{c\rho(t_p - t_j)} \tag{4.3-16}$$

式中　G——所需通风量（m^3/h）；

c——空气比热容，取 $1.01kJ/(kg \cdot ℃)$；

ρ——平均空气密度（kg/m^3）；

t_p——排风温度，对于排热工况取 $40℃$，对于巡视工况取 $35℃$；

t_j——进风温度，按当地夏季室外通风计算干球温度进行取值（℃）。

如果考虑舱室内的部分热量通过侧壁和底板（顶板）传递给土壤，通风量可以减少。考虑土壤传热后，每个通风区间排除余热所需的通风量计算式（4.3-17）

$$G = 3600 \frac{Q_1 - Q_0}{c\rho(t_p - t_j)} \tag{4.3-17}$$

式中，Q_0 为舱室通过侧壁和底板（顶板）传递给土壤的热量（kW），本文采用简化算法；精确的计算方法可参照《人民防空地下室设计规范》GB 50038—2005 无恒温要求的防空地下室围护结构的传热量计算：

$$Q_0 = KF\Delta t / 1000 \tag{4.3-18}$$

式中　K——管廊侧壁和底板（顶板）向土壤的平均传热系数 $[W/(m^2 \cdot K)]$，对于综合管廊可取 $0.20W/(m^2 \cdot K)$；

F——管廊侧壁和底板（顶板）向土壤的传热面积（m^2）；

Δt——管廊内空气与侧壁（底板）表面平均温度的温差（℃）。

通过式（4.3-16）计算得到的通风量较大，电缆的散热量全部由通风系统排除。式（4.3-17）考虑电力舱侧壁和底板（顶板）向土壤的传热，排除舱内余热的通风量相应减少。

（3）设计通风量确定

电力舱通风量除了应满足排除舱内余热的通风量之外，还需符合规范规定的通风换气次数，取二者中较大值作为设计通风量。

2. 热力舱通风量计算

（1）热力管道的散热损失计算

热力管道在管廊内一般为架空敷设，管道表面单位面积的散热损失计算公式：

$$q = \frac{T_O - T_a}{\frac{1}{2\lambda} \cdot D_1 \cdot \ln\left(\frac{D_1}{D_0}\right) + \frac{1}{\alpha_s}} \tag{4.3-19}$$

热力管道的散热损失：

$$Q_2 = q \cdot \pi \cdot D_1 \cdot L / 1000 \tag{4.3-20}$$

式中　Q_2——热力管道的散热损失（kW）；

q——热力管道表面单位面积的散热损失（W/m^2）；

T_O——热力管道的外表面温度（℃）；

T_a——热力管道舱内的环境温度（℃）；

λ——保温材料在平均使用温度下的导热系数 $[W/(m \cdot K)]$；

D_1——热力管道保温层的外径（直径）（m）；

D_0——热力管道的外径（直径）（m）；

α_s——保温层外表面的表面传热系数 [W/(m²·K)]；

L——热力管道的长度（m）。

（2）排除余热所需的通风量计算

$$G = 3600 \frac{Q_2}{c\rho(t_p - t_j)} \tag{4.3-21}$$

同样地，如果考虑舱室内的部分热量通过舱壁和底板传递给土壤，通风量可以减少，其通风量计算式为：

$$G = 3600 \frac{Q_2 - Q_0}{c\rho(t_p - t_j)} \tag{4.3-22}$$

式中　Q_2——热力管道的散热损失（kW）；

其他参数同式（4.3-16）、式（4.3-18）。

（3）设计通风量确定

同样地，热力舱通风量除了应满足排除舱内余热的通风量之外，还需符合规范规定的通风换气次数，取二者中较大值作为设计通风量。

3. 其余舱室通风量计算

其余舱室的通风量应根据舱室断面尺寸、通风区间长度，按规范规定的正常和事故通风换气次数要求计算确定。

4.3.5.6　综合管廊通风系统的控制与运行策略

为保证综合管廊平时的正常运行及事故工况下的应急处理，需对综合管廊的通风系统进行监控，采用就地手动、就地自动和远程控制相结合的控制方式。各工况下通风系统控制及运行模式如下：

1. 正常通风工况

综合管廊通风系统在平时正常运行工况下采用定时启停控制。即根据管廊内、外环境空气参数，确定合理的运行工况间歇运行，达到既满足环境要求又节能的目的。

2. 高温报警工况

综合管廊各舱室内均设有温度探测报警系统，当舱室内任一通风区间的空气温度超过设定值（40℃）时，温度报警控制器发出报警信号，同时立即联动启动该通风区间的通风设备进行强制换气，使该通风区间的空气温度尽快达到设计要求（≤40℃）。当通风系统运行至该通风区间的空气温度≤30℃，并维持 30min 以上时，自动关闭通风设备，通风系统返回平时运行工况。

3. 有害气体报警工况

综合管廊含有污水管道的舱室内设有 H_2S、CH_4 气体探测报警系统，当舱室内任一通风区间的 H_2S、CH_4 浓度超过设定值时，气体报警控制器发出报警信号，同时立即联动启动该通风区间的通风设备进行强制换气。

4. 巡视检修工况

工作人员进入综合管廊进行巡视检修前，需提前启动进入区间的通风系统进行通风换气，直至工作人员离开综合管廊为止。

5.火灾后通风工况

综合管廊电力舱、综合舱（含电力电缆）等舱室内设有火灾自动报警系统，当舱室内任一防火分区发生火灾时，消防联动控制器立即联动关闭发生火灾的防火分区（通风区间）及左右相邻分区（通风区间）的通风设备及电动防火阀，以确保发生火灾的防火分区的密闭；待确认火灾熄灭并冷却后，重新打开该防火分区（通风区间）的电动防火阀及通风设备，进行火灾后通风，排除火灾后残余的有毒烟气，以便工作人员灾后进入管廊进行清理工作。

6.燃气舱事故通风工况

综合管廊燃气舱内设有可燃气体探测报警系统，且与燃气舱事故通风系统联动。当舱室内任一通风区间的天然气浓度大于其爆炸下限浓度值（体积分数）20%时，可燃气体报警控制器发出报警信号，同时立即联动启用事故段分区及其相邻分区的事故通风设备进行强制换气。

4.3.5.7 出地面风亭布置

（1）综合管廊通风系统地面风亭的布置应与周边景观环境相协调，并满足城市规划的要求；

（2）通风口处通风百叶面积应满足通风量要求；

（3）通风口处应加设防止小动物进入的不锈钢丝防虫网，网孔净尺寸不应大于10mm×10mm；

（4）通风口下沿距室外地坪高度应满足当地的防洪、防涝要求；

（5）燃气舱的排风口与其他舱室排风口、进风口、人员出入口以及周边建（构）物口部距离不应小于10m，应远离火源30m以上，距可能火花溅落地点应大于20m；

（6）燃气舱排风口应设置明显的安全警示标识。

4.3.6 标识系统

4.3.6.1 设计概述

综合管廊属于地下构筑物，标识系统共分6类，分别为综合管廊介绍与管理牌、入廊管线标识、设备标识、管廊功能区与关键节点标识、警示标识、方位指示标识。

4.3.6.2 标识版面设计

1.综合管廊介绍与管理牌

综合管廊介绍与管理牌采用标牌雕刻专用白色塑料板制作，尺寸根据文字内容排版调整。白底蓝字，字间距根据字数调整，标题字高80mm，正文字高50mm，黑体，宽度0.75，文字居中布置。距离标识牌四周10mm位置用10mm蓝色色带作为标识牌边框。底膜为反光膜，底膜工程级为Ⅱ级，文字可采用雕刻。

2.入廊管线标识牌

入廊管线标识牌可采用3mm厚铝板制作，尺寸为300mm×150mm。蓝底白字，字间距根据字数调整，文字高40mm，黑体，宽度0.75，文字居中布置。当文字内容不大于6字时，文字布置为一行，当文字内容大于6字时，文字布置为两行。距离标识牌四周10mm位置用2mm白色色带作为标识牌边框。字膜为反光膜，底膜工程级为Ⅱ级，字膜工程级为Ⅲ级。

3. 设备标识牌

设备标识牌采用 3mm 厚铝板制作，尺寸为 300mm×150mm。绿底白字，字间距根据字数调整，文字高 40mm，黑体，宽度 0.75，文字居中布置。当文字内容不大于 6 字时，文字布置为一行，当文字内容大于 6 字时，文字布置为两行。距离标识牌四周 10mm 位置用 2mm 白色色带作为标识牌边框。字膜为反光膜，底膜工程级为Ⅱ级，字膜工程级为Ⅲ级。

4. 管廊功能区与关键节点标识

综合管廊功能区及关键节点标识牌采用 3mm 厚铝板制作，尺寸为 300mm×150mm。白底蓝字，字间距根据字数调整，文字高 40mm，黑体，宽度 0.75，文字居中布置。

当文字内容不大于 6 字时，文字布置为一行，当文字内容大于 6 字时，文字布置为两行。距离标识牌四周 10mm 位置用 2mm 蓝色色带作为标识牌边框。字膜为反光膜，底膜工程级为Ⅱ级，字膜工程级为Ⅲ级。

5. 警示标识牌

警示标识牌采用 3mm 厚铝板制作，尺寸为 300mm×200mm。红底白字，字间距根据字数调整，文字高 50mm，黑体，宽度 0.75，文字居中布置，图案标识和文字相匹配。距离标识牌四周 10mm 位置用 2mm 白色色带作为标识牌边框。字膜为反光膜，底膜工程级为Ⅱ级，字膜工程级为Ⅲ级。

6. 方位指示标识牌

方位指示标识牌采用 3mm 厚铝板制作，除里程桩号外，其余标识牌尺寸为 300mm×150mm。白底蓝字，字间距根据字数调整，文字高 40mm，黑体，宽度 0.75，文字居中布置。当文字内容不大于 6 字时，文字布置为一行，当文字内容大于 6 字时，文字布置为两行。距离标识牌四周 10mm 位置用 2mm 蓝色色带作为标识牌边框。字膜为反光膜，底膜工程级为Ⅱ级，字膜工程级为Ⅲ级。

里程桩号识牌尺寸为 150mm×100mm。白底蓝字，字间距根据字数调整，文字高 40mm，黑体，宽度 0.75，文字居中布置。文字布置为一行。距离标识牌四周 5mm 位置用 1mm 蓝色色带作为标识牌边框。字膜为反光膜，底膜工程级为Ⅱ级，字膜工程级为Ⅲ级。

重要节点位置标识牌尺寸为 600mm×600mm。白底蓝字，字间距根据字数调整，文字高 40mm，黑体，宽度 0.75，文字居中布置。文字布置为一行。距离标识牌四周 10mm 位置用 10mm 蓝色色带作为标识牌边框。图案区域应反映区域位置、主要路网、综合管廊管网、位置星标、指北针等，字膜为反光膜，底膜工程级为Ⅱ级，字膜工程级为Ⅲ级。

4.3.6.3　标识布设位置

（1）综合管廊介绍与管理牌主要布设于主要出入口内、控制中心内。

（2）入廊管线标识主要布设于各类入廊管线上。

（3）设备标识主要布设于各类设备周边。

（4）综合管廊功能区与关键节点标识主要布设于各类功能区及关键节点处醒目位置。

（5）警示标识主要布设于综合管廊内各危险隐患周边醒目位置及外部需警示的位置。

（6）方位指示标识主要布设于管廊内各关键位置节点。其中运营里程桩号沿程布设，间距为25m。

（7）各类标识牌布设时均应保证其指示功能，并保证过往人员有良好的视线条件。

（8）防火门标识牌应设置在常闭式防火门中上部。

（9）灭火器材标识主要布设于需要布置灭火器材的位置。

4.4　缆线管廊设计研究

4.4.1　背景

城市地下管线是城市的命脉，它包括供电、供水、供气、供热、排水以及各类电信专业管线等，是城市赖以生存和发展的基础和保障，是保证城市功能正常发挥的神经和血管。随着城市建设的需要，越来越多的架空线路需要进行埋地改造。但是，由于各类管线的种类及数量繁多，道路下部地下空间有限，造成了众多管线争夺有限的地下空间，给城市的健康发展和运行带来了诸多问题（图4.4-1）。

图 4.4-1　管线直埋及架空

各种地下管线的敷设和维修常常因为主管部门的不同，相互之间缺乏协调和完善的长期规划，导致城区道路不时被挖、各类管线无序争夺地下空间、浪费地下资源、工程施工事故不断。这些现象不仅使国家财产造成巨大损失，也给城市居民生活带来极大不便。而且在地铁、城市道路等基础设施建设时，杂乱无章的各类管线增大了施工难度，导致大量的浪费，并引起工程灾害（图4.4-2）。

随着我国城镇化进程快速推进，城市基础设施尤其是管线设施建设受到国家高度重视，高标准建设城市管线设施成为国家基础设施"补短板"的重要举措。2013年以来，国家陆续出台相关政策，要求推进地下综合管廊建设。

根据《城市综合管廊工程技术规范》GB 50838—2015相关规定，城市综合管廊分为干线综合管廊、支线综合管廊、缆线管廊三大类（图4.4-3），根据不同的需求和建设条

图 4.4-2 各类管线事故

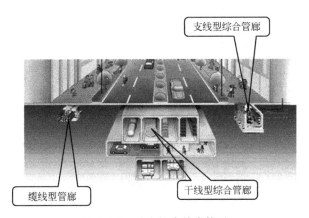

图 4.4-3 城市综合管廊体系

件，可以选择相应的建设类型。

结合城市的实际情况，在进行市政管线建设过程中，将缆线管廊纳入到城市次干路、支路新、改建及城市架空线整治的建设内容，具有重要意义。目前城市次干路、支路、居民区道路由于地下排管资源有限，无法满足所有电力、通信线缆的敷设要求，因此出现众多架空线缆形成城市蜘蛛网，极大影响了城市景观（图 4.4-4）。缆线型管廊技术选型研究旨在消除城市次干路、支路、居民区道路出现的线缆蜘蛛网现象，并为密路网、窄路幅的城市道路提供管线敷设解决方案。

图 4.4-4 道路架空线

基于前述背景，上海市政工程设计研究总院（集团）有限公司开展了基于电力、通信管线集约化敷设的缆线型管廊研究，研究成果已纳入相关技术标准，并应用于工程建设。本章对相关研究成果作简要介绍。

4.4.2　国内外发展现状

国外缆线管廊（电缆共同沟）发展较早，日本在 20 世纪 80 年代就提出电缆共同沟建设计划，在 1986～1990 年完成 1000km，1991～1994 年完成 1000km，1995～1998 年完成 1400km，1999～2003 年完成 1400km，2004～2008 年完成 3000km，并出台了一系列法规及指导标准。

资料表明，日本电线共同沟自 20 世纪 90 年代以来，经历了快速发展阶段，根据不同的道路等级和管线规模，出现了不同的缆线共同沟形式（图 4.4-5）。

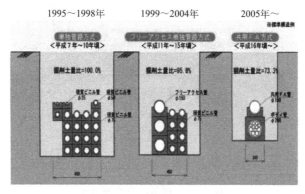

图 4.4-5　日本电线共同沟

德国多个城市也建设了大量的缆线管廊，采用预制管群立放的形式，与预制工作井连接，此种布置方式有利于提高管群竖向刚度，防止因道路荷载过大造成破坏（图 4.4-6）。

图 4.4-6　德国缆线型管廊

国内缆线管廊发展尚处于起步阶段，近年来新建工程主要集中在新城区干支型综合管廊的建设，对于缆线型综合管廊的研究较少。已实施工程除南方部分城市小范围内采用过盖板沟槽的缆线管廊外，其余更多的是用于单一敷设电力电缆的电缆沟。目前国内多个城市在进行综合管廊规划编制时，将缆线管廊作为一项重要规划内容，但是在断面形式，系统构成，平面及竖向布置，建设与管理体制等诸多方面，均未明确。上海市在推进市中心区架空线入地及合杆整治的过程中，为节约地下空间，力推缆线管廊建设，并进行了工程试点建设。南宁、长沙、海口等城市也在研究缆线管廊，并在中心城区推动建设（图 4.4-7）。

图 4.4-7 国内缆线沟的形式

传统的缆线沟（电力）由于需要设置通长盖板，对道路人行道的景观会产生较大影响，因此城市市政道路中采用较少，一般布置在厂区、学校等封闭式园区内。

我国城市中的架空线入地多采用电缆沟或排管形式，电力电缆与通信线缆各自单独敷设，占用空间较大，不利于地下空间资源的整合，在狭窄的中心城区道路下方，已难以实施。因此，应结合城市更新计划，推进缆线型管廊的建设，集约敷设电力及通信管线，合理利用地下资源。

4.4.3 缆线管廊建设的意义

1. 推进管线集约敷设

我国正处于新型城镇化和现代化城市建设大潮，地下综合管廊建设是履行政府职能、完善城市基础设施的重要内容。缆线管廊是城市综合管廊体系中的重要组成部分，特别是对于中心城区，以及新建道路管线规模较小的路段，具有广泛应用推广空间。

2. 促进地下空间综合利用

随着城市经济快速发展，地铁、地下道路、地下空间等开发规模日益增大，地下空间的开发利用日趋紧张，规划建设缆线管廊，在轨道交通建设及城市道路改扩建过程中，有利于地下管线进行集约化建设，使城市地下空间开发利用更有序、合理和高效。

3. 保证城市管线安全运营、提高城市防灾能力

市政管线是城市的生命线，维系着城市的正常运转。开展缆线型管廊建设，推动架空线入地，可以减少地震、台风等极端灾害对管线的破坏及由此产生的次生灾害。

4. 改善城市环境

在城市旅游景点、历史风貌区、中心商业区等景观要求较高的地区，开展综合管廊建设，可以大幅减少各类架空线，节约用地，美化视觉景观（图 4.4-8）。

架空线整治前 架空线整治后

图 4.4-8 架空线整治前后对比

4.4.4 一般规定

缆线管廊是指采用浅埋的盖板沟道、组合排管等方式建设，并根据管线需求设置操作工井，将电力、通信等城市工程管线集约敷设的构筑物。

缆线管廊主要负责将市区架空的电力、通信、有线电视、移动、联通等电缆收容至埋地的通道。缆线管廊一般设置在道路的人行道或绿化带下方，其埋深较浅，一般在 2.0m 以内，其截面以矩形断面较为常见，一般不要求设置工作通道及照明、通风等设备，不考虑人员在通道内通行，仅设置供维修时用的工作手孔。也可采用集中排管形式，间隔一定距离设置操作工井，实现管线集约敷设。缆线管廊内的管线敷设安装及检修，应将沟道盖板打开，或在操作工井内完成。

缆线型管廊主要适用于：

（1）中心城区结合道路改造进行架空线整治的路段。

（2）新建或扩建的城市次干路、支路、居民区道路，道路宽度受限，无法满足实施隧道型综合管廊及各缆线权属单位分别自建排管系统的需求。

由于高压电力电缆相关工艺设置要求较高，纳入缆线型管廊的管线主要包括 35kV 及以下的电力电缆及通信（含电信、移动、联通、有线电视等）光缆、电缆。

缆线管廊采用浅埋沟槽形式时，缆线管廊内通道的净宽、缆线支架距顶距离、层间距离、距地坪距离应符合现行国家标准《电力工程电缆设计规范》GB50217 的有关规定；浅埋沟道缆线管廊主线段应采用暗盖板方式，上方覆土不宜小于 0.3m。在缆线引出、管廊分支或直线段每不超过 15m 处应设置可开启式盖板或井孔与井盖，可开启盖板或井盖应满足人员、缆线、安装设备的进出要求，并应具备防洪防入侵功能；缆线管廊纵向排水坡度，不得小于 0.5%，在排水区间最低处宜设置集水井及其泄水系统，必要时应能便于临时机械排水。

缆线管廊采用组合排管形式时，缆线管廊的管材、管径、曲率半径等应符合现行国家标准《电力工程电缆设计规范》GB 50217、《通信管道与通道工程设计规范》GB 50373 的有关规定；缆线管廊中电力通道与通信通道可采用水平组合、垂直组合，电力通道与通信通道间距不宜小于 200mm；缆线管廊埋地组合排管段管顶距地面距离应能满足上方垂直交叉管线穿越需求，且不应小于 0.7m；缆线管廊在缆线引出、管廊分支或直线段每不超过 80m 处应设置工作井，封闭工作井内净高不宜小于 1.9m，空间应能满足人员进入、电缆转弯引入引出、电缆接头的安装等需求。工作井井顶覆土不宜小于 0.3m，并应设置不少于 2 个引出地面的安全孔和井盖，井盖应满足人员、缆线、安装设备的进出要求，并应具备防洪防入侵功能；组合排管与工作井应做防水处理，工作井内宜设置集水井或泄水设施，集水井的位置应能便于临时机械排水。

4.4.5 缆线管廊技术方案选型

4.4.5.1 道路排管需求

缆线管廊适用于城市次干路、支路、居民区道路等相对属于线缆网络末段、道路宽度受限的道路。这些道路根据等级和路幅不同，容纳的电力及通信缆线规模各异，但目前尚无统一的标准，通过调研，确定道路上电力、通信系统对通道需求的规模见表 4.4-1。

电力、通信系统对通道需求表   表 4.4-1

序号	道路等级	路幅宽度(m)	电力排管需求(孔)		通信排管需求(孔)	备注
			高压	低压		
1	次干路	24~35	16~20	6~9	12~18	根据上海市有关资料整理
2	支路	16~24	12~16	6~9	8~18	
3	居民区道路	8~12	8~12	4~6	6~8	

注：特殊通道需求需具体分析确定。

4.4.5.2 缆线型管廊选型方案

1. 总体思路

城市次干路、支路、居民区道路宽度有限，特别是现有城区道路宽度无法满足各缆线权属单位分别设置线缆通道的要求，因此将电力、通信缆线集成在一个缆线通道内，以减少线缆通道对道路宽度的要求，使得这种缆线型管廊能够在新城区，特别是老城区次干路、支路、居民区道路中进行推广。根据城市道路情况，缆线型管廊系统包括缆线通道及工作井两大部分：

缆线主通道——埋于地下用于成束敷设缆线的直线形或弧线形孔道群组或通道。

缆线引出通道——埋于地下由工作井引至街坊地块或用户交接井的孔道群组或通道。

直线引出工作井——用于缆线分支、接续、引出并衔接上下游段缆线通道的地下构筑物。

T型、十字型交叉工作井——用于衔接相交的缆线主通道，满足缆线穿越、转向的地下构筑物。

除缆线型管廊外，道路缆线系统还包括尾线系统，尾线系统是指路灯、交通信号、路边公用设施设备等道路安装设备的自用缆线通道，一般由尾线埋管和手井组成。

道路缆线系统整体布置图如图 4.4-9 所示。

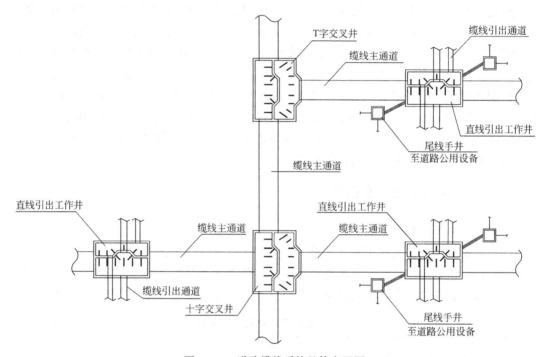

图 4.4-9　道路缆线系统整体布置图

2. 缆线通道

（1）缆线主通道

线缆主通道从结构形式上可分为组合排管及组合式电缆沟；从电力与通信缆线通道不同布置组合方式可分为水平组合方案及垂直组合方案。通过不同组合，有以下 A、B、C、D 四型缆线通道布置方案，如图 4.4-10 所示。

1）A 型：水平组合布置排管

电力通信缆线通道左右水平组合布置。采用传统线缆排管，缆线通道断面较小，通道缆线容量固定，敷设于道路下，路面整洁美观。电力、通信缆线通过混凝土进行水平分隔。水平组合布置的排管由于水平分开可配合①、②型工作井实现电力、通信缆线的完全独立管理。当可以混合敷设管理时，也可配合④型工作井实现衔接。

2）B 型：垂直组合布置排管

电力通信缆线通道上下垂直组合布置。采用传统线缆排管，线缆通道断面较小，通道

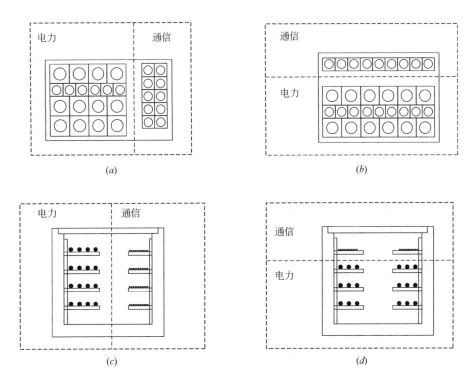

图 4.4-10　缆线主通道断面

（a）水平组合布置排管（A 型）；（b）垂直组合布置排管（B 型）；
（c）水平组合布置缆线沟（C 型）；（d）垂直组合布置缆线沟（D 型）

线缆容量固定，敷设于道路下，路面整洁美观。电力、通信缆线通过混凝土进行垂直分隔。电力、通信线缆在通道内处于不同的标高层，方便进入工作井后实现交叉敷设。但垂直组合布置排管在工作井中无法实现电力、通信分开管理的要求。

3）C 型：水平组合布置缆线沟

电力、通信缆线同沟敷设，分别敷设于沟内两侧。线缆通道断面较大，通道缆线容量较为灵活，道路上有可见盖板。沟内电力、通信缆线分侧布置，有利于相对独立管理。

4）D 型：垂直组合布置缆线沟

电力、通信缆线同沟敷设，分别敷设于沟内不同标高层，通信缆线在上电力缆线在下。线缆通道断面较大，通道线缆容量较为灵活，道路上有可见盖板。由于电力、通信线缆在通道内处于不同的标高层，进入工作井后可以实现交叉敷设。

综上，A、B 型排管方式具有集约度高、占地面积小、主通道埋深大、便于其他管线横向穿越等优点，但有管孔数固定、不便扩展的缺点；C、D 型沟道方式敷设容量大、扩展灵活，但由于埋深浅、体量大，不利于其他管线横向穿越。具体组合方法，应根据实际情况综合分析确定。

（2）缆线引出通道

缆线引出通道为埋于地下由工作井引至街坊地块或用户交接井的孔道群组或通道。缆线引出通道可分为 E 型电力、通信缆线独立引出通道，F 型电力、通信缆线联合引出通道

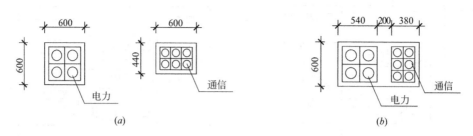

图 4.4-11　缆线引出通道断面

（a）E 型电力、通信缆线独立引出通道；（b）F 型电力、通信缆线联合引出通道

（图 4.4-11）。两种引出方案可配合不同的工作井方案，其中 E 型独立引出通道配合①②型工作井，F 型联合引出通道配合③④型工作井。

3. 工作井

缆线通道采用电力、通信组合方式，配合组合缆线通道提出下列四型组合工作井方案：①型为电力通信同井带隔断方案；②型为电力通信不同井，缆线通道相互穿越方案；③型为电力通信同井无隔断、井内电力通信上下布置方案；④型为电力通信同井无隔断、井内电力通信两侧布置方案。

（1）①型工作井：电力通信同井带物理隔断方案

电力、通信缆线组合同一工作井内，在井内通过分隔墙使得电力、通信缆线系统的管理完全分开。可与水平组合布置的缆线排管通道配合。由于电力、通信缆线通道同工作井，使得电力、通信引出间距较短。在同一宽度内同时布置电力、通信线缆工作井，工作井中电力、通信通道较小，因此该工作井方案可配合城市支路及居民区道路上缆线容量较少、缆线通道断面较小的组合缆线通道。工作井方案如图 4.4-12 所示。

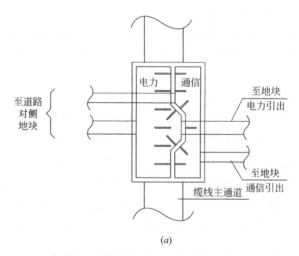

（a）

图 4.4-12　①型电力通信直线引出工作井及 T 字、十字井（一）

（a）①型直线引出工作井平面图

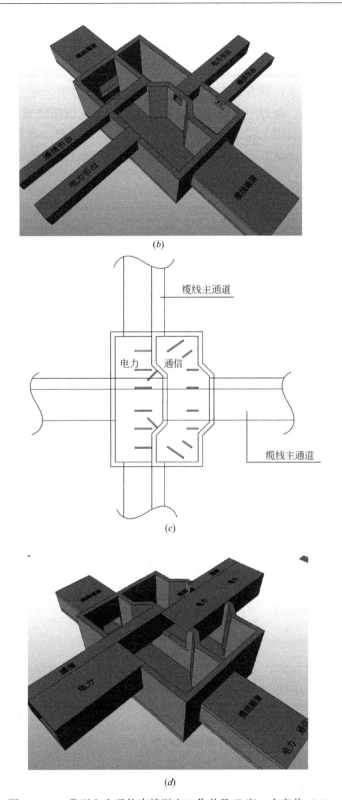

(b)

缆线主通道

电力　通信

缆线主通道

(c)

(d)

图 4.4-12　①型电力通信直线引出工作井及 T 字、十字井（二）

(b) ①型直线引出工作井三维图；(c) ①型 T 字、十字交叉工作井平面图；(d) ①型 T 字、十字交叉工作井三维图

（2）②型工作井：电力通信不同井，缆线通道相互穿越方案

工作井宽度是缆线主通道所需宽度的关键因素，传统电力、通信分开敷设将占用道路不同管位通道，对总管位通道宽度要求较大。为了兼顾较小的管位通道宽度、较大的缆线通道容量及独立管理要求，本方案将电力通信设置为不同工作井，电力工作井、通信工作井布置在同一管位通道，电力缆线通道穿越通信工作井，通信缆线通道穿越电力工作井。排管穿越工作井时采用混凝土包封隔离方案，与工作井物理隔离。本方案与水平组合布置的缆线排管配合，可配合城市次干道、支路上断面较大的组合缆线通道。工作井方案如图4.4-13所示。

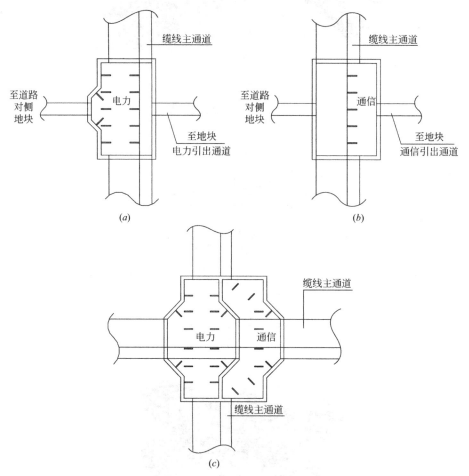

图 4.4-13 ②型电力通信直线引出工作井及 T 字、十字井
（a）②型电力直线引出井；（b）②型通信直线引出井；（c）②型 T 字十字交叉工作井

（3）③型工作井：电力通信同井不带物理隔断、井内电力通信上下布置方案

电力、通信缆线同工作井，井内无物理隔断，电力、通信缆线在同一工作井内敷设、管理。井内电力、通信缆线上下垂直分隔布置，该方案工作井可与垂直组合布置排管、垂直组合布置缆线沟通道组合。该方案利用井内同一空间对电力、通信缆线进行统一敷设、统一操作，对道路宽度要求较低，同时将打破原有电力及通信权属单位各自独立的管理体系。可根据缆线规模调整工作井大小，适用于城市次干路、支路、居民区道路等。工作井

详细方案如图 4.4-14 所示。

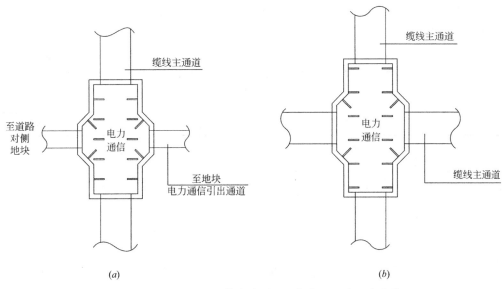

图 4.4-14　③型电力通信直线引出工作井及 T 字、十字井

（a）③型直线引出工作井；（b）③型 T 字、十字交叉工作井

（4）④型工作井：电力通信同井不带物理隔断、井内电力通信两侧布置方案

本方案工作井与③型工作井基本相同，区别之处在于井内电力、通信缆线左右水平分隔布置，且由于这种线缆左右水平分隔布置，使得十字交叉井需要较大深度，用于电力、通信缆线井内通过不同高度交叉。该方案工作井可与水平组合布置排管、水平组合布置缆线沟通道组合。工作井方案如图 4.4-15 所示。

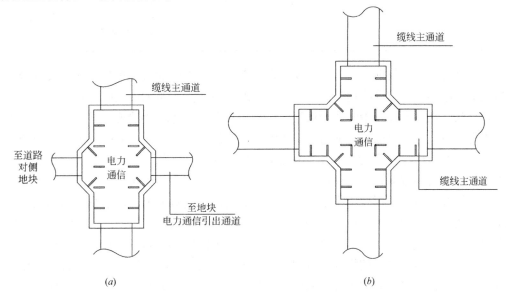

图 4.4-15　④型电力通信直线引出工作井及 T 字、十字井

（a）④型直线引出工作井；（b）④型 T 字、十字交叉工作井

4. 缆线通道与工作井组合方案

缆线通道方案与工作井方案存在多种不同的组合方案，各种组合方案见表4.4-2。

基于表4.4-2缆线通道及工作井组合的特点，可从管理要求及缆线容量两方面进行考虑选择组合方案。

缆线通道与工作井组合方案表　　　　　　　　　　　　　　　表4.4-2

缆线通道＼工作井	①型工作井 电力通信同井带物理隔断方案	②型工作井 电力通信不同井，缆线通道相互穿越方案	③型工作井 电力通信同井不带物理隔断，井内电力通信上下布置方案	④型工作井 电力通信同井不带物理隔断，井内电力通信两侧布置方案
A型水平组合布置排管	便于电力、通信独立管理。 缆线引出间距较短，缆线容量较小。 适用于支路、居民区道路	便于电力、通信独立管理。 缆线引出间距较长，缆线容量较大。 适用于次干路、支路	工作井内电力、通信缆线共同管理。 缆线引出间距较短，缆线容量较大。 适用于次干路、支路	不适用
B型垂直组合布置排管	不适用	不适用	工作井内电力、通信缆线共同管理。 缆线引出间距较短，缆线容量较大。 适用于次干路、支路	不适用
C型垂直组合布置缆线沟	不适用	不适用	工作井内电力、通信缆线共同管理。 缆线引出间距较短，缆线容量较大。 适用于次干路、支路	不适用
D型水平组合布置缆线沟	不适用	不适用	工作井内电力、通信缆线共同管理。 缆线引出间距较短，缆线容量较大。 适用于次干路、支路	工作井内电力、通信缆线共同管理。 缆线引出间距较短，缆线容量较大。 适用于次干路、支路

（1）管理要求。目前电力、通信缆线通道系统属于不同的管理单位。在缆线容量一定的情况下，电力、通信缆线通道分开管理与线缆通道所需道路宽度之间存在一定矛盾。结合管理现状，需要分开管理时，则根据缆线容量采用A型水平组合布置排管与①、②型工作井组合的方案。当可以实现电力、通信缆线通道统一管理时，可采用B型垂直组合布置排管、C型垂直组合布置缆线沟与③型工作井组合方案，或者D型水平组合布置缆线沟与④型工作井组合的方案，以实现在一定道路宽度下容纳更多的缆线。

（2）缆线容量。根据城市次干路、支路、居民区道路对电力、通信缆线的不同容量需求确定缆线通道断面，缆线通道可分为A、B型组合排管及C、D型组合缆线沟。不同道路对电力、通信缆线容量的需求可参考表4.4-1，根据需求选择图4.4-10的断面形式。对于组合排管中，电力与通信排管通过钢筋混凝土或砖砌体分隔布置。电力排管中高压电缆布置于散热条件较好的外侧排管，低压电缆及电力自用通信光纤布置于排管内侧管孔。对于组合缆线沟，可根据管理要求将电力及通信缆线做水平或垂直空间分隔。

各类道路下的缆线通道与工作井组合方案见表4.4-3。

缆线主通道与工作井不同道路下组合方案表

表 4.4-3

道路类型	组合方案一 A 型水平组合布置排管缆线主通道方案	工井方案	组合方案二 B 型垂直组合布置排管缆线主通道方案	工井方案	组合方案三 C 型垂直组合布置缆线沟缆线主通道方案	工井方案	组合方案四 D 型水平组合布置缆线沟缆线主通道方案	工井方案
居民区道路	GL(12×φ150)+DL(6×φ110)+TX(10×φ110) 1020　200　380　1600　1000　通信　低压　高压	①④	GL(12×φ150)+DL(9×φ110)+TX(9×φ110) 700　200　1120　1560　通信　低压　高压	③	1800　1900　500　500　500　通信　低压　高压	③	1800　1900　600　500　400　低压　高压　通信	④
支路	GL(16×φ150)+DL(9×φ110)+TX(12×φ110) 1260　1840　200　380　1080　通信　低压　高压	①②④	GL(16×φ150)+DL(12×φ110)+TX(9×φ110) 700　200　1120　2040　通信　低压　高压	③	1800　2100　600　500　600　通信　低压　高压	③	1800　2100　800　500　400　低压　高压　通信	④
次干路	GL(20×φ150)+DL(9×φ110)+TX(18×φ110) 1500　2240　200　540　1080　通信　低压　高压	②④	GL(20×φ150)+DL(9×φ110)+TX(24×φ110) 780　200　380　1360　2040　通信　低压　高压	③	2100　2100　600　500　600　通信　低压　高压	③	2100　2100　800　500　400　低压　高压　通信	④

（3）尾线系统

尾线系统为除缆线管廊内敷设的主干电力、通信线缆外的道路照明、交通信号、道路监控及其他道路公用设备末端接入端线缆的通道系统。这部分通道为浅埋少量孔排管与工作手井的组合系统。通过在电力、通信工作井上设置出线孔直接与就近尾线系统工作手井连通，方便缆线型管廊与尾线系统联通配线。使得缆线型管廊与尾线系统形成一个完整的道路线缆通道系统。

4.4.5.3 在道路下方位置示意

盖板沟槽缆线管廊断面宽度较大，一般适用于有较宽人行道的道路，且对现场施工的质量要求很高，否则会对人行道的行走体验和人行安全产生影响。一般在新开发区域，道路宽度较大，可实施盖板沟槽断面（图4.4-16）。

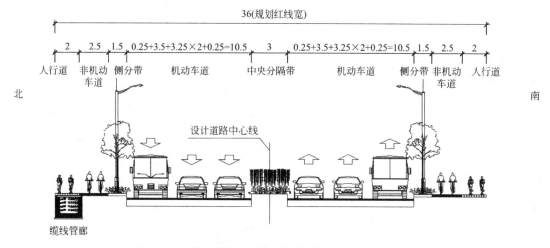

图 4.4-16　缆线管廊在道路下方位置图（一）（单位：m）

对于采用排管形式的缆线型管廊，其开挖宽度小，建成后对道路功能影响小，适用范围比较广，尤其适用于两侧建筑物密集、人行道狭窄的老城区道路（图4.4-17）。

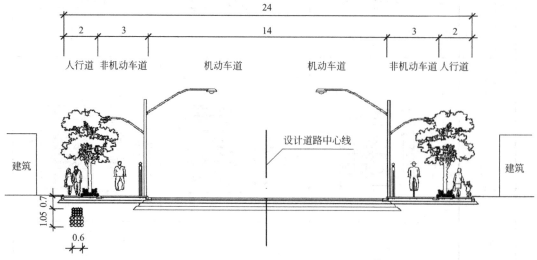

图 4.4-17　缆线管廊在道路下方位置图（二）（单位：m）

缆线管廊的标准段，无论是组合排管还是盖板沟槽形式，均可采用预制拼装施工工艺，尤其是对中心城区的缆线管廊建设，预制拼装对节约工期、减少交通及环境影响具有重要意义。预制拼装应重点解决好管段之间、管段与排管、管段与工作井之间的连接问题。

对于工作井等特殊节点，在实际工程中也可以采用预制形式，减少现场施工作业时间（图 4.4-18～图 4.4-21）。

图 4.4-18　缆线管廊预制工作井

图 4.4-19　缆线管廊沟槽开挖

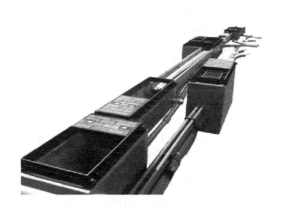

图 4.4-20　缆线管廊工作井布置形式

图 4.4-21　缆线管廊平面布置

缆线管廊是综合管廊体系的重要组成部分，具有造价低、占用空间小、功能灵活的优点，在城市建成区及中小城市具有广泛的推广应用价值，缆线管廊的建设应重点解决电力与通信管线建设管理协调的问题，真正实现统一建设、统一管理的目标。

第5章 综合管廊管线设计

5.1 管线设计简述

管线是综合管廊最主要的服务对象，是综合管廊规划设计及运行管理的主要载体。综合管廊的规划设计，本质上是基于服务管线的规划与设计，因此在每个阶段都应处理好管廊与管线的关系，在规划阶段应做到"多规融合"，在设计阶段应该相互依据。

综合管廊的基本功能是服务管线，确保管线安全运行。综合管廊设计应围绕管线的安装敷设、运行维护及安全展开。因此，要做好综合管廊的设计，必须研究管线的基本特性和在综合管廊中的运行机理，深入分析各类管线运行的危险源、事故特点及管线间的相互影响，在此基础上，采取有针对性的技术措施。

对纳入综合管廊的管线也应进行专项设计，管线设计应按照综合管廊总体设计要求，对入廊管线的管材、支撑及运行方式等进行规定。管线设计既要基于管线基本属性、运行安全，也要了解综合管廊总体方案。管线设计的要求应体现在综合管廊设计中，综合管廊设计的要求也应体现在管线设计中，两者互为依据，共同的目标都是保证管线安全运行。

如上所述，本章从管线的基本特性，相容性，管廊与管线的关系等方面，对入廊管线设计进行分析，并以管线运行安全为底线，提出入廊管线设计的相关技术要求。

5.2 管线入廊分析

综合管廊为各类市政管线提供了一种集约化的敷设方式，与传统直埋敷设方式相比，综合管廊有以下优点：

（1）便于管线检修。局部的损坏或故障可被及时发现，避免事故发生。

（2）为管线提供保护并延长管线寿命。可避免由于冰冻、沉降、超载、冲蚀、外部腐蚀、相邻或交叉管道进行施工等原因所造成的管线损害。

（3）提高城市品质。解决"马路拉链"和"城市蜘蛛网"问题，减少交通影响。

（4）避免树木、植被对市政管线的影响。

（5）降低输送介质损耗。如燃气、供水等管道的泄漏可以被及时发现，从而降低漏损率。

（6）满足城市未来发展需要。便于管线扩容或更换。

在综合管廊工程建设中，除了考虑系统布局之外，最重要的技术问题是通过科学分析，确定综合管廊内容纳管线的种类和数量，并采取合理的技术措施，确保入廊管线的安全运行。是否纳入某种管线（如天然气及排水管线），应根据管线规划情况，通过对技术、经济、维护管理等因素综合分析后确定。

梳理目前已投入运营的综合管廊工程，内部容纳的管线种类各不相同，管线在综合管廊内的布置方式也不尽相同。国外纳入综合管廊的工程管线有电力、通信、燃气、给水、供热供冷、排水等管线。另外，也有将生活垃圾输送管道敷设在综合管廊内。国内纳入综合管廊的工程管线有电力、通信、天然气、给水、供热供冷、排水等管线，但以电力、通信、给水、热力管线居多。此外，国外有管线共舱的案例，国内综合管廊一般分舱设置较多，按照《城市综合管廊工程技术规范》GB 50838—2015 要求，天然气及蒸汽管道需单舱敷设，电力与热力管线分舱敷设。

在各类城市工程管线中，电力电缆和通信线缆敷设的自由度和弹性较大，且受空间变化的限制较小，所以成为综合管廊中纳入的常见市政管线类型。此外，直埋管线的抢修次数应该作为是否纳入综合管廊所考虑的基本原则之一。抢修的次数越多，对交通与环境造成的影响越大，将其纳入综合管廊内，维修时不需要破路占道，从而产生的社会与环境效益越大；资料显示，2007～2009 年间，深圳市地下管线抢修次数最多的是给水管线，其次是燃气管线（燃气管线事故大部分是其他工程施工对其破坏造成，自身发生事故很少），故障抢修次数最少的是排水管线（图 5.2-1）。由此可见，从破路及交通影响角度，相比排水管线来说，将给水管线与天然气管线纳入综合管廊将能产生较大效益。

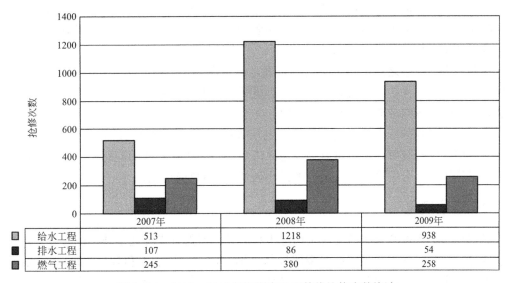

	2007年	2008年	2009年
给水工程	513	1218	938
排水工程	107	86	54
燃气工程	245	380	258

图 5.2-1　2007～2009 年深圳市地下管线抢修次数统计

从国内综合管廊建设情况看，将雨水、污水、天然气纳入综合管廊，尚存在各种顾虑或争议。雨水、污水大都是重力流排放，对综合管廊的纵坡、高程要求有一定的限制，将会引起综合管廊投资造价增加。对天然气管道在综合管廊中敷设的顾虑主要是安全和经济问题。以下对各类市政管线纳入综合管廊进行分析。

5.2.1　电力电缆

目前在国内许多城市都建有不同规模的电力隧道和电缆沟。电力管线从技术和维护角度纳入综合管廊已经没有障碍。电力管线纳入综合管廊需要解决的主要问题是防火防灾、通风降温。当电力电缆数量较多时，一般设置独立的电力舱室，纳入电力电缆的舱室，通过设置感温电缆、通风系统、消防及监控系统来保证电力电缆的安全运行。

电力输配系统的配电网由电力电缆、配电箱、变压器组成。电缆由导体、绝缘体、保护外套构成。不同电压等级电缆的最大外径：1kV 为 59mm，10kV 为 66mm，20kV 为 87mm，30kV 为 96mm，110kV 为 116mm（不同品牌的电缆直径略有差异）。根据电缆直径的不同，每盘电缆长度为 400～700m。电缆应尽可能减少接头数量，以降低接头处的事故风险。电缆敷设可借助安装在综合管廊顶底部的吊（拉）钩，辅以机械设备完成，综合管廊内部空间应满足电缆的最小转弯半径要求。

综合管廊内采用支架敷设电力电缆，有助于电缆散热。为了避免电力电缆发热或电磁效应对其他管线的影响，电力电缆与其他管线需保持一定安全距离。支架布置须满足电力敷设需求的水平和纵向间距。由于感应磁场效应，应避免使用封闭金属支架敷设三相单芯电缆。

与管线直埋或架空不同，综合管廊内电力电缆散热通过与廊内空气进行热交换，为确保电力运行安全，需要设置通风系统，避免管廊内部环境温度过高，造成输电效率降低或附属设施的损坏。在电缆接头处，除了确保通电安全外，应提供接头保护，避免潮气引起腐蚀。

在综合管廊内部，电力电缆危害主要来源于短路、断路、管线爆燃引起的火灾，以及高压电缆产生过高的人体电流。电缆应采用阻燃电缆，做好绝缘处理，并做好接地，电缆支架及其他附属构件须进行防腐处理。

在两层电力电缆之间可安装防电弧装置，避免在电力电缆发生爆炸时引燃其他电缆。也可安装防火板，保护各类管线免受火灾和电弧的影响。此外，对电力电缆可安装电流探测装置，对电路短路或断路事故做出预警。

根据国内已建的综合管廊实例，不同电压等级电力电缆均可在综合管廊中安全运行。电力电缆纳入综合管廊，需要重点关注通风降温、防火防灾方面的问题。另外，在电缆转弯、引出位置，综合管廊需要满足电缆最小转弯半径的空间要求。

5.2.2 通信线缆

通信线缆纳入综合管廊需要解决信号干扰问题。但随着光纤通信技术的普及，此类问题已经可以避免。此外，光纤取代金属导体电缆，信息传输能力和效率将得到巨大提升。近年来，城市主干通信线路基本上实现光纤化。光纤具有传输容量大、稳定性高、抗干扰能力强等优点，直接纳入综合管廊占用空间小，可与电力电缆同舱敷设。通信线缆在综合管廊内采用桥架形式敷设。

5.2.3 给水、再生水管道

给水及再生水管道可采用钢管、球墨铸铁管、塑料管等。给水管道应减少接头数量，以降低漏损风险。给水管道在综合管廊中敷设时，需要考虑水流产生的惯性力。当遇到用水高峰，或在水泵电力故障、阀门开关及操作的过程中，短时间内流速变化将对管道产生巨大的惯性力，从而对管道部件及支承构件产生较大荷载。尤其对于一些水压大、流速快的供水管线，在启停泵、快速关闭阀门、突然停电时，极易产生水锤导致爆管。如排气阀和泄水阀设置不足或性能不合格，以及阀门安装不当或失灵，会使管道局部积存空气形成气囊。气囊的运动会造成管内压力震荡，对管壁形成连续冲击，可能造成管道损坏。此外，在管道分支或转角处也会产生较大的惯性力。惯性力将由固定支座承受。当综合管廊内部温度变化较大时，金属给水管道将产生显著的热胀冷缩效应，产生较大的温度应力，通常采用膨胀补偿器克服管道温度应力。

给水及再生水管道管道宜敷设在综合管廊断面的下部。为保障运行安全，应在管廊中设置监控报警系统，一旦探测到漏水，应关闭阀门。

将给水及再生水管道纳入综合管廊，应重点解决防腐、泄漏、防冻、管道荷载等问题。

5.2.4 排水管渠（雨水、污水）

排水管道纳入综合管廊须满足最小纵坡要求，既满足流体的输运，又防止管道内部淤积。因此，将排水管线纳入综合管廊将会对综合管廊纵向坡度提出要求，加大综合管廊的埋深与横断面尺寸，从而引起工程造价增加。

排水管道纳入综合管廊应采用分流制。雨水纳入综合管廊可利用结构本体或采用管道方式。排水管道纳入综合管廊可采用钢管、球墨铸铁管及塑料管等。污水管道需防止渗漏，并设置透气系统和污水检查井。污水管道宜设置在综合管廊底部。由于污水具有腐蚀性，考虑到综合管廊的设计使用年限和耐久性要求，无论压力流还是重力流，污水入廊均应采用管道方式输送。

排水管道在管廊内敷设通常采用支墩形式，设计时需要考虑的荷载包括：重力、流体运输产生的作用力、管道温度变化产生的荷载。

当管廊环境温度较高，雨污水在管廊中停留时间过长时，管道内的有机质将发生腐烂，产生有毒和可燃气体，如果出现气体泄漏将对管廊内部环境造成风险。因此综合管廊的排水管道应做好密封，并在舱室内配备硫化氢、甲烷等气体监测系统及通风系统。

排水管道纳入综合管廊应重点解决可能发生的渗漏问题，从管材、检查井及盖板等各个环节着手，确保排水管道运行安全。

早期国内建设的综合管廊，除厦门等地少数工程之外，雨水、污水管道一般不纳入综合管廊，主要在于雨水、污水多数情况下为重力流排放，随着长度的延伸，综合管廊埋置的深度越来越大，将会增加工程投资。

能否将污水和雨水管线纳入综合管廊，需根据该工程所在地的地形条件和相关规划决定。若地形有坡度，且综合管廊坡度满足雨、污水等重力流管线铺设的要求，可以将雨水、污水等重力流排水管线纳入管廊；若地形较平坦，从经济角度考虑，纳入雨、污水等重力流排水管线将会带来投资增加。局部路段的污水、雨水压力管可根据实际需要纳入综合管廊。总体而言，应从排水系统规划入手，合理确定排水干管路由，在不大幅度增加综合管廊埋设深度和不需要增设中间提升泵站的前提下，尽可能通过规划协调，以适应排水管道在综合管廊内部敷设。

5.2.5 天然气管道

目前国内对天然气管道纳入综合管廊存在一定争议，主要担心一旦出现泄漏，气体聚集在密闭空间可能会引起爆炸。这种顾虑的起因是，与传统埋地管道不同，由于综合管廊为封闭空间，天然气一旦泄漏，气体扩散较慢，无法快速降低可燃气体浓度，达到爆炸区间之后，如存在火源，会出现爆炸危险。但从国外燃气管道纳入综合管廊的工程案例来看，经过几十年的运行少有安全方面的事故。国内担忧的主要原因是燃气爆炸事故造成的损失巨大。2013年11月22日，青岛中石化东黄输油管道泄漏原油进入市政排水暗渠，在1945m长的密闭空间内油气积聚，遇火花发生爆炸，造成62人死亡、136人受伤，直接经济损失达75172万元，造成了严重的社会影响。

尽管与传统直埋燃气管道相比，在管廊中天然气管道发生泄漏的概率要小得多。但一旦泄漏，爆炸、窒息的危险性将大大提高。天然气是一种可燃混合气体，主要成分为甲烷（80％以上）和其他碳氢化合物。在常温常压下爆炸极限体积分数为5％～15％。图5.2-2为天然气的爆炸上限和下限以及在不同体积分数时的风险情况示意图。当气体混合物的含量在爆炸上限和下限之间，一旦出现火源，将产生巨大的爆炸破坏力，足以破坏泄漏气体范围内的综合管廊结构。燃气泄漏发生的爆炸也将导致与综合管廊联通或共建的其他建筑或基础设施破坏。

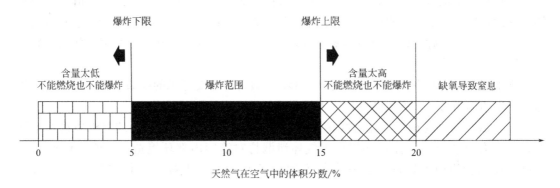

图 5.2-2　天然气体积分数对应的风险示意图

天然气管道为压力管道，从天然气供应站到用户须通过管道、阀门、调压器等设备。一旦发生燃气泄漏，在综合管廊内将很难查找到漏点。主要原因如下：一是检测仪器报警后，需要切断两侧阀门并长时间强制通风，以降低可燃气体浓度至安全范围。二是人员无法进入确定漏点，综合管廊局部的可燃气体浓度存在不均匀性，所以人员进入存在窒息或中毒风险。三是经过放散与通风，漏点与周边环境可燃气体浓度差很小，加之综合管廊分隔区段较长，准确定位漏点将很困难。在综合管廊内对正在运行的管道进行抢修作业风险巨大。管道开孔后管内的余气溢出，在密闭空间极易爆燃。由于综合管廊为小断面密闭空间，燃气管道的维护抢修作业将困难重重，所以须配备相应的检测监测设备。

因此，按照上文对天然气管道入廊分析，应采取相应的措施，确保天然气管道在综合管廊内的运行安全。

在综合管廊内须安装气体检测仪和报警装置对燃气管道的安全性实时监控。根据《石油化工可燃气体和有毒气体检测报警设计规范》GB 50493—2009 的相关规定，在综合管廊这种封闭空间内，可燃气体探测器之间的安装间距不大于15m。

在综合管廊内燃气管道应采用无缝钢管。钢管具有良好的力学性能，并易于检测。综合管廊空间大小及吊装口设计需满足天然气管道吊装、运输、焊接、运行需求。天然气管道在综合管廊内采用支架或支墩的形式敷设，设计时需考虑敷设和运行过程中产生的荷载。荷载作用和支承形式取决于管道直径、管道连接件、运行压力以及由温度变化导致的收缩或膨胀等因素。在舱室发生水淹时，燃气管道发生上浮将导致管道损坏，所以在支撑设计时应考虑水浮力。当综合管廊结构发生不均匀沉降时，应采取措施防止管道破坏。燃气管道两个支承点之间的跨度取决于管材所容许的弯曲度、荷载等。

天然气管道无隔热层，管道支座分为固定式和滑动式，由于综合管廊环境温度变化，管道将产生温度应力，温度应力可由变形补偿器吸收，并在固定支座处产生相应的反力，这些反力将由固定支座消纳。

综合管廊内天然气阀门的间距取决于天然气管道的引出和综合管廊内部构造。在管道引出前需设置阀门。切断阀门应当实现远程操控，在发生故障或者事故时，应能够从综合管廊外部控制切断天然气。

天然气管道入廊的安全防范措施应从控制泄露及火源、加强预警及日常管理等方面着手。在控制泄漏方面，在天然气管道上每隔一定距离设置截断阀，当天然气管道发生泄露等故障时，可及时自动关闭阀门。阀门、阀件系统设计压力等级应提高一级。设置天然气泄漏检测仪表，当发生泄露时，能及时进行事故报警。当天然气管道发生泄露等事故时，开启机械通风设施进行排风，降低综合管廊内燃气浓度。在防止爆炸方面，天然气舱通风口与外界各构（建）筑物口增加间距。天然气舱室内采用防爆电气设备及有效的防雷防静电措施，天然气管道舱室采用不发火地面，管材采用无缝钢管并全部采用焊接连接方式，提高管道焊接检测比例。此外，在管理方面，供气设备的安装和维护由专门单位负责；采取机械通风措施并制定科学的通风运行策略；在供气管道旁施工须在专门人员监督下进行，以上均为排除火灾和爆炸隐患的具体措施。

与目前普遍采用的管道直埋方式相比，天然气管道纳入综合管廊时采用的安全防控措施能够很好地保证管廊和廊内管道的安全运行，但造价会明显增加，并对运行管理和日常维护提出了更高的要求。综合管廊工程造价的一定比例须由入廊各类管线单位分担，天然气管道在综合管廊内敷设，由于占用空间较大而分摊的费用较高。以 $DN300mm$ 的天然气管道计算，仅管材由焊接钢管改为无缝钢管，就会使造价增加 10％～15％，控制阀门数量的增加使造价增加 5％～15％，以及其他辅助的检测设施配置使造价增加 10％，则总体造价增加 25％～40％。可见，天然气管道入廊需要增加的造价比直埋敷设的造价大得多。因此，除了安全方面的担忧外，影响天然气管道入廊的另一个因素是投资较高。

在入廊天然气管道的压力级别分类中，中、低压燃气管道多为干支线或支线，分支多，从综合管廊引出支管的技术措施复杂（如设置分支阀门、开孔处防水、防沉降处理等），加之用户需求的不可预见性，极易造成综合管廊内外管道重复敷设，浪费地下空间资源。次高压燃气管道目前已广泛用于城市气源管道和主干管道，因其分支少，并且安全间距要求较高，管道路由选择困难，相比之下，次高压燃气管道进入综合管廊敷设更为合理。

总体来说，天然气管道纳入综合管廊的安全性问题通过技术手段完全可以解决，主要需要考虑经济性和安全管理方面。

5.2.6 热力管道

我国北方城市冬季普遍采用集中供暖，由于供热管道维修较为频繁，将供热管道集中放置在综合管廊内优势明显。

供热系统通常需要两条输送管道形成回路，一条为供给管，另一条回流管，通过这两根管道实现热介质传输，热介质通常为热水或蒸汽。

热力管道由输送管道、保温层及保护外壳组成。通常采用无缝钢管或焊接钢管作为输送管。介质在传输过程中会产生能量耗散，带有绝热材料的管道外壳可大大减少散热。考虑到温度和功能的不同，供给管和回流管、蒸汽管和冷凝管可采用不同类型的绝热材料以及不同材料厚度。聚氨酯可作为热力管道的绝热材料，保护外壳可采用高密度聚乙烯材料或玻璃纤维强化塑料等。热力管道长度通常为 8~12m，通过吊装口进入管廊并运输至规定位置安装。

为保证热力管道输送效率，保护输送管道及控制管廊环境温度，保温层须达到一定使用年限，在湿暖环境下具备足够的耐久性，且不能对输送管造成损坏。当保温层在达到使用寿命后或受到管道泄漏影响后，应易于拆卸。保温层必须具有足够稳定性以承受压力和冲击力，在运输和装配过程中不易破坏。热力管道保温层厚度取决于热介质的能量耗散。热力管道保温层性能不足除了造成舱室内部环境变化外，还可能对其他管道造成影响，例如给水管变热将导致细菌滋生等。选择保温层材料及合理厚度，应从经济性角度权衡热损耗造成的损失与保温层的成本。

在热力管道与固定支座、滑动支座及伸缩段连接处，温度变化产生的管道变形由滑动支座和变形补偿器产承担，产生的反力由固定支座承担。管道支座除了承受管道和内部介质的自重外，还需考虑管道在正常运行和停止时由温度产生的管道伸缩。与给水管道类似，流体介质将在分支或弯头处产生惯性力，开闭阀门将产生冲击力。管廊支座由混凝土或金属材料制作，管道支墩或支架的间距计算需考虑自重（包括介质）、管道纵向刚度、管道的容许变形、支墩或支架的承载力。管道支墩或支架还须满足耐久性要求。

在综合管廊设计时，应当考虑热力管道固定支座和活动支座的受力要求及伸缩节的空间布置要求。热力管道设计时需要考虑温度变化带来的管道变形，合理确定支座形式，并对管道进行热补偿构造设计或设置热补偿段。

热力管道的安全性设计主要是避免管道自身损坏和对其他管线的影响。由于综合管廊的保护，热力管道自身发生损坏的可能性较低，但还需考虑意外破坏，例如地震、水淹等造成管道破损。供热及供冷管道纳入综合管廊没有技术问题，但是这类管道外包尺寸较大，在综合管廊内占用相当大的空间，对综合管廊工程的造价影响明显。

综上所述，在技术上，各类市政管线均可纳入综合管廊。但是与单一管线工程不同，综合管廊涵盖的专业众多且专业性较强，在运行管理中，综合管廊及入廊管线又分属不同的行业部门监管，加上管廊内多种管线同舱敷设，相互影响；综合管廊内部配套的消防、通风、安防、通信及监控系统管理与入廊管线安全管理界面较多。按照传统条块分明的行业监管模式极易造成管理上的混乱，形成"监管真空"或"重复监管"的现象。此外，建设造价与维护成本较高，也是管线入廊的一大阻力。因此，推进管线入廊工作，仍需在体制和机制协调方面有所突破。

5.3　管线结构安全

5.3.1　计算模型

综合管廊内敷设的市政管线根据材质可以分为两大类：第一类是刚性管道，如给水、排水、燃气、热力等内部输送介质的管道，该类管道刚度较大，受综合管廊不均匀沉降影响较大；第二类是柔性线缆，如电力、通信线缆，该类线缆可随支架架设位置而移动，受综合管廊不均匀沉降影响较小。

采用有限元软件 ABAQUS 对综合管廊及内部管道建模，综合管廊材料为混凝土，内部管道采用钢材。图 5.3-1 为综合管廊和内部管线的模型示意图。图 5.3-2 为管廊发生不均匀沉降时管廊和管线的应力云图。由图可见，当综合管廊发生不均匀沉降时，对于综合管廊和管道，均在沉降位置断面产生较大的拉压应力。表 5.3-1 为不同计算工况的管道参数取值。该表中数据参考 ASME 标准，结合我国综合管廊入廊管线实例采用。钢材采用 Q235，强度设计值为 215MPa，不均匀沉降采用支座位移的方式实现。

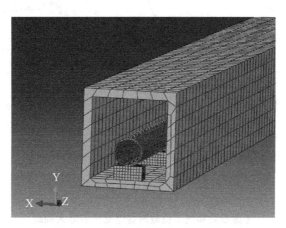

图 5.3-1　综合管廊和内部管线模型

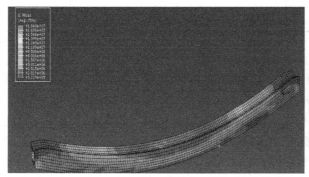
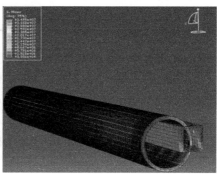

图 5.3-2　不均匀沉降时管廊和管线应力图

管道计算工况					表 5.3-1
管道材质	密度[（kg/m³）]	弹性模量（MPa）	公称直径 DN（mm）	壁厚（mm）	支撑间距（m）
钢材	7900	200000	100～1200	9.53	5～15

5.3.2 数据分析

1. 仅考虑荷载作用下的管道支座间距

在确定综合管廊内部管道支座间距时，应考虑管道承受自重和内部介质重量，同时考虑 1kN 的施工荷载作用于跨中位置。图 5.3-3 给出了考虑自重和施工荷载时管道应力随支座间距的变化情况。由图可见，在确定的支座间距情况下，随着管道直径增大，管道应力减小。考虑材料设计强度，不同直径管道的支座最大距离见表 5.3-2。

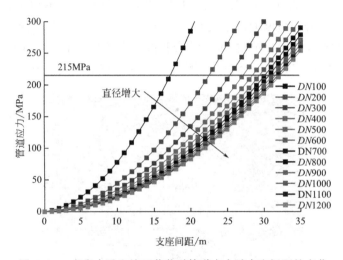

图 5.3-3 考虑自重和施工荷载时管道应力随支座间距的变化

考虑自重和施工荷载时管道支座的最大间距						表 5.3-2
DN	100	300	500	800	1000	1200
支座间距（m）	17	25	28	30	31	32

2. 支座沉降对管道受力的影响

上文给出了在荷载作用下不同管径管道的最大支座间距。以下针对不同管道支座间距，在不同支座沉降条件下分析管道应力。图 5.3-4 给出了支座间距为 2m、5m、10m、15m 时，不同直径管道的受力情况。根据图形可查得综合管廊发生沉降差时的不同管道应力情况。由图可见，在确定支座沉降时，管道应力随着直径增大而增加。在确定管道直径时，随着支座距离增大管道的应力降低。对于大直径管道和支座距离较小的管道受综合管廊不均匀沉降影响较大。表 5.3-3 给出了管道在不同支座间距时所能承受的最大沉降。

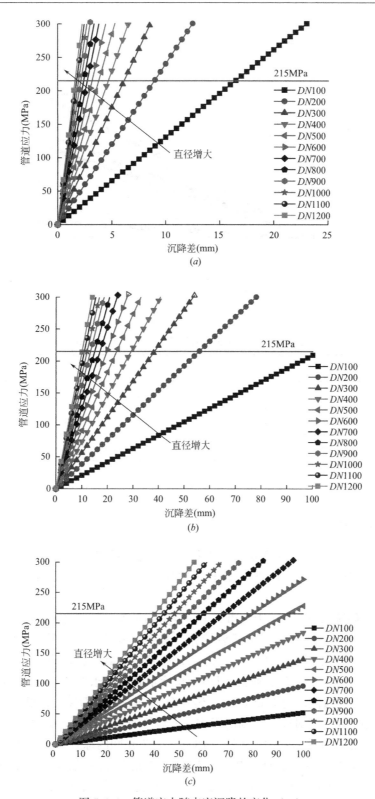

图 5.3-4　管道应力随支座沉降的变化（一）

（a）支座间距 2m；（b）支座间距 5m；（c）支座间距 10m

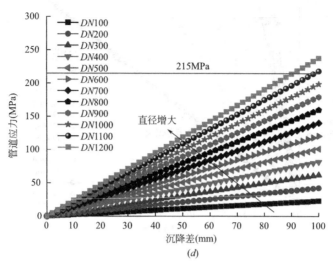

图 5.3-4　管道应力随支座沉降的变化（二）

（d）支座间距 15m

管道在不同支座间距时所能承受的最大沉降（mm）　　　　　　表 5.3-3

DN		100	300	500	800	1000	1200
支座间距	2m	16	6	3.5	2	1.5	1.5
	5m	100	38	22	14	12	10
	10m	＞100	＞100	94	38	48	40
	15m	＞100	＞100	＞100	＞100	100	88

5.3.3　实例分析

以上针对刚性管道进行数值分析，结果可用于运营过程综合管廊发生不均匀沉降时内部管道的受力状态评估。以下基于上海桃浦智创城综合管廊工程，评估管道受力情况。

上海桃浦智创城综合管廊为上海市三个综合管廊示范区项目之一，综合管廊工程线位布局如图 5.3-5 所示。一期工程包括敦煌路、景泰路和永登路三条综合管廊，总长度 3.67km。综合管廊标准断面如图 5.3-6 和图 5.3-7 所示。其中敦煌路、景泰路综合管廊为单舱断面，纳入电力（10kV）、通信、DN500 给水管线。永登路综合管廊为双舱断面，纳入电力（10kV）、通信、给水 DN200、热力 DN350、供冷 DN1000 管线等。

考虑到周边地块开发对综合管廊的影响，上海桃浦智创城综合管廊在 37 个变形缝位置进行了沉降监测，对 2017 年 12 月至 2018 年 5 月半年间的综合管廊沉降监测数据分析，计算各个断面沉降差。各个断面获得的最大沉降差如图 5.3-8 所示。图中均值为 1.192，标准差为 1.140。由于各个断面数据相互独立，可认为不同测量断面的沉降差满足正态分布。根据可靠度理论，沉降差取值为监测数据的均值加 2 倍标准差，即为 3.471cm 时，该数据具有 95% 的保证率。

图 5.3-5　上海桃浦综合管廊工程线位布局

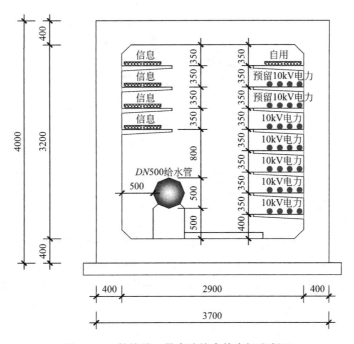

图 5.3-6　敦煌路、景泰路综合管廊标准断面

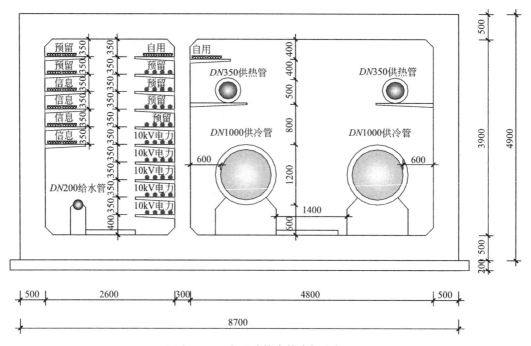

图 5.3-7 永登路综合管廊标准断面

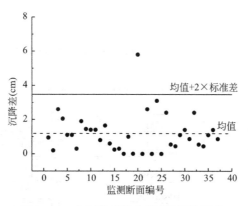

图 5.3-8 上海桃浦综合管廊断面沉降差

目前综合管廊结构主体已竣工，各类市政管线还没有进入。随着周边地块的开发完成，各类市政管线将陆续进入。刚性管道一般根据管道外径、壁厚、内部压力，采用强度理论和刚度理论计算，给水管道支座间距为 5m，能源管线（供冷，供热）支架间距为 2m 和支墩间距均为 5m。根据已有综合管廊沉降监测数据，评估刚性管道的安全性。管道应力评估结果见表 5.3-4。可见，除了给水管道以外，热力和供冷管道在现有的支架/支墩设计间距下均会造成管道破坏。因此建议增大热力和供冷管道支架/支墩间距或增加支座竖向变形能力。为满足沉降差要求，采用增加支架/支墩间距措施时，建议 DN350 热力支架间距为 7.5m，DN1000 供冷支墩间距为 12m。但支座间距计算尚应考虑管道刚度及变形要求。

管道种类	DN200 给水	DN350 热力	DN1000 供冷
支架/支墩间距(m)	5	2	5
沉降差产生应力(MPa)	134.71	>215	>215

管道应力评估 表 5.3-4

5.4 入廊市政管线的相容性

5.4.1 管线相容性分析

哪些管线可以共舱设置,除了需要考虑相互干扰,还需考虑管线发生损坏时的危险性。从国内外综合管廊工程案例来看,各个地区纳入综合管廊的管线种类不同,管线布设形式也各不相同。综合管廊断面尺寸取决于各类市政管线的当前管线需求和未来预留的扩容空间。敷设管道的间距需要考虑施工操作空间及不发生干扰的间距要求。管线间的相互干扰主要是通过温度场和电磁场产生。例如:由于供暖管道或电力电缆的散热,造成环境温度提高,可导致电力电缆传输功率损耗,以及饮用水水质下降;电力电缆产生的电磁场可导致通信电缆产生电感效应,从而产生通信线缆信号干扰。此外,容易发生火灾、爆炸等事故的管线应通过不同舱室隔断,一方面,通过舱室隔断将危险源分离,降低事故风险;另一方面,即使发生事故可将破坏限制在可控范围内,降低灾害损失。

5.4.2 燃气管道

在伦敦 1861 年建设的综合管廊内,天然气管道敷设在靠近壁面一侧(图 5.4-1),此外还共舱容纳了给水管道、通信电缆、电力电缆、污水管道等市政公用管线。德国汉堡1893 年建成的综合管廊内天然气管道架设在管廊顶部的桥架上,还共舱容纳了给水管道、通信电缆、电力电缆、天然气管道、污水管道、热力管道等市政公用管线,并采用自然通风。日本东京高湾岸线 1958 年建设的综合管廊将天然气管道独立安装一舱室内,另一舱

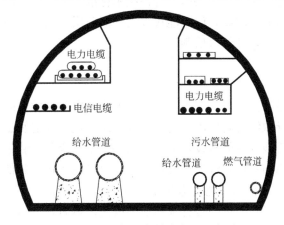

图 5.4-1 伦敦综合管廊断面示意图

室内容纳通信电缆、电力电缆、中水管道、排水管道、热力管道、垃圾收集管道等。在国外早期的综合管廊工程中，燃气管道与其他管线共舱时通常布置在靠近顶部位置。考虑到燃气比空气更轻，气体一旦泄露将更容易被顶部安装的气体检测设备发现并及时报警，且泄漏气体更易于由上部的通风口排出。此外，泄漏的燃气可能被电火花点燃，所以当共舱敷设时燃气管道与电力电缆的间距较大。

2005 年建设的深圳盐田综合管廊在内部单独隔出一个天然气盖板管沟，内设可燃气体泄漏报警仪，并采用防爆电气设备。在国内的综合管廊工程案例中，通常将燃气管道独立敷设于一个舱室，内部配备气体泄漏监控报警系统。也有将燃气管道敷设在综合管廊外部一个单独的截面较小的沟槽中，沟槽内部以黄砂填实（上海安亭新镇综合管廊）。第一种方式燃气管道的安全性得到大大提升，并便于运营管理，但工程造价较大。第二种方式工程造价相对较小，但不便于后期的运营管理。自 2015 年综合管廊国家规范颁布实施之后，国内新建的综合管廊在纳入天然气管道时，基本都是采用独立舱室形式，并配备了较为完善的监控报警系统。

为了降低燃气管道单舱敷设的工程造价，是否能将其他市政管道与之共舱敷设，是国内工程界讨论已久的问题。目前较为成熟的意见认为，燃气管道与给水管道、再生水管道相互影响较小，所以在燃气管道敷设的舱室内可同时敷设给水管道和再生水管道，但需要保留一定的操作空间。若电力电缆与燃气管道共舱，一旦发生电缆火灾或爆炸，将发生燃气管道爆炸的连锁反应。此外，电力电缆在运行过程中可能产生电火花，一旦燃气泄漏，将产生爆炸危险。若热力管道与燃气管道共舱，热力管道在运行中会散热，并可能发生管道泄漏，导致环境湿加速燃气管道的锈蚀。若排水管道与燃气管道共舱，排水管道泄漏的腐蚀性液体可能对燃气管道造成破坏。通信线缆由于存在接头，影响尚不清晰，也不建议与天然气管道共舱。此外，考虑到燃气管道可能造成的爆炸风险，各类市政干管不应与燃气管道共舱，避免燃气爆炸产生的大规模影响。

在规范研究层面，将"天然管道应在独立舱室敷设"条文规定，调整为"天然气管道宜在独立舱室内敷设。"更加接近技术研究的实际，但仍有诸多管理与维护的问题尚待解决。例如，若天然气管道先于给水管道安装，则给水管道在后期安装过程中的动火作业将会带来安全隐患，此外，给水管道的巡检、维修等，也会受天然气管道的影响。再之，由于共舱增加了舱室尺寸，相关附属设施、配件技术标准亦需相应提高，从而使工程造价增加。因此，天然气管道共舱问题，已不能仅仅关注规范层面的条文规定，而是要综合分析技术、管理、经济的因素，经综合研判后确定。

5.4.3 热力管道

热力管道一般管径较大，且为双管布置。热力管道内部介质温度相对较高，尽管有热绝缘，仍会由于散热导致综合管廊内部温度升高。结合规范规定及工程实践：热力管道可与通信、给水、排水管线等共舱敷设，但需要保持一定安全和安装距离，不得与电力电缆同舱。在考虑热力管道与其他管线的相容性时，需要考虑散热对其他管线的影响，如温度升高带来的给水管道水质影响、电力电缆的功率损失。所以热力管道尽可能远离其他管线，与其他管线分别布置在靠近综合管廊壁面的两侧。热力管道与其他管道的安全距离应通过热辐射原理计算，内部环境所需的通风系统功率可通过数值计算确定。当热力管道与给水管道同侧敷设时，热力管道宜敷设在管廊上部，给水管道宜敷设在管廊底部，避免给水管道渗漏造成热力管道保温层破坏。此外，在与热力管道共舱的其他管道设计中，应考虑供热和非供热状态时温度变化所造成的管道的温度应力。

5.4.4　高压电力电缆

高压电力电缆的风险主要是电缆局部及电缆接头存在爆燃的可能。导致电缆爆燃的原因如下：

（1）绝缘损坏引起短路故障。电力电缆的保护铅皮在敷设时被损坏或在运行中电缆绝缘受机械损伤，引起电缆相间或铅皮间的绝缘击穿，产生的电弧使绝缘材料及电缆外保护层材料燃烧起火。

（2）电缆长时间过载运行。长时间的过载运行，电缆绝缘材料的运行温度超过正常发热的最高允许温度，使电缆的绝缘老化干枯。进而使绝缘材料失去或降低绝缘性能和机械性能，因而发生击穿着火燃烧。

（3）电缆接头盒绝缘击穿。电缆接头材料存在缺陷将引起绝缘击穿，形成短路，使电缆爆炸起火。图 5.4-2 为某高压电力隧道内电缆接头爆燃事故后的实景。从运行可靠性和维护管理便利的角度，高压电力电缆采用单舱敷设有利于电力运行的安全，但应从经济、技术角度综合分析后确定，在采取可靠安全措施的情况下，高压电力电缆也可与中压电力电缆或通信、给水等管线共舱敷设。

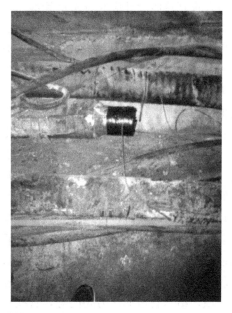

图 5.4-2　高压电力隧道爆炸后现场照片

以上分析了几类主要管线与其他管线的共舱问题，归结如下：电力、通信、给水管线的相容性最好。电力电缆不得与热力管线和燃气管线共舱敷设。通信线缆可与除天然气外的其他管线共舱敷设。给水管线不宜与污水管线共舱敷设。排水不得与燃气管线共舱敷设。燃气管线可与给水及再生水管道共舱敷设。

5.5　管线设计

5.5.1　管廊设计与管线设计的协同

《城市综合管廊工程技术规范》GB 50838—2015（以下简称《规范》）第 3.0.1 条明确了可以纳入综合管廊的管线种类：给水、雨水、污水、再生水、天然气、热力、电力、通信等城市工程管线可纳入综合管廊。即城市工程管线（城市范围内为满足生活、生产需要的市政公用管线，包括排水及天然气管道，不含工业管线。）在技术上均可纳入综合管廊，工业管线由于种类较多，且运行及安全需求各异，需按照相关规范采取措施，需要指出的是，《规范》规定的入廊管线种类没有包括工业管线，并不意味着工业管线不能纳入综合管廊，对于工业管线，应专题研究其入廊后需采取的措施。

正如本章第一节所述，管廊设计和管线设计互为依据，缺一不可。《规范》第 3.0.9 条规定：纳入综合管廊的管线应进行专项管线设计（本条为强制性条文），第 3.0.10 条规定：纳入综合管廊的工程管线设计应符合综合管廊总体设计的规定及国家现行相应管线设计标准的规定。在实际工程建设中，由于管线规划设计滞后，为管廊设计带来诸多问题，因此，为确保管廊建成后能够更好的服务管线，发挥最大效能，在管廊设计时，应同步开展管线专项设计，并与管廊设计做好协调。

综合管廊总体设计应充分考虑管线运行及安全要求，《规范》第 5.1.7 条规定：压力管道进出综合管廊时，应在综合管廊外部设置阀门（本条为强制性条文）。考虑到压力管道在出现事故时，应能够在综合管廊外部快速进行处置，因此要求在管廊外部设计阀门。第 5.1.9 条规定：管道的三通、弯头等部位应设置支撑或预埋件。支撑系统是管线设计的重要内容，由于支撑系统将管道及其运行中的荷载传导至管廊本体，因此在管廊设计时，应根据管线设计要求进行复核，本条规定体现了管线设计与管廊设计协调的重要性。

管线设计应对各类入廊管线的管材、支撑及运行安全进行技术规定并提出相关措施和要求。《规范》第 6.1.1 条规定：管线设计应以综合管廊总体设计为依据（本条为强制性条文）。管线设计应依据综合管廊平面、断面及纵断面布置要求，并结合相关口部及节点的空间布置进行开展设计。《规范》第 6.1.2 条规定：纳入综合管廊的金属管道应进行防腐设计。由于综合管廊位于地下，内部环境湿度较大，按照耐久性要求，各类金属管道应考虑防腐要求并进行防腐处理。《规范》第 6.1.3 条规定：管线配套检测设备、控制执行机构或监控系统应设置与综合管廊监控与报警系统联通的信号传输接口。综合管廊建有统一管理平台，各类管线的在线监测系统及检测设备应与统一管理平台联通，如电力电缆的在线测温，给水管道的压力阀门等，管线在线监测或检测的数据与平台联通，有助于日常管理人员实时掌握管线运行状态，及时处置相关预警情况。

考虑到管道附件的尺寸、重量、安装及维护有别于管节本身，应在标准断面及口部空间设计时予以充分考虑。《规范》第 5.1.8 条规定：综合管廊设计时，应预留管道排气阀、补偿器、阀门等附件安装、运行、维护作业所需要的空间。

为满足各类管线安装及运输要求，综合管廊内应设置相关的配套设施，《规范》第 5.1.10 条规定：综合管廊顶底板处，应设置供管道及附件安装用的吊钩、拉环或导轨。

吊钩、拉环相邻间距不宜大于 10m。

由于电力电缆转弯半径一般不小于 $15\sim20d$（d 为电缆直径），因此在综合管廊转折段，应预留足够的电缆转弯空间，《规范》第 5.2.3 条规定：综合管廊最小转弯半径，应满足综合管廊内各种管线的转弯半径要求。

管线自综合管廊引出至地块或用户，一般通过过路排管或箱涵，由于路面荷载差异和结构形式变化，极易造成排管或箱涵与综合管廊主线之间的不均匀沉降，同时，管线穿过综合管廊壁板处，经常会因为密封不到位出现渗漏，因此《规范》第 5.2.5 条规定：综合管廊与其他方式敷设的管线连接处，应采取密封和防止差异沉降的措施。一般对该部位应进行地基加强，结构上设置变形缝或加设牛腿，以预防差异沉降，在管线穿过壁板处，应采用专用电缆密封件或专用穿墙套管，解决渗漏问题。

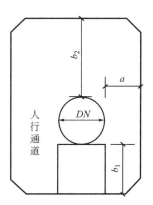

刚性管道安装时，固定或焊接均需一定的操作空间，相关的配件安装也需要空间，因此，管道与综合管廊的壁板及顶底板之间，应预留足够的空间，《规范》第 5.3.6 条对此进行了明确：综合管廊的管道安装净距（图 5.5-1）不宜小于表 5.1-1 的规定。

管线在管廊中安全运行，需要综合管廊设置相关附属设施，附属设施应根据管线的运行需求确定，《规范》第 7 章根据每种管线的特性，对综合管廊消防、通风、供电、照明、监控及报警、排水、标识等系统进行了规定。

图 5.5-1 管道安装净距

综合管廊消防设计应按照火灾危险性分类确定，在含有电力电缆的舱室，应设置防火分区，配置灭火器和主动灭火系统。

综合管廊通风系统主要是保证舱室内部氧气含量、合理的温度及湿度，《规范》对通风的换气次数、运行策略、事故后排烟等方面进行了规定。

综合管廊的管道安装净距   表 5.5-1

DN	综合管廊的管道安装净距(mm)					
	铸铁管、螺栓连接钢管			焊接钢管、塑料管		
	a	b_1	b_2	a	b_1	b_2
$DN<400$	400	400	800	500	500	800
$400\leqslant DN<800$	500	500		500	500	
$800\leqslant DN<1000$						
$1000\leqslant DN<1500$	500	600		600	600	
$\geqslant DN1500$	700	700		700	700	

监控与报警系统是保证管线安全运行的重要措施，综合管廊监控与报警系统主要包括环境与设备监控系统、安全防范系统、通信系统、预警与报警系统、地理信息系统和统一管理信息平台等。《规范》第 7.5.4 条规定：综合管廊应设置环境与设备监控系统，并应符合下列规定：

（1）应能对综合管廊内环境参数进行监测与报警。

（2）应对通风设备、排水泵、电气设备等进行状态监测和控制；设备控制方式宜采用就地手动、就地自动和远程控制。

（3）应设置与管廊内各类管线配套检测设备、控制执行机构联通的信号传输接口；当管线采用自成体系的专业监控系统时，应通过标准通信接口接入综合管廊监控与报警系统统一管理平台。

（4）H_2S、CH_4 气体探测器应设置在管廊内人员出入口和通风口处。

综合管廊的相关配套设施对管线正常运行也起到重要作用，例如过路排管，为保证穿线顺利，过路排管应满足相关要求。《规范》第 9.7.1 条规定：综合管廊预埋过路排管的管口应无毛刺和尖锐棱角。排管弯制后不应有裂缝和显著的凹瘪现象，弯扁程度不宜大于排管外径的 10%。9.7.2 条规定电缆排管的连接应符合下列规定：

（1）金属电缆排管不得直接对焊，应采用套管焊接的方式。连接时管口应对准，连接应牢固，密封应良好。套接的短套管或带螺纹的管接头的长度，不应小于排管外径的 2.2 倍。

（2）硬质塑料管在套接或插接时，插入深度宜为排管内径的 1.1～1.8 倍。插接面上应涂胶合剂粘牢密封。

（3）水泥管宜采用管箍或套接方式连接，管孔应对准，接缝应严密，管箍应设置防水垫密封。

支架是管线安全运行的支撑，一般在潮湿环境下，钢制支架易受到潮湿空气腐蚀，影响耐久性，《规范》9.7.3 条规定：支架及桥架宜优先选用耐腐蚀的复合材料。

5.5.2 电力电缆设计要点

5.5.2.1 一般要求

（1）电力规划时，在规划或建设有地下综合管廊的区域，电力线路应采用入廊敷设的方式。

（2）当需布置电缆接头时，电缆支架层间距应能满足电缆接头放置和安装的要求。按照《电力工程电缆设计规范》GB 50217—2007 第 5.5.2 条规定，在多根电缆同置于一层情况下，支架层间距应能满足更换或增设任一根电缆及其接头的要求。电缆接头尤其是 110kV 及以上电压等级电缆接头占用空间较多，需专门考虑空间布置问题。

（3）110kV 及以上电力电缆，不应与通信电缆同侧布置。通信光纤可无此要求。即使不同侧，若通信电缆距离高压电缆较近，需参考《电信线路遭受强电线路危险影响的容许值》GB 6830 的有关规定计算核实干扰影响。

（4）电力电缆入廊时，综合管廊的最小转弯半径，应满足电力电缆最小转弯半径要求。综合管廊总体设计时，在转折处应按照 20d（d 为电缆直径）预留转弯空间。

（5）电力电缆不应热力管道同舱敷设。

（6）综合管廊电力舱断面应满足电缆安装、检修、维护作业所需要的空间要求，单侧布置支架时，电力舱内通道宽度不小于 900mm，双侧布置支架时，电力舱内通道宽度不小于 1000mm。

（7）综合管廊应有可靠的防洪措施，设防等级应与地区的防洪标准一致，并应采取防止地面水倒灌及小动物进入的措施。

5.5.2.2　高压电缆及附属设施

（1）对改造项目或空间受限和需压缩电缆舱空间的新建地下综合管廊项目，高压电力电缆可采用三芯电缆。

（2）高压电缆金属套上过电压保护设置方案应满足《电力工程电缆设计规范》GB 50217 的有关规定。高压电缆金属套上正常运行感应电压允许值应满足《电力工程电缆设计规范》GB 50217 的有关规定。

（3）高压电缆金属套接地方式采用交叉互联方式时，可采用分段交叉互联方式、连续交叉互联方式或改进型交叉互联方式。

（4）高压电缆护层保护器的选择应满足《电力工程电缆设计规范》GB 50217 及《交流金属氧化物避雷器的选择和使用导则》GB/T 28547—2012 第 3.3.5.2 条的有关规定。当短路电流过大导致护层保护器无法选出时，可在护层保护器上并联间隙、Z 字形变压器或饱和电抗器。

（5）纳入综合管廊的电力电缆应采用阻燃电缆或不燃电缆。

（6）综合管廊内高压电缆接头宜选用预制式接头。电缆接头外可采用耐火防爆槽盒封闭。电缆接头是电缆主要故障点，电缆中间接头爆炸事故时有发生，据统计，电缆事故的70％与接头有关，但长距离电缆中间接头是无法避免的，因此宜采用高可靠性的中间接头。《防止电力生产事故的二十五项重点要求》（国能安全〔2014〕161 号）也提出应尽量减少接头，需要时，可在接头外采用耐火防爆槽盒封闭。

（7）敷设工作电流大于 1500A 的单芯电缆的支架不宜采用镀锌钢支架，可采用耐腐蚀不燃的复合材料或非铁磁金属支架。

（8）66kV 及以上高压电缆宜设置金属套泄漏电流在线监测、电缆温度在线监测系统，电缆接头、终端处宜设置局部放电在线监测系统。

（9）高压电缆的固定、弯曲半径、与管道或其他电缆的间距、在支架上的排列顺序等应符合现行国家标准《电力工程电缆设计规范》GB 50217 和《电气装置安装工程电缆线路施工及验收规范》GB 50168 的有关规定。

（10）高压电缆线路的交叉互联保护箱和接地箱箱体不得采用铁磁材料，固定方式应牢固可靠，密封满足长期浸水要求。

5.5.2.3　消防系统及火灾报警系统

（1）电缆防火封堵措施应满足现行国家标准《电力工程电缆设计规范》GB 50217 有关规定。电缆穿越防火分区时、电缆贯穿隔墙及竖井的孔洞处、电缆管孔处均应进行防火封堵。

（2）容纳电力电缆的舱室应每隔不大于 200m 采用耐火时限不低于 3.0h 的防火墙进行防火分隔。

（3）在电缆舱的进出口处、接头区和每个防火分区内，均宜设置灭火器、黄砂箱等消防器材。电缆接头处应设置自动灭火装置。

（4）容纳电力电缆的舱室宜设置自动灭火系统。电缆舱灭火系统有水喷雾灭火系统、细水雾灭火系统、超细干粉灭火系统等。

（5）在电缆接头两侧各约 3m 区段的电缆，以及该范围内邻近并行的电缆，宜采用阻止延燃的措施。由于电缆接头是电缆故障的多发区域，可采用包带或涂刷 0.9~1mm 的防火涂料阻止电缆延燃。

（6）监控与报警系统网络的传输介质必须满足抗电磁干扰的要求，主干信息传输网络和与电力电缆长距离并行敷设的传输网络介质宜选择光缆。

（7）火灾报警系统电源电缆应采用耐火电缆，耐火等级宜为 A 类。

5.5.2.4　高压电缆舱接地要求

（1）高压电缆舱内的接地系统应符合《交流电气装置的接地设计规范》GB/T 500065、《电力电缆隧道设计规程》DL/T 5484 及《城市综合管廊工程技术规范》GB 50838 的有关规定。

（2）接地电阻大小应满足《电力电缆隧道设计规程》DL/T 5484 及《城市综合管廊工程技术规范》GB 50838 的有关规定，且不宜大于 1Ω。接触电势和跨步电势应满足《交流电气装置的接地设计规范》GB/T 500065 的有关规定。《电力电缆隧道设计规程》DL/T 5484 要求满足 $2000/I$，实际是很困难的，《城市电力电缆线路设计技术规定》DL/T 5221 规定电缆隧道内接地电阻允许最大值不宜大于 10Ω，《城市综合管廊工程技术规范》GB 50838 要求不宜大于 1Ω，一般情况下建议按不大于 1Ω，最重要的是要满足接触电势、跨步电势以保证人身安全。

（3）电缆舱内金属支架、金属管道以及电气设备金属外壳均应接地。高压电缆金属套、屏蔽层应按接地方式要求接地。靠近高压电缆敷设的金属管道应计及高压电缆短路时引起工频过电压影响，管道应隔一定距离接地以将感应电压限制在 50V 内。高压电缆，尤其是 110kV 以上电缆短路时会在周围感生出工频过电压，当电缆舱内敷设有其他管道时，管道运行人员可能遭受电击。不同的标准安全电压要求不同，参考《电力工程电缆设计规范》GB 50217 取 50V。

（4）电力电缆舱内的接地系统宜利用综合管廊本体结构钢筋形成环形接地网，应设置专用的接地干线，并宜采用截面积不小于 40mm×5mm 的镀锌扁钢。《电力电缆隧道设计规程》DL/T 5484 要求采用 50mm×5mm 扁铜带，按照《城市综合管廊工程技术规范》GB 50838 及《城市电力电缆线路设计技术规定》DL/T 5221，采用 40mm×5mm 的镀锌扁钢更为经济。

5.5.3　通信线缆

5.5.3.1　一般规定

（1）通信线缆纳入综合管廊应充分考虑所辖区域的通信需求，结合已有的通信设施情况，如机房、基站、管道、架空线缆等，合理测算通信线缆规模及引出位置。

（2）进出综合管廊的通信管道应符合现行《通信管道与通道工程设计规范》GB 50373 中的相关规定。进出综合管廊的管道容量应结合所在区域市政规划和对通信业务的总体需求综合考虑确定，并统筹安排相应的节点配套设计，做到一次预留到位。

（3）综合管廊中的通信舱室断面，应满足不同规模容量、不同规格型号的光（电）缆敷设、接续、检修及维护作业所需要的空间等相关要求。

（4）通信电缆与 110kV 及以上电力电缆共舱布置时，通信线缆应与其分侧布置，并满足《通信管道与通道工程设计规范》GB 50373 的相关要求。

（5）综合管廊中通信线缆与其他管线同舱敷设时，其他管线与通信线缆间应满足《通信管道与通道工程设计规范》GB 50373 的相关要求。靠近通信线缆敷设一侧，应预留工作通道。

（6）纳入综合管廊的通信光（电）缆应采用阻燃线缆。

（7）通信线缆敷设时，应按照自下而上，先里侧，后外侧，按层分配的原则，统一规定走线位置和占用电缆支架的层位。

5.5.3.2　通信舱室要求

（1）综合管廊中含有通信线缆的舱室空间，应满足线缆余长盘布放所需要的高度要求。线缆余长盘宜选在通信舱室两端或缆线进出口处设置；余长盘应布放在两排支架间的空档处。

（2）纳入通信线缆的舱室的吊装口应满足通信线缆盘（2m×2m）的进出要求。

（3）敷设通信线缆的舱室，应急逃生口间距不宜大于 400m。

（4）通信线缆舱室内不应有妨碍支架安装的壁柱，综合管廊转弯段应满足通信线缆转弯半径要求。

5.5.3.3　通信线缆支架要求

（1）支架应采用悬臂形式用以支撑通信线缆，由竖向支架和水平托板组合而成。为确保工程质量和便于安装施工，支架和托板宜采用定型产品。

（2）支架选用槽钢、球墨铸铁或角钢制成，也可采用复合材料，支架上面预留托板安装的孔洞，两端留有固定支架用的穿钉孔，托板宜采用金属或复合材料。

（3）支架的布置及安装应满足以下要求：

1）廊内支架之间水平间隔距离为 1000mm；

2）电缆支架应设置专用的接地汇流排或接地干线，且应在不同的两点及以上就近与综合接地网连接，接地电阻值≤1Ω。

5.5.4　给水、再生水管道

5.5.4.1　一般规定

（1）纳入综合管廊的给水、再生水管道应考虑水锤的影响，必要时进行水锤分析计算，并对管路系统采取水锤综合防护设计。

（2）给水、再生水管道的安装方式应根据综合管廊断面布置、管径大小及管道连接方式等确定，可采用支（吊）架或支墩的安装方式。

5.5.4.2　管道设计和布置

（1）给水、再生水管道支撑的形式、间距、固定方式应根据不同管材特性通过计算确定。

（2）给水、再生水管道进出综合管廊时，应在综合管廊外部设置阀门井及阀门。因给水、再生水管道均为压力管道，在出现意外情况时，应能快速可靠的通过阀门进行控制，为便于维护人员操作，故在外部设置阀门井，将控制阀门设于该阀门井内。

（3）给水、再生水管道与热力管道同侧布置时，给水、再生水管道宜布置在热力管道的下方。

（4）给水、再生水管道与排水管道平行布置时，其相互间水平净距不得小于0.5m。当管道交叉时，再生水管道应布置在给水管道的下面，并均应位于排水管道的上面，其净距均不得小于0.15m。

（5）给水管道与其他管线交叉时的最小垂直净距不宜小于0.15m。

5.5.4.3 管材及附属设施

（1）给水、再生水管道可选用钢管、钢塑复合管、球墨铸铁管、化学建材管等。采用柔性连接时应在水力推力产生处设置止推墩，或采用自锚式接口。

（2）给水、再生水管道采用金属管道时应考虑防腐措施。钢管的内防腐可采用环氧粉末涂层、水泥砂浆衬里或塑料材料衬里、聚脲等，外防腐可采用环氧粉末涂层及涂装防锈漆等。球墨铸铁管内防腐宜采用普通硅酸盐水泥内衬，外防腐宜采用锌层加合成树脂终饰层或聚脲的防腐措施。

（3）给水、再生水输、配水管道隆起点上应设自动排气设施，并根据管道纵向布置、管径、设计水量、功能要求等，确定空气阀的数量、型式、口径。管道布置平缓时，宜间隔1000m左右设一处自动排气设施。

（4）给水、再生水管道应在低洼处及阀门间管段低处设置泄水阀，并通过管道排至综合管廊排水边沟或集水坑中。给水、再生水输配水管道泄水设施设置与室外给水管道设计相同。泄水点可利用管廊的排水边沟、集水坑等。

（5）综合管廊顶、底板处，应设置供给水、再生水管道及附件安装用的吊钩、拉环或导轨，吊钩拉环纵向间距不宜大于6m。

5.5.5 排水管渠

5.5.5.1 一般规定

（1）排水管渠设计应与城市总体规划、综合管廊工程规划、雨水及污水专项规划相协调。

（2）纳入综合管廊的排水管渠应采用分流制。

（3）压力流排水管道应考虑水锤影响，并采取消减水锤的措施。

（4）污水纳入综合管廊应采用管道排水，污水管道宜设置在综合管廊的底部。雨水纳入综合管廊可采用管道排水，也可利用管廊结构本体采用渠道排水的方式。

（5）排水管渠纳入综合管廊前，宜设置沉泥槽，并应设置检修闸门或闸槽。

5.5.5.2 排水舱室设计

（1）纳入排水管（渠）的综合管廊舱室顶板处应设置排水管道及附件安装用的吊钩、拉环或导轨。吊钩拉环间距不宜大于6m。

（2）含雨水渠道的综合管廊及附属构筑物应采取相应的防腐措施。为预防综合管廊受到雨水的腐蚀，一方面应严格控制混凝土裂缝，另一方面可加厚管廊内壁混凝土保护层，采用铝酸钙水泥、抗硫水泥等材质，或在廊体内部涂刷环氧树脂或玻璃树脂等防腐涂料。

（3）利用综合管廊结构本体输送雨水时，可采用独立舱室或采用渠道与其他管道共舱。当与其他管道共舱室时，雨水渠道结构空间应完全独立和严密，并应采取防止雨水倒灌或渗漏的措施。

（4）当采用独立舱室或采用管渠与其他管道共舱输送雨水时，应设置独立的雨水检修口，不得与其他舱室共用。

（5）综合管廊内排水管渠的检查井等节点的设置，可根据功能结合投料口、排风口等口部节点设置，但应避开进风口。考虑到检查井尺寸比管道外径大，与上述口部合建可减少检查井尺寸较大对内部通行的影响，也相应的起到减少综合管廊断面尺寸的作用。

（6）敷设排水管渠的舱室，逃生口间距不宜大于 400m。

（7）设有污水管道的舱室应采用机械进、排风的通风方式。由于污水管道存在可燃及有害气体泄漏的可能，需及时快速将泄漏气体排出，因此需采用强制通风方式。

5.5.5.3　管道设计和布置

（1）污水管道应按规划最高日最高时设计流量确定其断面尺寸，并应按近期流量校核流速，同时考虑远景发展的需要；重力流污水管道应按非满流计算；雨水管渠按满流计算。当采用独立雨水舱明渠输送雨水时，明渠超高不得小于 0.5m。纳入综合管廊的排水管道管径不宜大于 2m。

（2）重力流排水管渠应考虑外部排水系统水位变化、冲击负荷等对综合管廊内排水管渠运行安全的影响。适当提高进入综合管廊的雨水管渠、污水管道设计标准，保证管道运行安全。可考虑在综合管廊外部上、下游雨水系统设置溢流或调蓄设施，以避免对管廊的运行造成危害。污水管道流量相对稳定，应重点考虑雨水管渠遇到暴雨的应对措施，如采取设置溢流和调蓄设施的方法。

（3）雨水、污水管道可选用钢管、球墨铸铁管、化学建材管等，输送腐蚀性污水的管道、接口及检查井等应采用耐腐蚀材料。入廊管道无外压强度限制时，管材可采用经济、耐蚀、不宜漏水的化学建材，如玻璃钢管、硬聚氯乙烯管（UPVC）、聚乙烯管（PE）等材质。根据经验，潜在的卫生及潮湿问题可利用现代化塑料管材料并改善接头来解决。

（4）排水管道采用金属管道时应考虑防腐措施。钢管的内防腐可采用环氧粉末涂层、水泥砂浆衬里或塑料材料衬里等，外防腐可采用环氧粉末涂层及涂装防锈漆等。球墨铸铁管内防腐宜采用普通硅酸盐水泥内衬，外防腐宜采用锌层加合成树脂终饰层的防腐措施。为保证工程耐久性，建议采用性能较好的环氧粉末涂层钢管内防腐方式，以提高钢管的使用寿命。对球墨铸铁管建议采用性能较好的普通硅酸盐水泥内衬的内防腐方式。

（5）不同直径的管道在检查井内的连接，宜采用管顶平接或水面平接。采用水面平接可减少埋深，但施工不便，易发生误差；也可采用管顶平接，便于施工，但可能影响综合管廊的整体设计高度和埋深，设计时应因地制宜选用。

（6）综合管廊内排水管道属于市政管线，管径一般大于 300mm，应对转角进行限制，转弯和交接处的水流转角不应小于 90°。

（7）化学建材排水管应直线敷设，当遇到需要折线敷设时，应采用柔性连接，其允许偏转角应满足相关规定。由于不同塑料管材采用的密封橡胶圈形式各异，密封效果差异很大，故允许偏转角应满足不渗漏的要求。

（8）排水管道采用柔性连接时应在水力推力产生处设置止推墩，或采用自锚式接口。除钢管宜采用刚性接口外，其余管材宜选用柔性接口。管道采用沟槽式连接，具有柔性特点，使管路具有抗振动、抗收缩和膨胀的能力，便于安装拆卸。

（9）雨水、污水管道的支撑形式、间距、固定方式应通过计算确定。承插式压力排水管道应根据管径、流速、转弯角度、试压标准和接口的摩擦力等，通过计算确定在垂直或水平方向转弯处设置支墩。

（10）压力流管道接入自流管渠时，应有消能设施。

（11）重力流排水管渠宜结合综合管廊的坡度进行同坡设置；当受地形条件限制，综合管廊坡度无法满足排水管道坡度要求时，局部排水管渠可与综合管廊呈一定坡度敷设。局部排水管道与综合管廊呈一定坡度敷设时，将严重影响管廊单侧竖向空间，故仅在局部坡度不合适之处时采用。

（12）纳入综合管廊的排水管渠和附属构筑物应保证其严密性，排水管渠应进行水压试验，工作压力不应低于0.2MPa。

（13）雨水渠道的检查及清通设施应满足渠道检修、运行和维护的要求。雨水、污水管道的检查及清通设施应满足管道安装、检修、运行和维护的要求。

（14）压力排水管道进出综合管廊前应在综合管廊外部设置阀门井及阀门。压力管道运行出现意外情况时，应能够快速可靠地通过阀门进行控制，为便于管线维护人员操作，一般应在综合管廊外部设置阀门井，将控制阀门布置在综合管廊外部的阀门井内。

（15）综合管廊内的排水管渠应根据需要设置密闭的内置检查井或检查口。压力排水管应设置压力检查口。重力流排水管道的检查井或检查口应根据需要设置，一般应设在转弯处、管径或坡度改变处以及直线管段上每隔一定距离处。

（16）综合管廊内排水管渠检查井、检查口应进行闭水试验，检查井井底宜设置流槽，在同一断面接入综合管廊内检查井的支管（接户管或连接管）支管过多，综合管廊内施工不便，维护管理也不便操作，应尽量将支管集中后接入综合管廊内检查井，有利于减少检查井数量、施工难度和维护工作量，因此支管数量不宜超过2条。

5.5.5.4 排气与排空装置

（1）重力流排水管道在倒虹管、长距离直线输送后变化段宜设置排气装置，重力流排水管道可通过检查井及排气管排气。压力流排水管道应在管道的高点及每隔一定距离处设置排气阀。

（2）利用排气装置排出的气体，可结合综合管廊的排风口设置，确保气体顺畅的排出。当排至综合管廊以外的大气中，其引出位置应协调周边环境，避开人流密集或可能对环境造成影响的区域。当采用通气管伸出地面时，其高度不宜低于2.0m。

（3）综合管廊内的排水管渠还应根据管道布置设置排空装置以便于检修，排空装置应设置于管渠的低点以及每隔一定距离处。并应尽量通过未入管廊的下游管道进行，或排至周边的排水管道。考虑到对管廊内环境的影响，综合管廊内的排水管道排空应尽量通过未入管廊的下游管道进行或排至周边排水管道，应结合实际排水管道现状并结合整体排水系统进行设计考虑。

（4）利用综合管廊结构本体的雨水渠道，每年非雨季清理疏通不应少于 2 次。

（5）纳入综合管廊排水管渠的舱室内应设置温度、湿度、水位、氧气、H_2S 气体、CH_4 气体等环境监测设备，通过监控及时反馈，并对有害气体的泄露进行预警，保障综合管廊内维修人员的安全。H_2S、CH_4 气体探测器应设置在人员出入口和通风口处。雨水利用管廊本体单舱输送时，可不对该空间环境参数进行监测。

5.5.6　天然气管道

5.5.6.1　一般规定

（1）天然气管道在综合管廊内受第三方外力破坏的几率几乎为零，腐蚀概率也相应降低，管道使用寿命延长，故管径和供气规模设计不仅应满足现状，更应该考虑城市的远期及远景经济社会可持续发展对城市燃气的需求。

（2）天然气管道舱室与地铁隧道平行时，天然气管廊与地铁隧道的净距不应小于两者中较大外缘尺寸的 1 倍。

（3）纳入综合管廊的天然气管道设计压力宜小于或等于 1.6MPa，公称管径宜大于 $DN250$。根据《城镇燃气设计规范》GB 50028—2006 第 6.4.12 条、第 6.4.13 条、第 6.4.14 条、第 6.4.15 条相关规定，高压燃气管道不宜进入城镇四级地区，敷设于四级地区的燃气管道设计压力不宜大于 1.6MPa。从城市社会发展的角度考虑，建设阶段属于一、二级地区的城镇区域，远期即变为三、四级地区。基于前述分析，城市地下综合管廊中的天然气管道设计压力不宜高于 1.6MPa。进入管廊中的天然气管道最小公称管径宜大于 $DN250$，主要目的是考虑经济性和管材的选择，现阶段我国城镇中低压燃气管道一般采用钢管和聚乙烯管以及钢骨架聚乙烯塑料复合管，全寿命期的价格比较分界面基本在 $DN250 \sim DN300$ 之间，大于 $DN300$ 采用钢管稍便宜。小于和等于 $DN300$ 采用聚乙烯管或钢骨架聚乙烯塑料复合管较经济。此外，小口径的配气管道分支较多，在分支口处容易出现泄漏，故建议入廊天然气管道以较大口径输气管道为主。

（4）天然气调压计量装置不应设置在地下综合管廊内。城市地下综合管廊中的天然气管道系统设计应遵循本质安全设计理念，现阶段我国燃气调压装置通常采用 2+0 或 2+1 结构形式，阀门和设备以及检修、安全放散接口较多，就地和远传检测信号接口多，即泄漏点多，安全隐患多，因此应尽量减少廊内管道泄漏风险源。

（5）天然气管道应采用无缝钢管，其管材技术性能指标不应低于现行国家标准《无缝钢管》GB/T 8163 的规定。对敷设于综合管廊中的天然气管道管材进行强制规定，目的是减少综合管廊中管道的总焊缝长度，降低由管材焊缝缺陷造成灾害的几率。并且，对综合管廊中的管道对接环焊缝应进行 100% 射线检测和 100% 超声波检测，以提高管道安全性，确保城镇燃气供气安全。

（6）纳入综合管廊的管道系统中的阀门、标准管件、设备、法兰等管道附件的设计压力应大于或等于管道设计压力。

（7）天然气管道宜敷设于独立舱室，舱室地面应采用撞击时不产生火花地面。泄漏天然气串入电缆沟、排水管道等空间后聚集，会形成爆炸环境。根据日本《共同构设计指针》第 3.2 条提出"燃气隧道：考虑到对发生灾害时的影响等因素，原则上采用单独隧洞。"故天然气管道宜设置在独立舱室。但考虑到综合管廊投资较大，可考虑将给水、再生水等安全性较高的管线与天然气管道共舱敷设。纳入天然气管道的封闭空间（封闭的甲类危险场所），其建（构）筑物的地面应采用撞击时不产生火花的骨料制成的地面，杜绝安全隐患。

5.5.6.2 天然气管道技术要求

（1）城市地下综合管廊中的燃气管道是市政燃气管网的一部分，承担着燃气输配气功能。市政中压燃气管道间隔一定距离设置分段阀，一方面，事故状态下切断气源。另一方面，减少事故状态下影响的供气区域。根据相关规范规定，燃气管道进、出建（构）筑物时，应设置切断阀。为了及时切断气源，天然气管道进、出综合管廊时应设置具有远程开/关控制功能的紧急切断阀。依据《输气管道工程设计规范》GB 50251—2015 第 4.5.2 条 3款，紧急切断阀阀室或阀井与管廊进出口端和周围建筑物的水平距离不应小于 12.0m。

（2）综合管廊中天然气管道分段阀门应具有远程开/关控制功能，且应采用焊接阀门。与天然气管道连接的放散阀一端为焊接，另一端可为法兰连接。管道直径小于 50mm 的附件连接处，可采用螺纹连接。一旦城市地下综合管廊天然气管道独立舱室出现事故隐患，操作人员无法进入管廊现场开/关分段阀门，可通过远程控制紧急切断阀门。同时，为了确保燃气管道系统本质安全性设计，规定综合管廊中的燃气主管道分段阀（包括设置于管廊内的分支阀门）必须是焊接阀门。其他与燃气管道连接的放散阀、放空阀和排水阀一端为焊接，另一端可以是法兰连接。小口径的阀门和管件可以采用锥形螺纹连接。

（3）天然气管道分段阀宜设置在综合管廊外部。为了尽可能减少管廊内的燃气泄漏点，应将管廊内的分段阀设置在管廊外，可不采用具有远程开/关控制功能分段阀，采用手动分段阀即可。

（4）天然气管道直管段壁厚计算应按现行国家标准《城镇燃气设计规范》GB 50028—2006 钢质燃气管道直管段计算壁厚公式计算确定。强度设计系数按 $F=0.3$ 选取，且管道最小公称壁厚应符合现行国家标准《城镇燃气设计规范》GB 50028—2006 的规定。综合管廊中的天然气管道直管段壁厚计算，采用《城镇燃气设计规范》GB 50028—2006 燃气管道直管段壁厚计算公式和《输气管道工程设计规范》GB 50251—2015 直管段壁厚计算公式，强度设计系数按 $F=0.3$ 选取。

（5）天然气管道在综合管廊敷设宜采用自然补偿，提高燃气管道系统的本质安全性。当采用不锈钢波纹补偿器时，其设计压力级制应比管道设计压力提高一级。不锈钢波纹补偿器应在管道系统强度试压、吹扫和各种支架安装完毕后进行安装。鉴于大口径或中低压的燃气管道经技术和经济比选后可采用不锈钢波纹补偿器，为提高安全可靠性，不锈钢波纹补偿器压力级制应比管道设计压力提高一级，且应在管道系统强度试压、吹扫合格和各种支架安装完毕后进行安装。

（6）天然气管道管底与管廊地面的安装净距不应小于 0.3m。《城市综合管廊工程技术规范》GB 50838—2015 第 5.3.6 条规定，焊接管道管底与地面安装净距为 500～700mm。结合燃气管道安装和充水试压等相关要求，借鉴石油化工管道安装一般规定，建议管廊中的燃气管道最低点管底与管廊地面高度差应大于 0.3m。

（7）天然气管道绝缘接头应设置在进管廊紧急切断阀前，出管廊紧急切断阀后。依据

《城镇燃气埋地钢制管道腐蚀控制技术规程》CJJ 95—2013 和《城镇燃气技术规范》GB 50494—2009 相关规定，钢质管道除做外防腐层外需做阴极保护，这就要求进出管廊的燃气管道两端必须设置绝缘接头。由于考虑进出管廊应设置紧急切断阀，且阀室或阀井与管廊进出端水平间距较小，且绝缘接头设置在管廊内存在安全隐患，故要求绝缘接头均设置在进出管廊阀门外侧的直管段上。

（8）天然气管道支架间距，应根据管道荷载、内压力及其他作用力等因素，经强度计算后确定，并应验算管道的最大允许挠度。

（9）天然气管道进、出地下综合管廊时，天然气管道必须敷设于套管中，且宜与套管同轴，套管内的天然气管道不应有焊接接头；套管与天然气管道之间的间隙应采用难燃密封性能良好的柔性防腐、防水材料填实，套管与综合管廊廊体之间应预埋。套管伸出管廊舱墙体面 200mm；套管内径应大于天然气管道外径 100mm；依据《城镇燃气设计规范》GB 50028—2006、《钢铁冶金企业设计防火规范》GB 50414—2018 和《钢铁企业煤气储存和输配系统设计规范》GB 51128—2015 相关条款规定，套管伸出管廊舱墙体面 200mm（GB 50414—2018）、100mm（GB 50028—2006）。《城镇燃气设计规范》GB 50028—2006 规定，套管内径应大于天然气管道外径 100mm；《油气输送管道穿越工程设计规范》GB 50423—2013 规定大于 300mm。

（10）天然气管道外壁与墙面之间的净距不宜小于 200mm。且任何操作阀门手轮边缘与墙面净距不宜小于 150mm。《电厂动力管道设计规范》GB 50764—2012 规定，阀门手轮边缘与周围至少应保持 150mm 的净空距离。管道外壁与墙面距离主要考虑是管道安装焊接和维护需要的最小距离。

5.5.6.3　天然气管道支架

（1）天然气管道在综合管廊内宜采用低支墩（或支架）架空敷设。管道支座宜采用固定支座和滑动或滚动支座。大口径的天然气管道支墩应优先采用混凝土，小口径的天然气管道支墩可采用钢支架。支架设置应依据管道补偿方式选取，采用滚动支座的目的是减小摩擦系数。

（2）管道支座边缘与管道对接环焊缝的间距不应小于 300mm。《工业企业煤气安全规程》GB 6222—2005 第 6.1.2 条规定，管道的垂直焊缝距支座边缘不应小于 300mm。水平焊缝应位于支座上方。

（3）管道支座应满足管道抗浮和管廊沉降变形的要求。

5.5.6.4　天然气管道附属设施

（1）天然气管道舱室的排风口与其他舱室排风口、进风口、人员出入口以及周边建（构）筑物口部距离不应小于 10m。

（2）天然气管道舱室的各类孔口不得与其他舱室连通，并应设置明显的安全警示标识。因天然气为易燃易爆甲类危险物质，若泄漏的天然气与空气混合后达到爆炸范围，遇明火即发生爆炸，会造成灾害性事故，应设置明显的安全警示标识。

（3）含天然气管道舱室的综合管廊不应与其他建（构）筑物合建。

（4）天然气管道放散（或放空）位置应设置在天然气管道的最高处及截断阀两端。

（5）天然气管道放散管管径应满足在 15min 内将放散管段内压力从最初压力降到设计

压力的 50%，且满足置换要求；引至室外的放散管（或临时）应高出地面不小于 10.0m。与周围建构筑物的安全间距应满足现行国家标准《城镇燃气设计规范》GB 50028 的规定；严禁向舱内放散气体；不设固定放散管的放散阀后应设置法兰盲板（或作为置换接口）；放散管放散阀前应装设取样阀及管接头；放散管口应采取防雨、防堵塞措施，且满足防雷、接地等要求。

（6）天然气管道舱室应设置独立的集水坑，天然气管道试压排水宜引至管廊内集水坑，采用水介质试压的天然气管道低点应设置焊接排水阀。

（7）天然气管道置换应在试压和吹扫合格后投产前进行，置换介质应为惰性气体或氮气；置换过程中管内气体流速不宜大于 5m/s；用惰性气体或氮气先置换管道中的空气，置换合格后再用天然气置换管道中的惰性气体或氮气。在管道末端应设置放空阀及放空管、取样阀；用惰性气体或氮气置换管道中的空气，管道末端测得的氧含量小于 2% 为合格；用天然气置换管道中的惰性气体或氮气，管道末端测得的 CH_4 含量大于 80% 为合格。

（8）天然气管道舱室应采用机械进、排风的通风方式。进、排风的通风口应设置防护栏和防护网。

（9）舱室内天然气浓度大于其爆炸下限浓度值（体积分数）20% 时，应联锁启动事故段分区及其相邻分区的事故通风设备。

（10）天然气管道进出综合管廊附近的埋地管线、放散管、天然气设备等均应满足防雷、防静电接地的要求。

（11）纳入综合管廊的天然气管道系统应设置监控及数据采集系统。监控及数据采集系统的电路和接口设计应符合现行国家有关标准的规定，并具有通用性、兼容性和可扩性。天然气管道的监控系统应与综合管廊整体的监控系统同时设计。

（12）天然气管道舱内应采用固定式探测器，宜每隔 15m 设一台检测探头，探头应选择管道接口、阀门等易泄漏处，应尽可能靠近，且不影响其他设备操作。天然气检测探头安装高度应位于廊内最高点以下 0.3m 气体易于积聚处，或高出释放源 0.5～2.0m。可采用廊顶吊装或侧壁安装，并应确保探头安装牢固可靠，同时便于维护、标定。

5.5.7 热力管道

5.5.7.1 一般规定

（1）热力管道采用蒸汽介质时应在独立舱室内敷设。热力管道不应与电压 10kV 及以上的电力电缆同舱敷设，当条件受限需同舱敷设时应进行专项论证。

（2）热力管道可与给水管道、通信线缆、排水管道等同舱敷设。热力管道宜高于给水管道。热力管道应外包绝热层，表面温度不超过 50℃。

（3）热力管道在进出综合管廊时，应在综合管廊外设置阀门。

（4）热力管道舱室逃生口间距不应大于 400m，当热力管道采用蒸汽介质时，逃生口的间距不应大于 100m。

（5）综合管廊设计时，应预留管道排气阀、补偿器、阀门等附件安装、运行、维护作业所需的空间。

（6）热力管道及配件保温材料应采用难燃材料或不燃材料。

（7）当热力管道采用蒸汽介质时，排气管和疏水管出口应引至综合管廊外部安全空间；当热力管道采用热水介质时，泄水管出口应引至综合管廊外部安全空间，并应与周边环境相协调。

（8）进入管廊的热力管道应符合以下计算规定：

1）综合管廊纳入热力管道时，应按《城镇供热管网结构设计规范》CJJ 105 分工况对管廊整体结构、管道支撑构件及预埋件等进行设计。

2）热力管道的管道应力计算及作用力计算应符合《城镇供热管网设计规范》CJJ 34 和《城镇供热管网结构设计规范》CJJ 105 的有关规定。

3）管道需用应力取值、管壁厚度计算、热伸长量计算、补偿值计算及应力验算应按《火力发电厂汽水管道应力计算技术规程》DL/T 5366 的规定执行。

4）热力舱室室内环境温度不应高于 40℃。

5）保温层厚度计算应按现行国家标准《设备及管道绝热设计导则》GB/T 8175 的规定执行。

6）计算管道总散热量时，支座、补偿器和其他附件产生的附加损失系数可取 0.1～0.15，选用隔热型支座。

5.5.7.2　管材及附件

（1）热力管道的热补偿宜采用套筒补偿器、波纹管补偿器、球型补偿器和旋转补偿器，其补偿能力应符合下列要求：

1）波纹补偿器的技术要求、试验方法、检验规则应符合现行国家标准《金属波纹管膨胀节通用技术条件》GB/T 12777 的相关规定。

2）套筒补偿器的技术要求、试验方法、检验规则应符合现行行业标准《城市供热补偿器焊制套筒补偿器》CJ/T 3016.2 的相关规定。

3）采用弯管补偿器或波纹管补偿器时，设计应考虑安装时的冷紧。冷紧系数可取 0.5。

4）当一个补偿器同时补偿两侧管道热位移时，应分别计算两侧热伸长量叠加后确认补偿器的补偿能力，补偿器补偿能力不应小于热伸长量的 1.1 倍。

5）输送公称压力大于 2.5MPa 时，一般不宜选用焊接钢管，输送介质温度大于 200℃时，不宜选用镀锌钢管。

（2）干线热水管道应装设分段阀门。输送干线分段阀门的间距宜为 2000～3000m，输配干线分段阀门的间距宜为 1000～1500m，蒸汽管道可不安装分段阀门。供热管道连接通常采用法兰连接和焊接连接，螺纹连接仅限于公称直径不大于 40mm 的放气阀或放水阀。

（3）热力管道的关断阀和分段阀均应采用双向密封阀门。

（4）热水、凝结水管道的高点应安装放气装置，低点应安装泄水装置。

（5）蒸汽管道的低点和垂直升高的管段前应设启动疏水和经常疏水装置。同一坡向的管段，顺坡情况下每隔 400～500m，逆坡时每隔 200～300m 应设启动疏水和经常疏水装置。

5.5.7.3　管道支撑

（1）应依据《城镇供热管网设计规范》CJJ 34、《城镇供热管网结构设计规范》CJJ

105 及《混凝土结构设计规范》GB 50010 计算确定支撑布置及尺寸。

（2）管道支吊架设计要求

1）支吊架的设置和选型，应确保稳定支吊管道，符合管道补偿、热位移和对设备（包括固定支架等）推力的要求，防止管道振动。

2）确定支吊架间距时，应考虑管道荷重的合理分布，并满足疏、放水的要求。

3）支吊架必须支撑在可靠的构筑物上，支吊架结构应具有足够的强度和刚度，并应尽量简单。

4）支吊架的装设，不得影响设备检修以及其他管道的安装和扩建。

（3）管道支吊架布置应符合下列要求：

1）支吊架宜布置在靠近集中荷重（如阀门、三通）附近。

2）水平弯管两侧的支吊架间距应将其中一只设置在靠近弯管的直管段上。

5.5.7.4 保温及防腐

（1）热力管道及附件的保温结构设计，应符合现行国家标准《设备及管道绝热技术通则》GB/T 4272、《设备及管道绝热技术导则》GB/T 8175、《工业设备及管道绝热工程设计规范》GB/T 50264 和《城镇供热管网设计规范》CJJ 34 的相关规定。

（2）管道附件必须采用隔热措施，管道及附件保温结构的表面温度不得超过 50℃。附件包括滑动支架、固定支架等可能产生热桥的地方均要采用隔热措施，避免热桥产生，节约能源，保证运行安全。

（3）对操作人员需要接近维修的地方，当维修时，设备及管道保温结构的表面温度不得超过 60℃。

（4）保温层设计时宜采用经济保温厚度。当经济保温厚度不满足设计要求时，应按设计条件确定保温层厚度。

（5）当同舱敷设的其他管线有正常运行所需环境温度限制要求时，应按舱内温度限定条件校核保温层厚度。

（6）采用软质保温材料计算保温层厚度时，应按施工压缩后的密度选取导热系数，保温层的设计应为施工压缩后的保温层厚度。

5.5.7.5 附属设施要求

（1）热力管道舱室应有良好的通风，空气温度不得超过 40℃，一般可利用自然通风，但当自然通风不能满足其要求时，可采用机械通风。排风口截面尺寸应经计算确定。正常通风换气次数不应小于 2 次/h。

（2）热力管道舱室应采用防潮的密封性灯具，安装高度低于 2.2m 的照明灯具应采用 24V 及以下安全电压供电。当采用 220V 电压供电时，应采取防止触电的安全措施，并应敷设灯具外壳专用接地线。

（3）热力管道在采暖期间应每周检查一次。较长时期停止运行的管道，必须采取防冻、防水浸泡等措施，对管道设备及附件应进行除锈、防腐处理。热力管道停止运行后，应充水养护，充水量以保证最高点不倒空为宜。

（4）必须进行夏季防汛及冬季防冻的检查，及时排除舱内集水。

（5）热力管道应设置检漏报警和数据采集系统。

第6章 综合管廊 BIM 设计

6.1 BIM 设计概述

综合管廊的规划设计包括规划、工程可行性研究、初步设计、施工图设计四个阶段。

在规划阶段，主要确定综合管廊的系统布局，确定纳入综合管廊的管线种类及规模，综合管廊的断面方案，以及断面在道路下方的位置等。此阶段 BIM 应用主要在平面布局阶段，通过 BIM 技术梳理管廊布局与周边现状及规划环境的关系，确定合理的系统布局。

在工程可行性研究阶段，应对综合管廊工程建设的必要性和可行性进行分析研究，并对平面、纵断面、横断面进行方案设计，对满足综合管廊功能需求的主要节点进行设计，梳理综合管廊与相关工程及管线（已建或规划）的关系，对冲突节点提出解决方案，并提供工程估算投资。此阶段 BIM 应用主要在平面及断面。

在初步设计设计阶段，包含总体设计、结构设计、电气照明设计、通风设计、排水设计、消防设计、监控报警设计、标识系统设计等八个专业。总体设计应对综合管廊的平面、纵断面、横断面、主要节点进行细化设计，对相关工程设计边界条件进行细化分析，提出具体解决方案，对入廊管线进行初步专项设计，满足管线在综合管廊内部敷设、引入引出的空间需求，其他专业设计应按照相应专业设计深度要求，完成设计文件。初步设计阶段应提供工程概算投资。此阶段 BIM 应用主要在各专业设计过程中，按照专业设计要求，利用 BIM 进行平面、纵断面、横断面、节点以及各专业的正向设计。

在施工图设计阶段，应在初步设计基础上，对总体设计、结构设计、电气照明设计、通风设计、排水设计、消防设计、监控报警设计、标识系统设计进行细化设计，达到能够指导工程施工的要求。此阶段 BIM 应用主要在各专业设计过程中，按照专业设计要求，利用 BIM 进行平面、纵断面、横断面、节点以及各专业的正向设计，并提供满足施工要求的设计图样。

6.2 BIM 设计价值

1. 业主提早介入，强化设计评估效果

项目前期阶段对整个工程项目的影响是很大的。BIM 的可视化模拟功能可以在项目前期极大地提高业主对设计方案的理解能力，检验设计与功能需求的一致性，提高业主对设计方案的评估能力。对综合管廊的标准段、关键节点、复杂节点进行 BIM 可视化展示，可获得来自业主的积极反馈，使决策的时间大大减少，促成共识。

2. 参数化设计，实现数据关联、智能互动

由于 BIM 设计软件以三维的墙体、楼板、楼梯等建筑构件作为构成 BIM 模型的基本图形元素。整个设计过程就是不断确定和修改各种建筑构件的参数，全面采用可视化的参数化设计方式进行设计。这就为生成施工图和实现设计可视化提供了方便，由于生成的各种图样都是来源于同一个建筑模型，因此所有的图样和图表都是相互关联的，同时这种关联互动是实时的。

3. 协同设计，模型修改及时反馈

BIM 技术为实现协同设计开辟了广阔的前景，使不同专业的、甚至是身处异地的设计人员都能够通过网络在同一个 BIM 模型上展开协同设计，使设计能够同步、协调地进行。

4. 设计协调，及时解决存在问题

以往应用二维绘图软件进行工程设计，平、立、剖各种视图之间不协调的事情时有发生，即使花了大量人力物力对图样进行审查仍然未能避免。有些问题到了施工过程才能发现，给材料、成本、工期造成了很大的影响。应用 BIM 技术，通过协同设计和可视化分析可以及时解决上述设计中的不协调问题，保证施工的顺利进行。

5. 性能分析，提高建（构）筑物性能

BIM 技术可以让业主在项目建设的早期即可对建筑效果、性能进行审视和校核，将各种隐患（如设计碰撞等）在设计阶段解决。同时 BIM 模型中包含构件的各种详细信息，可以为工程性能分析（节能分析、通风分析、灾害分析等）提供条件，而且这些分析都可以用可视化的方式表达出来。

6.3 BIM 设计工具

目前可用于综合管廊 BIM 设计的主流软件有 Autodesk 公司旗下 Revit、Civil3D，Bently 公司的 AECOSim、PowerCivil，以及综合管廊专用设计软件，如鸿业科技的鸿业综合管廊等。建立模型应根据实际需要，选择所属行业或专业的主流软件作为创建平台，并可根据项目需要进行适当调整和补充（表 6.3-1）。

常用设计工具 表 6.3-1

	应用软件	应用场景
通用商业软件	Revit	节点建模、详细设计
	ArchiCAD	节点建模、详细设计
	Civil3D	线路建模、平纵出图
	AECOSim	节点建模、详细设计
	PowerCivil	线路建模、平纵出图
	CATIA	节点建模、线路建模、详细设计
	Rhino	节点建模、线路建模、详细设计
专用商业软件	鸿业管廊	基于 Revit 和 AutoCAD 平台建立管廊节点、线路模型以及平纵出图
	杰图管廊	基于自主研发平台建立管廊节点、线路模型以及平纵出图
	上华管廊	基于 AutoCAD 平台建立管廊节点、线路模型以及平纵出图

6.4 综合管廊设计模型分类和编码

为满足 BIM 技术在综合管廊后期运维管理及物资管理中的应用要求，必须在项目前期设计阶段对其进行规范化分类、编码和建模。

综合管廊可分为土建工程、附属设施、管线工程等，设计模型分类如图 6.4-1 所示。

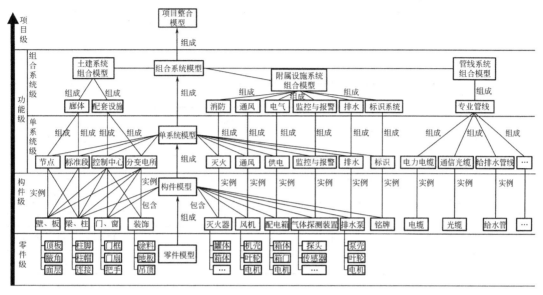

图 6.4-1 设计阶段模型拆分层次图

建议采用线分类法，将综合管廊各专业的设施设备按层级进行划分，不同层级类目之间按照从属关系进行分类，同一分支的类目之间按照并列关系进行分类。表 6.4-1 为一分类编码示例。

模型分类编码示例 表 6.4-1

分类代码				名 称			
一级	二级	三级	四级	一级	二级	三级	四级
1	0	0	0	土建系统			
1	1	0	0		廊体		
1	1	1	0			结构工程	
1	1	1	1				矩形柱
1	1	1	2				基础梁
1	1	1	3				矩形梁
1	1	1	4				圈梁
1	1	1	5				过梁
1	1	2	0			砌筑工程	
1	1	2	1				管廊内素混凝土层
1	1	2	2				实心砖墙
2	0	0	0	附属设施系统			
2	1	0	0		通风		
2	1	1	0			通风空调工程	

续表

分类代码				名　　称			
一级	二级	三级	四级	一级	二级	三级	四级
2	1	1	1				通风机
2	1	1	2				碳钢调节阀
2	1	1	3				排风机控制箱
2	2	0	0		电气		
2	2	1	0			控制设备及低压电器	
2	2	1	1				低压开关柜
2	2	1	2				控制箱
2	2	1	3				配电箱
2	2	1	4				浮球液位开关
2	2	1	5				超声波液位开关（防爆）
2	2	1	6				小电器
2	2	1	7				控制开关
2	2	1	8				声光控延时开关
2	2	2	0			照明器具	
2	2	2	1				普通灯具
2	2	2	2				装饰灯
2	2	2	3				荧光灯
2	2	2	4				应急灯
3	0	0	0	管线系统			
3	1	0	0		给水管道		
3	1	1	0			管线工程	
3	1	2	0			附属	
3	2	0	0		热力管道		
3	2	1	0			管线工程	
3	2	2	0			附属	
3	3	0	0		电力电缆		
3	3	1	0			管线工程	
3	3	2	0			附属	

6.5　BIM 设计应用点及关系

BIM 有着很广泛的应用范围，从纵向上可以覆盖设施的整个生命周期，在横向上可以覆盖不同的专业、工种。针对综合管廊工程的具体特点，设计阶段具体可实施 BIM 应用点见表 6.5-1。

综合管廊工程 BIM 技术在设计阶段的应用点总览　　　　表 6.5-1

工程阶段		应用点	内容描述
设计阶段	规划	规划选线	整合规划管线、规划道路、规划地块模型，为管廊规划选线提供决策依据
		总体布局	以空间占位模型的精细度布置规划区域内的综合管廊，形成规划区域内管廊总体布局模型
		入廊分析及规划推荐断面	在三维模型场景下，形成多个设计方案的模型进行比选，为后续设计阶段提供对应的断面模型
		规划方案展示	创建并整合方案体量模型与周边环境模型，利用 BIM 三维可视化的特性展现规划阶段的设计方案
	初步设计	标准断面设计	深化综合管廊的标准段模型，成果可剖切辅助设计出图，同时作为综合管廊整体设计的工作基础
		线路布置设计及场地分析	进行综合管廊整体线路的布置和设计，分析综合管廊与道路及周边环境要素的相对空间关系
		关键节点设计	进行综合管廊的交叉口、管线分支口、吊装口、进风口、排风口、人员出入口、逃生口等节点设计建模
		管线占位布置及空间协调	以占位模型分舱室布置内部各类专业管线，协调管线交叉、连接及管线引入、引出等关系，优化内部空间布置
		增值分析	将模型数据转入分析软件，以进行诸如结构、通风、逃生、灾害等分析模拟，提供优化设计的依据和建议
	施工图设计	主体模型深化	在初步设计模型的基础上，进一步深化设计模型，添加信息
		附属设施建模	建立综合管廊各附属设施的模型，并按项目规则进行统一编码
		内部管线详细设计	进一步深化设计管廊内部各种管线以及管线的各种附属设备设施，使其满足施工图设计深度要求
		冲突检测	应用 BIM 软件检查施工图设计阶段的碰撞，检查方案的可行性。
		工程量统计	获取各类工程量清单及项目特征信息，辅助工程设计人员对设备材料清单、工程量清单进行汇总统计

各设计应用点之间一般存在先后逻辑关系，也代表着过程中内在的数据传递方向，其关系如图 6.5-1 所示。

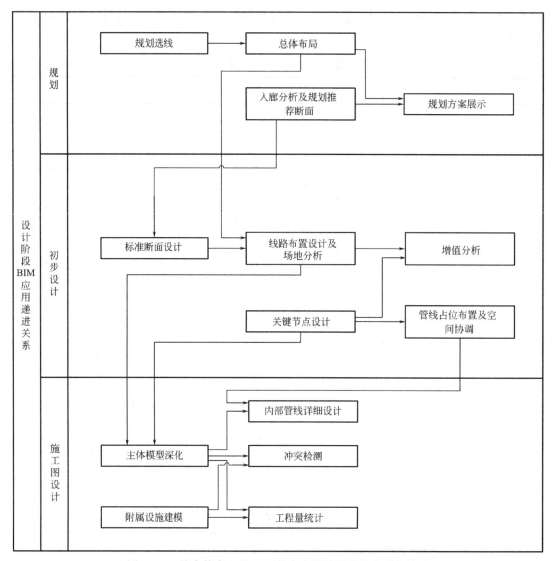

图 6.5-1　综合管廊工程 BIM 技术在设计阶段的应用点关系

6.6　BIM 设计及应用

6.6.1　规划选线

1. 应用描述

通过将各专业规划管线模型与规划道路模型、规划地块模型整合，并考虑道路等级、管线密集程度、地块属性等因素，分析各规划道路内所有市政专业管线空间分布上的特性，以及配套管线与道路等级、地块属性之间的关系，为管廊规划选线提供决策依据（图 6.6-1）。

2. 数据准备

收集的数据宜包括土地利用规划、路网规划、河道规划、各类专业管线规划的三维数

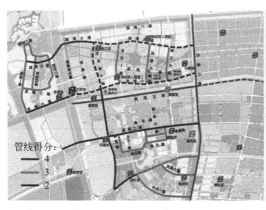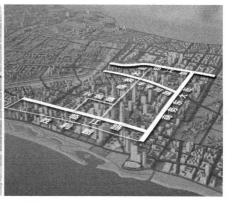

图 6.6-1　规划选线示例

字化资料，如无三维资料，也应收集相应的二维设计数据（表 6.6-1）。

规划选线数据准备　　　　　　　　　　　　　　　　表 6.6-1

原始资料	关键信息提取	信息用途
城市道路规划图	道路位置	二维资料三维数字化
	规划红线	二维资料三维数字化
河道规划图	河道位置	二维资料三维数字化
	河道蓝线	二维资料三维数字化
土地利用规划	地块功能性质	选线分析
各类专业管线规划图	管道平面位置	二维资料三维数字化
	管道口径、尺寸	二维资料三维数字化

3. 操作要点

（1）道路、河道规划三维数字化

以规划道路红线为依据，建立规划路网的三维模型，清晰表达道路的位置和红线的范围。

以规划河道蓝线为依据，建立规划河道的三维模型，重点表达河道与道路的交叉位置以及蓝线的范围。

（2）专业管线规划三维数字化

宜在统一的坐标系统下，建立各类管线的三维模型，清晰表达管线的平面位置和管道尺寸，对于重力管，如污水管和雨水管，需要表达管道的大致标高。

（3）模型整合

规划道路模型与规划河道模型整合；采用复制、链接等方式将所有管道模型综合在规划路网模型中，形成一个统一的可分析模型。

（4）模型校审和确认

检查模型的准确性。检查道路模型、河道模型与规划是否一致，检查各道路下市政管线的种类、尺寸、位置是否与规划一致。检查模型的完整性。检查道路、河道、市政管线模型是否完备表达，并进行模型确认。

（5）选线分析

基于整合模型分析所有市政管道系统分布特征，以此辅助决策管廊的总体规划。分析手段有人工经验识别和数学模型评估，数学模型评估的基础在于规划信息的结构化整合。

操作流程如图 6.6-2 所示。

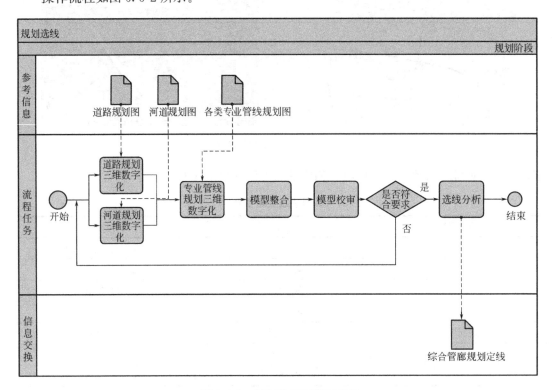

图 6.6-2　规划选线工作流程图

6.6.2　总体布局

1. 应用描述

在综合管廊规划选线的基础上，以空间占位模型的精细度初步布置规划区域内的综合管廊，形成规划区域内管廊总体布局模型，实现管廊规划布局方案的沟通、讨论、决策在可视化的三维场景下进行。

2. 数据准备

收集的数据应包括路网规划模型、河道规划模型、专业管线规划模型和规划管廊定线成果（表 6.6-2）。

总体布局数据准备　　　　　　　　　表 6.6-2

原始资料	关键信息提取	信息用途
路网规划模型	道路位置	参照模型
	规划红线	参照模型
河道规划模型	河道位置	参照模型
	规划蓝线	参照模型

原始资料	关键信息提取	信息用途
专业管线规划模型	相关道路下管线	参照模型
规划管廊定线	管廊平面位置	占位模型建模

3. 操作要点

（1）参照模型整理

以规划选线应用的模型作为参照，对参照模型进行整理，聚焦需要布置管廊的道路及其下规划的市政管线，其余区域模型可进行简化。

（2）建立管廊占位模型

根据道路下市政管线的密度、口径、尺寸等，初步确定管廊的总高和总宽。

在统一的坐标系统下，以体量模型或者面模型构建综合管廊模型。

（3）模型整合

采用复制或链接等方式将综合管廊占位模型整合于参照模型中。

（4）模型校审和确认

检查模型的准确性。检查综合管廊占位模型是否与规划选线一致，检查综合管廊的总高和总宽是否初步考虑了管线的种类和尺寸因素。检查模型的完整性。检查综合管廊占位模型是否完备表达，满足规划表现需要。

（5）模型确认

操作流程如图 6.6-3 所示。

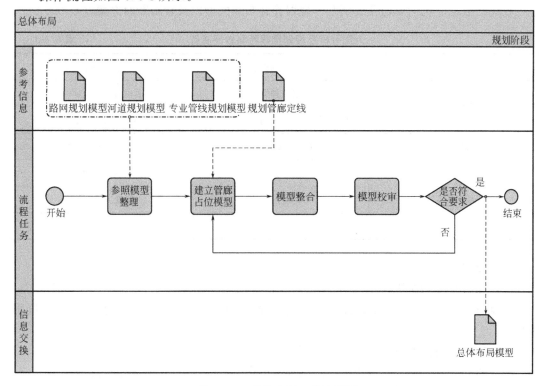

图 6.6-3　总体布局工作流程图

6.6.3 入廊分析及规划推荐断面

1. 应用描述

在综合管廊规划总体布局方案的基础上，结合相应道路下需要入廊的管线，形成多个备选的管廊断面及管线布置方案模型，进行比选，确定最佳的断面方案作为规划推荐断面，为后续 BIM 设计提供相应的断面轮廓（图 6.6-4）。

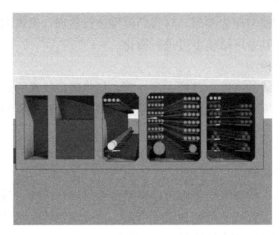

图 6.6-4　入廊分析及规划推荐断面示例

2. 数据准备

收集的数据应包括规划管线模型、规划管廊布局模型以及管廊断面方案（表 6.6-3）。

<table>
<tr><td colspan="3">入廊分析及规划推荐断面数据准备　　　　　　　　　　　　　表 6.6-3</td></tr>
</table>

原始资料	关键信息提取	信息用途
规划管线模型	管线种类	廊内管线占位建模
	管径、尺寸	廊内管线占位建模
规划管廊布局模型	管廊总高、总宽	检查总体布局应用
管廊断面方案	管廊分舱	断面方案建模
	管廊舱室尺寸	断面方案建模
	管线布置	廊内管线占位建模

3. 操作要点

（1）综合管廊断面建模

根据管廊断面方案，以断面轮廓放样或者基础构件搭建的方式建立标准段管廊模型。

（2）廊内管线占位建模

根据断面内管线布置，以轮廓放样或者管道构件的方式建立舱室内的管道模型。

（3）形成多个方案模型

根据前述两步及多个断面方案，形成多个方案模型。

（4）模型校审和确认

检查模型的准确性。检查综合管廊分舱和尺寸是否与断面方案一致，管线布置与断面方案是否一致。检查模型的完整性。检查内部管线种类、数量和尺寸是否与道路下规划管线一致。模型确认。

（5）确定规划推荐断面

根据规划断面模型，综合分析确定推荐断面。

（6）检查和调整管廊总体布局模型

根据确定的推荐断面，调整管廊总体布局模型的总体尺寸。

操作流程如图 6.6-5 所示。

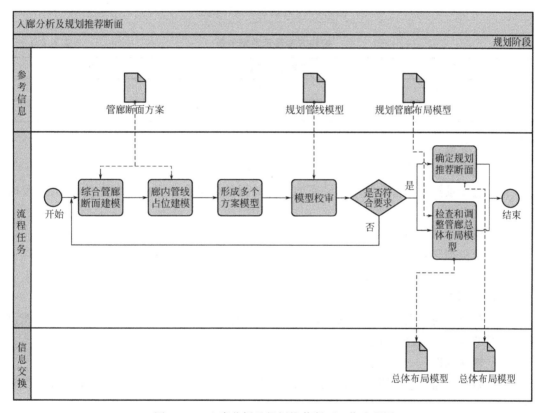

图 6.6-5　入廊分析及规划推荐断面工作流程图

6.6.4　规划方案展示

1.应用描述

将规划模型导入三维展示软件，进行渲染后展示规划方案，通过漫游、动画等形式提供身临其境的视觉、空间感受，采用可视化的方式辅助科学决策，降低由于规划不周而可能造成的损失风险（图 6.6-6）。

2.数据准备

收集的数据应包括规划管廊的总体布局模型、规划推荐断面模型（表 6.6-4）。

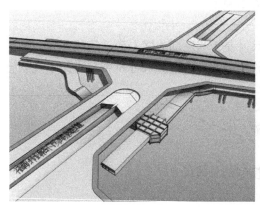

图 6.6-6　规划方案展示示例

规划方案展示数据准备　　　　　　　　　　　　　　　　　　表 6.6-4

原始资料	关键信息提取	信息用途
总体布局模型	三维形体	模型传递
规划推荐断面模型	三维形体	模型传递

3. 操作要点

（1）整合 BIM 数据文件

将周边场景模型、管廊总体布局模型导入数据整合平台，形成一个完整的 BIM 数据模型。

（2）模型渲染

将整合模型导入三维展示软件，根据实际场景赋予模型相应的材质信息。

将规划推荐断面模型导入三维展示软件，根据实际场景赋予模型相应的材质信息。

（3）规划方案展示

调整视点，规划漫游路径，反映综合管廊的整体布局，以呈现规划方案意图；呈现管廊标准段的舱室分隔以及管道分布。

（4）视频制作

将漫游动画输出为通用格式的视频文件，并保存原始制作文件，以备后期的调整与修改。

（5）视频剪辑

根据规划方案设计意图剪辑完成视频文件，便于与建设方的沟通交流。

（6）检查和确认

操作流程如图 6.6-7 所示。

6.6.5　标准断面设计

1. 应用描述

根据标准断面设计和规划推荐断面，利用 BIM 软件深化综合管廊的标准段模型，模型应包括廊体断面、管道布置、支吊架设置，其成果可剖切辅助设计出图，同时作为综合

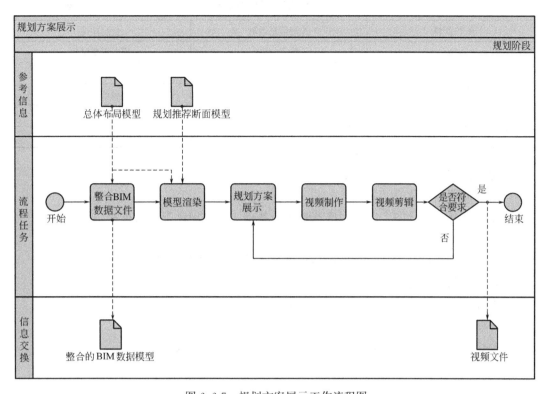

图 6.6-7　规划方案展示工作流程图

管廊整体 BIM 设计的工作基础（图 6.6-8）。

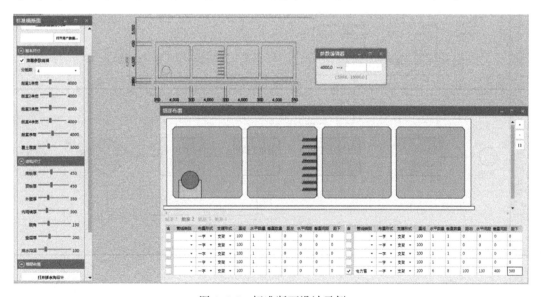

图 6.6-8　标准断面设计示例

2. 数据准备

收集的数据包括管廊标准断面设计图、规划推荐断面模型（表 6.6-5）。

标准断面设计数据准备		表 6.6-5
原始资料	关键信息提取	信息用途
标准断面设计图	舱室分隔	模型调整深化
	舱室尺寸	模型调整深化
	管道布置	模型调整深化
	支吊架、支墩布置	模型调整深化
规划推荐断面模型		模型传递和深化

3. 操作要点

（1）廊体断面深化

根据标准断面设计图，以规划推荐断面为基础，调整深化廊体的布置。

（2）内部管线深化

根据标准断面设计图，以规划推荐断面为基础，调整深化舱室内的管线布置。

（3）管道附属深化

根据标准断面设计图，布置管线的支吊架、支墩。

（4）模型校审和确认

检查模型的准确性，检查横断面尺寸是否与设计图样一致。

（5）模型确认

操作流程如图 6.6-9 所示。

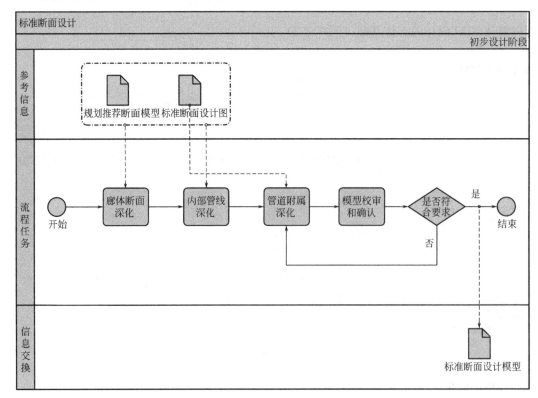

图 6.6-9　标准断面设计工作流程图

6.6.6　线路布置设计及场地分析

1. 应用描述

建立三维场地模型，宜涵盖现状地形、现状地下管线、现状地下及周边构（建）筑物、拟建道路等。进行综合管廊整体线路的布置和设计，平面定位和高程满足规划三维控制线的要求，根据需要分析综合管廊与道路及周边环境要素的相对空间关系，评估设计方案，进行布置优化（图 6.6-10）。

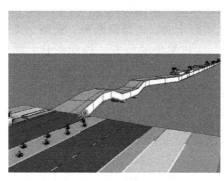

图 6.6-10　线路布置设计及场地分析示例

2. 数据准备

收集的数据包括拟建综合管廊周边的地形测量图（或借由点云扫描、倾斜摄影等技术生成的三维地形）、周边的现有管线布置图、现有地下设施布置图、拟建道路的设计图（或从道路专业获取的三维道路模型）、管廊总平面布置图、管廊纵断面设计草图、管廊标准横断面设计草图、规划三维控制线（表 6.6-6）。

线路布置设计及场地分析数据准备　　　　　　　　　　　　　　　　　表 6.6-6

原始资料	关键信息提取	信息用途
周边地形测量图	地理高程数据	环境建模
	地上建筑物形状、位置、高度等	环境建模及空间关系分析
周边现有管线布置图	管道平面位置	环境建模及空间关系分析
	管道高程数据	环境建模及空间关系分析
周边现有地下设施布置图	地下设施形状及平面位置	环境建模及空间关系分析
	地下设施高程	环境建模及空间关系分析
拟建道路的设计图	道路走向(中心线)	环境建模及空间关系分析
	道路横断面	环境建模及空间关系分析
	道路纵断面(粗略信息)	环境建模
管廊总平面布置图	平面定位	执行三维建模
管廊纵断面设计草图	管廊高程	执行三维建模
管廊标准横断面设计草图	管廊舱室分割	执行三维建模
规划三维控制线	平面控制要求	空间关系分析
	高程控制要求	空间关系分析

3. 操作要点

（1）确定建模坐标系

为便于综合管廊线路模型、节点详细设计模型、环境模型等整合，宜首先确定建模坐标系统。

从管廊总平面布置图中获取设计平面坐标系统。一般可通过链接总平面CAD底图的方式，并以此为参照。

（2）环境建模

使用地形建模软件建立综合管廊建设相关区域的三维地形模型。

建立拟建道路的粗略三维模型，清晰表达道路走向、道路横断面、道路交叉等关系。

建立邻近建筑物的粗略三维模型，清晰表达建筑物的位置、轮廓形状、高度等几何信息。

建立周边管线及附属设施的三维模型，清晰表达管线的口径、位置、高程以及附属设施的位置、形状等。建立邻近地下构筑物的粗略三维模型，清晰表达地下构筑物的位置、轮廓形状、高程等几何信息。

（3）线路三维建模

建立综合管廊的整体线路模型。宜使用墙、板、基础等结构基本要素工具建立管廊主体构件，满足结构构件的可拆分性。由于综合管廊通常存在纵向坡度，为避免建模繁琐，通常可以利用以线路设计为主体的BIM软件进行辅助建模，布置附属设施。使用用户定义元构件布置集水坑、坡道、踏步等附属设施。综合管廊关键节点处预留位置，待详细建模。

（4）空间关系分析

综合管廊实体模型与规划三维控制线的空间关系分析，保证管廊设计与管廊规划的一致性。综合管廊与拟建道路的空间位置分析，重点研究露出地面的设施与道路的位置关系。

通过对综合管廊与邻近构（建）筑物、周边管线的空间位置进行分析，获取水平距离、垂直距离等关键数据供设计决策。

（5）三维模型校审

检查模型的准确性。检查结构主体尺寸、标高是否满足设计要求，构件之间是否冲突，管廊设计与规划是否一致；检查模型的完整性。检查主体构造、附属设施是否完备表达。检查模型的合理性；检查管廊主体与邻近地上地下设施、管线是否存在冲突，安全距离是否足够。

（6）模型确认

操作流程如图6.6-11所示。

6.6.7 关键节点设计

1. 应用描述

进行综合管廊的交叉口、管线分支口、吊装口、进风口、排风口、人员出入口、逃生口等节点设计建模，模型深度应满足初步设计模型深度要求，模型包含的内容见成果要求。节点模型与整体线路模型宜使用统一的坐标系统，以便于整合，形成完整的信息模型，供后续应用和分析（图6.6-12）。

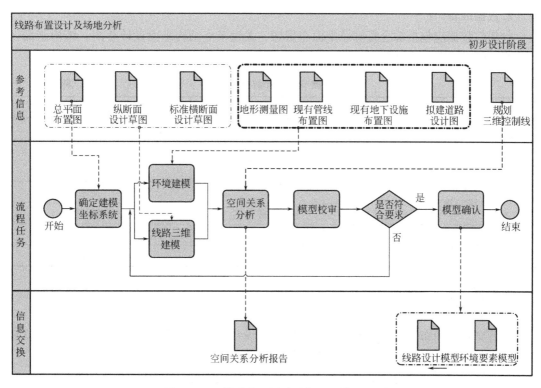

图 6.6-11 线路布置设计及场地工作流程图

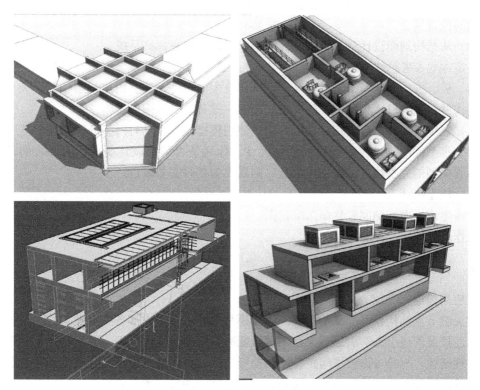

图 6.6-12 关键节点设计示例

2. 数据准备

收集的数据应包括综合管廊总平面布置图、关键节点结构平面设计草图、结构剖面设计草图、标准横断面设计草图（表6.6-7）。

关键节点设计数据准备　　　　　　　　　表 6.6-7

原始资料	关键信息	信息使用
总平面布置图	平面坐标系统	统一建模坐标系统
	与标准段设计分界	模型整合
结构平面设计草图	结构尺寸	执行三维建模
结构剖面设计草图	结构尺寸	执行三维建模
	标高信息	执行三维建模
标准横断面设计草图	结构尺寸	执行三维建模
	标高信息	执行三维建模

3. 操作要点

（1）确定建模坐标系统

从管廊总平面布置图或线路布置模型中获取设计平面坐标系统。一般可通过链接总平面CAD底图或总体模型的方式，并以此为参照。

（2）在三维建模环境中确定关键节点的定位和方向信息

宜通过旋转坐标系统或建立用户坐标系统的方式，使后续建模工作处于正交坐标系下进行。确定建模边界信息和参考信息约定节点模型与标准段模型的建模分界，一般可按照沉降缝的位置划分。

（3）从结构剖面设计草图中获取标高信息，建立建模标高系统

按需建立参考轴线、建模辅助线等。执行三维建模建立关键节点主体结构模型。使用墙、梁、板、柱、基础等结构基本要素工具建立主体构件，建立附属构造模型。使用用户定义元构件布置洞口、集水坑、防火门、楼梯、设备基础等附属设施。

（4）三维模型校审应当在建模工具内或使用模型检查工具对模型进行检查

检查模型的准确性：检查结构主体尺寸、标高是否满足设计要求，构件之间是否冲突。检查模型的完整性：检查主体构造、附属设施是否完备表达。

（5）模型确认

按需生成平面、剖面、立面二维视图。

操作流程如图6.6-13所示。

6.6.8 管线占位布置及空间协调

1. 应用描述

在关键节点结构模型的基础上，以占位模型分舱室布置内部各类专业管线，协调管线交叉、连接及管线引入、引出等关系，尽可能减少管道与管道之间、管道与结构构造之间的不合理碰撞，充分考虑管线间距、管线检修空间、管线与巡检通道、逃生通道、管线安装通道等的空间关系，优化内部空间布置，避免空间冲突（图6.6-14）。

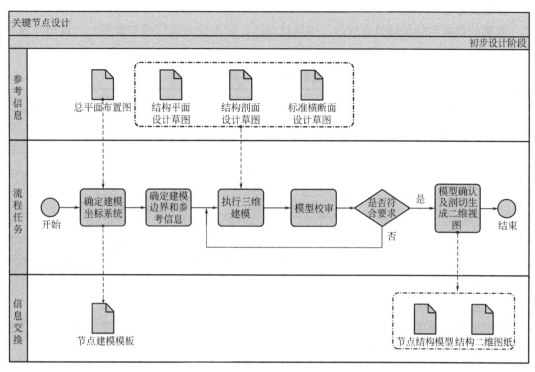

图 6.6-13　关键节点设计工作流程图

图 6.6-14　管线占位布置及空间协调示例

2. 数据准备

收集的数据包括关键节点管线二维设计草图、标准横断面管线布置图、关键节点结构主体模型（表 6.6-8）。

管线占位布置及空间协调数据准备 表 6.6-8

原始资料	关键信息	信息使用
管线二维设计草图	管线平面位置	执行三维建模
	管线分支、连接关系	执行三维建模
标准断面管线布置图	管道尺寸	执行三维建模
	管线平面位置	执行三维建模
	管线标高信息	执行三维建模
结构主体模型	坐标系统	模型整合
	主体结构	管线建模参照

3. 操作要点

（1）确定建模参照

通过链接、复制以及其他的协同方式引入结构主体模型作为参照，建立管线占位建模工作环境，确保坐标体系和高程体系的一致性，以利于模型整合。

（2）执行三维建模

布置各类设备的占位模型，如通风机、排水泵等。分舱、分标高建立各类管道的三维占位模型，宜按照管道功能对管道系统有所区分。对管道分支、管道连接等部位进行较为详细的建模。布置主要的管道配件，如阀门、接头等。布置管道支撑、支架、吊架等辅助设施。

（3）管线模型冲突协调

协调管道与管道之间、管道与设备之间、管道与结构主体之间的相对位置关系，重点对管道交叉、分支、连接等位置进行校核。

按需调整布置，解决管道、设备、设施间的碰撞问题。

（4）内部空间协调

协调管道与巡检通道、逃生通道、管线安装通道等的空间位置关系，协调设备与周围结构构造之间的空间位置关系。按需调整布置，保证通道顺畅、设备安装检修空间合理。

（5）三维模型校审

检查模型的准确性。检查管道尺寸、位置、标高是否满足设计要求。

检查模型的完整性。检查管道、管道配件、管道附件等是否表达完备。

检查模型的合理性。检查管道、设备布置后管廊内部空间的合理性，避免出现冲突。

（6）模型确认

按需生成管线布置二维视图。

操作流程如图 6.6-15 所示。

6.6.9 性能分析

1. 应用描述

在综合管廊初步设计模型的基础上，通过将模型数据转入分析软件，提供给分析软件

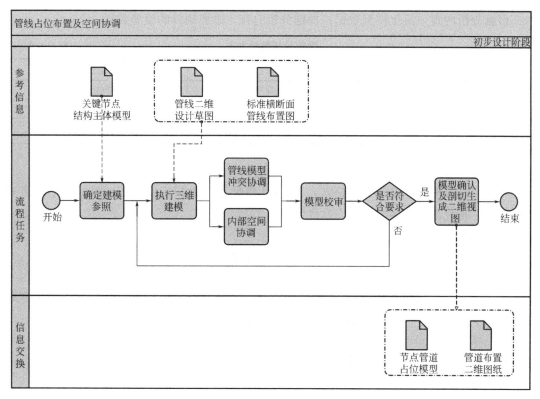

图 6.6-15　管线占位布置及空间协调工作流程图

必要的数据，以进行诸如结构、通风、逃生、灾害等分析模拟，为综合管廊提供优化设计的依据和建议（图 6.6-16）。

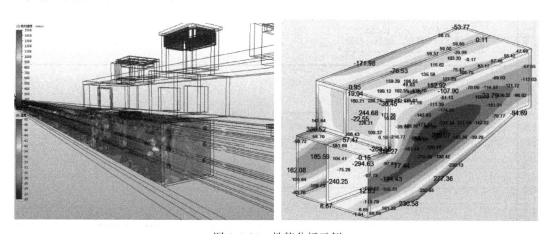

图 6.6-16　性能分析示例

2. 数据准备

收集的数据包括综合管廊线路模型、关键节点模型，以及根据分析需求，需要的地理、地质、气象等数据（表 6.6-9）。

3. 操作要点

（1）整理 BIM 模型数据

根据分析内容，简化模型数据；根据分析内容，添加额外的模型数据。

增值分析数据准备 表 6.6-9

原始资料	关键信息	信息使用
综合管廊线路模型	目标分析软件所需信息	模型导出
关键节点模型	目标分析软件所需信息	模型导出
地理、地质、气象数据等	目标分析软件所需信息	分析输入数据

（2）模型数据导入分析软件

根据目标分析软件可接受的格式，将 BIM 模型导出为相应的格式，或采用中间格式进行转换；将导出的数据文件导入分析模型。

（3）修正分析模型

评估模型导入数据的完整性和准确性；在分析软件中修正分析模型。

（4）增值分析

根据分析目标，进行相应的专业分析，导出计算数据成果文件、计算图形成果文件、视频文件等；分析的内容可包括结构分析、灾害分析、通风分析、逃生模拟等，但不仅限于此。

（5）结果反馈

根据分析的结果，为设计提供优化建议。

操作流程如图 6.6-17 所示。

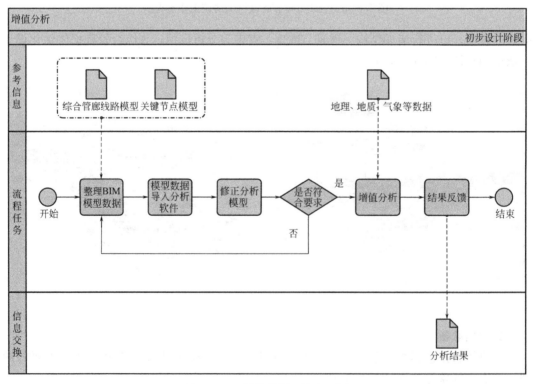

图 6.6-17 增值分析工作流程图

6.6.10 主体模型深化

1. 应用描述

综合管廊主体模型宜在初步设计模型的基础上,进一步深化初步设计模型,使其满足施工图设计阶段模型深度,为后续深化设计、冲突检测及工程量统计等提供模型工作依据(图 6.6-18)。

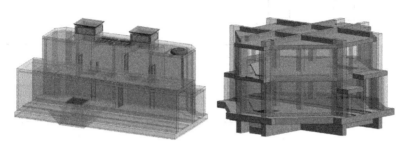

图 6.6-18 主体模型深化示例

2. 数据准备

收集的数据包括综合管廊总平面布置图、综合管廊初步设计阶段三维模型等(表 6.6-10)。

主体模型深化数据准备 表 6.6-10

原始资料	关键信息	信息使用
总平面布置图	平面坐标系统	统一建模坐标系统
	与标准段设计分界	模型整合
初步设计三维模型	结构尺寸	执行三维建模
	标高信息	执行三维建模

3. 操作要点

(1)完善构件族库

建立和完善适用于项目的构件族库(防火门、集水井、百叶窗、楼梯等),使各个构件在不同模型精度下有不同精度的表达形式。

(2)模型细节深化设计

深化模型应充分考虑到模型的细节问题。如墙、梁、板、柱之间的连接与剪切,综合管廊断面内部倒角、排水沟等。

深化模型应综合考虑管廊附属设置和管廊管线设计,为附属设施预留空间并为管线穿墙处预留孔洞。

(3)新增模型数据信息

添加墙、梁、板、柱等构件材质和装饰、分析属性、标识数据、建造阶段等数据信息,以便在后续性能分析、工程量统计、结构分析等应用中调用。

(4)三维模型校审

基于三维数字化场景下的模型检查。检查模型的准确性。检查结构主体尺寸、标高是否满足设计要求,构件之间是否冲突。检查模型的完整性,检查主体构造、附属设施是否表达完备。

（5）模型确认

按需生成平面、剖面、立面二维施工图。

操作流程如图 6.6-19 所示。

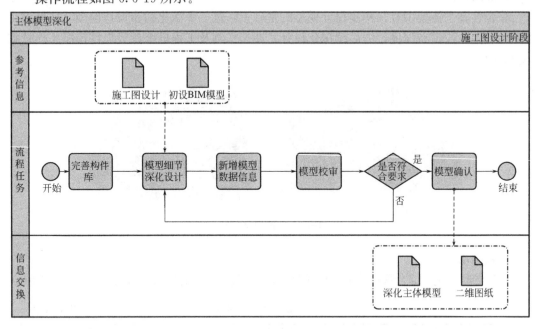

图 6.6-19　主体模型深化工作流程图

6.6.11　附属设施建模

1. 应用描述

建立综合管廊各附属设施的模型，包括监控中心、消防系统、监控系统、照明系统、通风系统、标识系统等，并按项目规则进行统一编号，为项目运营过程中的资产管理提供数据准备（图 6.6-20）。

图 6.6-20　附属设施建模示例

2. 数据准备

收集的数据包括综合管廊消防设计图、安防设计图、电气设计图、自控设设计图、标识设计图等以及综合管廊廊体模型（表 6.6-11）。

附属设施建模数据准备 表 6.6-11

原始资料	关键信息	信息使用
消防设计图	消防系统布置	执行三维建模
安防设计图	设备布置	执行三维建模
电气设计图	电气系统布置	执行三维建模
自控设计图	控制系统布置	执行三维建模
标识设计图	标识布置	执行三维建模
廊体模型	廊体三维信息	建模参照

3. 操作要点

（1）确定建模参照，通过链接、复制以及其他的协同方式引入结构主体模型作为参照，建立各子系统建模工作环境，确保坐标体系和高程体系的一致性，以利于模型整合。

（2）执行三维建模

建立消防、安防、电气、自控、标识等系统模型。

（3）子系统模型冲突协调

协调各子系统间的空间关系，解决系统间的冲突问题。

（4）设备、系统编号

根据项目约定的编号规则，对设备、各系统内的构件进行统一标号。

（5）三维模型校审

检查模型的准确性。检查管道尺寸、位置、标高是否满足设计要求。

检查模型的完整性。检查管道、管道配件、管道附件等是否完备表达。

检查模型的合理性。检查管道、设备布置后管廊内部空间的合理性，是否存在冲突。

（6）模型确认

操作流程如图 6.6-21 所示。

6.6.12 内部管线详细设计

1. 应用描述

综合管廊内部管线详细设计宜在深化主体模型设计的基础上，进一步深化设计管廊内部各种管线以及管线的各种附属设备设施，使其满足施工图设计深度要求，为后续深化设计、冲突检测及工程量统计等提供模型工作依据（图 6.6-22）。

2. 数据准备

收集的数据包括关键节点深度设计模型、节点管道设备占位模型（表 6.6-12）。

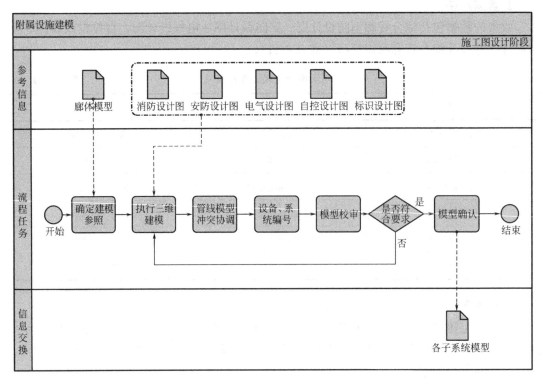

图 6.6-21　附属设施建模工作流程图

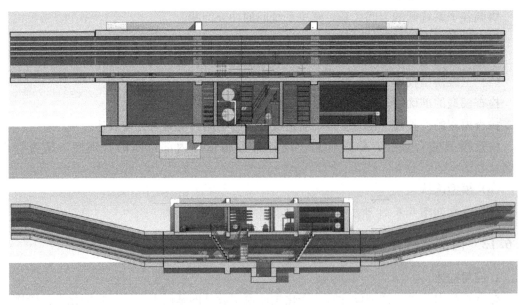

图 6.6-22　内部管线详细设计示例

3. 操作要点

（1）执行三维建模

确定管道的尺寸、系统类型、材质、连接方式等。参照初步设计中管道占位符与管道高程信息布置管道。在管道分支处、管道水平或横立连接处进行管道连接。布置管道配件，如阀门、接头等。布置管道支撑、支架、吊架等辅助设施等。布置各类设备，如通风机、排水泵等。

内部管线详细设计数据准备 表 6.6-12

原始资料	关键信息	信息使用
关键节点初步设计模型	结构尺寸	执行三维建模
	标高信息	执行三维建模
	BIM 信息	执行三维建模
节点管道设备占位模型	管道尺寸	执行三维建模
	管线平面位置	执行三维建模
	管线标高信息	执行三维建模

（2）标识管线系统

给予不同管线系统添加标识颜色。

（3）管线模型调整

检查管道模型的完整性，调整管道断节和错误连接处。协调管道与管道之间、管道与设备之间、管道与结构主体之间的相对位置关系，在进行初步碰撞检测后按需调整布置，解决管道、设备、设施间的碰撞问题。重点检查管道交叉、分支、连接等位置，并按需调整模型。

（4）添加管线标注

利用三维设计软件在平面和三维视图中对管线进行系统类型、管径、管长、标高等标注。

（5）模型确认

显示或隐藏部分构件，按需生成管线平面图样。

操作流程如图 6.6-23 所示。

6.6.13 冲突检测

1. 应用描述

基于各专业模型，应用 BIM 软件检查施工图设计阶段的碰撞，重点关注各管线系统之间、各管线系统与管廊主体之间的冲突，在施工前尽可能减少各类碰撞问题，降低潜在的返工损失（图 6.6-24）。

2. 数据准备

收集的数据包括施工图设计阶段土建模型、管廊内部管线详细模型、管廊内部附属设施模型（表 6.6-13）。

3. 操作要点

（1）整合模型

整合主体模型和管线模型。

（2）校核模型精度

参与冲突检测的土建模型和机电管线模型及其附属设备模型精度必须满足施工图设计阶段精度要求。

247

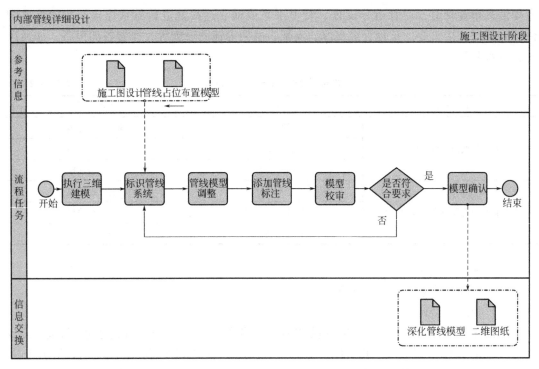

图 6.6-23　内部管线详细设计工作流程图

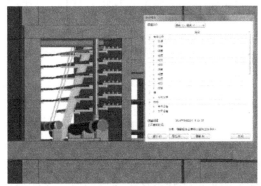

图 6.6-24　冲突检测示例

冲突检测数据准备　　　　　　　　　　　　　　　　　　　　　　　　表 6.6-13

原始资料	关键信息	信息使用
土建模型	构件尺寸、空间位置	空间关系分析
	设备尺寸、空间位置	空间关系分析
	开孔、洞位置	空间关系分析
管廊内部管线详细模型	管线空间位置	空间关系分析
	管线分支、连接关系	空间关系分析
	设备尺寸、空间位置	空间关系分析

原始资料	关键信息	信息使用
管廊内部附属设施模型	设备尺寸、空间位置	空间关系分析
	设备安装、连接方式	空间关系分析

（3）预设碰撞条件

在冲突检测中排除无效的碰撞点。兼顾到"软碰撞"，考虑构件与构件之间净距及设备与结构之间的净距要求。

（4）生成冲突检测报告

冲突检测报告应对碰撞问题进行分类，例如管线-结构碰撞、管线-管线碰撞、管线-设备碰撞等。冲突检测报告应对每一个碰撞点添加对应三维图，便于观察分析碰撞问题。

操作流程如图 6.6-25 所示。

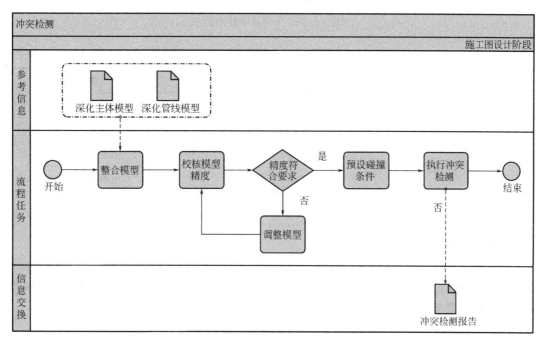

图 6.6-25 冲突检测工作流程图

6.6.14 工程量统计

1. 应用描述

从施工图设计模型中获取各类工程量清单及项目特征信息，辅助工程设计人员对设备材料清单、工程量清单做汇总统计，有利于提高工程造价人员编制各阶段工程造价的效率与准确性（图 6.6-26）。

2. 数据准备

收集的数据包括综合管廊土建结构模型、附属设施模型、自用管线模型，以及设计范围内的其他相关模型（表 6.6-14）。

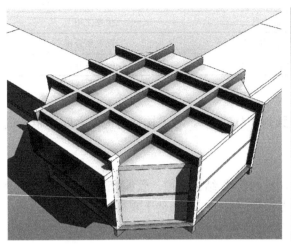

编号	族与类型	默认的厚度	面积	体积	周长
1	楼板：中板 - 300mm	300	289.95	86.99	102167
			楼板：中板 - 300mm：1		
1	楼板：垫层 - 100mm	100	67.37	6.72	57914
2	楼板：垫层 - 100mm	100	31.44	3.13	49472
3	楼板：垫层 - 100mm	100	79.42	7.92	56442
4	楼板：垫层 - 100mm	100	6.3	0.63	18300
8	楼板：垫层 - 100mm	100	6.3	0.63	18300
9	楼板：垫层 - 100mm	100	6.3	0.63	18300
10	楼板：垫层 - 100mm	100	78.56	7.86	60433
11	楼板：垫层 - 100mm	100	40.86	4.09	47508
12	楼板：垫层 - 100mm	100	54.33	5.43	60941
13	楼板：垫层 - 100mm	100	16.24	1.62	39409
14	楼板：垫层 - 100mm	100	16.24	1.62	39409
			楼板：垫层 - 100mm：14		
1	楼板：底板 - 300mm	300	43.13	12.94	26603
2	楼板：底板 - 300mm	300	43.13	12.94	26603
			楼板：底板 - 300mm：2		
1	楼板：底板 - 450mm	450	16	7.2	20000
2	楼板：底板 - 450mm	450	102.27	46.02	40900
3	楼板：底板 - 450mm	450	16	7.2	20000
4	楼板：底板 - 450mm	450	102.27	46.02	40900
5	楼板：底板 - 450mm	450	16	7.2	20000
6	楼板：底板 - 450mm	450	16	7.2	20000
			楼板：底板 - 450mm：6		
1	楼板：底板 - 600mm	600	352.79	211.68	69284
			楼板：底板 - 600mm：1		
1	楼板：顶板 - 300mm	300	43.13	12.94	26603
2	楼板：顶板 - 300mm	300	43.13	12.94	26603

图 6.6-26　工程量统计示例

工程量统计数据准备　　　　　　　　　　表 6.6-14

原始资料	关键信息	信息使用
土建结构模型	构件尺寸、数量	工程数量统计
附属设施模型	构件尺寸、数量	工程数量统计
自用管线模型	管线尺寸、数量	工程数量统计
	设备尺寸、数量	工程数量统计
设计范围内其他模型		

3. 操作要点

（1）完善构件信息及调整模型

针对设计模型及工程量表出具需要，在构件中加入特征信息和相关的描述信息；调整模型满足统计需要。

（2）工程量统计

将模型导入具有工程数量统计功能的 BIM 软件中；

在 BIM 软件中按照建筑构件类别分别统计各类构件的工程数量信息，以此作为工程设计出具统计表的依据，并作为工程造价的输入条件。

（3）数量校审

对软件出具的工程数量进行校审，反馈模型中的错误和纰漏。

（4）生成工程量清单

操作流程如图 6.6-27 所示。

BIM 技术对综合管廊的规划建设具有重要意义，在项目的策划、设计、施工、运营阶段推行 BIM 技术，通过 3D 建模、管线碰撞检查、性能化分析等 BIM 的应用，以数字化、信息化和可视化的方式提升项目管理水平，利于项目质量控制目标、进度控制目标、投资控制目标和安全控制目标的实现，真正改变传统建筑业的粗放式管理现状，实现精细化的管理，提高管廊工程设计和施工质量。同时利用 BIM 模型承载的设计、施工、采购、安装等过程的信息，为运营阶段的管理工作提供信息来源。

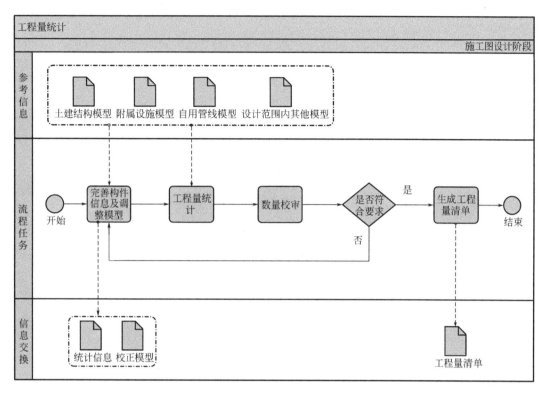

图 6.6-27　工程量统计工作流程图

第二部分
综合管廊工程规划设计案例

第7章 海口市地下综合管廊工程规划

7.1 规划编制概述

7.1.1 规划背景

各类市政公用管线是城市赖以正常运行的生命线，这些管线按照传统直埋方式各自敷设在道路的浅层空间内，在城镇化进程中，"拉链路"现象及管线事故频发，极大地影响了城市的安全运行。近年来，全国仅媒体报道的地下管线事故平均每天高达5～6起，每年由于路面开挖造成的直接经济损失高达2000亿元，从全国范围统计，我国管线事故处于高发期。

基于我国城市管线事故频发的严峻态势，以及我国城市基础设施仍存在总量不足、标准不高、运行管理粗放等问题，国务院于2013年9月6日下发了"关于加强城市基础设施建设的意见"（国发〔2013〕36号），明确指出："加大城市管网建设和改造力度。加强城市供水、污水、雨水、燃气、供热、通信等各类地下管网的建设、改造和检查，优先改造材质落后、漏损严重、影响安全的老旧管网，确保管网漏损率控制在国家标准以内。开展城市地下综合管廊试点，用3年左右时间，在全国36个大中城市全面启动地下综合管廊试点工程，中小城市因地制宜建设一批综合管廊项目。新建道路、城市新区和各类园区地下管网应按照综合管廊模式进行开发建设"。

为切实加强城市地下管线建设管理，保障城市安全运行，提高城市综合承载能力和城镇化发展质量，国务院办公厅于2014年6月3日发布了"关于加强城市地下管线建设管理的指导意见"（国办发〔2014〕27号），明确指出："（七）稳步推进城市地下综合管廊建设。在36个大中城市开展地下综合管廊试点工程，探索投融资、建设维护、定价收费、运营管理等模式，提高综合管廊建设管理水平。通过试点示范效应，带动具备条件的城市结合新区建设、旧城改造、道路新（改、扩）建，在重要地段和管线密集区建设综合管廊。城市地下综合管廊应统一规划、建设和管理，满足管线单位的使用和运行维护要求。鼓励管线单位入股组成股份制公司，联合投资建设综合管廊。有关部门要及时总结试点经验，加强对各地综合管廊建设的指导"。

为推进城市地下综合管廊建设，统筹各类市政管线规划、建设和管理，促进城市集约高效和转型发展，促进经济发展，国务院办公厅于2015年8月3日发布了"关于推进城市地下综合管廊建设的指导意见"（国办发〔2015〕61号）提出：（四）编制专项规划。各城市人民政府要按照"先规划、后建设"的原则，在地下管线普查的基础上，统筹各类管线实际发展需要，组织编制地下综合管廊建设规划，规划期限原则上应与城市总体规划相一致。结合地下空间开发利用、各类地下管线、道路交通等专项建设规划，合理确定地下综合管廊建设布局、管线种类、断面形式、平面位置、竖向控制等，明确建设规模和时序，综合考虑城市发展远景，预留和控制有关地下空间。建立建设项目储备制度，明确五年项目滚动规划和年度建设计划，积极、稳妥、有序推进地下综合管廊建设。

为进一步加强和改进城市规划建设管理工作，解决制约城市科学发展的突出矛盾和深层次问题，开创城市现代化建设新局面，中共中央、国务院于 2016 年 2 月 6 日发布"关于进一步加强城市规划建设管理工作的若干意见"（中发〔2016〕6 号），明确指出："认真总结推广试点城市经验，逐步推开城市地下综合管廊建设，统筹各类管线敷设，综合利用地下空间资源，提高城市综合承载能力。城市新区、各类园区、成片开发区域新建道路必须同步建设地下综合管廊，老城区要结合地铁建设、河道治理、道路整治、旧城更新、棚户区改造等，逐步推进地下综合管廊建设。加快制定地下综合管廊建设标准和技术导则。凡建有地下综合管廊的区域，各类管线必须全部入廊，管廊以外区域不得新建管线。管廊实行有偿使用，建立合理的收费机制。鼓励社会资本投资和运营地下综合管廊。各城市要综合考虑城市发展远景，按照先规划、后建设的原则，编制地下综合管廊建设专项规划，在年度建设计划中优先安排，并预留和控制地下空间。完善管理制度，确保管廊正常运行。"

2015 年初，海口市成功入选综合管廊建设试点城市。要推进试点工程建设，应首先编制综合管廊专项规划，对海口市建设综合管廊必要性及可行性进行研究，科学分析相关专项规划，提出城市地下综合管廊的系统布置及建设规模，达到统筹地下管线建设、提高工程建设效益、节约利用地下空间、防止道路反复开挖、增强地下管线防灾能力的目标，并为下一步工程设计、建设和管理提供指导依据。

本工程的规划范围为海口全市域 2304.8km²，重点为主城区 562.4km² 的城市建设区（图 7.1-1）。本规划的年限：近期为 2016～2020 年，远期为 2021～2030 年。

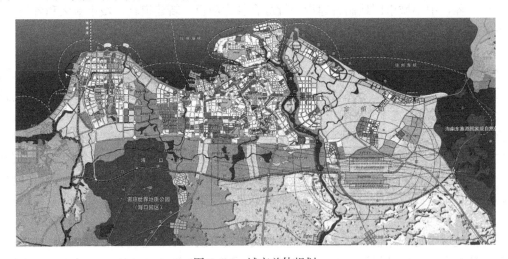

图 7.1-1　城市总体规划

海口综合管廊规划的主要目标是：以城市道路下部空间综合利用为核心，依据城市市政公用管线布局，对海口市综合管廊进行合理布局和优化配置，构筑层次化、网络化的综合管廊系统，推动城市开发建设的进程，逐步形成和城市规划相协调，城市道路下部空间得到合理、有序利用，具有超前性、综合性、合理性、实用性的综合管廊系统。

通过研究，海口市规划综合管廊共 222.10km。其中，中心组团 103.61km，长流组团 61.61km，江东组团 48.20km，美安科技新城 7.68km。干线型 137.26km，支线型 84.84km。

规划以《城市地下综合管廊工程规划编制指引》为编制依据，对海口市主城区范围内地下综合管廊的建设区域进行条件评估，提出宜建区、适建区和慎建区，并对近期综合管廊的线位布置及管廊标准横断面进行研究。

7.1.2 主要技术标准

综合管廊规划和设计中的主要技术标准如下：

(1) 综合管廊的结构安全等级：一级。

(2) 综合管廊结构构件的裂缝控制等级：三级。最大裂缝宽度限值 0.2mm。

(3) 防火等级：综合管廊内按一级耐火等级考虑。

(4) 综合管廊防火与阻止燃烧：耐火极限不低于 3h。

(5) 综合管廊防水等级：二级。

(6) 综合管廊内人行通道宽度不小于 1.0m，净高不小于 2.4m。

(7) 综合管廊覆土地面荷载：城—A 级汽车荷载，人群 4.5kPa。

(8) 抗震设防烈度为 8 度，设计基本地震加速度值为 0.30g。

7.1.3 规划原则

1. 适度超前原则

根据城市当前和未来发展需求，采用科学的分析方法，吸收国内外先进技术和经验，合理规划综合管廊建设的总体布局，更好地发挥综合管廊建设的环境效益、社会效益和经济效益。规划的超前性还体现在综合管廊纳入管线种类、断面设计与地下空间利用、工程建设投融资及管理模式等方面。

2. 系统协调原则

综合管廊是市政工程设施现代化建设的重要标志，是一项系统性很强的工程。涉及的市政专业包括给水排水、电力、通信、道路、燃气、环卫等，综合管廊的规划与建设应要做好与上述各专业部门的协调。

另外，综合管廊系统规划需统筹新城区与老城区的关系，新城区应结合新区开发、道路新建进行研究，老城区结合旧城改造、棚户区改造、道路改造、管线改造等确定系统，同时应考虑重要干线管线在新老城区的联通，合理构建服务新、老城区的干线综合管廊联络通道。

3. 近远期结合原则

规划需结合现状建设条件，统一规划，分步实施，应重视近期建设规划，并适应城镇远景发展的需要。作为基础设施，长期规划是综合管廊规划的重要原则，是综合管廊建设的关键。长期规划的有效性必须基于正确处理现状与发展、近期发展与长远发展的关系。正确处理远期与近期的关系，既要立足当前，抓住机遇，实施建设，发挥综合效益，又要考虑城市远期发展的不确定性，留足余量，做到"远近结合，经济有效"。

7.1.4 规划内容

综合管廊规划的主要内容包括以下几个方面：

1. 现状和规划资料的调查与评价

资料调查与评价将分"条线（各专业管线部门）"和"块线（各片区规划建设管理部门）"从综合管廊的规划、建设、管理三个方面进行全面的调查与评价。包括：

（1）规划方面：整个市区的相关规划（总规和各专项规划）的编制情况；各片区综合管廊规划的编制情况。

（2）建设方面：现状管线及各地下设施的基本情况（包括管线种类、数量、走向及布置、管线破损老化情况，设施名称、位置、规模、用地情况，以及管线、设施存在的问题，有无增建、维修计划等）；现状管线综合布置情况（主要针对主次干道，如道路名称、管线种类、数量、管径、敷设方式、布置方位、位置、管材及埋设深度等）；现状综合管廊建设情况；现状地形及地质情况，现有道路下的构筑物及重大地下空间开发工程建设计划。

（3）管理方面：主要针对地下管线的维护管理进行调查评价，包括维护方式、维护资金保障等。

2. 综合管廊建设的必要性和可行性分析

结合城市的实际情况分析综合管廊规划建设的必要性和可行性。

3. 地下综合管廊总体需求分析

通过对城市空间布局及规划用地性质，道路交通量、轨道交通建设和地下空间开发规划、各管线的主通道等相关因素的深入分析，预测综合管廊目标需求量，提出综合管廊的规划线位。

4. 综合管廊的建设区域及线位规划

根据海口市的城市规划用地性质及地质条件分析，地下综合管廊建设区域可划分为可建区和慎建区，在可建区内根据建设条件可划分出适建区，在适建区内结合管廊的建设时序，又可划分出管廊的优先建设区。

5. 综合管廊入廊管线分析及横断面布置

对综合管廊的入廊管线和建设时序分析，确定综合管廊断面方案。

6. 综合管廊附属设施及安全规划

（1）综合管廊口部规划，主要包括人员出入口、吊装口、通风口、分支口等；

（2）综合管廊附属设施规划，包括供电及照明、监控及报警、通风、排水、消防、标识等设施；

（3）综合管廊安全规划，除考虑结构安全外，还需考虑外在因素对综合管廊内管道的安全影响，如洪水、外力破坏，火灾等。

7. 综合管廊建设及运营、管理模式分析

综合管廊的投融资、建设运营模式和管理模式分析，包括政府全权出资建设、政府企业联合出资建设等模式。

8. 分期建设规划、投资估算及效益分析

根据城市道路规划或轨道交通的开发建设时序，综合管廊规划分近期、远期和远景展望；根据综合管廊长度、估算单价等，进行管廊的投资估算；对综合管廊的经济、社会和环境效益分析。

7.1.5　主要技术路线

在规划目标的指引下，通过现场踏勘、文献调研、专家咨询等方法，研究并明确海口市综合管廊规划的前提条件。在此基础上，对本次规划应该解决的关键问题进行识别，通过对国内外城市综合管廊相关理论与建设经验的充分调研，结合海口市综合发展规划定位与现状建设实际，协调已编制的市政工程类各专项规划，形成海口市综合管廊规划的总体方案。对综合管廊总体方案进行深化，主要包含平面规划、横断面规划和纵断面规划。最后，给出综合管廊建设实施与管理的建议，主要包含规划建设时序与近期建设内容、建设投融资模式和运营管理模式。

规划以城市管线设施面临的现实问题为出发点，合理利用各种资源，构建创新型、环保型、节能型的现代化绿色市政基础设施体系。以科学规划作为重要依据和前提，在深入细致的现状调查和分析的基础上，利用专题研究解决关键技术问题，实现综合管廊科学合理布局。本次规划需要协调及重点解决的问题主要有：

1. 统筹新城区与老城区的关系

海口市综合管廊优先选择在新区实施，与新区道路同步实施，以新城区的核心区域为中心形成网络化、层次化的综合管廊系统。同时，需考虑到今后老城区建设综合管廊的可行性及必要性，在筹划新区管廊时与老城区的需求相衔接，保证老城区道路改扩建时综合管廊建设的可实施性。

老城区的综合管廊建设根据城区基础设施发展的需要和实施条件，结合旧城改造和地下空间开发，分片分阶段开展建设工作，最终与新区形成完整的综合管廊体系。

2. 兼顾建设成本与完善功能的关系

根据城市经济发展现状、空间功能定位、区域开发强度，合理定位建设标准。从前期决策、规划设计到建设实施进行详细论证，确定综合管廊总体布局与规模；统筹安排入廊管线与廊外管线，综合管廊与其他地面、地下工程的关系。提出分层次的规划方案，以避让原则和预留控制原则为主导，从而达到辐射最广、体系完善、功能齐全的目标。改善城市现状、促进城市发展并有效控制建设、运营及管理成本。

3. 协调综合管廊与城市建设的关系

综合管廊的建设保证了道路不会因管线维修、扩容而造成的重复开挖，告别"马路拉链"等城市病。通过优化综合管廊系统布局，设计经济美观的口部结构形式，达到与环境和谐统一。加强与海口市海绵城市建设的统筹协调，强化综合管廊与城市规划、环境景观、地下空间利用等方面的衔接，为城市可持续发展提供保障。

7.2　城市概况

7.2.1　地理位置

海口市又称椰城，海口自北宋开埠以来，已有近千年的历史。1926 年建市，1988 年海南建省办经济特区，海口成为海南省省会，是全省政治、经济、科技、文化中心和交通邮电枢纽；海口地处热带滨海，热带资源呈现多样性，富于海滨自然特色风光景观。海口处于华南经济开发带的前沿位置，是连接大陆本土和东南亚的枢纽，对发展华南经济圈的区域合作和外向型经济有着得天独厚的地理优势。

海口市位于东经 110°10′~110°41′，北纬 19°32′~20°05′。地处海南岛北部，北濒琼州海峡，隔 18 海里与海安镇相望；东面与文昌市相邻；南面与文昌市、定安县接壤；西面邻接澄迈县。

海口市陆地总面积 2304.84km²，其中农业用地 1756km²，建设用地 363km²，未利用土地 153km²；海口市设秀英、龙华、琼山、美兰 4 个县级市辖区，2015 年底，海口市常住人口 222.3 万人，其中秀英区 32.7 万人、龙华区 65.54 万人、琼山区 50.18 万人、美兰区 68.88 万人。

7.2.2 自然条件

1. 地质地貌

海口市属于海滨岗地，由于海蚀及构造作用，形成台阶式地形，市辖区范围内最高为第四级阶地上的群山岭，高程 68.83m，一级阶地分布于沿海，标高 4m 以下，宽约 0.3~0.4km，地势平坦，城区大部分建筑均在这一级阶地上。二级阶地标高为 17~24m，宽度达 2.8km，地形平坦。三级阶地标高为 30~40m，宽度达 0.4~3km，切割剧烈，为宽敞平顶低岗地。四级阶地为该市地形较高的洪积层，标高在 80m 以内，地形破碎，系园状岗地。总体来讲，海口地势平缓，西北部和东南部高，中部南渡江沿岸低平，东部和东北部为沿海小平原，境内最高处为马鞍岭，海拔 221.23m，最低点为南渡江入海口，海拔 0.33m。

全市除石山镇境内的马鞍岭（海拔 221.23m）、旧州镇境内的旧州岭（海拔 198.93m）、甲子镇境内的日晒岭（海拔 170.03m）和永兴镇境内的雷虎岭（海拔 167.33m）等 38 个山丘较高外，绝大部分为海拔 100m 以下的台地和平原。地表主要为第四纪基性火山岩和第四系松散沉积物大面积分布，滨海以滨海台阶式地貌为主，西部以典型的火山地貌为主。

全市地貌基本分为北部滨海平原区，中部沿江阶地区，东部、南部台地区，西部熔岩台地区。

2. 气象条件

海口地处低纬度热带北缘，属于热带海洋气候，春季温暖少雨多旱，夏季高温多雨，秋季多台风暴雨，冬季冷气流侵袭时有阵寒。多年平均降雨量为 1816mm。多年平均受影响的台风 5.5 个（次），年平均大于 8 级大风 12d，年平均 12 级以上台风 2~4 个（次）。每年 4~10 月是台风活跃季节，台风盛季平均个（次）占平均年个（次）数的 81%，以 8、9 月下旬为台风高峰期。由于受大陆冷高压和入海变性高压脊影响，海口市沿海常有含盐分的海雾危害蔬菜和农作物。

3. 水文特征

海口市主要河流 17 条，其中南渡江水系 7 条，南渡江干流从海口市西南部东山镇流入境内，穿过中部，于北部入海，流经海口市 75km（出海口段从西向东主要分流有海甸溪、横沟河、潭览河、迈雅河和道孟溪），支流有铁炉溪、三十六曲溪、鸭程溪、昌旺溪（南面溪）、美舍河和响水河；独流入海的有 9 条，分别为演州河、五源河、荣山河、演丰东河、演丰西河、罗雅河、芙蓉河、龙昆沟和秀英沟；另有白石溪流经文昌市境内出海。

本规划片区位于长流组团，区域内主要有荣山河和五源河两条骨干水系。

4. 地震

海口市及其雷琼地区和海域，自晚第三纪以来，新构造运动表现强烈，以差异性断块升降，断裂活动，基性岩浆间歇性喷发频繁为基本特征，伴随着断陷盆地以及大陆边缘接受沉积的同时，在雷琼地区火山活动是新构造运动最为壮观的一幕，断裂活动控制了琼北及雷州断陷主要构造即隆起与凹陷展布。

规划用地位于琼北渐陷区的北缘，王五——文教深大断裂北侧 35～40km 处，属地震烈度 8 度区。规划用地所在地区是受海口市三条主要地震断裂带影响较弱的地区。该断裂带近期无明显活动迹象。

根据《建筑抗震设计规范》GB 50011，海口市构筑物抗震设防烈度为 8 度，设计基本地震加速度值 0.30g，设计地震分组为第一组。

7.2.3　城市经济与社会发展

近年来，海口围绕着建立"新兴工业基地，热带滨海旅游胜地和区域性商贸中心"的"两地一中心"发展战略，社会经济取得了较快发展。

国民经济快速增长：2015 年全市地区生产总值大道 1161.28 亿元，比上年增长 7.5%；一般公共预算收入 290.49 亿元，比上年增长 8.5%；完成固定资产投资 1012.04 亿元，比上年增长 23.2%。

城乡面貌发生深刻变化：完成新一轮城市总体规划和土地利用总体规划修编，建成区基本实现规划全覆盖，城市空间布局向多中心、组团式发展。采取"政府主导、让利于民"模式，以改造最难的玉沙村为突破口，旧城改造实现历史性突破，海甸溪北岸、朱云路、镇海村等一批旧改项目顺利推进。加大经营城市力度，以高起点、高水平规划建设西海岸起步区为重点，加快推进新区开发。新的行政中心投入使用，西海岸实现新城崛起。新埠岛、世纪海港城、鸿洲新城初具规模，城市价值大幅提升。加大城市路网建设力度，市区外"六纵一横"和市区内"八纵五横"的主干道骨架基本形成。

7.2.4　海口市市政管线现状

随着经济和社会的飞速发展，城市建设日新月异，作为城市基础设施的地下管线对于城市规划建设和日常管理的重要性亦越来越凸显出来。全面查明海口市综合管线空间分布和属性情况，建立海口市综合管线数据库，实现综合管线信息化、网络化管理，可为城市可持续发展及减灾防灾提供决策支持。

海口已于 2012 年 5 月完成了综合管线普查及数据建库工程，建立了地下管线信息长效管理机制，对近几年新增或报废的管线信息进行了及时的数据库更新，对各类管线信息实现了动态管理。

1. 海口市城市管网现状

（1）供水工程现状

目前，海口市有4座自来水厂，以地表水为水源的水厂有米铺水厂、永庄水厂和儒俊水厂。

（2）供电工程现状

"十二五"期间，海口市经济持续稳定发展，带动用电需求不断增长。随着电网规模的不断扩大，电网供电能力和供电可靠性也逐渐加强，为社会经济发展提供了有力的电力基础保障。海口市用电主要通过海南220kV主网供应。海口电网暂无500kV变电站，最高电压等级为220kV。

（3）通信工程现状

海南省已建成较为完整、覆盖全省各主要市、县的通信传输网络，网络结构主要分为两个层次：全省骨干传输网（局间传输和汇接层）和本地传输接入网。已完成连接全省十九个市（县）"三纵两横"的主干光缆网络建设。

（4）燃气工程现状

海口市现状气源厂有秀英和海甸岛气化混气站，已建成城市中压燃气管网160多公里，中压干、支管、庭院管300多公里。

（5）雨水工程现状

目前旧城区排水多为合流制，新建或改造区域多为雨、污分流制。合流制区域主要集中在滨海大道、长堤路以南，海秀东路以北，龙昆沟以东，美舍河以西的旧城区，另外还有美舍河沿岸区域、海甸岛一路～四路之间区域。随着中心区污水截流工程以及府城分区污水管网工程的陆续实施，一部分合流制区域将改造为分流制区域，如海甸岛一路～四路、府城老城区等。

主城区的主要排放水体自西向东有：荣山河、五源河、秀英沟（含上游工业水库）、金牛岭人工湖、西崩潭、龙昆沟、东崩潭、大同沟、东西湖、红城湖、美舍河、板桥溪、海甸溪、横沟河、南渡江以及琼州海峡水域。根据海口市水务局提供的资料，主城区目前建成雨水管线398.2km，合流管线13.7km，明渠24.0km。目前存在的问题为不同时期雨水系统的布置方式不统一，造成系统的布置混乱。此外，城市的建成区和待开发区交错，建成区的管网建设往往没有考虑待开发区的建设，也给后续建设带来困难。部分雨水系统设计标准低，致使雨天道路经常积水。

（6）污水工程现状

目前海口市中心组团的污水主干管以及次干管网已基本形成，污水管网已基本覆盖建成区，污水管线总长278.6km。已建成的4条主干管有：滨海大道西延线污水干线（西环线～疏港泵站）、滨海大道污水干线（疏港泵站～结合井）、长堤路污水干线（桥板溪～结合井）、人民大道污水干线（结合井～海甸泵站～污水处理厂）。已建成的5条污水次干线有：丘海大道（原疏港大道）污水次干线、龙昆路污水次干线、和平路污水次干线、美舍河东侧污水次干线（观光路尚有一段未打通）、美舍河西侧污水次干线。

海口市主城区目前已建成两座污水处理厂，分别为白沙门污水处理厂和长流污水处理厂。白沙门污水处理厂日处理水量为50万m^3，长流污水处理厂日处理水量为5万m^3。

2. 海口市综合管线普查

综合管线普查范围为海口市主城区，共 $364.6km^2$ 范围。探测的管线分地下、地上两个部分。地下部分是指在城市规划区内埋设于地下的各种管道和线缆，地下管道包括给水（生活用水、工业用水、消防用水）、排水（含雨水、污水、雨污合流）、燃气（天然气、煤气、液化气）、热力（蒸汽、热水）和工业管道（氢、氧、石油等）；地下电缆包括电力（供电、路灯、交通信号）、通信（电信、移动、联通、有线电视、广播等）。地上部分是指电压值为 10kV 及其以上值的架空电力管线。

截至 2014 年底，海口市现状管线共计 6 大类，19 项，包括给水、排水、燃气、工业管道、电力电缆、通信（包括军用光缆）等，全长 10834km。其中中心城区管线占总量的 60%，长流组团占总量的 25%，江东组团占总量的 15%（表 7.2-1）。

海口市地下管线普查工程量表　　　　　　　　　　　表 7.2-1

序号	管线分类		管线长度(km)
1	给水	给水	812.16
2	排水	雨污合流	1994.60
3		雨水	
4		污水	
5	燃气	天然气	512.83
6	电力	供电	1981.19
7		路灯	
8	通信	交通信号	4770.96
9		电信	
10		联通	
11		移动	
12		铁通	
13		网通	
14		监控信号	
15		电力通信	
16		其他通信	
17	军用光缆	军用光缆	44.61
18	电视	电视	706.07
19	工业	工业	10.87
20	管沟	管沟	0.33
21	不明	不明	0.38
合计			10834

市政管线主要埋设在道路两侧和非机动车道或慢车道上。给水、天然气管主要敷设在道路一侧或两侧，通过分支向各用户供水、气。雨、污水分布在道路两侧，雨水分布在慢车道，部分污水分布在快车道，老城区存在少量雨、污合流管线。弱电类管线埋设方式主要有管块、管埋和直埋，个别为沟道。一般弱电类管线敷设在道路两侧，部分电信管线分布在慢车道和快车道上。海南电网目前基本形成以 220kV 为主网架，110kV 和 35kV 为次网架的等级网络结构。电网采用架空与入地结合方式敷设。现状 220kV 和 110kV 电力线路基本采用高压铁塔的形式沿城市外围如绕城高速、南渡江架空布置。其余埋深较浅的供电电缆，部分以沟道形式敷设。

3. 现状城市管网的特点

城市地下管网是城市基础设施的重要组成部分，是发挥城市功能、确保社会经济和城市建设健康、协调和可持续发展的重要基础和保障。通过海口市综合管线普查，可以看出，海口市市政管网主要有以下几个特点：

（1）城市地下管线主要埋设在道路两侧和非机动车道或慢车道上。老城区管网基本以直埋方式为主，并且运行时间长、集约化程度低。2010 年后，敷设的电力管大部分采用电缆沟敷设的方式。

（2）老城区部分管网由于敷设年代较早，存在设计标准偏低、安全可靠性较差的现象，难以适应极端灾害天气。

以电力管线为例，海口市电网 35kV 以上高压线路入地率不足 10％；10kV 高压线路入地率仅为 22％。在"威马逊"超强台风中，全市 29 个变电站全部失压，电力线路倒塔倒杆断杆损毁 8999 根（座），断线 3116 处，电力负荷损失超 95％（图 7.2-1）。

图 7.2-1 "威马逊"台风期间现场图

（3）地下管线种类多，造成地下空间拥挤、管线存在大量上下重叠交错的现象，管线之间的安全距离小，对管线的运行和维护带来较大不便。

（4）地下管线产权分散，容易造成城市道路反复开挖的"马路拉链"现象。

7.2.5　城市综合管廊总体规划研究

城市地下管线是保障城市运行的重要基础设施和"生命线"，担负着城市的信息传递、能源输送、排涝减灾、废物排弃的功能，是城市基础设施的重要组成部分，加强城市地下管线建设和管理，适时推进综合管廊建设，既可以解决当前地下管线事故频发、安全隐患突出、应急防灾能力薄弱等问题，保障城市安全运行，又可以起到促进经济增长、提高城市综合承载能力、提升城镇化发展质量的作用。

海口市原有老城区已经难以满足近年来城市高速发展的需求，新区建设和旧城区改造成为海口市贯彻落实中央政策，提升城市综合实力的落脚点。根据中央及省市要求，应推进市政综合管廊规划建设，特别是在新城区及旧城改造区域，原则上新建道路均应进行综合管廊建设的可行性分析研究，力争在 3～5 年内探索出海口市综合管廊建设的投融资及建设管理新模式，形成推动综合管廊建设的长效机制。

海口市综合管廊发展应以实际面临的现实问题为出发点，合理利用各种资源，构建创新、环保、节能的现代化绿色市政基础设施体系。以科学规划作为重要依据和前提，在深入细致的现状调查和分析的基础上，利用专题研究解决关键的技术问题，实现综合管廊科学合理布局。

在海口市"一个中心，两个组团"布局中，长流组团与江东组团都属于新城区，绝大部分属于未建成区，发展潜力大；中心城区组团内大多为老城区，管线错综复杂，扩展空间较小。考虑到在旧城区改造中，现有地下市政管线及地上架空线大多陈旧，需要更新，结合旧城区棚户区改造及地下空间改造可将地块开发与市政基础设施升级结合，与城市发展更紧密的结合起来。

根据海口市的城市规划、快速路网规划、地下空间的开发和新区的发展、现状地下管线的特点，制定海口市地下综合管廊的总体布局：在交通繁忙及地下管线较为密集的城市主干路下，结合快速路改造，规划建设综合管廊，避免反复开挖路面。同时，在中心城区重要商务区，为降低工程造价、促进地下空间集约利用，结合棚户区改造、地下空间改造工程同步建设综合管廊。新城区则结合道路建设按规划实施管廊建设，最终形成海口的综合管廊系统。综合管廊在海口市内的总体空间上形成"两翼带动中心"的布局。

7.3　相关规划概况

7.3.1　城市总体规划（2011～2020）

规划人口远期（2020 年）：市域总人口 245 万～255 万人，其中主城区常住人口控制在 180 万以内。确定的规划期内城市发展总目标为：把海口市建设成为海南省经济实力最强，服务设施最优的中心城市，较高国际知名度的热带海岛旅游度假胜地，具有优良生态环境的健康宜居城市和浓郁地域文化特色的历史文化名城（图7.3-1）。

城市建设用地分布：中心城区组团重点完善面向岛内综合中心功能，远期建设用地控制在 112km^2。长流组团重点拓展面向岛内、岛外综合功能，远期建设用地控制在 44km^2。江东组团重点拓展面向岛外现代综合服务功能，远期建设用地控制在 53km^2。

图 7.3-1　主城区用地规划图

7.3.2　各片区详细性控制规划

城市各片区控规情况如图 7.3-2、表 7.3-1 所示。

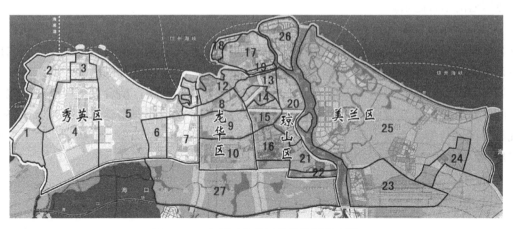

图 7.3-2　主城区各片区控规范围示意图

主城区各片区控规一览表　　　　　　　　　　　　　　　表 7.3-1

编号	名称	功能定位和发展方向	面积(km²)	人口(万人)
1	金沙湾片区	以创建国家级旅游度假区为总体发展目标,依托滨海自然资源优势,发展精品旅游度假和时尚海岸居住,建设旅游度假与城区相融的滨海旅游新区	14	6.95
2	粤海片区	以创建国家级旅游度假区为总体发展目标,依托滨海自然资源与交通门户优势,大力拓展旅游相关产业,完善旅游服务体系,发展游艇经济、文化创意、旅游度假服务、滨海居住等特色功能,建设成以旅游为核心的综合型服务城区	12	11

编号	名称	功能定位和发展方向	面积（km²）	人口（万人）
3	长流起步区	集市级行政办公、文化展览娱乐、商务办公及居住等功能为一体的综合区	4.37	6.9
4	西海岸新区南片区	西海岸新区的公共中心，文教与创意产业集聚区，绿色、健康的城市住区及旅游度假型社区的综合发展地区	37	35
5	长秀（A）	以中高档居住为主导，配套相应公共服务设施的宜居生活社区	5.54	8.8
	长秀（B）	海南省文体中心区、海口市森林公园、外地游客的休闲度假地、本地居民的宜居生活区	31.81	11.8
6	药谷片区	海口市现代化、高新环保型工业园区，以医药制造、饮料食品制造、电子工业为主导，以包装印刷业为关联，大力发展高科技、低污染、低能耗、高附加值产业的环保型产业园区	6.51	6.8
7	海秀片区	以工业生活配套为主，承载医疗卫生、文体教育、生态居住功能的综合性片区	11.53	12.13
8	金贸片区	海口市商务中心之一、集居住、商贸金融、都市娱乐休闲服务为一体的综合性城市功能片区	5.8	19
9	金牛岭片区	以金牛岭公园为生态绿心的居住片区	5.8	12
10	城西片区	集高新技术产业、高等教育产业为主导，居住、物流、生活服务相配套的新型综合区；产业发展定位是海口市重要的高新技术产业和高等教育产业基地	13.8	10
11	海口港秀英片区	以经营国际客运和国内长短途客运为主，建设国际国内邮轮母港，近期兼顾集装箱和商品汽车专用滚装运输的客运港区，并形成海口港支持系统码头基地	2.55	1.2
12	核心滨海区（新港片区）	以文体休闲、中高档居住区为主要功能的核心区域	2.29	2.5
	核心滨海区（海口湾）	以滨海观光游乐、高档居住区为主要功能的核心区域	4.43	3.5
13	旧城片区	海口市中心组团内保留历史文化区域较好的综合型片区	5.1	13.5
14	大同片区	以商贸、居住、文化功能为主的综合型片区	3.4	8.8
15	大英山片区	以行政、商务、文化为主，融合商业服务、休闲娱乐和居住生活等功能的具有热带风情的现代综合型城市中心区	5.6	22
16	府城片区	以居住和商业服务为主导，兼有名城保护、城际交通枢纽和教育功能的综合型片区	8.3	12.5
17	海甸岛片区	以教育科研和宜居社区为主，同时配套片区的公共服务设施和城市公园	11.48	25.6

续表

编号	名称	功能定位和发展方向	面积(km^2)	人口(万人)
18	美丽沙片区	通过规划打造海口市乃至海南岛一流的度假居住区,建设城市中心区理想的滨水休闲娱乐岸线,成为海口市地标性项目	2.24	4
19	海甸溪北岸片区	海甸岛门户节点,滨河特色休闲商业带,海甸北岸宜居居住区	1.15	4.4
20	南渡江西岸片区	海口主城区重要的滨江居住生活组团,南渡江滨江休闲产业重点发展区域	12.77	16
21	滨江新城	海口市东南部区域公共中心;南渡江畔新型生态住区;海口市滨江休闲产业、现代服务产业发展区域之一	8.15	9
22	滨江新城南片区	体现绿色生态理念的滨江居住社区	1.56	2
23	灵山片区	以航空物流和居住为主的综合型片区	3.72	2.5
24	桂林洋高校区	海口江东组团重要组成部分,海南省重要的教育科研基地,具有高品质生态环境的高校新区	7.67	15
25	江东片区	旅游开发功能;居住、公共服务功能;教育产业;临空港配套产业;生态保护功能	123.6	28.85
26	新埠岛片区	打造成海口市旅游休闲的窗口,构建成与海口西海岸和东海岸旅游相竞合的旅游地	8.7	6
27	南部生态绿带片区	海口市生态环境优越的南部绿色生态屏障	61.8	3.89

7.3.3 市政专项规划

1. 道路交通规划

根据不同道路承担的不同功能和在片区中不同的地位和作用,道路等级划分为四类:快速路、主干路、次干路和支路(图 7.3-3)。

快速路:承担大量、长距离、快速交通服务。快速路对向车行道之间应设中间分隔带,其进出口应采用全控制或部分控制,快速路两侧不应设置吸引大量车流、人流的公共建筑物的进出口,两侧一般建筑物的进出口应加以控制。

主干路:连接城市各主要分区的干路,以交通功能为主,两侧不应设置吸引大量车流、人流的公共建筑物的进出口。

次干路:起集散交通的作用,兼有服务功能。

支路:次干路与街坊路的连接线,解决局部地区交通,以服务功能为主。

海口市空间布局是带状组团式结构,东西向为主流交通方向。主城区各个组团依靠一条城市快速路和四条城市主干路联系东西向交通。南向城市干路均与对外公路相接,形成城市南向六个主要出口。北向主要道路均通向海洋,与港口设施相接。主要干路构成"八纵四横"的路网结构。

1)中心城区组团

旧城区路况复杂,在保护历史名城风貌、重塑城市景观、保持旧城肌理的前提下,以

图 7.3-3　道路等级规划图

调整、改造、拓宽和打通为主要工作。道路建设中应加大支路、次干路建设力度，扩充道路交通"微循环"系统，提高系统整体通行能力。加强中心区的道路网与外围道路的衔接，缓解中心区压力。

根据城市组团沿东西向带状分布的特征，东西向规划一条城市快速路和四条城市主干路把各个组团有机地联系起来。通过 5 座跨江大桥（东新大桥、海美大桥、琼州大桥、海瑞大桥、南渡江大桥）来加强中心城区组团与江东组团的联系。南北向城市道路以拓宽、改建为主，加强与滨海地区的联系。

2）长流组团

道路网为方格网结构。道路系统主要满足滨海旅游、主要港区集疏运和工业区布局的功能要求。

3）江东组团

道路网为方格网加自由式结构。道路系统主要满足滨海旅游、居住和空港集疏运要求。

2. 轨道交通规划

根据轨道线网规划原则要求，在分析海口网络结构基本形态应满足的要求和客流需求分布后，初步形成轨道交通基本构架方案。规划共建设形成 5 条轨道交通干线，其中 1 号线（东西向，海口火车站～江东新琼片区）和 2 号线（南北向，海甸岛～南部绿地生态园区）为近期建设线路（图 7.3-4）。

3. 地下空间规划

目前，海口市城区地下空间的利用方式分为以下五类：①地下专用停车场；②地下商场；③防空地下室；④管道设备用房和管理用房；⑤仓库。规划期 2020 年，海口市地下空间的发展为"两轴、一线、八点"的平面布局形态。两轴：为轨道交通 4 号线作为主城区南北向发展轴；轨道 2 号线（城市发展橙色轴线）作为主城区东西向发展轴，预留远景

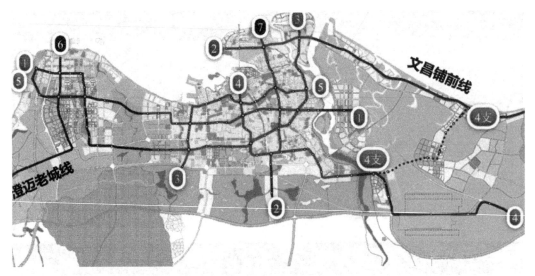

图 7.3-4　轨道交通线位规划图

建设轨道交通；一线：为串联市级行政中心和西海岸新区中心区的地下空间发展线；八点：为综合评分适宜开发利用的地下空间重要节点，包括市级行政中心区、西海岸新区中心区、海口站商务服务中心、白龙路商业中心、大英山城市综合中心区、海口东站；综合交通枢纽区、江东片区区级商业中心以及海秀片区区级公共中心（图 7.3-5）。

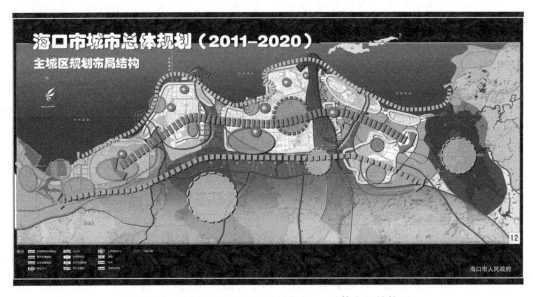

图 7.3-5　地下空间开发利用规划图——总体布局结构图

　　远景随着城市经济水平的提升，地下空间施工技术进步，海口市将形成覆盖中心城区的轨道交通线网。预计海口市将以城市各级公共中心、重要功能地段或重要工程设施为重点和发展源，以轨道交通网络为骨架发展轴，通过重点地区地下空间的开发促进和带动周边地区发展，辐射整个中心城区。形成点、线、面相结合，功能多元、规模层次性强的地下空间平面布局体系。

4. 市政管线专项规划

（1）供水规划

规划海口市供水水源以南渡江、松涛水库、永庄水库等地表水为主，地下水为辅，严禁过量开采地下水，避免产生地下漏斗区，防止海水倒灌侵蚀地下水。

海口市除现状 4 座水厂外，规划新建江东水厂，规模为 15 万 m^3/日；远期根据用水量发展需要扩建儒俊水厂，规模达 40 万 m^3/日。

到规划期末，海口市五座水厂的供水规模为：米铺水厂 27 万 m^3/日；儒俊水厂 40 万 m^3/日；永庄水厂 20 万 m^3/日（长流组团用水由永庄水厂和秀英地下水厂供给）；江东水厂 15 万 m^3/日；秀英地下水厂及其他地下水井可供水量 15 万 t/日，供水总规模达 117.0 万 m^3/日，规划城市总用水量约 115 万 m^3/日，能够满足城市用水的需求（图 7.3-6）。

图 7.3-6　给水工程规划图

（2）供电规划

海口市负荷大，增长快，是海南省最大的负荷中心。但市内能源资源相对贫乏，可利用电源少。以后将适时建设新的送电通道，以接受主网电力，将海口电网从海南电网 220kV 主网中脱离出来。减少海口电网功率穿越，成为一个受端电网；从主网引进电源点，使海口电网的电源点分布较为合理，分散分布；合理利用现有线路走廊，减少规划网架建设难度（图 7.3-7、图 7.3-8）。

海口电网采用以下标准电压等级：

高压输电：500kV 或 220kV；高压配电：110kV；中压配电：10kV；低压配电：380V/220V。

（3）通信规划

规划长流组团、江东组团、老城工业区等区域通信网络与中心城区通信主干线相互连接，沿城市干路西、北侧铺设光缆干线，埋地敷设；新建道路西、北侧方向预留电信管道，管孔数应满足各类通信业务的要求。同时，由于市场经济和信息产业迅速发展的需要，多个部门对地下通信管道提出建设的要求，造成了地下管道空间资源的浪费和管理混

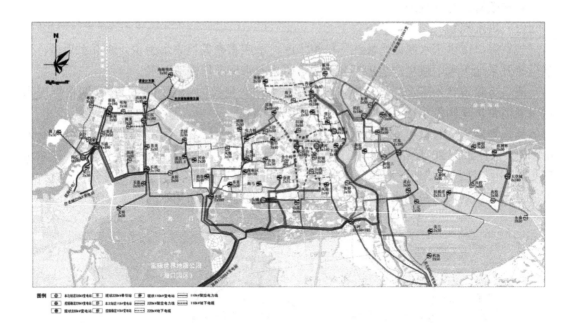

图 7.3-7　供电工程规划图（电力设施）

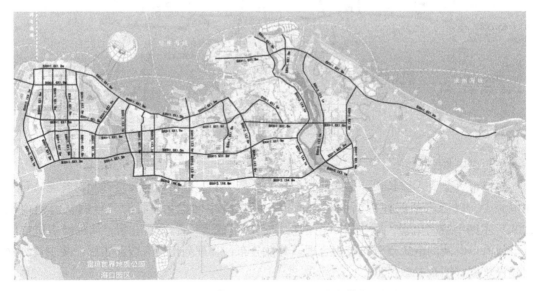

图 7.3-8　供电工程规划图（电力电缆沟）

乱，因此通信管网应统一规划、统一建设、统一管理，再按有偿使用的原则，提供给各通信公司或部门使用。

（4）燃气规划

按照城市用地规划布局，以现状管网为基础，进行规划整合，形成完整、统一的天然气管网系统（图 7.3-9）。规划将城市用气范围分为六大供气区，即市中心区、府城区、药谷工业园、金盘工业区、江东组团区、长流组团区。各区既相对独立，又相互联

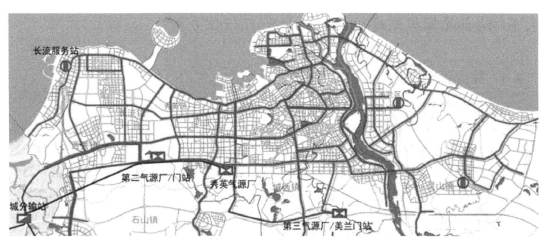

图 7.3-9　燃气工程规划图

系，可减小区内管道管径，又能保证各区内部良好的水力工况，同时有利于工程的分期实施。

长输管线进入秀英门站后，分三路送出，其中一路经门站一级调压段调为高压后，沿椰海大道南侧进入府城高中压调压站。中压管网从秀英门站出站后向东以三条主干线进入城市中心区；江东组团由秀英门站敷设的主干线沿椰海大道南侧，经府城区跨桥输入；另外两条主干线向西进入长流地区供气。

燃气管道按照远期需求统一规划、分期建设，输气干管近期建设小环网，远期形成大环网；主干管宜靠近用气大户，配气管网结合输气干管形成环网供气。

燃气管道穿越下水道、管沟、隧道、铁路及其他各种用途沟槽时，应敷设于套管内；穿过河流或大型渠道时，可随桥架设，也可单独架设管桥，并采取防火安全措施。

（5）雨水规划

根据《海口市排水专项规划》，近期海口市老城区采用合流制，包括滨海大道、长堤路以南，海秀东路以北，龙昆沟以东，美舍河以西的旧城区，以及美舍河两岸区域；已经建设分流制但当作合流制使用的，恢复为设计的分流制；新建城区、开发区一律采用分流制。远期结合老城区成片改造，将合流制相应改造为分流制。

（6）污水规划

根据预测，海口市主城区 2020 年污水量约 80 万 m^3/d。结合排水系统的划分、现状污水干管的走向，规划区可分成三个各自独立的排水区域，即中心组团、长流组团以及江东组团。

目前海口市中心组团的污水主干管以及次干管网已基本形成，污水管网已基本覆盖建成区。已建成的 4 条主干管有：滨海大道西延线污水干线（西环线～疏港泵站）；滨海大道污水干线（疏港泵站～结合井）；长堤路污水干线（桥板溪～结合井）；人民大道污水干线（结合井～海甸泵站～污水处理厂）。已建成的 5 条污水次干线有：丘海大道（原疏港大道）污水次干线；龙昆路污水次干线；和平路污水次干线；美舍河东侧污水次干线；美舍河西侧污水次干线。

7.4 综合管廊规划建设的必要性和可行性分析

7.4.1 综合管廊建设的必要性

1. 海口市规划定位

按照城市总体规划确定的目标，在规划期限内，海口市将建设成为海南省经济实力最强，服务设施最优的中心城市。在这样的大背景下，有必要在市政建设中引入"综合管廊"这个全新的市政综合配套设施，发挥综合管廊集约建设、集中管理管线的优势，对管线实施一体化规划，与道路同步建设，从而避免马路重复开挖，为管线扩容、更换、长期管理维护提供便利，同时对节约道路地下空间，避免台风破坏管线、延长管线使用寿命、提升城市综合承载能力等均有积极作用。因此，管廊工程建设与城市的发展定位是符合的。

2. 土地集约化利用和工程管线集约化建设的需要

土地资源是不可再生的。按照建设节约型社会的要求，土地应集约化利用；为了满足绿色、健康的城市住区及旅游度假型社区的综合发展定位，应尽量减少高压电力电缆架空线路的敷设，所以结合高压电缆落地建设综合管廊，是经济合理又符合集约化建设要求的做法。

3. 满足新区开发进度和现状

西海岸新区、美安科技新城、桂林洋开发区等新区开发进度快，部分管线和道路已经建成。但部分现状管线无法满足新区开发的要求，需要改迁。综合管廊为管线的规模调整及二次整合提供了机会，结合管线改迁整合，再次提升新区实力，确保新区长期可持续发展。

4. 落实《国家新型城镇化规划（2014～2020 年）》的推广政策

《国家新型城镇化规划（2014～2020 年）》中明确提出："统筹电力、通信、给水排水、供热、燃气等地下管网建设，推行城市综合管廊，新建城市主干道路、城市新区、各类园区应实行城市地下管网综合管廊模式。"

海口市作为海南省的政治、经济、文化中心，建设城市综合管廊，合理统筹地下管线建设是落实《国家新型城镇化规划（2014～2020 年)》的一项重要举措。

5. 推行国家政策及综合管廊试点城市建设计划

《关于推进城市地下综合管廊建设的指导意见》（国办发〔2015〕61 号）明确要求各城市人民政府要按照"先规划、后建设"的原则，在地下管线普查的基础上，统筹各类管线实际发展需要，组织编制地下综合管廊建设规划。海口市作为首批综合管廊建设试点城市，应按照相关要求推进综合管廊的规划建设。

7.4.2 综合管廊建设的可行性

海口具备实施综合管廊的基础条件和优势，规划建设地下综合管廊是可行的，主要体现在以下四个方面：

1. 制度建设完善

海口市先后颁布实施了《海口市市政设施管理条例》（2010 年 8 月 18 日实施）、《海口市地下管线管理暂行办法》（2013 年 8 月 19 日实施）、《海口市城市管理技术规定》（2014 年 12 月 31 日实施）等地方法规文件，为推进管廊建设、管线入廊、管廊维护运营提供了政策法规和制度保障。

2. 城市发展基础较好

海口是国家"一带一路"战略支点城市，是海南省政治、经济、科技、文化中心和最大的交通枢纽。海口拥有"国家环境保护模范城市"、"中国优秀旅游城市"、"国家园林城市"、"国家历史文化名城"、"全国城市环境综合整治优秀城市"、"全国旅游标准化示范城市"等荣誉称号，曾获 2004 年度"中国人居环境奖"，2012 年入选"中国魅力城市 200 强"。

2015 年海口成功申报综合管廊试点城市，具有建设综合管廊的发展基础。

3. 综合管理机制健全

（1）市政府成立了地下综合管廊工作领导小组，市长担任组长，市级层面建立了联席会议制度，为全面有效解决综合管廊建设运营过程相关事宜奠定了良好的基础。

（2）市政府成立了地下综合管廊建设工程指挥部，由市长任指挥长，副市长为副指挥长，确立指挥部议事规则，为综合管廊建设、运营、管理起到了良好的主导和推动作用。

（3）建立了各管线权属单位及时上报全年管线建设计划的管理制度。管理部门合理调整归并各管线建设实施时间，提高了道路管线统一建设的效率。

（4）建立了综合管线信息系统，对主城区范围内所有地下管线进行了普查，建立了动态的信息化平台。

4. 规划体系完善

海口市编制了各项规划，有完备的城市规划体系和详细的规划基础资料，在市区范围已基本实现了控制性详细规划全面覆盖。海口市已编制完成众多与地下综合管廊有关的规划，如《海口市地下空间开发利用规划（2013～2020）》、《海口市城市公共交通专项规划》和《海口市电力专项规划（2015～2030）》等。

7.4.3 综合管廊工程建设时机选择

综合管廊规划建设除需考虑经济等整体影响因素，还需考量建设的具体时间节点。一般而言，配合其他重大工程建设综合管廊可节约成本。在工程上，适宜建设综合管廊的时机如下：

（1）配合新区的开发：结合新区开发可在整体上进行综合管廊规划，需求量易于预测，无建设障碍，为综合管廊建设的最好时机。

（2）配合管线重大维修或更新：为维持管线良好运行，各管线单位对既有管线都有维修或更新计划，并进行挖掘维修，结合管线改造建设综合管廊，可较快地发挥综合管廊的功能。

（3）配合道路新建或改扩建：在城市道路新建或拓宽、重铺之际兴建综合管廊，可延长道路的使用寿命，免去因埋修管线而常常挖掘道路。

（4）配合重大工程：结合轨道交通等重大工程建设综合管廊，可以减少管线搬迁费用，节约工程投资。

（5）配合棚户区改造：结合棚户区改造对道路改造、管线翻排的机会，建设综合管廊，有利于发挥综合管廊效能，实现区域整体规划、统一建设。

通过对海口市制度建设、城市化进程以及城市发展建设情况等各方面分析，均具备了建设综合管廊的条件，因此海口市规划建设综合管廊是可行的。

7.5 综合管廊总体需求

7.5.1 综合管廊建设决策的影响因素分析

1. 影响因素分析

综合管廊投资额度较大，对政府的财政能力要求高。在启动综合管廊项目前，应对建设综合管廊涉及的相关影响因素进行全面的分析与评价。

（1）宏观层面——目标城市分析：宏观层面对综合管廊构成影响的因素主要有城市经济发展水平、城市发展规模、城市基础设施建设标准和地下空间开发规模。

（2）中观层面——目标区域分析：根据国内外的建设经验，综合管廊规划表现出明显的区域网络型特征，对目标区域的分析，可从区域现状、区域功能定位、区域容量、区域开发状态等因素入手。

（3）微观层面——目标道路分析：通常情况下，综合管廊均利用道路红线范围内的地下空间。道路性质、区域开发强度、管线情况乃至地质条件等，对综合管廊路由选择均有重要影响。

根据以上建设决策影响因素，对海口市各方面条件进行分析，结果表明，海口市已具备建设综合管廊的必要条件（表 7.5-1）。

综合管廊建设影响因素表

表 7.5-1

分析层次	目标范围	影响因素	相关指标	相关指标响应
宏观分析	目标城市	城市经济发展水平	人均 GDP、GDP 增长率、财政可支配收入	2015 年，海口市实现 GDP 总量 1161 亿元，位列全省第一，增速 6.37%
		城市规模	城市人口、中心城区面积、人均道路面积、道路面积率、道路路网容量、机动车保有量	2015 年末海口市区常住 220 万人，占全省 1/4
		城市基础设施建设标准	基础设施使用寿命、防灾抗灾能力、现状管线敷设方式	正处于城市基础设施建设期，防灾抗灾能力弱，管线多为直埋和架空，以老城区尤为明显
		城市地下空间开发规模	轨道交通长度、地下空间开发面积、人均隧道长度	尚未建设轨道交通，将加速启动地下空间开发
中观分析	目标区域分析	区域现状	新区或老区、区域路网密度、交通流量分布	海口市区长流组团和江东组团有大量规划新建区，市区交通流量主要分布在东西向主次干道上；老城区交通压力大

续表

分析层次	目标范围	影响因素	相关指标	相关指标响应
中观分析	目标区域分析	区域功能定位	CBD区域、科学园区、住宅区、历史文化保护区	海口市建设成为海南省经济实力最强,服务设施最优的中心城市,较高国际知名度的热带海岛旅游度假胜地,具有优良生态环境的健康宜居城市和浓郁地域文化特色的历史文化名城
		区域容量	区域面积、承载的人口与就业规模	海口全市域 2304.8km²,主城区 562.4km²
		区域内地下空间	地下空间开发面积、开发深度	海口站商务服务中心、海口长流起步区中央商务经贸区、西海岸新城核心区、大英山中央商务区、江东商业中心、白龙北路商业中心、海秀片区公共中心等重点地区地下空间开发利用
		开发状况	地块功能类型、开发周期	海口市中心城区主要规划为住宅区、商住混合区用地和商务用地等,市区中心已经形成,外围区域逐步开发,从西向东形成长流、中心和江东组团的城市格局
微观分析	目标道路分析	道路性质	道路等级、道路宽度、道路通行量	海口市区内规划有快速路、主干道、次干道和支路,道路通行量大
		管线性质	管线的种类、数目、密度、管径、管龄、埋设深度、维修频率	海口市区现状道路下主要有自来水、雨水、污水、电力、通信、燃气等市政管线,并有多条东西向重大干线管线经过
		道路地质条件	土层分布、不良地质	海口市区地势平坦、坡度平缓,沿海地区存在软弱土、液化土等不良地质,但采取一定工程措施可有效解决。市区范围多条地震断裂带穿过

2. 投资决策的成本——效益分析

综合管廊的建设有利于对市政管道的集中管理、维护及监控,对城市的交通、环境起到一定改善作用。同时,综合管廊的建设会提升城市基础设施建设水平,大大提升城市的综合承载能力。

3. 综合管廊的风险分析

综合管廊的建设面临众多风险影响因素,分为工程风险、环境风险、运营安全风险和财务风险,每种类型风险中又包含若干风险因素。其中工程风险、运营安全风险和财务风险并不突出,环境风险中的地质环境风险、水文环境风险和周边构筑物风险影响明显。由于海口的地质条件较差,因此,在建设中要重视前期研究,做好地基处理,严控施工质量，保护现状管线、设施及构筑物，合理规避上述风险。

4. 综合管廊的兴建时机

海口市区综合管廊的兴建时机主要有：配合管线重大维修或更新；配合棚户区改造；配合道路新建或更新拓宽；配合重大工程；配合新市镇或新城区的开发。在新建城区，综合管廊的建设可以结合道路新建和拓宽；在老城区，可结合棚户区改造和地下管线更新，以及地铁建设和地下空间开发进行同步规划和建设。

7.5.2 城市发展对基础设施的需求

1. 新建区

根据海口市的用地规划及空间发展布局，海口市区主要的新建区有西海岸南片区、美安科技新城、桂林洋开发区（图 7.5-1）。

这些新建区是海口市的重点发展区域，对其配套基础设施服务水平要求高。区域内规划的专业管线种类多、范围广，但是由于各市政管线分属不同的建设单位，各专业部门通常根据自身需要进行建设，道路和管线建设缺乏统一规划和同步建设计划。往往道路已建成，管线还未实施或仅有少数几种管线实施，道路建设不久后又重复开挖埋设管线。部分管道（如中水管道）不一定同步实施，按照旧的建设模式，若干年后必然要对建成道路"开膛破肚"，这将影响新建区的道路交通功能，进而影响城市环境和城市景观，违背高起点规划、高标准建设、高效能服务的原则。因此，在新建区规划建设综合管廊是必要的。

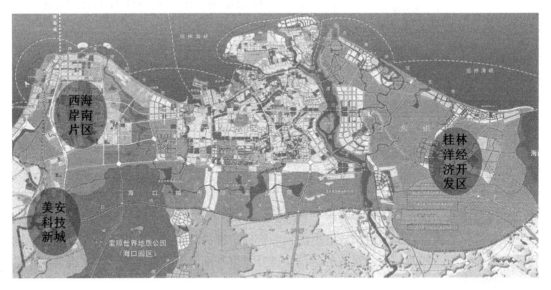

图 7.5-1 海口市用地布局图

实践表明，综合管廊结合地铁建设、新城区开发、道路拓宽等工程建设时成本最低。新建区开发建设时，在规划、管理等方面存在很大优势，正是综合管廊建设的最佳时机。

2. 已建区域

海口市已建区域主要集中在中心城区，近年来，海口市对已建城区展开规模化的棚户区改造计划，根据海口市年棚户区（城中村）改造计划以及《海口市中心城区棚改区域总体策划及东片区概念规划》制定的计划，2015～2018 年计划完成美舍河沿岸、南渡江沿岸等区域棚户区改造，总面积约 913.42ha（图 7.5-2）。

图 7.5-2　中心城区棚户区改造项目分布图

棚户改造区建设综合管廊工程优势主要有：①通过对现状地下管线进行梳理、重建，节约地下空间，可以增大周边土地利用价值；②棚改项目皆位于主城区，建设综合管廊可尽快发挥效益，为周边地块提供服务。

7.5.3　城市道路系统及交通量需求分析

1. 城市道路系统

根据道路功能，海口市道路等级划分为四类：快速路、主干路、次干路和支路。

海口市空间布局是带状组团式结构，东西向为主流交通方向。主城区各个组团依靠一条城市快速路和四条城市主干路联系东西向交通。南向城市干路均与对外公路相接，形成城市南向六个主要出口。北向主要道路均通向海洋，与港口设施相接。主要干路构成"八纵四横"的路网结构。

（1）中心城区组团

根据城市组团沿东西向带状分布的特征，东西向规划一条城市快速路和四条城市主干路把各个组团有机地联系起来。通过 5 座跨江大桥（东新大桥、海美大桥、琼州大桥、海瑞大桥、南渡江大桥）来加强中心城区组团与江东组团的联系。南北向城市道路以拓宽、改建为主，加强与滨海地区的联系。

（2）长流组团

道路网为方格网结构。道路系统主要满足滨海旅游、主要港区集疏运和工业区布局的功能要求。

（3）江东组团

道路网为方格网加自由式结构。道路系统路主要满足滨海旅游、居住和空港集疏运要求。

2. 道路改造项目分析

十三五期间海口市区的路网建设及完善项目主要有：

（1）骨干路网优化及提升项目：粤海大道～疏港公路拓宽、升级改造工程、火山口大道～长彤路拓宽及快速化改造工程、丘海大道快速化改造工程、滨江西路拓宽改造工程、红城湖延长线快速路工程、龙昆路快速化改造工程。

（2）完善各片区路网结构的建设，包括长天路、兴海路、丘海一横路、秀华西路、金鼎路、长堤路、琼山大道、江东大道二期、东寨港大道、春华路工程等。

（3）重点开发区域的配套道路的建设，包括南海明珠岛的建设、如意岛的建设、长流起步区路网（一期）工程、南渡江东岸路网（一期）工程、桂林洋基础设施配套路、滨涯村（海瑞墓）片区市政道路配套工程、上贤（沙亮）片区棚户区（城中村）改造安置房配套道路项目、永和花园保障性住房配套路、滨江新城起步区棚户区改造及配套项目市政道路工程、长影环球100配套道路、现代美居配套道路、红城湖片区棚户区改造及配套项目市政道路工程等。

（4）道路大修、改造工程，包括新大洲大道、文明东路、椰海大道、国兴大道、海甸三西路、海甸三东路、海甸二西路、海甸二东路、南宝路、环湖路、道客路、南宝南路延长线、海交路、滨濂路、炮台路、金星路、博巷路、南沙北路、秀华西路、豪苑路、美苑路、金岭路、金垦路等。

综合管廊结合道路大修及新建工程同步施工，可节省成本，减少对周边环境的影响。

7.5.4 轨道交通建设规划分析

根据轨道线网规划原则要求，在分析海口网络结构基本形态应满足的要求和客流需求分布后，初步形成5条轨道交通基本构架方案。其中，1号线和2号线为近期建设内容（图7.3-4）。

综合管廊与轨道交通的关系，应从建设时序和空间关系两方面分析：同步建设的轨道交通与综合管廊，应理清竖向关系，对于盾构施工的区间段，应先完成埋深较浅的综合管廊建设，再实施轨道盾构区间段，对于地铁站点，应处理好出入口及风亭等通道与综合管廊的空间关系，按照先深后浅的关系建设。对于综合管廊先行建设、轨道交通预留的路段，应考虑为未来轨道交通的建设做好空间预留，避免形成障碍；同时，应尽可能将管线收纳至综合管廊内，减少轨道交通建设时的管线搬迁。

7.5.5 地下空间重点开发区域分析

地下空间重点开发区主要选择城市公共活动聚集、公共建筑的开发强度高、建设量大的地区，轨道交通网规划确定的主要站点（枢纽站和重要的换乘站），规划的各类商业区与轨道交通站点相结合的区域以及近期城市建设的重点地区。

规划期 2020 年，海口市地下空间的发展为"两轴、一线、八点"的平面布局形态。地下综合管廊规划应与地下空间开发建设衔接协调，做到同步规划建设。

7.5.6 市政管线主通道分析

公路是区域重大管线的重要载体，如燃气长输管、输油管、高压燃气管、高压电力线、浑水管等。城市主干道大多是城市市政主干管的重要通道。

根据各专业市政管线的现状和规划，分析出海口市各市政管线主通道或管线密集区为：

（1）公路：粤海大道、疏港公路、南海大道西段、椰海大道西段等；

（2）城市道路：美安大道、美安环路、美安四横路、美安一纵路、横二路、天翔路、长椰路、金沙湾路、滨海大道、南海大道、椰海大道、长滨路、长滨十七街、海秀路、长滨东五街、长秀大道、长荣路、长天路、永万路、美俗路、滨涯路、琼州大道、新大洲大道、滨江西路、美苑路、文坛路、文明东路、海甸二东路、海甸二西路、海甸五东路、海甸五西路、人民大道、和平大道、和平路、白龙路、秀英大道、丘海大道、龙昆南路、龙昆北路、长堤路、国兴大道、凤翔路、琼山大道、江东大道、江东大道二期、东寨港大道、桂林洋大道、兴洋大道、海涛大道、海榆大道等。

在管线主通道或管线密集区的路段设置地下综合管廊，尽可能多的收纳市政管线，可确保管线的安全运行提升综合管廊的使用效率。

7.6 综合管廊建设区域

7.6.1 建设区域规划

综合管廊建设区域规划应与城市空间布局、规划建设用地和道路路网规划相协调。

根据海口市区的城市规划用地性质及地质条件分析，地下综合管廊建设区域可划分出可建区和慎建区，在可建区内根据建设条件可划分出综合管廊适建区和非适建区，在适建区内结合管廊的建设时序，又可划分出管廊的优先建设区和待建区（图 7.6-1）。

在综合管廊可建区内，高强度开发和管线密集地区可划分为综合管廊适建区，主要是：

（1）城市中心区、商业中心、城市地下空间高强度成片集中开发区、重要广场等，以及高铁站、机场、港口等重大基础设施所在区域；

（2）交通流量大、地下管线密集的城市主要道路及景观道路；

（3）配合轨道交通、地下道路、城市地下综合体等建设工程地段和其他不宜开挖路面的路段等。

1. 可建区

敷设两类及以上管线的区域均可划为综合管廊建设区域。海口市综合管廊可建区为：海口市区范围内的所有城乡建设用地区域（除地震断裂带范围）。

2. 慎建区

海口市的综合管廊慎建为：地震断裂带两侧各 250m 范围内区域。

（1）海口市地震断裂带分布

根据海口市地震局提供的相关资料，对综合管廊规划范围有影响的地震断裂带有：

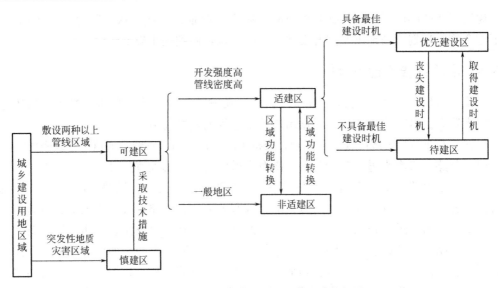

图 7.6-1 综合管廊建设用地区域思路分析图

马袅铺前断裂带、长流——仙沟断裂带、海秀断裂带、海口——云龙断裂带、铺前——清澜断裂带（图 7.6-2），在地下综合管廊工程规划中需要对断裂带的影响给予充分的考虑。

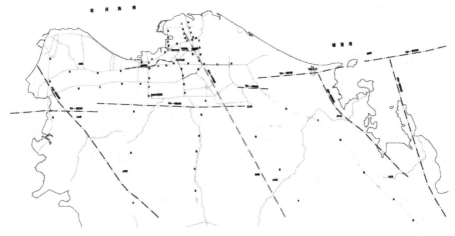

图 7.6-2 海口市地震断裂带分布图

（2）慎建区建设综合管廊的技术措施

综合管廊为地下箱涵结构，与地上结构相比，受到的地震危害较小，但仍可能受到结构破坏、地基液化导致的承载力失效等地震危害的影响。位于慎建区内的综合管廊建议采取以下措施：

1）综合管廊主体结构

综合管廊是小型钢筋混凝土箱涵结构，刚度较大。主体沿纵向主要薄弱位置是结构伸缩缝。地震作用下容易导致伸缩缝脱开。因此，通过加强伸缩缝处的抗剪构造措施，可以有效提高综合管廊的抗震能力。

2）地基处理与基础形式的选择

对于可能产生地基液化区域，采用桩基穿透液化土层或采用消除液化措施的方法保证地震作用下地基的稳定性。同时，为了进一步减少地震波对综合管廊主体的影响，可采用碎石垫层等隔震层的方式对地基进行处理。

3. 适建区

（1）适建区的划分

海口市综合管廊适建区包括：

1）长流组团：西海岸南片区、粤海片区、金沙湾片区、长秀片区、南海明珠岛；

2）美安科技新城：全部；

3）中心组团：全部；

4）江东组团：新琼片区、灵山片区、临空经济开发区、桂林洋高校区、如意岛。

（2）优先建设区的划分

根据综合管廊的最佳建设时机，海口市综合管廊优先建设区划分原则为：

1）结合新建区域的道路建设同步建设管廊，可避免今后因埋设和维修管线而挖掘道路，减少对交通的影响；

2）旧城改造：

① 结合轨道站点建设或地下空间开发，同步实施综合管廊，经济性较好；

② 道路大修改造时，管线有两类及以上需更新、扩容时，可同步建设综合管廊。

4. 竖向开发深度

根据《海口市地下空间开发利用规划（2013～2020）》，结合海口市地质条件及城市发展特点，海口市地下空间可分为浅层空间、次浅层空间、次深层及深层空间，随着开发深度的增加，地下空间开发适宜性越小（图 7.6-3）。

图 7.6-3　海口市浅层地下空间优质资源分布图

浅层空间：－10～0m，是人员活动最频繁的地下空间，主要为广场、绿地、水体、公园、道路、体育场等的下部空间以及建筑物地下室，可安排停车、商业服务、公共步行通道、交通集散、人防等功能。

次浅层空间：－30～－10m，人员可达性较差，主要为公共用地的下部空间、建筑物地下室、非文物古迹与非重要保护建筑下部空间。作为未来交通发展需求预留的深度，主要为市政基础设施、公路隧道、地铁隧道、物流隧道和舱储设施等。

次深层空间：－50～－30m，综合隧道空间以及特殊需要的设施空间。

深层空间：－50m以下，规划期内作为城市公共资源保护控制。

地下空间开发具有浅层、中层和深层的层次性特点，应结合城市发展及建设条件确定开发的层次。海口市区地下水位高，浅层内土质以灰色变形较小、强度较高的黏性土为主，受水文地质条件的制约，深度越大，开发难度越大。因此，综合管廊宜在浅层（0～－10m）地下空间内开发。

7.6.2　建设区域基础条件分析

海口市主城区规划形成"一个中心、两个组团"的用地布局形态。其中"一个中心"为具有岛内中心职能的中心城区组团；两个组团分别为具有岛外职能发展特色要求的长流组团和江东组团。

1. 长流组团

长流组团主要包括西海岸新区、粤海片区和南海明珠岛。

（1）西海岸新区

西海岸新区位于西部长流组团，规划区总用地 71.19km^2，规划人口 34.3 万人（图 7.6-4）。

图 7.6-4　西海岸新区土地利用规划图

　　长滨路以西为西海岸南片区：北起长流三号路，南至椰海大道以南，东起长滨路，西至东环铁路，规划面积 39km²，规划人口为 24 万人。规划定位为长流组团的公共中心，文教与创意产业集聚区，绿色、健康的城市住区及旅游度假型社区的综合发展地区。

　　长滨路以东为长秀 B 片区，东起创业路、南至椰海大道、北到琼州海峡、西到长滨路，规划总用地面积 32.19km²，规划人口为 10.3 万人。规划定位为以城市森林公园、旅游度假、大型体育设施为主，兼有部分居住用地的片区。

　　西海岸片区内市政道路中经一路、长滨西八街、长滨东八街尚未建设；长秀大道、海涛西路、海涛东路、长滨十七街等主次干路正在建设中；海秀路因海秀高架桥施工致使路面破损严重；长滨路因综合管廊施工，机动车道路面已被开挖正在施工中。五源河项目的商业住宅区及北部的体育公园均已开工建设，市政道路也即将开展建设。西海岸新区综合管廊可结合正在建设的道路同步实施。

　　（2）粤海片区

　　粤海片区位于长流组团西侧，东起长流起步区、粤海大道，南至海榆西线，海口火车站用地边界，西和北至海边。规划用地面积为 11.7km²（不包括新海港的海域部分），海岸线长约 6km（图 7.6-5）。

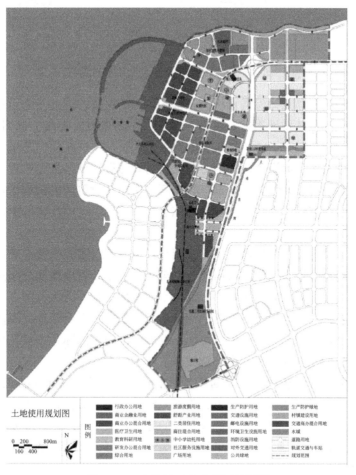

图 7.6-5　粤海片区土地利用规划图

粤海片区规划功能定位为：以创建国家级旅游度假区为总体发展目标，依托滨海自然资源与交通门户优势，大力拓展旅游相关产业，完善旅游服务体系，发展游艇经济、文化创意、旅游度假服务、滨海居住等特色功能，建设成以旅游为核心的综合型服务城区。

（3）南海明珠岛

南海明珠人工岛用海面积约459.32ha，其中陆域面积为256.43ha（图7.6-6）。

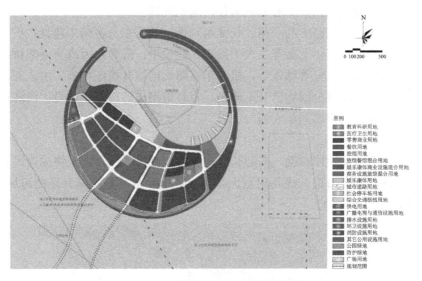

图 7.6-6　南海明珠岛土地利用规划图

规划确定南海明珠岛总体发展目标为：依托良好的区位、交通及海上资源条件，以国际先进理念、文化和绿色发展思路，将南海明珠人工岛发展成为海上丝绸之路重要节点、国际旅游岛对外门户、国际一流的休旅目的地。

目前，西海岸新区、粤海片区和南海明珠岛为新开发区域，拟建工程范围基本没有需要保护或迁改的建筑物、管线等。规划综合管廊在实际建设阶段的障碍少，困难小，适合建设综合管廊。且道路周边地块正在开发，综合管廊实施后可以及时发挥作用。

2. 美安科技新城

美安科技新城位于海口市的西南侧，北侧与长流城市组团相毗邻；东侧紧靠雷琼世界地质公园。北至南海大道、西至海口市界，东至疏港公路和雷琼地质公园边界，东南角以中线高速公路为边界。规划总面积约59.29km^2，规划人口20万人（图7.6-7）。

美安科技新城的发展目标为：环北部湾重要的高新技术产业基地；海南省高新技术产业中心；海口市创新发展的先导区和示范区。发展定位为：国际化、科技化、信息化的创新型产业园区，功能复合的现代化生态智城。

美安科技新城片区为新建城市规划区，目前正处于道路等基础设施建设过程中。目前，美安科技新城美安环路、美安大道、美安一横路、美安二横路、美安三横路、美安四横路等道路均已开工建设，且已完成部分路段的施工；美安一纵路、美安二纵路、美安三纵路等尚未开工建设。美安一纵路尚未施工，美安大道与美安四横路正在施工过程中。

3. 江东组团

江东组团主要包括灵山片区、桂林洋开发区和如意岛。

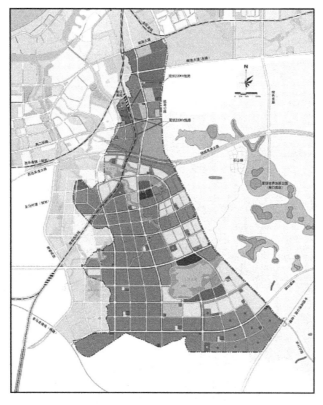

图 7.6-7　美安科技新城土地利用规划图

（1）灵山片区

灵山片区北起新大洲大道—灵桂公路以北，南至绕城高速公路，西临南渡江，东抵海文高速公路。整个区域总用地面积为 1511.15hm^2，其中建设用地面积 997hm^2，规划人口7.5 万人。

灵山东片区（海榆大道以东）规划功能定位为"海南旅游第一站，以发展空港物流产业、文化创意产业、特色休闲娱乐产业为主导产业、以临港服务旅游风情小镇风貌为特色的综合性城市片区"。灵山西片区（海榆大道以西）规划功能定位为"以滨水景观为主要特征，环境优美、配套设施完善的居住度假型城市综合社区"。

（2）桂林洋片区

桂林洋全长 12km，其经济开发区位于海南省琼山区东北部海滨地带。地处海口市美兰区，江东片区，距离美兰国际机场 5km。规划面积 41.3km^2。海文高速公路从开发区边缘穿过，公路网四通八达，拥有 6.8km 长的海岸线和两个秀丽的港湾。海路方面，海口距桂林洋仅 8 海里，海口港、铺前港的轮船可直达桂林洋海滨（图 7.6-8）。

（3）如意岛

如意岛填海总面积为 716.34hm^2，其中建设用地 612hm^2。规划性质为以度假康体、休闲娱乐为核心，集文化交流、高端消费、时尚创意于一体的低碳、环保型高端旅游度假区（图 7.6-9）。

海口灵山镇片区按照改造与产业发展相结合的原则，对规划区域内的范围进行旧城改

图 7.6-8　桂林洋片区土地利用规划图

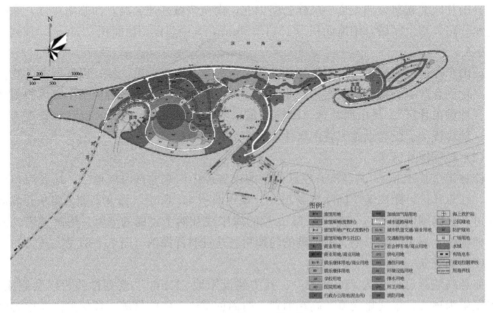

图 7.6-9　如意岛土地利用规划图

造，建成以空港物流产业、特色休闲娱乐产业、临港旅游服务业为主导产业，具有国际风情小镇风貌的综合性城市片区。目前海榆大道正在进行改造，其余市政道路尚未建设。

桂林洋开发区目前正在开发建设中，如意岛尚未开发建设，综合管廊与道路工程同步实施，在地基处理、基坑围护等方面可以结合道路工程开展，能够有效的节省投资。

4. 中心城区

中心城区由十一个片区组成：秀英片区、金盘片区、金牛岭片区、金贸片区、海口旧城片区、大英山片区、府城片区、白龙片区、滨江片区、海甸片区和新埠片区。

中心城区 30 个棚户区改造项目计划三年内全部启动。目前，博义盐灶八灶、新海村、桂林洋炳庄、演丰镇墟等 4 个项目已由各区政府及有关部门正在组织策划工作；椰海大道、丘海大道等道路也计划进行改造，为综合管廊的实施提供了有利的条件。

7.7　综合管廊系统布局

7.7.1　指导思想

综合管廊规划应结合城市地下管线现状，在城市道路、轨道交通、给水、雨水、污水、再生水、天然气、热力、电力、通信、地下空间利用等专项规划以及地下管线综合规划的基础上，确定综合管廊的布局。并与地下交通、地下商业开发、地下人防设施及其他相关建设项目相协调。

7.7.2　综合管廊系统规划考虑的因素

1. 城市功能因素

综合管廊是一项新型的市政设施，它可以服务于周边地块，实现集约用地、减少二次开挖的目标，因此应建设在城市中心区或交通运输繁忙、不宜开挖的地段，所以综合管廊应该考虑在城市中心区或重要的产业区进行布置，以充分发挥综合管廊的优势。

通过对规划区内各组团用地功能和空间布局的分析，本次规划将重点研究规划区内部的高密度开发区域，这些区域作为城市功能的核心区，是酒店、商务、文化休闲、餐饮服务的集聚地，具有建设综合管廊的客观需求。

2. 道路的因素

综合管廊应尽量布置在新建道路下方，以避免重复开挖，或者选择在改扩建道路下方布置，以做到资源合理配置。综合管廊的布置也应与路网建设及用地功能相匹配，在确定布置区域的前提下，在哪些道路下布置综合管廊对该区域的辐射性最优，该条道路与各支路的联系是否紧密，通过管廊接入到地块或支路的管线是否方便快捷都是需要考虑的因素，同时该道路宜是先行建设的，在本次规划中，主要研究了规划区域的主骨架道路网，做到综合管廊合理布置。

3. 规划管线的因素

本次规划的综合管廊内考虑容纳的管线有电力电缆、通信线缆、供水管道等，在综合管廊布置时应考虑这些管线的安装敷设及安全运营。

各种管线的不同特性决定了在综合管廊布置时应考虑的重点不同：

（1）供水管线：供水管线一般为压力管，主供水管口径较大，这类管线往往是在水厂或加压泵房附近分布，如把这些管线纳入综合管廊，需要加大综合管廊的断面，所以对于超过1m直径的给水管道，应进行技术经济分析后，确定是否纳入综合管廊。

（2）电力管线：高压电力线路有架空和电缆沟（或电力隧道）两种敷设形式，在城市的外围会选用架空形式，而10kV及以上的电力线路，在城市中多采用电缆沟形式，在综合管廊规划时应尽量容纳10kV及以上电力线路，结合电缆沟或电力隧道规划综合管廊，可将市政设施投资效益最大化，故在综合管廊的规划中，应把电力线路的纳入作为重点考虑。

（3）通信线路：通信管线目前大部分采用光纤，占用的空间很少，纳入综合管廊有利于通信管线的管理和维护，本次规划将通信管线纳入到综合管廊内。

（4）中水管线：中水管线多为压力管，且管径较小，主要用途是道路及绿化的浇洒或景观水的补充，本次综合管廊规划为中水管线预留空间。

7.7.3 综合管廊选线原则

根据相关规范确定综合管廊的布置线位：

（1）根据适建区内用地性质确定是否设置综合管廊。中心商务区、行政办公区等区域属于海口市区的核心功能区，层次高，市政基础设施配套要求高，车流、人流量大，对公共服务的潜在要求高，不可预见性强，首先考虑在其道路下设置综合管廊。

（2）根据适建区内建筑密度确定是否设置综合管廊。建筑密度高的地块对公用管线集中需求大，综合管廊经济性更好，宜考虑设置综合管廊。

（3）根据适建区内道路的重要性确定设置综合管廊。重要干道及景观道路的开挖对交通、环境及社会影响大，设置综合管廊能够避免对道路的重复开挖，可考虑设置综合管廊。

（4）在适建区内结合海口市区地下空间开发确定综合管廊的设置。综合管廊的实施宜结合地铁、地下通道、地下停车场等地下空间的开发实施一起进行，当不能一起实施时，要考虑避开待开发的地下空间，以免重复实施。

（5）根据适建区内道路下规划的市政管线的容量和数量确定综合管廊的设置。综合管廊应尽可能多的收容市政管线，以保证综合管廊的使用效率。

7.7.4 综合管廊系统规划

本着"高效、经济、适度、实用"的布置原则，确定综合管廊的重点建设区域为：①高密度开发区，管线接入接出较频繁，扩容可能性大的区域；②管线集中的道路（尤其是结合高压电力管线规划路由）。通过对各建设片区土地规划布局以及其他各分区规划、综合交通规划的分析，形成综合管廊系统。

1. 长流组团

包括西海岸新区、粤海片区、南海明珠岛。

（1）西海岸新区

西海岸新区综合管廊系统主要沿城市规划范围内的道路布置，另考虑城市用地规划和发展，综合管廊向东扩至五源河体育中心区域。高强度开发区域主要集中在长秀大道和中央公共活动主轴形成的十字双轴沿线，管线众多，管线用地空间较为紧张，且可与道路同步建设，有建设综合管廊的必要性和急迫性。五源河地区是海口市当前着力打造的体育中心，要求高起点、高标准建设，建设综合管廊必要性和可实施性强。

结合片区规划用地性质和建设进度，西海岸新区在长滨路、海秀路结合 110kV 高压线改线工程实施综合管廊。其余路段根据地块开发强度、道路等级和道路建设进度选择在长秀大道、海涛西路、海涛东路、长滨东八街、长滨西八街、经一路等道路下实施综合管廊（图 7.7-1）。

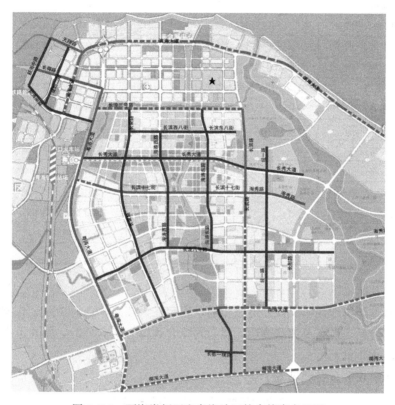

图 7.7-1　西海岸新区和粤海片区综合管廊布置图

西海岸新区拟建综合管廊见表 7.7-1。

西海岸新区综合管廊建设规模一览表　　　　　　　　　　　　表 7.7-1

序号	道路名称	路段范围	长度 (km)	实施情况	管廊类型
1	长滨十七街	海涛西路～长滨路	2	结合新建道路实施	干线型
2	长滨路	长流三号路～海榆西线	2.24	结合新建道路实施	干线型
3	长滨路(南段)	海秀路～海榆西线	0.8	结合新建道路实施	干线型
4	海秀路	长滨路～长彤路	1.71		干线型
5	海涛西路	长滨西八街～长滨十七街	1.8	结合新建道路实施	支线型
6	长秀大道	海涛西路～长滨路	2.22	结合新建道路实施	支线型
7	长秀大道(东段)	长滨路～经三路	1.18	结合新建道路实施	支线型
8	经一路	纬一路～海榆西线	2.11	结合新建道路实施	支线型

续表

序号	道路名称	路段范围	长度 (km)	实施情况	管廊类型
9	海涛东路	长秀大道～长滨十七街	0.9	结合新建道路实施	支线型
10	粤海大道	滨海大道～南海大道	8.04	结合道路快速化改造实施	干线型
11	疏港大道	南海大道～椰海大道	1.39	结合道路改造实施	干线型
12	椰海大道	粤海大道～长天路	7.55	结合道路改造实施	干线型
13	长流八号路	长滨路以东段	2.31	结合新建道路实施	支线型
14	长滨十七街(西段)	长流十号路～海涛西路	1.9	结合新建道路实施	干线型
15	长滨东八街	长海大道东延线～长滨七路	0.95	结合新建道路实施	支线型
16	长滨西八街	海涛西路～长海大道东延线	0.85	结合新建道路实施	支线型
17	海涛东路	长流三号路～长秀大道	1.32	结合新建道路实施	支线型
18	海涛东路	长滨十七街～长流八号路	1.55	结合新建道路实施	支线型
19	海涛西路	长滨十七街～长流八号路	1.45	结合新建道路实施	支线型
20	经一路(南段)	海榆西线～南海大道	2.11	结合新建道路实施	支线型
21	海涛东路(南段)	南海大道～椰海大道	1.85	结合新建道路实施	支线型
22	长影一横路	全线	1.03	结合新建道路实施	支线型
23	长滨路	海榆西线～椰海大道	3.94	结合道路改造实施	干线型
24	合计		51.2		

（2）粤海片区

根据粤海片区用地性质及规划道路布局，确定在天翔路、新海中路、长椰路、粤海大道等道路下结合新建道路及道路改造工程布置综合管廊（表7.7-2），服务于周边码头和地块，实现网络化布置。

粤海片区拟建综合管廊见表7.7-2。

粤海片区综合管廊建设规模一览表　　　　　表7.7-2

序号	道路名称	路段范围	长度 (km)	实施情况	管廊类型
1	天翔路	新海中路～滨海大道	0.9	结合新建道路实施	干线型
2	新海中路	天翔路～规划一路	0.9	结合新建道路实施	支线型
3	新海南路	新海中路～粤海大道	1	结合新建道路实施	干线型
4	长椰路	新海中路～滨海大道	1.4	结合新建道路实施	支线型
5	规划二路	天翔路～规划一路	1.66	结合新建道路实施	支线型
6	长椰路(东段)	滨海大道～粤海大道	0.79	结合新建道路实施	支线型
7	新海南路(东段)	滨海大道～粤海大道	0.78	结合新建道路实施	干线型
8	合计		7.43		

（3）南海明珠岛

根据南海明珠岛规划，综合管廊布置南海明珠环路和南海明珠大道上（表7.7-3）。

南海明珠岛综合管廊建设规模一览表　　　表 7.7-3

序号	道路名称	路段范围	长度(km)	实施情况	管廊类型
1	南海明珠环路	南侧段	2.14	结合新建道路实施	支线型
2	南海明珠大道	南海明珠环路～南海明珠大桥	0.84	结合新建道路实施	干线型
3	小计		2.98		

2. 美安科技新城

通过对美安科技新城土地规划及综合交通规划的分析，形成新城区综合管廊系统。美安科技新城综合管廊系统主要沿城市规划范围内的道路布置，根据区域用地规划和道路建设的现状布置综合管廊。考虑在美安四横路、美安一纵路等道路下结合道路建设实施综合管廊。

美安科技新城拟建综合管廊见表 7.7-4 和图 7.7-2。

美安科技新城综合管廊建设规模一览表　　　表 7.7-4

序号	道路名称	路段范围	长度(km)	实施情况	管廊类型
1	美安四横路	美安一纵路～美安环路	3.25	结合新建道路实施	干线型
2	美安一纵路	美安环路～美安四横路	1.35	结合新建道路实施	干线型
3	疏港大道南段	美安一横路～美安四横路	2.27	结合道路快速化改造实施	干线型
4	美安四横路	美安环路～疏港大道	0.81	结合新建道路实施	干线型
5	小计		7.68		

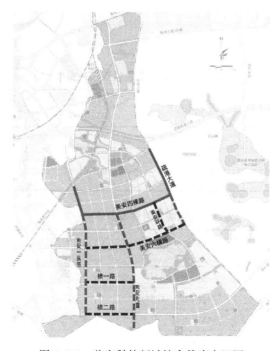

图 7.7-2　美安科技新城综合管廊布置图

3. 江东组团

根据灵山片区市政管线专项规划，灵山片区综合管廊布置在敷设有市政主干管的次二路和次十三路上（图7.7-3）。

注：本书编著过程中，江东组团已划定为江东新区，包括综合管廊在内的相关规划正在重新编制，由于成果尚未批复公示，本书未予纳入。

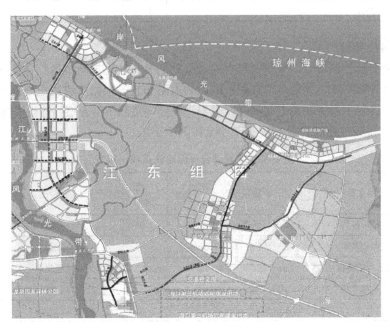

图 7.7-3　江东组团综合管廊布置图

桂林洋开发区拟建综合管廊包括江东大道（二期）桂林洋段、兴洋大道北段、兴洋大道南段、桂林洋大道段综合管廊等（表7.7-5、表7.7-6）。

灵山片区综合管廊建设规模一览表　　　　　　　　　　表 7.7-5

序号	道路名称	路段范围	长度 (km)	实施情况	管廊类型
1	次二路	琼州大道～次三路	2.32	结合新建道路实施	支线型
2	次十三路	滨江东路～海榆大道	1.3	结合新建道路实施	支线型
3	小计		3.62		

桂林洋片区综合管廊建设规模一览表　　　　　　　　　　表 7.7-6

序号	道路名称	路段范围	长度 (km)	实施情况	管廊类型
1	江东大道二期	琼山大道～兴洋大道	9.46	结合新建道路实施	干线型
2	江东大道二期（桂林洋段）	兴洋大道～桂林洋大道	3.2	结合新建道路实施	干线型
3	江东大道二期（东段）	桂林洋大道～东寨港大道	1.11	结合新建道路实施	干线型
4	琼山大道（北段）	白驹大道～蓝椰路	5.03	结合新建道路实施	干线型
5	兴洋大道（南段）	桂林洋大道～9号路	1.44	结合新建道路实施	支线型

续表

序号	道路名称	路段范围	长度(km)	实施情况	管廊类型
6	兴洋大道(北段)	江东大道～桂林洋大道	4.02	结合道路改造实施	支线型
7	桂林洋大道	江东大道～兴洋大道	5.91	结合道路改造实施	干线型
8	琼山大道(南段)	白驹大道北～白驹大道东	3.89	结合道路改造实施	干线型
9	东寨港大道	海涛大道～江东大道二期	4.6	结合新建道路实施	干线型
10	新琼一横路	滨江东路～琼山大道	0.72	结合新建道路实施	支线型
11	白驹大道	滨江东路～琼山大道	0.62	结合道路改造实施	干线型
12	新琼二横路	滨江东路～琼山大道	0.64	结合新建道路实施	支线型
13	小计		40.64		

4. 中心城区

根据中心城区棚改进度和道路改造计划确定综合管廊布局（图 7.7-4、表 7.7-7）。

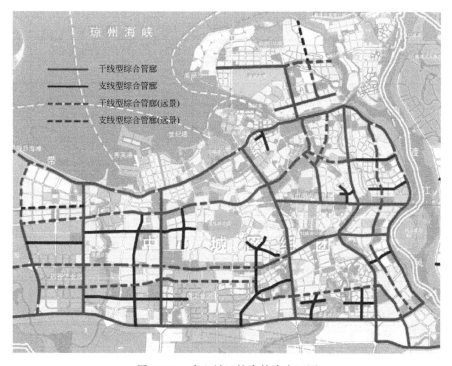

图 7.7-4　中心城区综合管廊布置图

中心组团综合管廊建设规模一览表 表 7.7-7

序号	道路名称	路段范围	长度(km)	实施情况	管廊类型
1	椰海大道	长天路～海榆中线	2.75	结合电力需求实施	干线型
2	椰海大道	海榆中线～丘海大道	2	结合供水主管实施	干线型
3	椰海大道	丘海大道～龙昆南路	5	结合供水主管实施	干线型

序号	道路名称	路段范围	长度（km）	实施情况	管廊类型
4	椰海大道	龙昆南路~滨江西路	5.1	结合高压线入地实施	干线型
5	金牛路(南段)	椰海大道~南渡江大道	0.53	结合电力需求实施	干线型
6	盐灶路	滨河路~龙华路	1	结合棚改实施	支线型
7	八灶路	玉河路~滨海大道	0.78	结合棚改实施	支线型
8	滨江西路	国兴大道~椰海大道	4.31	结合电力需求实施	干线型
9	丘海大道	滨海大道~椰海大道	5	结合道路改造实施	干线型
10	长堤路	八灶路~白龙北路	3.25	结合道路改造实施	干线型
11	豪苑路	坡博横路~南海大道	1.26	结合棚改实施	支线型
12	博巷路	南沙路~坡博纵路	1.36	结合棚改实施	支线型
13	长天路	海秀路~南海大道	1.56	结合新建道路实施	干线型
14	兴海路	长天路~长怡路	0.4	结合新建道路实施	支线型
15	金鼎路	海秀路~南海大道	1.2	结合棚改实施	支线型
16	大英山西二路	勋亭路~海府路	0.58	结合道路改造实施	支线型
17	大英山西一街	蓝天路~国兴大道	0.77	结合道路改造实施	支线型
18	文坛路	红城湖路~高登东街	0.39	结合道路改造实施	干线型
19	美祥路	全线	1.55	结合棚改实施	支线型
20	业里横路	永万路~丘海大道	2.93	结合棚改实施	支线型
21	美舍横路	全线	1.55	结合棚改实施	支线型
22	滨湖路	国兴大道~红城湖路	1.71	结合道路改造实施	支线型
23	广场路	龙昆南~海府路	2.46	结合道路改造实施	支线型
24	五指山南路	国兴大道~红城湖路	1.32	结合道路改造实施	支线型
25	博雅横路	全线	1.61	结合棚改实施	支线型
26	金鼎路(南段)	南海大道~椰海大道	2.22	结合棚改实施	支线型
27	水头横路	丘海大道以东	1.05	结合棚改实施	支线型
28	豪苑路南段	南海大道~苍峰路	0.97	结合道路改造实施	支线型
29	苍峰路	椰海大道~龙昆南路	2.8	结合道路改造实施	干线型
30	滨濂路	丘海大道~海垦路	1.34	结合棚改实施	支线型
31	友谊北路	海秀东路~滨涯路	1.53	结合棚改实施	干线型
32	文坛路	高登东街~博雅南路	0.98	结合道路改造实施	干线型
33	兴海路	长怡路~永万路	1.75	结合道路改造实施	支线型
34	秀华路	海港路~丘海大道	1.37	结合道路改造实施	支线型
35	秀华西路	永万路~海港路	1.56	结合新建道路实施	支线型
36	丁村横路	全线	0.96	结合棚改实施	支线型
37	丁村二纵路	凤翔路~椰海大道	0.99	结合棚改实施	支线型

续表

序号	道路名称	路段范围	长度（km）	实施情况	管廊类型
38	振发路	凤翔路～椰海大道	1.17	结合棚改实施	支线型
39	振发横路	全线	1.17	结合棚改实施	支线型
40	永万路	滨海大道～椰海大道	4.78	结合道路改造实施	干线型
41	龙昆路	滨海大道～椰海大道	6.71	结合道路改造实施	干线型
42	白龙-海府-新大洲-东线高速	长堤路～新大洲延长线	9.59	结合地下空间开发实施	干线型
43	新大洲延长线	东线高速～新大洲大道	1.33	结合新建道路实施	干线型
44	新大洲大道	椰海大道～南渡江	4.04	结合道路改造实施	干线型
45	海甸二西路	世纪大道～人民大道	0.77	结合道路改造实施	干线型
46	海甸二东路	人民大道～碧海大道	1.6	结合道路改造实施	干线型
47	海甸五西路	碧海大道～人民大道	2.56	结合轨道交通实施	干线型
48	人民大道	海甸五西路～长堤路	2	结合轨道交通实施	干线型
49	合计		103.61		

5. 缆线型管廊

缆线型管廊建设原则为：对于未规划建设支线或干线型综合管廊、具有实施条件的道路下方均应建设缆线型综合管廊。缆线型管廊的建设宜结合棚户区改造、道路新建或改造、轨道交通建设、地下空间开发、电力通信干管敷设等工程同步实施。

综前所述，海口市综合管廊规划合计约 222.10km，如图 7.7-5 所示。

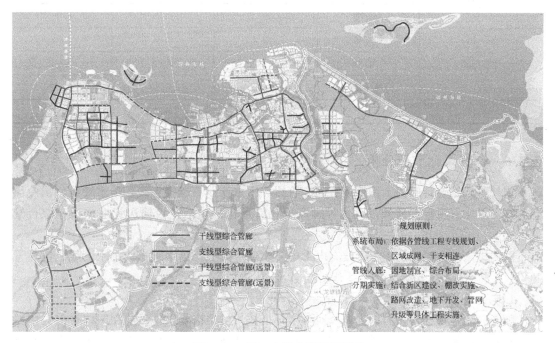

图 7.7-5　海口市综合管廊规划图

7.7.5 综合管廊分期建设计划

1. 综合管廊分期原则

海口市综合管廊线位规划分近期、远期和远景，其分期原则为：

（1）近期：结合三年试点项目；结合海口市十三五建设规划；结合新城区道路同步建设；结合老城区内道路近期改造计划和棚户区改造计划。

（2）远期：结合各新城区或成片综合开发的区域同步建设，在已建区管线有改造需求的路段。

（3）远景（展望）：在城市的中心区、商务区，城市的主干道，交通量大、管线密集区的重要路段，建设综合管廊效益明显但在规划期内没有建设条件的，作为远景展望。

2. 综合管廊分期建设计划

海口市综合管廊规划合计约 222.10km，其中近期实施 97.40km，远期及远景实施 123.70km（表 7.7-8）。

<table>
<tr><td colspan="3">海口市综合管廊规划情况统计表</td><td>表 7.7-8</td></tr>
</table>

组团	片区	近期	远期(远景)	合计
长流组团	西海岸南片区	31.94	19.26	51.20
	粤海片区	7.43	0	7.43
	南海明珠岛	0	2.98	2.98
美安科技新城	美安一期	4.60	3.08	7.68
中心组团	中心城区	38.79	57.89	96.68
	海甸岛	0	6.93	6.93
江东组团	如意岛	0	3.94	3.94
	灵山片区	0	3.62	3.62
	桂林洋片区	14.64	26.00	40.64
合计		97.40	123.70	221.10

7.7.6 管线入廊类型分析

国外进入综合管廊的工程管线有通信管线、中水管线、燃气管线、给水管线、供冷供热管线和排水管线等。另外，日本等国家也将管道化的生活垃圾输送管道敷设在综合管廊内。

国内进入综合管廊的工程管线有电力电缆、通信管线、给水管道、中水管线、供热管道等。

1. 电力管线

随着城市经济综合实力的提升及对城市环境整治的严格要求，目前在国内许多大中城市都建有不同规模的电力隧道和电缆沟。电力管线从技术和维护角度而言纳入综合管廊已经没有障碍。

根据《海口市电力专项规划》，海口市主城区规划有大量的 220kV、110kV 高压电力走廊，为了美化城市环境，减少架空线带来的城市地块割裂，同时解决架空线影响周边地块开发的难题，本次规划将重点结合 220kV、110kV 高压电力的走向，规划设置综合管廊。

2. 通信管线

通信管线一般包括电信管线、有线电视管线、信息网络管线以及交通信号管线等。

目前国内通信管线敷设方式主要采用架空或直埋两种。架空敷设方式造价较低，但影响城市景观，而且安全性能较差，正逐步被埋地敷设方式所替代。

通信管线纳入综合管廊需要解决信号干扰、防火防灾等技术问题。

随着通信光纤技术的发展，通信光缆直径小、容量大，进入综合管廊已不存在任何技术问题。

本次规划考虑将通信管线纳入综合管廊。

3. 供水管线

供水管道传统的敷设方式为直埋，管道的材质一般为钢管、球墨铸铁管等。将供水管道纳入综合管廊，有利于管线的维护和安全运行。但是部分直径大于 1m 的供水管入廊，会使综合管廊的断面尺寸过大，从而导致造价成本增加，入廊时需综合考虑。

为了便于吊装，综合管廊内的供水管线可采用轻质管材，并需解决防腐等技术问题。

4. 再生水管线

分质供水、再生水回用是当今世界解决城市水资源匮乏的方向，综合管廊工程作为城市先进的市政基础设施，应为远期再生水预留管道位置。再生水管线纳入综合管廊不存在技术问题。

5. 天然气管线

天然气管道在综合管廊内不易受外界因素的干扰而破坏，提高了供气安全性。且依靠综合管廊内的监控设备可随时掌握管线状况，发生泄漏时能及时采取补救措施，最大程度降低灾害的发生和造成的损失，并且避免了直埋铺设时管线维修引起的道路开挖和景观破坏。天然气管道进入管廊，在技术上是可行的。根据规范要求，天然气管线入廊时需设置独立舱室。

6. 排水管线

排水管线分为雨水管线和污水管线两种。一般情况下两者均为重力流，管线按一定坡度埋设，埋深一般较深，其对管材的要求一般较低。该两类管线入廊，管廊本体将增大，且雨水、污水对城市地形要求较高，对于坡度较小，纵向起伏较多，道路坡向与排水坡向相反的道路，将雨水、污水纳入管廊，将使管廊埋设深度增大。

海口市雨水管线管径较大，基本就近排入水体，同时雨水管线形式多样化，使得雨水管与综合管廊的结合存在较大难度。因此，雨水管道入廊需结合具体道路及其所在排水系统综合考虑。污水管道管径一般较小，纳入综合管廊有利于减小污水的泄露和地下水渗入，可结合具体道路及其所在排水系统综合考虑。

按照因地制宜的原则，将给水、电力、通信等管线纳入综合管廊。对于污水管，新建道路按照标高系统分析确定是否入廊。已建道路下，若污水管已敷设且管廊建设时不造成破坏的，则按不入廊考虑。

7.7.7 管线需求分析

1. 长流组团

长流组团近期规划建设综合管廊具体路段下的管线情况详见表 7.7-9。

长流组团管线需求情况梳理表　　　　　　　　　　表 7.7-9

片区	道路名称	路段范围	给水管	燃气管	中压电力	高压电力	通信	污水管
西海岸南片区（五源河片区）	长滨十七街	海涛西路～长滨路	$DN300$ $DN300$	$DN200$	24 回	无	32 孔	$2×DN400$
	长滨路	长流三号路～海榆西线	$DN600$ $DN600$	$DN300$	48 回	5 回 110kV 2 回 220kV	48 孔	$DN800$ $DN400$
	长滨路（南段）	海秀路～海榆西线	$DN600$ $DN600$	$DN300$	48 回	5 回 110kV 2 回 220kV	48 孔	$DN800$ $DN400$
	海秀路	长滨路～长彤路	$DN300$	$DN200$	36 回	2 回 110kV 2 回 220kV	32 孔	$2×DN400$
	海涛西路	长滨西八街～长滨十七街	$DN500$	$DN200$	24 回	无	32 孔	$2×DN400$
	长秀大道	海涛西路～长滨路	$DN600$	$DN200$	30 回	无	32 孔	$2×DN400$
	长秀大道（东段）	长滨路～经三路	$DN300$	$DN200$	30 回	无	32 孔	$2×DN400$
	经一路	纬一路～海榆西线	$DN300$	$DN200$	24 回	无	32 孔	$DN400$
	海涛东路	长秀大道～长滨十七街	$2×DN400$	$DN200$	24 回	无	32 孔	$DN800$ $DN400$
	粤海大道	滨海大道～南海大道	$DN1000$	$DN400$	50 回	6 回 110kV 4 回 220kV	48 孔	$DN1000$
	疏港大道	南海大道～椰海大道	$DN1000$	$DN400$	50 回	6 回 110kV 4 回 220kV	48 孔	$DN1000$
	椰海大道	粤海大道～长天路	$DN1000$	$DN400$	50 回	6 回 110kV 4 回 220kV	48 孔	$DN800$ $DN400$
粤海片区	天翔路	新海中路～滨海大道	$DN400$	$DN200$	30 回	无	32 孔	$2×DN400$
	新海中路	天翔路～规划一路	$DN300$	$DN100$	24 回	无	28 孔	$2×DN400$
	新海南路	新海中路～粤海大道	$DN300$	$DN200$	24 回	4 回 110kV 2 回 220kV	32 孔	$2×DN400$

续表

片区	道路名称	路段范围	给水管	燃气管	中压电力	高压电力	通信	污水管
		新海中路～滨海大道	DN300	DN100	36 回	无	32 孔	2×DN400
		天翔路～规划一路	DN300	DN100	24 回	无	32 孔	DN400
		海大道～海大道	DN300	DN100	24 回	无	32 孔	2×DN400
		海大道～海大道	DN300	DN200	30 回	4 回 110kV 2 回 220kV	32 孔	2×DN400

划建设综合管廊的具体路段下的管线情况详见表 7.7-10。

美安科技新城管线需求情况梳理表　　　　表 7.7-10

范围	给水管	燃气管	中压电力	高压电力	通信	污水管
纵路～环路	DN500	DN200	30 回	2 回 220kV 2 回 110kV	32 孔	2×DN400
环路～横路	DN500	DN200	30 回	2 回 220kV 2 回 110kV	32 孔	2×DN400

综合管廊的具体路段下的管线情况详见表 7.7-11。

中心组团管线需求情况梳理表　　　　表 7.7-11

片区	道路名称	范围	给水管	燃气管	中压电力	高压电力	通信	污水管
		～线	DN1000	DN400	50 回	6 回 110kV 4 回 220kV	48 孔	DN800 DN400
		线～道	DN1000	DN400	50 回	6 回 110kV 4 回 220kV	48 孔	DN800 DN400
		～路	DN1000	DN400	80 回	6 回 110kV 4 回 220kV	48 孔	DN800 DN400
中心组团	椰海大道	龙昆南路～滨江西路	DN1000	DN400	80 回	6 回 110kV 4 回 220kV	48 孔	DN800 DN400
	金牛路（南段）	椰海大道～南渡江大道	DN300	DN100	24 回	6 回 110kV 4 回 220kV	24 孔	2×DN400
	盐灶路	滨河路～龙华路	DN400	DN100 DN100	24 回	无	48 孔	DN400
	八灶路	玉河路～滨海大道	DN400	DN100 DN100	24 回	无	48 孔	DN400

片区	道路	路段范围	给水管	燃气管	中压电力	高压电力	通信	污水管
中心组团	滨江西路	国兴大道~椰海大道	DN600	DN400	50回	4回110kV 2回220kV	24孔	DN800 DN400
	丘海大道	滨海大道~椰海大道	DN1000	DN400	50回	4回110kV 2回220kV	24孔	2×d1200
	长堤路	八灶路~白龙北路	DN1000	DN200	40回	4回110kV 2回220kV	24孔	3×2箱涵 DN400
	豪苑路	坡博横路~南海大道	DN200	DN100	8回	无	24孔	DN400
	博巷路	南沙路~坡博纵路	DN200	DN100	8回	无	24孔	DN400
	长天路	海秀路~南海大道	DN600	DN200	24回	4回110kV 2回220kV	24孔	2×DN400
	兴海路	长天路~长怡路	DN200	DN100	8回	4回110kV 2回220kV	24孔	DN400
	金鼎路	海秀路~南海大道	DN200	DN100	8回	无	24孔	DN400
	大英山西二路	勋亭路~海府路	DN200	DN100	8回	无	24孔	DN400
	大英山西一街	蓝天路~国兴大道	DN200	DN100	8回	无	24孔	DN400
	文坛路	红城湖路~高登东街	DN600	DN200	24回	4回110kV 2回220kV	24孔	2×DN400
	美祥路	全线	DN300	DN100	24回	无	24孔	DN400

4. 江东组团

江东组团近期规划建设综合管廊的具体路段下的管线情况详见表7.7-12。

江东组团管线需求情况梳理表 　　　　表7.7-12

片区	道路	路段范围	给水管	燃气管	中压电力	高压电力	通信	污水管
桂林洋片区	新琼一横路	滨江东路~琼山大道	DN300	DN100	24回	无	24孔	DN400
	白驹大道	滨江东路~琼山大道	DN600	DN200	24回	4回110kV 2回220kV	24孔	DN400
	新琼二横路	滨江东路~琼山大道	DN300	DN100	24回	无	24孔	DN400
	江东大道二期	琼山大道~椰海大道延长线	DN600	DN100	30回	4回110kV 2回220kV	24孔	DN400

片区	道路	路段范围	给水管	燃气管	中压电力	高压电力	通信	污水管
桂林洋片区	江东大道二期	椰海大道延长线~兴洋大道	DN600	DN100	30 回	4 回 110kV 2 回 220kV	24 孔	DN800 DN400
	江东大道二期（桂林洋段）	兴洋大道~桂林洋大道	DN600	DN100	30 回	4 回 110kV 2 回 220kV	24 孔	DN800 DN400

7.7.8　管线入廊时序分析

道路下的各市政管线应根据实际情况确定管线入廊时序，主要有以下几种情况：

（1）新建道路下的管廊，根据管线建设计划入廊；

（2）现有地下管线与管廊建设有矛盾的，考虑即时入廊；

（3）现有地下管线与管廊建设无矛盾且无管线改造需求的，根据管线更新计划入廊；

（4）建有综合管廊的道路下新增管线时，需按要求入廊。

7.8　综合管廊断面布置

7.8.1　综合管廊标准断面的特征要素

综合管廊标准横断面特征要素包括断面尺寸、形状和分舱状况等。

断面尺寸主要取决于综合管廊的类型、道路方案、收容管线的种类与数量；断面尺寸应满足管线的合理间距、操作空间，设备布置及管线扩容需求等。

断面形状根据施工方法确定，以方便、合理、经济为宜，采取开挖现浇工法的多为矩形结构，采取盾构或顶管工法的一般为圆形结构。

分舱状况主要根据管线种类确定，保证管线的安全，同时考虑接出、引入、分支等的便利性。

7.8.2　综合管廊标准断面确定原则

综合管廊标准横断面确定的原则：

（1）尽可能将道路下所有市政管线纳入综合管廊，提高综合管廊的使用效率；

（2）各类管线位置布局合理，保证综合管廊安全运行；

（3）断面形式和施工方案与项目建设环境相适应；

（4）在综合管廊功能效益、工程造价、建设周期之间取得平衡。

7.8.3　综合管廊内的管线布置

综合管廊内管线布置应首先满足管线敷设安装及安全运行，使得各管线之间的相互影响控制在安全范围内，在这一前提下实现横断面的节约与高效利用。

管线的相互影响以及由此带来的安全问题是早期规划建设综合管廊的主要顾虑之一。根据国内外的实践经验，综合管廊内的管线通过合理的空间安排并采取适当的防护措施可以实现安全运行。但是应特别关注电力电缆、热力管线以及燃气管线的布置问题。

电力电缆由于其输送电压等级的不同对周围环境的影响存在较大差异，对于220kV高压电缆，其布置方式应充分考虑安全性要求。同时，由于电力电缆可能对通信电缆存在信号干扰，在布置上应考虑适当的间距。

热力管线由于其输送热介质会带来综合管廊内的温度升高，从而造成安全影响，在管线布置上应将热力管线与热敏感的其他管线保持适当的间距或分舱敷设。热力管线可与给水、中水、通信等管线同舱敷设。

天然气管线是否纳入综合管廊在国内存在争议，根据日本建设综合管廊的经验和我国规范规定，天然气管线纳入综合管廊应采用独立舱室敷设而不与其他管线共舱，以确保其安全运行。

7.8.4 综合管廊的标准断面布置

综合管廊标准横断面应根据管廊类型、入廊管线、道路断面、建设条件等情况综合分析后确定。通过对海口市规划布局结构以及各管线规划的研究后，根据管廊所处的道路级别、断面尺寸以及容纳管线数量等将综合管廊分为以下几类：

1. 干线型综合管廊（A型）

干线型综合管廊（A型）为双层四舱断面，容纳有天然气管道、110kV和220kV高压电力电缆、10kV中压电力电缆、通信缆线、给水管道，并预留中水或直饮水管位，内部有人行空间。管廊基准断面如图7.8-1所示。

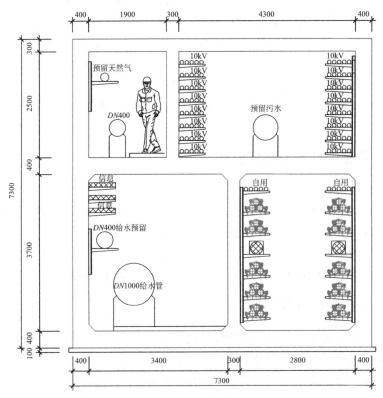

图 7.8-1　干线型综合管廊（A型）

2. 干线型综合管廊（B 型）

干线型综合管廊（B 型）为单层四舱断面，容纳有天然气管道、110kV 和 220kV 高压电力电缆、10kV 中压电力电缆、通信缆线、给水和污水管道，并预留中水或直饮水管位，内部有人行空间。管廊基准断面如图 7.8-2 所示。

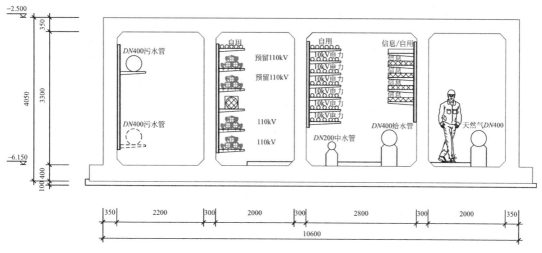

图 7.8-2　干线型综合管廊（B 型）

3. 干线型综合管廊（C 型）

干线型综合管廊（C 型）为三舱断面，容纳有 10kV 中压电力电缆、通信电缆、给水管线和污水管道，并预留中水或直饮水管位，内部有人行空间。管廊基准断面如图 7.8-3 所示。

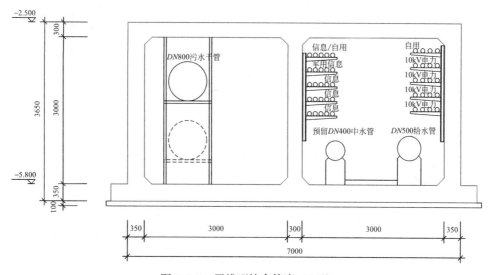

图 7.8-3　干线型综合管廊（C 型）

4. 干线型综合管廊（D 型）

干线型综合管廊（D 型）为三舱断面，容纳有 110kV 和 220kV 高压电力电缆、10kV 中压电力电缆、通信电缆、给水及天然气管道，并预留中水或直饮水管位，内部有人行空间。管廊基准断面如图 7.8-4 所示。

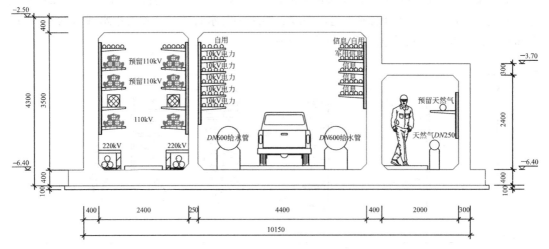

图 7.8-4　干线型综合管廊（D 型）

5. 干线型综合管廊（E 型）

干线型综合管廊（E 型）双舱断面，容纳有 110kV 和 220kV 高压电力电缆、10kV 中压电力电缆、通信缆线、给水管道，并预留中水或直饮水管位，内部有人行空间。管廊基准断面如图 7.8-5 所示。

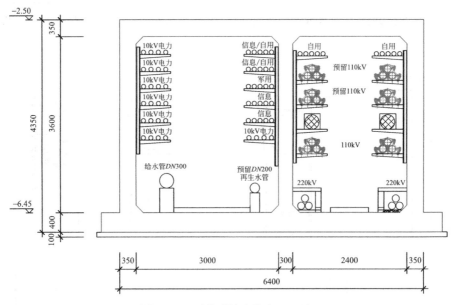

图 7.8-5　干线型综合管廊（E 型）

6. 支线型综合管廊（A 型）

支线型综合管廊（A 型）为单舱断面，容纳有 10kV 中压电力电缆、通信线缆、给水和污水管道，并预留中水或直饮水管位，内部有人行空间。管廊基准断面如图 7.8-6 所示。

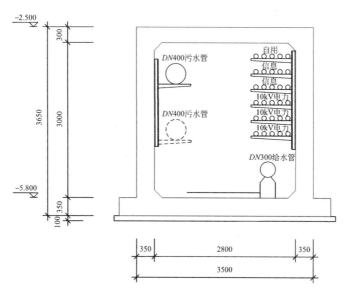

图 7.8-6　支线型综合管廊（A 型）

7. 支线型综合管廊（B 型）

支线型综合管廊（B 型）为单舱断面，容纳有 10kV 中压电力电缆、通信线缆、给水和污水管道。管廊基准断面如图 7.8-7 所示。

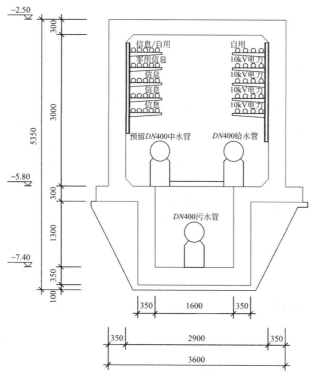

图 7.8-7　支线型综合管廊（B 型）

8. 支线型综合管廊（C 型）

支线型综合管廊（C 型）为双舱断面，容纳有 10kV 中压电力电缆、通信线缆、给水和污水管道。管廊基准断面如图 7.8-8 所示。

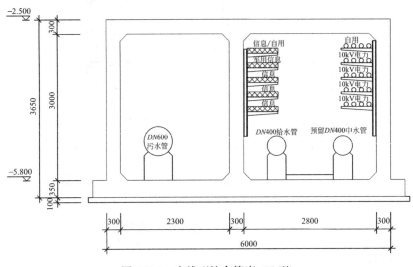

图 7.8-8　支线型综合管廊（C 型）

9. 支线型综合管廊（D 型）

支线型综合管廊（D 型）为单舱断面，容纳有 10kV 中压电力电缆、通信线缆、给水管道等。管廊基准断面如图 7.8-9 所示。

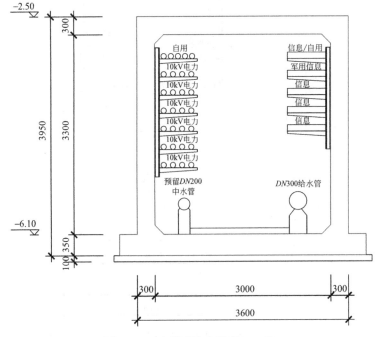

图 7.8-9　支线型综合管廊（D 型）

10. 缆线型管廊

缆线型综合管廊为单舱断面，容纳有电力及通信线缆，管廊级别最低，断面尺寸较小，一般设置在道路的人行道下面（图 7.8-10）。一般不要求设置照明、通风等设备，仅设置供维护时可开启的盖板或工作手孔。

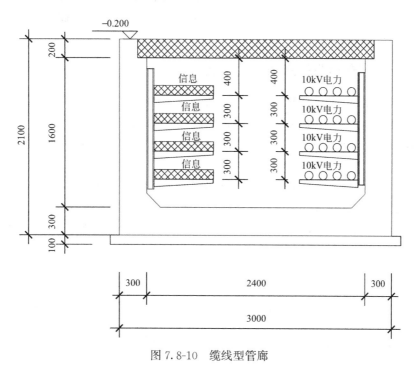

图 7.8-10 缆线型管廊

7.9 综合管廊三维控制线划定

7.9.1 综合管廊平面线型

（1）综合管廊原则上设置在道路下，平面中心线宜与道路中心线平行，不宜从道路一侧转到另一侧。圆曲线半径应满足内部管线的最小转弯半径要求，并尽量与道路圆曲线半径一致。

（2）综合管廊宜布设在道路人行道或绿化带下，这样便于综合管廊吊装口、通风口等附属设施的设置。若受现状建筑或地下空间的限制，综合管廊也可设置在机动车道下。综合管廊设置在车行道下时，吊装口和通风口出地面部分需引至车道外的绿化带内。

（3）综合管廊与铁路、公路交叉时宜采用垂直交叉方式布置；受条件限制，可倾斜交叉布置，其最小交叉角不宜小于 60°。

7.9.2 综合管廊的纵断面线型

干线综合管廊和支线综合管廊的纵断线型应视其覆土深度而定，一般标准段覆土宜大于 2.5m。综合管廊的纵断面应与所在道路的纵断一致，以减少土方量，坡度变化处应满足各类管线折角要求，纵断最小坡度需考虑沟内排水需要，坡度不小于0.2%。

缆线管廊的纵向坡度应以配合人行道纵向坡度为原则，纵向曲线必须满足收容缆线敷设作业要求，特殊段（暗埋段）覆土厚度应满足路面（人行道）的面砖厚度及车辆荷载要求。

7.9.3 综合管廊在道路横断面下的位置

同步规划设计时，道路横断面应考虑综合管廊的布置。综合管廊断面较大，若综合管廊所在道路横断面布置不合理，不仅会给道路两侧的管线综合造成较大影响，而且会造成投资和土地的浪费。规划道路横断面应和综合管廊断面相互调整，相互校正。

由于综合管廊沿线布置有通向地面的通风口、吊装口及人员出入口，结合道路规划横断面图，综合管廊优先布置在中央绿化带下，其次为道路侧分带或人行道下。综合管廊在道路断面下的位置还应考虑运营维护方便和工程施工便利等因素。具体如图 7.9-1～图7.9-3 所示。

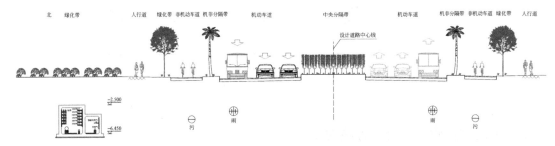

图 7.9-1 综合管廊位于道路外绿化带下方（单位：m）

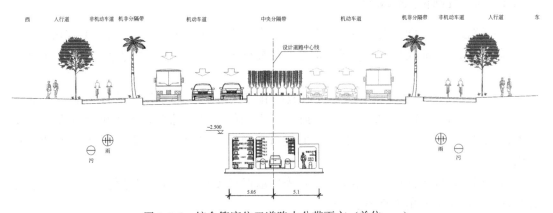

图 7.9-2 综合管廊位于道路中分带下方（单位：m）

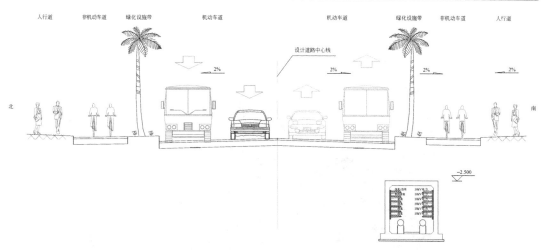

图 7.9-3　综合管廊位于道路侧分带下方（单位：m）

7.10　综合管廊的重要节点控制

7.10.1　综合管廊与河道的关系

综合管廊穿越河道时应选择在河床稳定的河段，最小覆土深度应满足河道整治和综合管廊安全运行的要求，并符合以下规定：

（1）在Ⅰ～Ⅴ级航道下面敷设时，顶部高程应在远期规划航道底高程 2.0m 以下；

（2）在Ⅵ、Ⅶ级航道下面敷设时，顶部高程应在远期规划航道底高程 1.0m 以下；

（3）在其他河道下面敷设时，顶部高程应在河道底设计高程 1.0m 以下。

7.10.2　综合管廊交叉节点处理

在综合管廊内，各类管线沿管廊底板及侧壁、顶板敷设，在管廊交叉口处，各管线在平面及竖向发生交叉，管线交叉时须保证管线间的最小垂直净距及管廊内人员通行的要求，同时还须满足各管线的最小转弯半径要求。

在综合管廊交叉口处，将管廊平面及竖向空间扩大，实现各个方向的管线连通，同时保证相交管廊的通风及防火分区独立（图 7.10-1）。

7.10.3　综合管廊与排水管线、人行地道等节点的关系

与排水管线等重力流管线和人行地道等地下工程相交时，综合管廊一般采用上下穿越方式避让以上工程。

7.10.4　综合管廊与道路立交节点的关系

综合管廊在该区域敷设应满足以下要求：

（1）道路下穿节点，管廊宜布局于人行道、非机动车道一侧，跟随道路下穿，同时避让高架桥桩基位置。

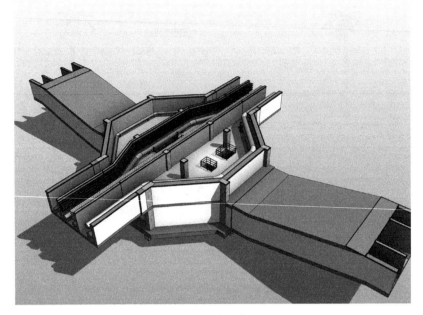

图 7.10-1　综合管廊交叉口

（2）道路上跨节点，管廊宜避让桩基，布局于两侧绿化带或人行道、非机动车道一侧。

7.11　综合管廊的配套设施

7.11.1　综合管廊特殊段的种类

综合管廊特殊段是指具有特殊功能要求与断面构造的综合管廊部位。特殊段主要包括人员出入口、吊装口、通风口、交叉口、分变电所和集水井等，这些特殊部位是综合管廊的配套设施，是设计中的重点，科学、合理地设置、设计特殊段，能够使综合管廊高效、安全地运营。

综合管廊特殊段因综合管廊的类型不同而有较大差异。干线及支线综合管廊特殊段比较多，缆线管廊一般只有集水井及工井，不设置其他特殊段。综合管廊各种特殊段相隔一定间距布置，间距大小应考虑功能需要、管线及其材料特性、道路状况和相关设施的位置等。对于露出地面的部分，应考虑与地面景观相协调，详见本书第 4 章。

7.11.2　监控中心的布置

1. 监控中心的布置原则

为了对综合管廊进行监控和供电，需要设置监控中心。监控中心布置原则如下：

（1）监控中心的规模应考虑远期需求，宜靠近综合管廊系统的中心，一般靠近近期建设的综合管廊，并兼顾远期。

（2）根据需要可设置市级-区级-项目级三级控制中心或市级-项目级两级控制中心。市级主监控中心对全市综合管廊运行情况进行调度监控。项目监控中心规模较小，对单个综合管廊项目进行监控。

（3）控制中心可以独立建设，也可以与邻近的公共建筑合建，或对综合管廊邻近的既有建筑进行改造利用。

2. 监控中心的布置方案

海口市综合管廊规划共设置了 12 个监控中心，包括中心组团 4 个，江东组团 3 个，长流组团 4 个，美安科技新城 1 个。监控中心分市级监控中心（占地约 0.6～0.7ha）、片区级分监控中心（占地约 0.3～0.4hm²）或路段级监控室两个级别（建筑面积约 300m²）。

市级监控中心不仅负责所在片区管廊的监控、运营、维护，还承担着全市地下综合管廊的运营管理任务；片区级监控中心主要对片区内管廊系统的运行状态监控，兼有服务配套基地（如办公、运维人员的宿舍、食堂，工具材料存放及运营培训中心等）的功能。

所规划 12 个监控中心中，西海岸新区长滨路长秀大道上的监控中心为市级主监控中心（图 7.11-1），占地面积 6753m²；金牛路南段监控中心为片区级分监控中心，包含片区监控及办公室、运营人员集体宿舍、员工食堂、仓储用地、运营培训中心等。天翔路控制中心为项目（路段）控制中心（图 7.11-2），与综合管廊交叉口合建，为全地下式。

图 7.11-1　海口市综合管廊主控中心

图 7.11-2　天翔路综合管廊分控中心

7.12 综合管廊的附属设施

综合管廊内容纳了各类城市工程管线，为保障其安全运行，需设置完善的电气、排水、监控、通风和火灾防护等附属系统。此外，还应根据需求设置统一监控管理平台，这些附属系统直接关系到综合管廊的安全、可靠运行，关系到城市和居民的安全（图7.12-1）。

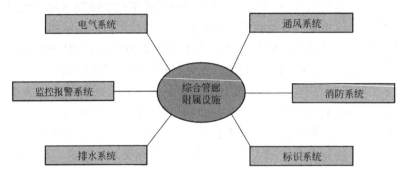

图 7.12-1　综合管廊附属系统

7.12.1 电气系统

综合管廊内含有火灾报警、有毒气体报警、事故照明、紧急通信等设施，依据国家相关规范，火灾报警、有毒气体报警等应采用双路电源供电，保证在突发情况下系统正常工作。从负荷特性上看，综合管廊内的设备年负荷稳定但日负荷变化较大（如雨量较大时启动排水泵排水），宜使用带自动调压的变压器，以节约电力。

在燃气舱内宜采用220V防潮灯具作为照明设备，并布设安全电压为12V的防潮、防爆型多孔插座。

综合管廊内接地主要包括综合管廊附属的电力、通信、火灾报警、监控等设施设备的接地，还包括敷设于综合管廊内的电缆和燃气管道等的接地。可靠的接地决定了综合管廊内管线运行和维修养护人员的安全。接地装置应采用热镀锌钢材，不应采用铝导体，并做好防止机械损伤和化学腐蚀的措施。接地装置应形成可靠网络，并确保在单个接地点遭破坏时不影响整个接地系统的可靠性。

7.12.2 信息检测和控制系统

综合管廊内敷设有电力、通信、给水等管线，附属设备多，为了便于综合管廊的运行管理、增强综合管廊的安全性和防范能力，根据综合管廊结构形式、内部管线及附属设备布置情况及日常管理需要，配置综合管廊工程信息检测与控制系统。包括：附属设备监控系统、现场检测仪表、安保系统、电话系统、火灾报警系统等。

7.12.3 设备监控系统

（1）综合管廊的监控系统应能准确、及时地探测火情，监测有害气体、空气质量、温度等，并应及时将信息传至监控中心（图7.12-2）。

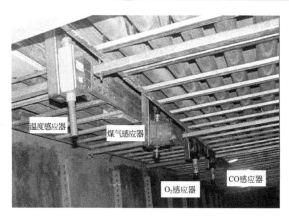

图 7.12-2 综合管廊监控系统

（2）综合管廊的监控系统应对风机、排水泵、供电设备、消防设施进行监测和控制。控制方式可采用就地联动控制、远程控制等方式。

（3）综合管廊内应设置固定式通信系统，电话应与控制中心连通，信号应与通信网络连通。在综合管廊人员出入口或每个防火分区内应设置一个通信点。

有线通信系统：从控制中心引入综合管廊，设内部专用通信线路，每隔 150m 设一个电话接线盒，并保证在每个防火分区出入口和两道防火门处各设置一个电话接线盒，检修与管理人员进入时携带自动电话（图 7.12-3），插入电话即可与控制中心进行有线联络。

无线对讲系统：主要为便于各管线单位维修作业时，综合管廊内的工作人员与地面其他维修作业人员联络而设置，通信模式与对讲机型号由各管线单位自定。

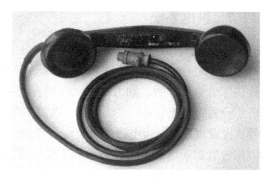

图 7.12-3 携带式自动电话

广播设备：广播系统分为一般广播与紧急广播两种，其中一般广播为区域性广播系统，而紧急广播系统为综合管廊全区的广播系统。播音室设于中央监控中心，平时可分区选择播放，紧急情况时可作全区紧急播音。

7.12.4 安保系统

吊装口应设置报警装置，其信号能通过控制器传至控制中心监控计算机，产生报警信号。

7.12.5 通风系统

综合管廊宜采用自然通风和机械通风相结合的通风方式，通风口的通风面积应根据综合管廊的截面尺寸、通风区间计算确定。通风口处风速不宜超过 5m/s，内部风速不宜超过 1.5m/s。通风口应加设能防止小动物进入的金属网格，网孔净尺寸不应大于 10mm×10mm。机械风机应符合节能环保要求。当廊内空气温度高于一定温度或需进行线路检修时，应开启机械排风机。综合管廊应设置事故后机械排烟设施。廊内发生火灾时，排烟防火阀应能够自动关闭。

7.12.6 照明系统

综合管廊内应设正常照明和应急照明。人行通道上的一般照明的平均照度不应小于10lx，最小照度不应小于2lx，在出入口和设备操作处的局部照度可提高到100lx。监控室一般照明照度不宜小于300lx。应急疏散照明照度不应低于0.5lx，应急电源持续供电时间不应小于30min。监控室备用应急照明照度不应低于正常照明照度值的10%。出入口和各防火分区防火门上方应有安全出口标志灯，灯光疏散指示标志应设置在距地坪高度1.0m以下，间距不应大于20m。

综合管廊照明灯具应为防触电保护等级Ⅰ类设备，能触及的可导电部分应与固定线路中的保护（PE）线可靠连接。灯具应防水防潮，防护等级不宜低于IP54，并具有防外力冲撞的防护措施。光源应能快速启动点亮，宜采用节能型荧光灯。照明灯具应采用安全电压供电或回路中设置动作电流不大于30mA的剩余电流动作保护的措施。照明回路导线应采用不小于$1.5mm^2$截面的硬铜导线，线路明敷设时宜采用保护管或线槽穿线方式布线。

7.12.7 供电系统

由附近电网就近提供两路10kV电源供电，电源运行方式为一用一备，电源引至控制中心10kV配电间，综合管廊按每1.2km左右划分供电分区，每个分区内设置埋地式变压器，供综合管廊照明、动力用电（包括控制中心）。

综合管廊供配电系统接线方案、电源供电电压、供电点、供电回路数、容量等应依据综合管廊建设规模、周边电源情况、综合管廊运行管理模式，经技术经济比较后合理确定。

综合管廊附属设备中消防设备、监控设备、应急照明宜按二级负荷供电，其余用电设备可按三级负荷供电。

综合管廊内的低压配电系统宜采用交流220V/380V三相四线TN-S系统，并宜使三相负荷平衡；综合管廊应以防火分区作为配电单元，各配电单元电源进线截面应满足该配电单元内设备同时投入使用时的用电需要；设备受电端的电压偏差：动力设备不宜超过供电标称电压的±5%，照明设备不宜超过＋5%、－10%；应有无功功率补偿措施，使电源总进线处功率因数满足当地供电部门要求；应在各供电单元总进线处设置电能计量测量装置。

图7.12-4 综合管廊内的配电箱

综合管廊内供配电设备防护等级应适应地下环境的使用要求；供配电设备应安装在便于维护和操作的地方，不应安装在低洼、可能受积水浸入的地方（图7.12-4）；电源总配电箱宜安装在综合管廊进出口处。

综合管廊内应有交流 220V/380V 带剩余电流动作保护装置的检修插座，插座沿线间距不宜大于 60m，检修插座容量不宜小于 15kW，且应防水防潮，保护等级不低于 IP54，安装高度不宜小于 500mm。一般设备供电电缆宜采用阻燃电缆，火灾时需继续工作的消防设备应采用耐火电缆。在综合管廊每段防火分区的各人员进出口处均应设置本防火分区通风设备、照明灯具的控制按钮。综合管廊内通风设备应在火警报警时自动关闭。综合管廊内的接地系统应形成环形接地网，接地电阻允许最大值不宜大于 1Ω，接地网宜使用截面面积不小于 40mm×5mm 的镀锌扁钢，应采用电焊搭接，不得采用螺栓搭接。综合管廊内的金属构件、电缆金属保护皮、金属管道以及电气设备金属外壳均应与接地网连通。综合管廊内敷设有系统接地的高压电网电力电缆时，综合管廊接地网尚应满足当地电力公司有关接地连接技术要求和故障时热稳定的要求。

7.12.8　排水系统

综合管廊内宜设置自动排水系统，排水区间应根据道路的纵坡确定且不宜大于 200m，应在排水区间的最低点设置集水坑和自动水位排水泵。集水坑的容量应根据渗入综合管廊内的水量和排水扬程确定。

综合管廊的底板宜设置排水明沟，并通过排水沟将综合管廊内积水汇入集水坑内，排水明沟的坡度不应小于 0.2%。综合管廊的积水应就近接入城市雨水系统，并应在排水管的上端设置逆止阀。

7.12.9　消防系统

综合管廊的承重结构应为不燃烧体，耐火极限应不低于 3.0h，装修材料除嵌缝材料外，应采用不燃材料。防火墙燃烧性能应为不燃烧体，耐火极限不应低于 3.0h。综合管廊交叉口部位应设置防火墙及甲级防火门进行防火分隔。在人员出入口处，应设置灭火器、黄沙箱等灭火器材。含有电力电缆的舱室应设置火灾自动报警系统，并设置自动灭火系统，如水喷淋灭火、细水雾灭火或气体灭火等固定设施（图 7.12-5）。综合管廊内的电缆防火与阻燃应符合国家现行标准《电力工程电缆设计规范》GB 50217 的规定。

图 7.12-5　综合管廊主动灭火系统

7.12.10　标识系统

纳入综合管廊的管线，应采用符合管线管理单位要求的标志、标识进行区分，标志铭牌应设置于醒目位置，间隔距离不宜大于 100m。标志铭牌应标明管线的产权单位名称、紧急联系电话等。廊内设备也应设置铭牌，注明设备的名称、基本数据、使用方式及其紧急联系电话等。

在综合管廊内，应设置"禁烟"、"注意碰头"、"注意脚下"、"禁止触摸"等警示、警告标识。

在人员出入口、人员逃生孔、灭火器材等部位，应设置明确的标识。

7.13 综合管廊的安全防灾

综合管廊面临的灾害主要有两类：一类是综合管廊的内部灾害，如火灾、天然气泄露等；另一类是由于外界因素引起的自然灾害和人为灾害。这些灾害的防护，在规划设计方面应充分考虑。

外界因素引起的自然灾害，如地震对综合管廊的破坏，主要通过结构措施来加以防范；城市内涝引起的综合管廊灾害，应通过提高人员出入口、通风口等露出地面设施的标高，避免道路积水的涌入。

对人为破坏的防护主要是通过在人员出入口设置门禁系统、视频监控系统以及在通风口设置重物坠落、异常振动等非正常情况的远程监测系统来实现。

在管理方面，对投入运行的综合管廊，应制定科学、完善的管理制度，坚持"预防为主、防消结合"的方针，各单位联动协调，形成统一指挥、反应灵敏、协调有序、高效运转的防灾应急管理机制。在全市设置一个市级监控中心，各区或各片区的信号实时发送到该控制中心，便于统一监控，及时调度。现场管理人员应加强巡视管理，形成市级、区级、片区级三级监控防护网，做到灾害提前预防，及时科学处置。

7.14 综合管廊建设和运营管理模式

7.14.1 综合管廊的相关主体

（1）综合管廊的主要发起人——政府部门

综合管廊作为准公共产品，具有较大的社会效益，政府部门出于改善城市环境、提升城市建设水平的目的，从城市的综合效益出发规划建设综合管廊。因此，政府部门是综合管廊项目的主要发起人。

由于综合管廊投资额大，直接经济效益较低，政府部门在考虑发起综合管廊项目时，会充分考虑城市经济发展水平和财政能力，综合评价项目的投入与效益，确定项目的建设区域与建设规模。综合管廊作为城市生命线工程，关系到城市的安全与正常运转，政府部门需要对综合管廊项目的全过程加以监控与管理，确保综合管廊的安全。

（2）综合管廊的使用者——管线单位

综合管廊项目的一大特点就是管线单位的复杂性，同一个综合管廊内包含了众多的管线使用单位，包括电力、通信、燃气、给水等，各管线单位有各自的管线敷设部门和敷设方式。在建设过程中，应向管线单位征询意见，增加了综合管廊项目协调的难度。

管线单位是综合管廊的使用者，利用综合管廊提供的管道空间敷设管线并进行运营维护，可以提高管线的使用寿命，并且易于扩展容量。因此使用综合管廊对于管线单位而言，可以为用户提供更为高效、安全的服务，并且减少了自身的管理与维护成本。

综合管廊的建设成本远高于直埋的建设成本，当向管线单位收取使用费时，会直接影响到管线单位利用综合管廊的意愿。

（3）综合管廊的主要受益者——社会公众

综合管廊的建设将极大地改善城市环境，减少管线更换及扩容给公众生活带来的影响，生活于城市中的社会公众将直接感受到综合管廊带来的效益，这种效益对于综合管廊项目本身而言是一种外部效益，难以进行量化，更难以直接收取费用。

（4）综合管廊投资参与者——第三方出资人

综合管廊投资规模通常较大，仅仅依靠政府财力难以承担，吸收第三方投资者成为综合管廊项目推进的关键。城市基础设施建设已成为大量资金长期投资的目标，吸引多元化资金参与城市基础设施建设也越来越得到政府部门的重视。因此，综合管廊的发展离不开第三方投资者的参与。

7.14.2　海口市地下综合管廊建设和运营管理模式

海口地下综合管廊采用 PPP 模式实施，实现政府与社会资本合作的模式，开辟融资新渠道，可以有效缓解财政压力，提升财务供给效率，与社会资本建立利益共享、风险分担及长期合作的关系。

由市政府授权住房城乡建设部门作为项目的实施机构，以竞争性磋商方式选择一家社会资本；由成交社会资本与综合管廊投资管理有限公司签署《股东协议》，双方合资成立项目公司。政府授予项目公司特许经营权，由项目公司负责综合管廊项目的投融资、建设以及维护和运营。特许经营期满后，项目公司应将项目设施完好、无偿移交给市政府或其指定的接收机构。

综合管廊的运营管理需要重点解决两个问题：①管理费用的分摊；②如何进行维护管理。管理费用可由各管线单位按照空间比例进行分摊，管理费用的组成主要有电费、管理人员工资、管廊内设备维修更换以及日常维护费用等，政府需在政策方面明确管廊管理单位收费的权利。对于综合管廊的维护管理，在正式运营期间由项目公司负责综合管廊日常运营和维护管理。综合管廊维护管理主要是对管廊本体及相关配套设施、附属设施的安保、巡视、预警等，各入管廊管线单位负责对各自的管线进行监控管理，当管线发生异常情况时，管廊管理单位应第一时间通知管线单位，由管线单位进行处理。

7.15　效益分析

7.15.1　经济效益

综合管廊作为公益性较强、市场性较弱的市政设施，经济效益难以量化，以下仅从定性方面分析：

（1）降低道路挖掘、修补费用，节约运行管理费用

据测算，城市地下综合管廊运行管理费用较传统直埋方式节省约 36%。综合管廊内容纳的管线越多，节省的费用也越多，建设综合管廊的性价比越高。

（2）提高土地、地下空间利用率

综合管廊建设消除了地上架空线，解决了道路上方线路蜘蛛网密布情况，使城市更加美观；综合管廊内工程管线布置紧凑、合理，有效利用了道路下的空间，不仅节约了城市用地，而且对地下空间的开发利用起到良好的促进作用。

（3）提升道路及综合管廊沿线的土地价值

综合管廊的建设为沿线社会经济活动提供了良好的基本公共设施保障，使项目沿线投资环境得以改善，进而提升沿线土地价值，促进地方经济持续、快速的发展。

7.15.2 社会和环境效益

（1）减少"马路拉链"

综合管廊的建设减少了因道路开挖对城市交通的干扰，保证了道路交通的畅通。

（2）管线运行更加安全

管线纳入综合管廊，可有效降低事故发生概率，保障城市运行安全。

（3）改善城市环境

综合管廊建设可减少道路的杆柱和架空线，改善了旅游城市的风貌景观。

（4）利于基础设施扩充及更新、提高城市可持续发展能力

综合管廊完善的附属设施配置，可以延长管线使用寿命；也为各种管线的扩容、更新提供方便，提高了项目所在区域可持续发展的能力。

（5）提高城市防灾能力

综合管廊结构能抵御一定的冲击荷载，在受到自然灾害或人为破坏时，内部管线可以安全运行，保证了社会生产的安全运行，提升了城市安全防灾能力。

第8章　椰海大道综合管廊工程设计

8.1　总论

8.1.1　项目背景

根据海口市综合管廊规划，椰海大道综合管廊作为海口市综合管廊三年试点工程的重要组成部分，是近期启动建设的项目。其位于中心组团，是海口市东西走向交通主干道，车流量大，道路两侧绿化带有现状高压架空电力线路，非机动车道下方有燃气、给水及通信管线等。由于椰海大道即将进行改造，为综合管廊建设提供了良好的契机。图 8.1-1 为椰海大道综合管廊建设区域示意图。

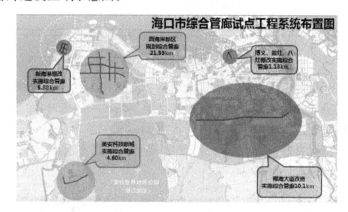

图 8.1-1　椰海大道综合管廊建设区域示意图

根据专项规划，在长流组团、中心城区组团和江东组团，规划形成近期 2020 年 97.40km，远期 222.10km 的海口市地下综合管廊系统，如图 8.1-2 所示。

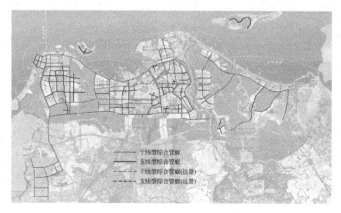

图 8.1-2　海口市综合管廊总体规划区域布置图

在综合管廊布局中，中心城区组团大部分为老城区，综合管廊建设将以老城区的道路改造、地下空间开发、棚户区改造等项目为依托，分步实施综合管廊；江东组团位于南渡江东侧，是发展面向岛外城市职能的重要区域，由江东片区、水城片区等组成；长流组团是海口市最新发展起来的新城区之一，目前正值高速发展阶段，大量道路即将投入建设，是综合管廊工程建设的重点区域。

由于椰海大道为现状道路，交通流量大，为尽可能减少对交通影响，通过方案比选研究，拟采用双层四舱断面方案，将综合管廊布置在椰海大道中央绿化带下方。此方案避免了道路南北两侧现状管线大规模迁改，并将管廊实施引起的交通影响降低到最小。

8.1.2 现场情况概述

椰海大道为已建道路，道路红线宽度 60m，双向 6 车道，红线外两侧各有 20m 绿化带，拟于近期启动道路路面翻新。椰海大道道路规划横断面如图 8.1-3 所示。

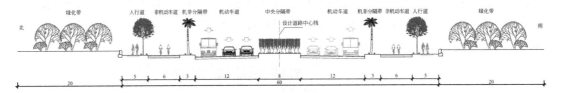

图 8.1-3　椰海大道道路断面图（单位：m）

根据现状道路条件，道路红线内非机动车道下方敷设多种市政管线，有给水、电力、通信、雨污水管线。北侧绿化带现存大量建筑，地下敷设一根 DN400 燃气管道，为海口市燃气主干管，较难改迁。南侧绿化带内现状为 110kV 架空电缆。8m 宽中央绿化带下方无市政管线，土质情况良好，有较好的管廊建设条件，所以本次综合管廊建设选在中央绿化带下方。图 8.1-4 为椰海大道现状图。

图 8.1-4　椰海大道现状图

8.1.3 设计标准

1. 结构专业

（1）主体结构安全等级为一级。

（2）综合管廊属于城市生命线工程，根据《建筑工程抗震设防分类标准》GB 50233，抗震设防类别为重点设防类。根据《建筑抗震设计规范》GB 50011，海口市抗震设防烈度为 8 度，设计基本地震加速度值为 0.30g。

（3）混凝土裂缝控制标准：≤0.2mm。

（4）环境类别：二 b 类。

2. 排水及消防系统

（1）综合管廊按 200m 长度设一个防火分区，在电力舱及分变电所设置自动灭火系统。选用悬挂式超细干粉灭火系统，全淹没式布置，在电缆接头处应设置自动灭火装置。

（2）潜水排污泵每小时启停次数不超过 6 次。

3. 电气及照明系统

（1）综合管廊内人行道上的一般照明的平均照度不小于 15lx，最低照度不小于 5lx。

（2）监控室一般照明照度不小于 300lx。

（3）管廊内疏散应急照明照度不小于 5lx。

4. 通风系统

（1）综合管廊内设计参数见表 8.1-1

通风设计参数 表 8.1-1

房间名称	温度（℃）	通风换气次数（次/h）	
		平时	事故
给水舱	≤40	4	—
高压电力舱	≤40	4	6
低压电力舱	≤40	4	6
天然气舱	≤40	8	12

（2）综合管廊外环境噪声要求

综合管廊外声环境执行《声环境质量标准》GB 3096—2008 中的第 4a 类标准，环境噪声等效声级限值：昼间 70dB（A），夜间 55dB（A）。

5. 入廊管线

（1）给水、再生水管道

1）给水、再生水管道设计应符合现行国家标准《室外给水设计规范》GB 50013 和《污水再生利用工程设计规范》GB 50335 的有关规定。

2）给水、再生水管道可选用钢管、球墨铸铁管、塑料管等。接口宜采用刚性连接，钢管可采用沟槽式连接。

3）管道支撑的形式、间距、固定方式应通过计算确定，并应符合现行国家标准《给水排水工程管道结构设计规范》GB 50332 的有关规定。

（2）天然气管道

1）天然气管道设计应符合现行国家标准《城镇燃气设计规范》GB 50028 的有关规定。

2）天然气管道应采用无缝钢管。

3）天然气管道的连接应采用焊接。

4）天然气管道的阀门、阀件系统设计压力应按提高一个压力等级设计。

5）天然气调压装置不应设置在综合管廊内。

6）天然气管道分段阀宜设置在综合管廊外部。当分段阀设置在综合管廊内部时，应考虑远程关闭功能。

（3）电力电缆

1）电力电缆应采用阻燃电缆或不燃电缆。

2）应对综合管廊内的电力电缆设置电气火灾监控系统。在电缆接头处应设置自动灭火装置。

3）电力电缆敷设安装应按支架形式设计。

（4）通信线缆

通信线缆应采用阻燃线缆。

8.1.4　技术路线

本工程为全市综合管廊规划的重要组成部分，对东西向管线廊道构建具有重要意义，由于椰海大道为现状主干道路，车流量大，沿线管线及建筑物分布较多，工程实施难度大，工程设计和施工方案的选择，对工程实施及交通、安全均有重要影响，基于此，本工程设计前期开展大量方案研究工作，确保方案科学合理，功能满足需求，技术可实施。设计工作的技术路线如图 8.1-5 所示。

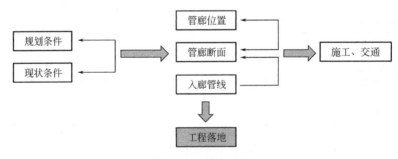

图 8.1-5　技术路线

8.2　综合管廊建设的基础条件

8.2.1　区域功能分析

椰海大道属于海口市中心组团，旧城区路况复杂，在保护历史名城风貌、重塑城市景观、保持旧城肌理的前提下，以调整、改造、拓宽和打通为主要工作。道路建设中应加大支路、次干路建设力度，扩充道路交通"微循环"系统，提高系统整体通行能力。加强中心区的道路网与外围道路的衔接，缓解中心区压力。

8.2.2　道路规划及现状分析

椰海大道作为连接海口市东西走向的主干道，交通重要性强。道路红线宽度60m，双向6车道，中央绿化带8m宽，两侧绿化带各20m宽，道路横断面如图8.1-3所示。

8.2.3　给水规划及分析

根据给水专项规划，椰海大道现状有一根 $DN400$ 给水管，位于人行道下方。规划拟建一根 $DN1000$ 给水管，一根 $DN400$ 配水管（图8.2-1）。

图 8.2-1　椰海大道给水工程规划图

8.2.4　电力规划及分析

根据电力专项规划，椰海大道高压电力线由头铺220kV、山高110kV 两个变电站引入引出，规划2回220kV线路和6回110kV线路，以及80孔中压电力线。待综合管廊施工完成后，现状电力管线迁入廊内。（图8.2-2）。

图 8.2-2　椰海大道供电工程规划图

8.2.5　通信规划及分析

通信线路包括电信电缆（光纤）、移动缆线、联通缆线、交警信号缆线、广播电视缆线等，实行同沟共井。为确保通信线路安全可靠，同时考虑到城市建设现状及景观，规划区内通信线路全部采用埋地敷设，严禁采用架空明线。

通信管孔规划须兼顾各类公共信息业要求，统一规划、设计、建设。管孔计算必须考虑电缆平均线对数不断增加的因素，特别是光纤的采用，避免不必要的浪费。主干管道管孔容量不少于 24 孔（$\phi 114$），次干管道管孔容量不少于 16 孔（$\phi 114$），一般管道管孔容量不少于 10 孔（$\phi 114$）。

8.2.6 燃气规划及现状

根据燃气专项规划，主城区规划以长输管道天然气（NG）为主气源，液化石油气为辅气源。

椰海大道现状燃气管线为一根 $DN400$ 管线，位于道路北侧绿化带下方，是气源厂的联络线。现阶段为 0.4MPa 中压管线，远期规划提升至 1.2MPa 次高压管线（图 8.2-3）。

图 8.2-3 椰海大道燃气工程规划图

8.2.7 雨水规划及分析

椰海大道沿线雨水管线为现状管线，位于道路两侧非机动车道下方，自西向东流向。由北向南敷设 1 根雨水箱涵，由南向北敷设 3 根雨水箱涵，横穿椰海大道，排入下游管线。并且南北两侧雨水管之间分布有 12 根 $DN800 \sim 1000$ 雨水连通管（图 8.2-4）。

图 8.2-4 椰海大道雨水工程规划图

8.2.8 污水规划及分析

椰海大道沿线污水管线均为现状管线，在道路北侧非机动车道下方，全线敷设一根污水主干管，管径 $DN400 \sim 600$，流向自西向东。由于椰海大道南侧地块尚未开发完全，仅在丘海大道至苍峰路范围南侧非机动车道下方敷设一根 $DN500$ 污水管，在苍峰路口通过一根 $DN500$ 管道引至北侧主管。在苍峰路至龙昆南路范围，椰海大道南侧沿线分布 12 个污水井点，每个污水井通过过路连通管将污水接入道路北侧污水干管（图 8.2-5）。

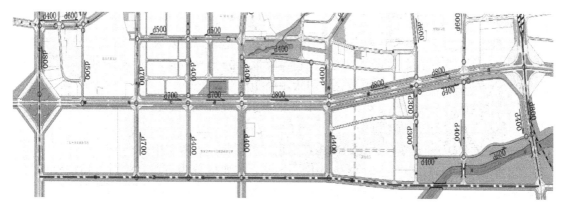

图 8.2-5　椰海大道污水工程规划图

8.2.9　场地环境和工程地质条件

1. 区域地质构造及新构造运动

拟建场地在大地构造上属于琼北新生代断陷盆地。区域内对场地影响较大的断裂主要有东西向的新村—林乌断裂和铺前—马袅断裂。

拟建管廊线路范围内无全新活动断裂。

2. 地形地貌与周边环境

拟建场地属海成三级阶地地貌单元，管廊沿线整体西高东低，实测钻孔高程为 17.38～41.18m。拟建管廊位于现状椰海大道中央绿地内，过路口处地下埋藏燃气、电力等众多管线。

3. 不良地质作用及地质灾害

据现场钻孔揭露及附近地质调查表明，拟建场地附近区域未发现泥石流、崩塌、滑坡、地面沉降等不良地质作用及地质灾害，无全新活动断裂。

4. 地层岩性

根据野外鉴别、原位测试结合室内土工试验成果，地层从上至下可划分为 13 个工程地质层，各岩土层岩性及埋藏分布特征分述如下：

① 素填土（Q4ml）：主要为褐红色、次为褐色，稍湿，松散，主要成分为黏性土、部分地段下为细砂、局部地段含少量混凝土块、碎石，该层分布全场地。

② 淤泥（Q4h）：灰黑色，流塑，韧性低，干强度低，具油脂光泽，含较多有机物，具浓烈腐臭味。

③ 黏土（Q3m）：红褐色为主，可塑，韧性中等，无摇振反应，干强度中等，含少量粉细砂颗粒。

④ 粉质黏土（Qel）：黄色为主，局部灰黑色，可塑，韧性中等，切口稍有光泽，无摇振反应，干强度中等，含少量凝灰岩风化形成的角砾。

⑤ 中风化凝灰岩（βQ3）：灰黑色，岩石主要成分为玻屑、晶屑等，凝灰结构，层状构造，节理稍发育，节理面由中粒晶屑胶结，胶结程度中等。

⑥ 黏土（Q2m）：黄色，上部灰～灰黑色，软-可塑，韧性中等，切口稍有光泽，无摇振反应，干强度中等。

⑦ 黏土（Q2m）：红褐色，可塑状，含中砂及少量铁质结核。该层不均匀分布于场地

部分地段。

⑧ 粗砂（Q2m）：红褐色夹黄色，稍密-中密状，饱和，主要成分为石英、长石，颗粒级配良好，局部含砾石，黏粒含量较高。粉黏粒含量 $17\%\sim47\%$，平均 29%。

⑨ 粉质黏土（Q1m）：红褐色，可塑状，局部含中、粗砂。

⑩ 粗砂（Q1m）：黄色、红褐色，中密状为主，局部稍密，饱和，主要成分为石英、长石，颗粒级配良好。

⑩₁ 黏土（Q1m）：黄色为主、次为红褐色，可塑状，含薄层中砂。

⑪ 粉砂（Q1m）：紫红色，稍密-中密，饱和，主要成分为石英、长石，颗粒较均匀，级配不良。

⑫ 黏土（Q1m）：黄色、灰色，可塑。该层分布全场地。

⑬ 粉质黏土（N2m）：灰色，可塑～硬塑状，层间夹薄层粉细砂，局部呈坚硬的半成岩状。

5. 对工程不利的埋藏物

据现场调查及钻孔揭露，未发现埋藏的河道、沟浜、墓穴、防空洞等对工程不利的埋藏物。但部分场地分布燃气、电力、供水等管线，对工程施工有较大的影响。

6. 地下水和地表水

地下水稳定水位埋深 $1.30\sim6.60m$，高程为 $13.32\sim36.50m$，地下水受季节影响较大。根据水文地质资料表明，该区域水位变幅约为 $2.00m$。管廊埋深约 $11\sim12m$，地下水埋藏较浅，对拟建管廊工程有较大影响，应采用适当的止水措施。

7. 水土腐蚀性

地下水对混凝土结构具微腐蚀性，对钢筋混凝土结构中的钢筋具微腐蚀性；场地土对混凝土结构具微腐蚀性，对钢筋混凝土结构中的钢筋具微腐蚀性。

8.2.10 管廊地基承载力及抗浮验算结果

根据地勘报告地质纵断面图，拟建管廊沿线地层有高低，沿线分别可选择⑤中风化凝灰岩、⑥黏土、⑦黏土、⑧粗砂、⑨粉质黏土、⑩粗砂、⑩₁黏土作为持力层。不同持力层分段及承载力见表8.2-1。

地质情况统计表　　　　　　　　　　　　　　　　表 8.2-1

土层名称	地基承载力（kPa） 土工试验值/修正值	压缩模量 Es_{1-2}（MPa）
⑤中风化凝灰岩	1000	—
⑥黏土	150/330	6.47
⑦黏土	180/360	5.86
⑧粗砂	180/360	7（经验值）
⑨粉质黏土	160/340	5.61
⑩粗砂	200/380	6.5（经验值）
⑩₁黏土	180/360	4.68
⑪粉砂	180/360	7（经验值）

根据标准断面及各类节点设计，典型的基底压力和抗浮计算结果见表 8.2-2。

基底压力和抗浮计算　　　　　　　　　　　　　　　表 8.2-2

断面类型	基底压力 p(kPa)	抗浮安全系数 K_f
标准断面	140	1.20
各类节点覆土 3m 处	150	1.31
综合舱引出口	120	1.07

由计算可知，管廊标准断面及节点均可满足地基承载力及抗浮要求。

8.3　综合管廊的总体设计

8.3.1　综合管廊系统方案

综合管廊系统布置方案应在管廊建设与管线直埋平衡的基础上，达到辐射最广、体系完善、功能齐全的目标。本着"高效、经济、适度、实用"的布置原则，确定综合管廊的重点建设区域为：①高密度开发区，管线接入接出较频繁，扩容可能性大的区域；②管线集中的道路（尤其是结合高压电力管线），椰海大道综合管廊按照上述要求进行系统布置（图 8.3-1）。

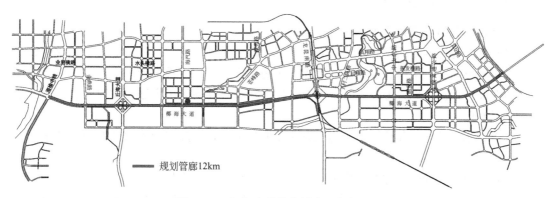

图 8.3-1　椰海大道综合管廊系统布置图

8.3.2　综合管廊内的管线

1. 电力管线

海口市新建电力线路多采用独立的电缆沟，电力电缆入廊技术可行，本次设计将10kV 电力电缆和 110kV、220kV 高压电力电缆纳入综合管廊，高压电缆和中压电缆各自独立运行。

为解决电力电缆的通风降温、防火防灾等主要问题，综合管廊内配备有火灾报警、通风以及消防等附属系统。

2. 供水管道

供水管道传统的敷设方式为直埋,管道的材质一般为钢管、球墨铸铁管等。将供水管道纳入综合管廊,有利于管线的维护和安全运行。供水管道纳入综合管廊需要解决防腐、结露等技术问题。

3. 通信管线

通信管线纳入综合管廊需要解决信号干扰、防火防灾等技术问题。

4. 天然气管线

天然气管线进入综合管廊,应采取多种措施,确保管线的安全运行:

《城市综合管廊工程技术规范》GB 50838 规定:天然气管道应在独立舱室内敷设;含天然气管道舱室的综合管廊不应与其他建(构)筑物合建;天然气管道舱室地面应采用撞击时不产生火花的材料;天然气调压装置不应设置在综合管廊内;天然气管道分段阀宜设置在综合管廊外部,当分段阀设置在综合管廊内部时,应具有远程关闭功能;天然气管道舱内的电气设备应符合现行国家标准《爆炸危险环境电力装置设计规范》GB 50058 有关爆炸性气体环境的防爆规定;天然气管道舱内的检修插座应满足防爆要求,且应在检修环境安全的状态下送电等。

5. 排水管道

椰海大道为现状道路,道路两侧排水管道已按规划敷设,排水管道为重力流管道,且干管排水方向与综合管廊线位垂直,不考虑排水管道入廊。

8.3.3 综合管廊断面设计

1. 综合管廊断面设计原则

(1)综合管廊的断面型式的确定,要考虑到综合管廊的施工方法及纳入的管线数量。通常采用矩形断面。采用这种断面的优点在于施工方便,综合管廊的内部空间可以充分利用。但在穿越河流、地铁等障碍时,也有采用盾沟或顶管的施工方法,此时综合管廊一般采用圆形断面。

本工程不穿越河流和地铁等,施工方法以明挖为主,因此综合管廊的断面型式采用矩形断面。

(2)综合管廊的断面方案,应根据各管线入廊后安装、维护所需空间,以及照明、通风、排水等设施所需空间,各口部结构形式、分支走向,并考虑沿线地质状况、地面现状、交通等施工条件,以及地铁、排水等地下设施情况,作综合研判后确定。

(3)综合管廊标准断面内部净高不宜小于 2.4m,舱室内两侧设置支架或管道时,检修通道最小净宽不宜小于 1.0m,当单侧设置支架或管道时,检修通道最小净宽不宜小于 0.9m。

2. 综合管廊埋深

综合管廊的埋深确定主要考虑四个因素:

(1)管廊上部的绿化种植的覆土厚度要求。

(2)管廊本体抗浮要求。

(3)管廊与横穿道路的排水管线以及其他市政管线的交叉关系。

(4)管廊附属设施如通风口、吊装口内人员操作及设备安装空间的要求。

综合分析气候特点、地下水位、上部绿化以及其他管线标高关系，确定椰海大道综合管廊埋深为 3.0m。

3. 综合管廊断面确定

根据各类管线专项规划及管线单位反馈意见，椰海大道拟将 110kV、220kV 高压电力、$DN1000$ 给水管、10kV 电力、通信管线纳入综合管廊，并预留 $DN400$ 中水管管位（表 8.3-1）。采用四舱双层断面，断面尺寸 8.3m×7.65m，入廊管线（表 8.3-1）及断面图如图 8.3-2、图 8.3-3 所示。

椰海大道综合管廊入廊管线汇总表

表 8.3-1

管线种类	管线数量
给水	$DN1000＋DN400$（预留）
110kV 电力	6 回
220kV 电力	4 回
10kV 电力	80 孔
天然气	$DN400＋DN250$（预留）
通信	30 根

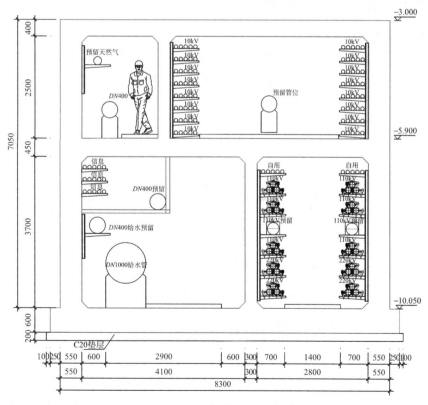

图 8.3-2　椰海大道标准断面方案

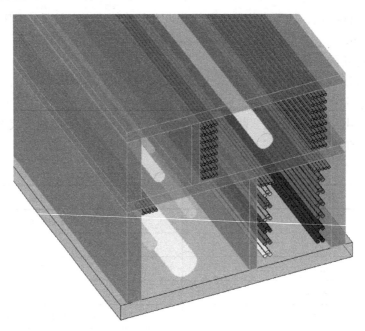

图 8.3-3　椰海大道标准断面方案（三维）

8.3.4　综合管廊在道路下方位置

1. 道路及管线现状分析

椰海大道工程范围西起丘海大道，东至龙昆南路，全长共 5km，为现状道路。规划红线宽度为 60m，中央分隔带宽度 8m，机动车道宽度 12m，人行道宽度 5m。两侧非机动车道下现状敷设有电力、信息、雨污水管等市政管线。道路及管线断面如图 8.3-4 所示。

图 8.3-4　椰海大道道路断面图

丘海大道至海马一路段，道路南侧全线有 10kV＋110kV 架空线。北侧绿化带下有一根 DN350 燃气管道，南侧有一根 DN150 燃气管道。在非机动车道下方还有信息、电力等管线。道路及管线断面如图 8.3-5 所示。

海马一路至苍峰路段，长度 0.8km，道路北侧绿化带有 2 回路 220kV 高压架空线（大玉线、永大线），下面有一根 DN400 燃气管线，人行道下有一根 DN400 给水管。道路南侧绿化带有 10kV＋110kV 架空线。在非机动车道下方还有信息、电力等管线。道路及管线断面如图 8.3-6 所示。

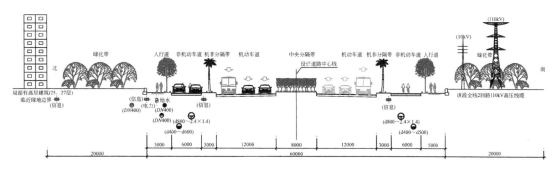

图 8.3-5 椰海大道（丘海大道至海马一路）道路断面图

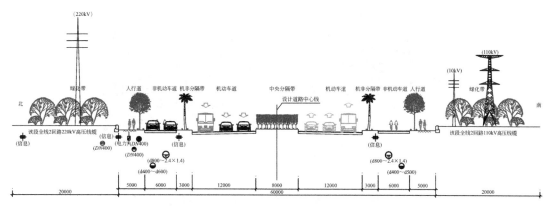

图 8.3-6 椰海大道（丘海大道至海马一路）道路断面图

苍峰路至龙昆南路段，长度 2.2km，道路北侧绿化带下方有一根 $DN350$ 燃气管线，人行道下方有一根 $DN400$ 给水管道。道路南侧绿化带全线有 10kV＋110kV 架空线。在非机动车道下方还有信息、电力等管线。道路及管线断面如图 8.3-7 所示。

图 8.3-7 椰海大道（苍峰路至龙昆南路段）道路断面图

2. 位置分析

根据现状管线及道路沿线建筑物分析，椰海大道北侧绿化带下方有大量现状管线，如燃气、给水等，管线改迁困难，工程落地性差。道路南侧绿化带全线均布有高压铁塔，高压电改迁费用高，工期不确定。8m 宽中央绿化带下方基本无现状管线，适合管廊建设，拟将管廊布置在中央绿化带下方。道路下位置关系如图 8.3-8 所示。

此方案避免了大量现状管线迁改，对高压铁塔及各类现状管线基本无影响，工程落地

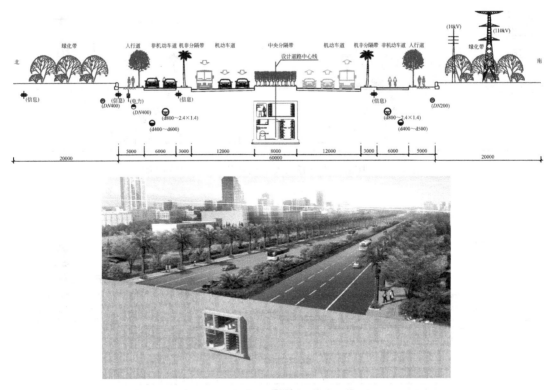

图 8.3-8　椰海大道管廊在道路下位置图

性较好，但是对交通有一定影响，根据测算，施工围挡宽度 21m，需要占用北侧两根及南侧一根机动车道（图 8.3-9）。通过对施工阶段进行专项交通组织设计，可将综合管廊施工对交通的影响降至最低。

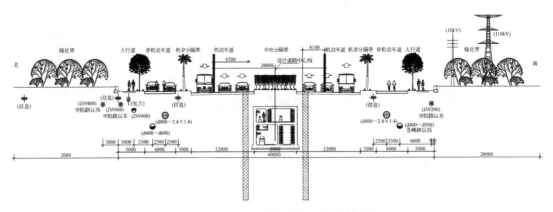

图 8.3-9　椰海大道管廊施工围挡断面图

8.3.5　综合管廊节点设计

（1）吊装口及通风口

综合管廊吊装口主要功能是管线及设备投放，同时兼有人员逃生的功能，吊装口设置间距不大于 400m。

通风口主要功能为进排风和人员逃生，通风口和吊装口的出地面部分需考虑减少对人行和景观的影响，并防止地面水倒灌。本工程综合舱通风口不大于 400m 设置一个。

综合管廊位于中央绿化带下，为避免地面水倒灌，通风口、吊装口等口部均高出中央绿化带 600mm，考虑侧石高度约 200mm，可防相当于高出椰海大道机动车道路面最高点处 800mm 的洪水（图 8.3-10～图 8.3-13）。

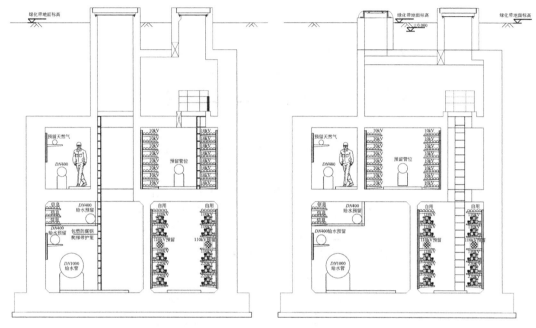

图 8.3-10　椰海大道综合管廊吊装口

天然气舱设置独立的吊装口和通风口，天然气舱口部与其他舱室口部距离不小于 10m。天然气舱吊装口设置间距不大于 400m 一个，通风口设置间距不大于 200m。

由于道路中央分隔带宽 8m，为了尽量减少对交通影响，综合管廊各类节点均控制在标准断面的 8m 宽度范围内解决，通过调整下部管线布置实现吊装及管线分支的功能（图 8.3-11）。

通风口是综合管廊重要的功能性口部，其设计要点是：

1）按照合理的通风区间设置，在满足通风要求的前提下，尽量加大通风区间，减少风口数量。

2）应考虑地面水倒灌的影响，采用侧面进排风时，百叶窗下沿应高于洪涝水位，采用顶面进排风时，应采取防止雨水进入的措施。

3）出地面口部应与景观协调（图 8.3-12）。

双层综合管廊的通风口设计应解决好下层舱室的通风，在不增加断面总宽度的前提下，通过内部空间转换，实现下部舱室的通风（图 8.3-13）。

（2）管线分支口

综合管廊根据地块需求每隔一定距离设置管线分支口，管廊内部的管线通过管线分支

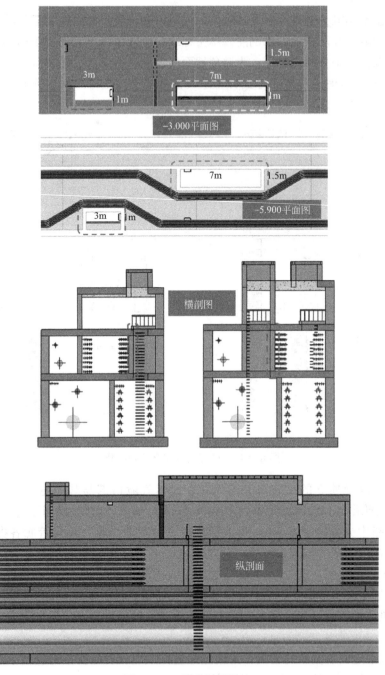

图 8.3-11　综合舱吊装口

口引向道路两侧，地块所需管线由道路两侧的管线井引出。由于椰海大道为现状道路，为减少过路管施工对交通的影响，本工程拟在道路交叉口及交叉口之间设置管线分支口（图 8.3-14）。分支口处管线引入、引出均采用箱涵形式，箱涵从管廊分支口处引至道路红线边，箱涵端部设置端部井。管线引出时，廊内管线引至端部井，外围管线与廊内管线在端部井处进行衔接；管线引入时，在道路红线边通过端部井进入管廊。

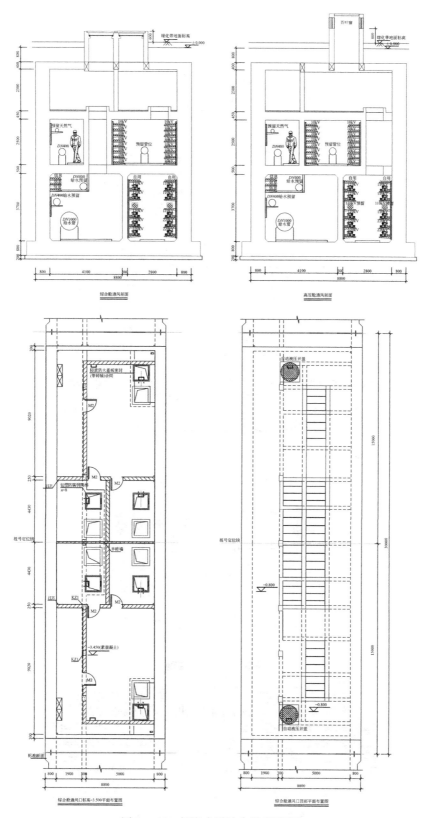

图 8.3-12　椰海大道综合管廊通风口

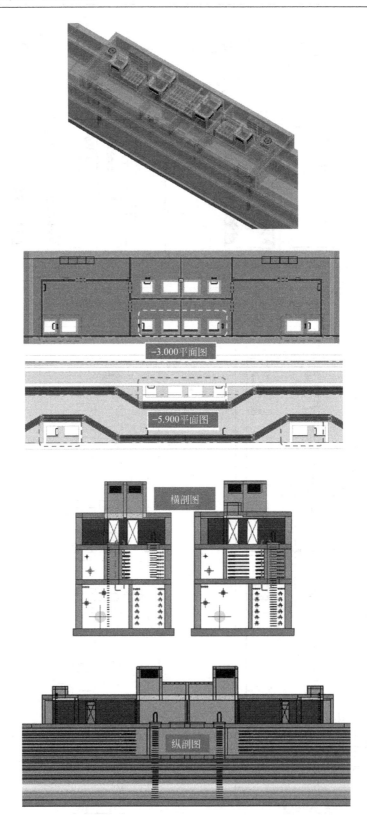

图 8.3-13　椰海大道综合管廊通风口

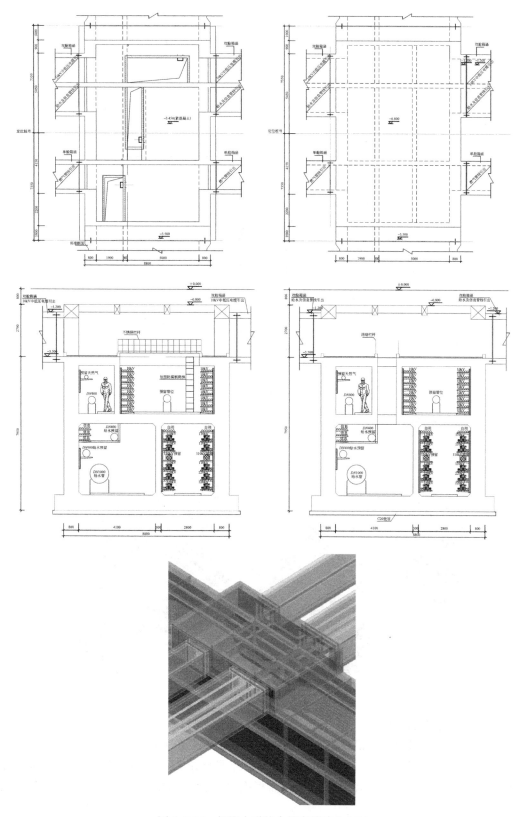

图 8.3-14　椰海大道综合管廊管线分支口

管线引出需满足相关行业规范要求，电力电缆弯转半径不小于 $20d$，给水等刚性管道引出或接入时，应满足管道及附件的安装要求，并为焊缝检测等预留空间。

（3）交叉口

根据规划，椰海大道综合管廊与规划苍峰路、丘海大道综合管廊有交叉，在路口处设置交叉口（图 8.3-15）。根据规划情况和现状建设条件，本工程交叉口拟采用过路箱涵形式实现管廊间管线互通。

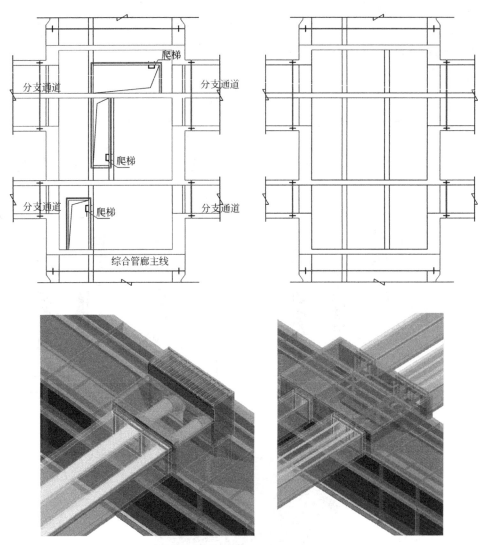

图 8.3-15　综合管廊交叉口

（4）高压电力引入引出

根据规划，在椰海大道沿线设有两处高压电力联络通道（图 8.3-16、图 8.3-17）。

高压电力引出引入口部应充分考虑电缆弯转半径要求，一般不小于 3m，同时需预留安装及检修人员通行空间，在分支口部，需根据电缆敷设需求，设置吊架、支架等附属设施。

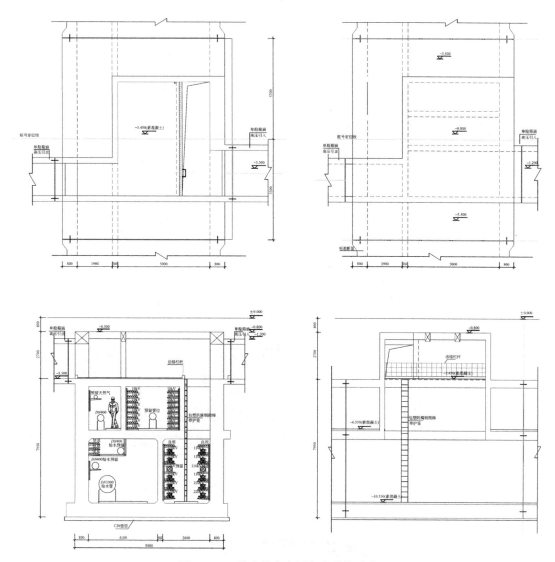

图 8.3-16 综合管廊高压电力联络通道

（5）变电所

综合管廊的自用附属设施用电负荷类型、容量、数量、受电位置具有长距离、沿线分布、容量小、比较均匀等特点。根据综合管廊这一特点，并结合 0.4kV 电压等级最大供电半径及确保电能质量的要求，在综合管廊沿线设置 10/0.4kV 分变电所为综合管廊的自用附属设施供电（图 8.3-18）。

（6）倒虹段

椰海大道综合管廊有三处倒虹段。分别为避让过路污水管和雨水箱涵。由于雨水箱涵埋深较深，管廊从下方通过基坑开挖深度过大，拟采用分层通过方式，即上层管廊标高不变，底层管廊通过下倒虹形式通过管涵（图 8.3-19、图 8.3-20）。其他两处倒虹均采用下倒虹形式通过。

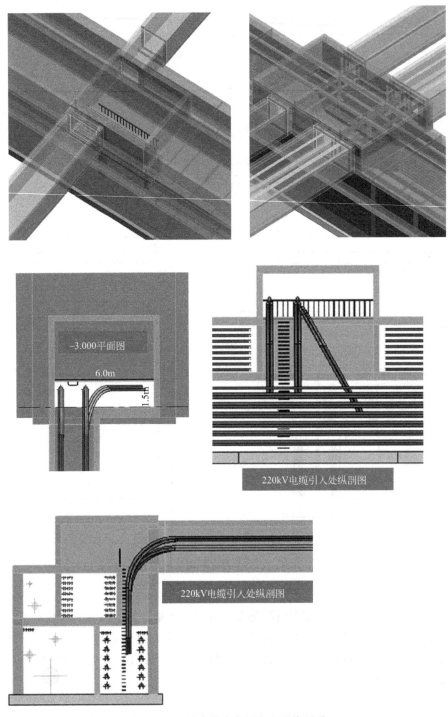

图 8.3-17　综合管廊高压电力联络通道

综合管廊断面尺寸较大，倒虹会引起基坑深度加大，增加管线安装难度，应尽量减少倒虹，设计时应与雨污水管线充分协调，确定合理的标准断面埋深，采取科学合理的技术方案解决交叉时的标高冲突。

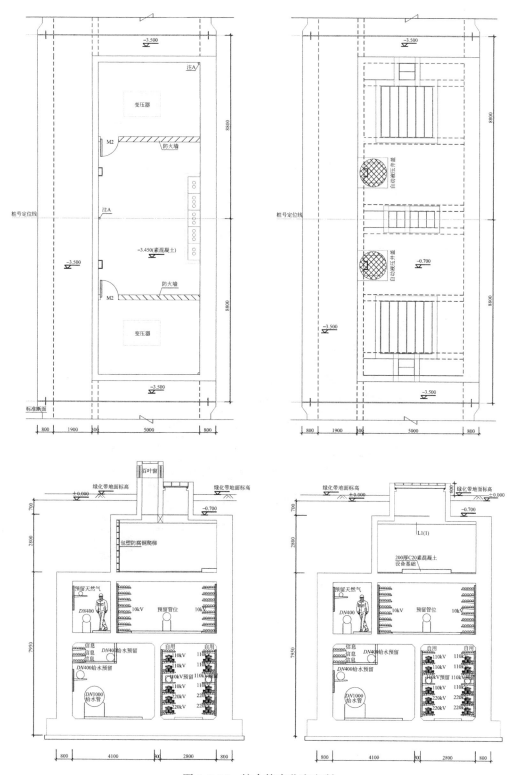

图 8.3-18　综合管廊分变电所

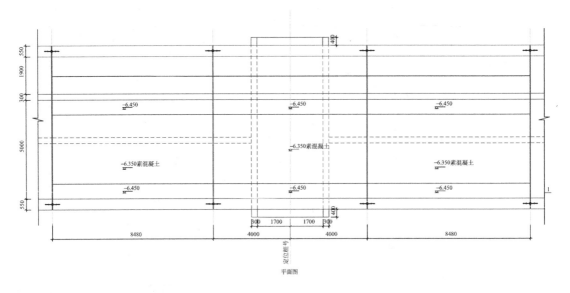

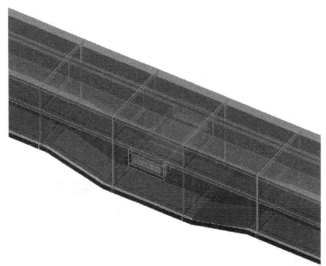

图 8.3-19　椰海大道综合管廊下层倒虹段

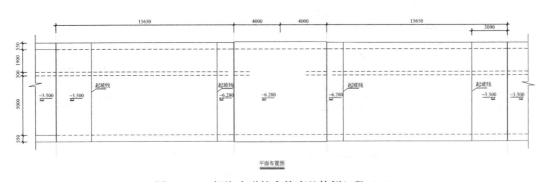

图 8.3-20　椰海大道综合管廊整体倒虹段（一）

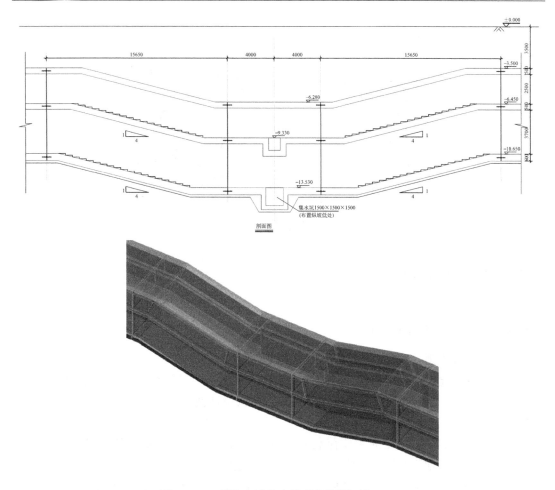

图 8.3-20　椰海大道综合管廊整体倒虹段（二）

（7）控制中心联络段

综合管廊控制中心与主线之间采用通道进行连接，主要功能为自用电力及通信线路敷设及检修、参观人员通行。联络通道一般位于控制中心地下一层，与综合管廊联络时，可位于主线的下层或上层，通道与主线相交处应预留人员进出通道，且不能影响管线敷设（图 8.3-21）。

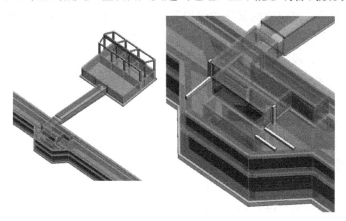

图 8.3-21　控制中心联络段（一）

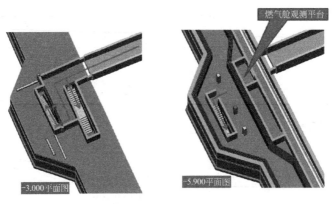

图 8.3-21　控制中心联络段（二）

8.4　综合管廊结构设计

8.4.1　综合管廊结构设计

1. 结构设计原则

（1）根据《建筑结构可靠度设计统一标准》GB 50068、《城市综合管廊工程技术规范》GB 50838，综合管廊结构设计基准期为 50 年，结构设计使用年限为 100 年，活荷载考虑使用年限的调整系数取值为 1.1。

（2）综合管廊结构承受的主要荷载有：结构及设备自重、管廊内部管线自重、土压力、地下水压力、地下水浮力、汽车荷载以及其他地面活荷载。

（3）结构设计根据沿线不同路段的工程地质和水文地质条件，结合周围地面建筑物和构筑物、管线和道路交通状况，通过技术、经济、环保及使用功能等方面的综合比较，合理选择施工方法和结构形式。设计时应尽量减少施工中和建成后对环境造成的不利影响，并考虑周围环境改变时对地下结构的影响。

（4）采用结构自重及覆土重量抗浮设计方案，在不计入侧壁摩擦阻力的情况下，结构抗浮安全系数 $K_f > 1.05$，地下水最高水位取地面下 0.5m。

（5）围护结构设计时应根据基坑的保护等级和允许变形的标准，严格控制基坑开挖引起的地面沉降和水平位移。并应对由于土体位移引起的周围建（构）筑物、地下管线影响进行评估，提出安全、经济、合理的基坑支护措施。

（6）结构构件应力求简单、施工简便、经济合理、技术成熟可靠。

2. 设计标准

（1）主体结构安全等级为一级。

（2）综合管廊属于城市生命线工程，根据《建筑工程抗震设防分类标准》GB 50233，抗震设防类别为重点设防类。根据《建筑抗震设计规范》GB 50011，海口市抗震设防烈度为 8 度，设计基本地震加速度值为 0.30g。

（3）混凝土裂缝控制标准：≤0.2mm。

（4）环境类别：二 b 类。

（5）防洪标准：根据《海口市防洪（潮）规划报告》，防洪标准为 100 年。

3. 工程材料

（1）主要受力结构采用 C35 防水钢筋混凝土，抗渗等级为 P8。

（2）钢筋混凝土须考虑抗渗和抗侵蚀的要求。

（3）综合管廊底部垫层采用 C20 素混凝土，200mm 厚。

（4）主要受力钢筋采用 HRB400 级钢，其余采用 HPB300 级钢筋。

（5）钢结构构件采用 Q235B 钢。

8.4.2　综合管廊结构防水防渗

1. 基本原则

综合管廊结构防水设计应满足《地下工程防水技术规范》GB 50108—2008 规定，防水设防等级为二级。

在防水设防等级为二级的情况下，综合管廊主体不允许漏水，结构表面可有少量湿渍，总湿渍面积不应大于总防水面积的 2/1000；任意 $100m^2$ 防水面上的湿渍不超过 3 处，单个湿渍的最大面积不应大于 $0.2m^2$。平均渗水量不大于 $0.05L/(m^2 \cdot d)$，任意 $100m^2$ 防水面积上的渗水量不大于 $0.15L/(m^2 \cdot d)$。

按承载能力极限状态及正常使用极限状态进行双控方案设计，裂缝宽度不得大于 0.2mm，并不得贯通，以保证结构在正常使用状态下的防水性能。

综合管廊主体防渗的原则是"以防为主，防、排、截、堵相结合，刚柔相济，因地制宜，综合治理"。主要通过采用防水混凝土、合理的混凝土级配、优质的外加剂、合理的结构分缝、科学的细部设计来解决综合管廊钢筋混凝土主体的防渗。

防水做法：①管廊混凝土中掺加水泥基渗透结晶型防水材料，掺量为 $2kg/m^3$（混凝土）。②综合管廊侧壁及顶板外侧喷涂高弹橡胶沥青防水涂料，厚度不小于 2mm；施工完毕后侧壁外侧施工 40 厚聚苯乙烯泡沫板保护层，顶板上部进行 50 厚的细石混凝土保护层施工。③管廊底板底在底板浇筑前预铺反粘（冷粘）3 厚自粘性 SBS 改性沥青防水卷材。④伸缩缝采用中埋式带钢边橡胶止水带。

由于拟建场地地下水位高，并具有微腐蚀性，综合管廊的设计使用年限为 100 年。一旦发生结构渗漏水，无法从外部修补（渗水路径上游）。因此在综合管廊工程中，均采用防水混凝土，以减少结构渗漏现象。

根据《地下工程防水技术规范》GB 50108—2008 第 4.1.1 条：防水混凝土可通过调整配合比，或掺加外加剂、掺合料等措施配制而成，其抗渗等级不得小于 P8。

《城市综合管廊工程技术规范》GB 50838—2015 第 8.2.7 条：混凝土可根据工程需要掺入减水剂、膨胀剂、防水剂、密实剂、引气剂、复合型外加剂及水泥基渗透结晶型材料等，其品种和用量应经试验确定，所用外加剂的技术性能应符合国家现行标准的有关质量要求。

2. 变形缝设计

综合管廊为现浇钢筋混凝土结构，根据工程经验，一般情况下分缝间距为 20～25m。这样的分缝间距可以有效地消除钢筋混凝土因温度、收缩、不均匀沉降而产生的应力，从而实现综合管廊的抗裂防渗设计。

在变形缝内设橡胶止水带，并用低发泡塑料板和双组分聚硫密封膏嵌缝处理，此外在缝间设置剪力键，以减少相对沉降，保证沉降差不大于 20mm，确保变形缝的水密性。

变形缝的设计要满足密封防水、适应变形、施工方便、检修容易等要求。变形缝处混凝土结构厚度不应小于 300mm。用于沉降的变形缝的宽度宜为 20～30mm。变形缝的防水采用复合防水构造措施，中埋式橡胶止水带与外涂防水层复合使用。

3. 施工缝设计

综合管廊施工缝均设置为水平缝，一般设置在综合管廊底板面以上 300～500mm 处或顶板面下 300～500mm 处，在施工缝中埋设钢板止水带。

4. 预埋穿墙管

在综合管廊中，多处壁板需要预埋电缆或管道的穿墙管。根据预埋穿墙管的不同形式，分为预埋墙管和预埋套管。

由于有各种规格的电缆需要从综合管廊内进出，壁板上的电缆进出孔是渗漏最严重的部位，一般采用预埋标准防水组件来解决渗漏。此外，在各类孔口还需设置钢丝网，以防小动物进入综合管廊。

5. 其他要求

综合管廊的壁板施工采用的对拉螺栓应为止水型，并在模板拆除后进行封口处理。

8.4.3 结构上的作用

综合管廊结构上的作用，按其性质分为永久作用、可变作用和偶然作用三类，具体分类见表 8.4-1。在决定作用的数值时，应考虑施工和使用年限内发生的变化，根据现行国家标准《建筑结构荷载规范》GB 50009 及相关规范规定的可能出现的最不利情况确定不同荷载组合时的组合系数。

综合管廊结构作用分类 表 8.4-1

荷载分类		荷载名称
永久作用		土压力
		结构主体及收容管线自重
		混凝土收缩和徐变影响力
		预应力
		地基沉降影响
可变作用	基本可变作用	道路车辆荷载，人群荷载
		水压力
	其他可变作用	冻胀力
		施工荷载
偶然作用		地震荷载

注：1. 设计中要求考虑的其他作用，可根据其性质分别列入上述三类作用中。
　　2. 表中所列作用在本节未加说明者，可按国家有关规范或根据实际情况确定。
　　3. 施工荷载包括设备运输及吊装荷载，施工机具及人群荷载，施工堆载，相邻结构施工的影响等。对于采用明开挖施工的综合管廊结构，还应考虑基坑不均匀回填产生的偏土压力对综合管廊结构的影响。

结构设计时，对不同的作用应采用不同的代表值；对永久作用，应采用标准值作为代表值；对可变作用，应根据设计要求采用标准值、组合值或准永久值作为代表值。作用的标准值，应为设计采用的基本代表值。

当结构承受两种或两种以上可变作用时，在承载力极限状态设计或正常使用极限状态按短期效应标准值设计中，对可变作用应取标准值和组合值作为代表值。

当正常使用极限状态按长期效应准永久组合设计时，对可变作用应采用准永久值作为代表值。可变作用准永久值，应为可变作用的标准值乘以作用的准永久值系数。

土压力包含竖向土压力和侧向土压力，具体取值应根据工程地质和水文地质条件、结构形式、施工方法及相邻结构间距等因素，结合已有的试验和研究资料计算确定。

作用在综合管廊结构上的水压力，可根据施工阶段和长期使用过程中地下水位的变化，按静水压力计算或把水作为土的一部分计入土压力中。

结构主体及收容管线自重可按结构构件及管线情况计算确定。对常用材料及其配件，其自重可按现行国家标准《建筑结构荷载规范》GB 50009 的规定采用。

8.4.4　结构内力计算

现浇钢筋混凝土综合管廊结构的标准段截面内力计算模型采用闭合框架模型，取 1m 截条计算，作用于结构底板的基底反力可视为直线分布。图 8.4-1～图 8.4-4 为理正结构工具箱软件和 ROBOT 结构分析软件对椰海大道四舱双层断面标准段计算分析结果。

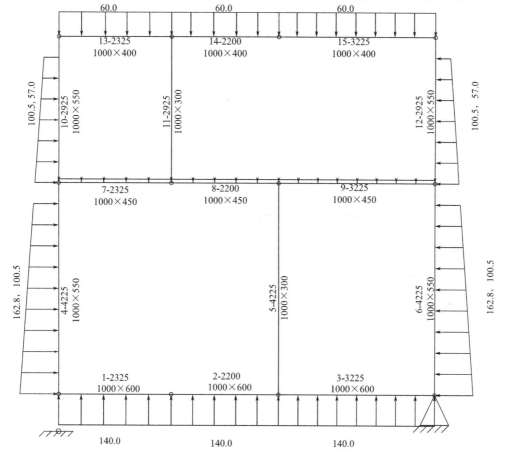

图 8.4-1　标准断面荷载工况（理正工具箱计算）

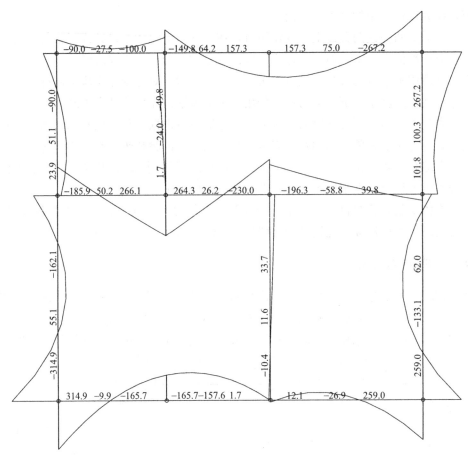

图 8.4-2　标准断面弯矩计算结果（理正工具箱计算）

　　由于椰海大道管廊采用双层四舱形式，管线分支口、通风口、吊装口等口部侧壁受到的土及地下水产生的侧压力较大，采用有限元方法进行分析，结果如图 8.4-5～图 8.4-8 所示。计算结果表明这些节点的变形及内力均处于合理范围，局部板开洞处侧壁变形较大，有应力集中现象，需采取加强措施，确保管廊结构安全。

8.4.5　综合管廊的施工方法

　　(1) 明挖现浇法

　　明挖现浇法为综合管廊最常用的施工方法。采用这种施工方法可以大面积作业，将整个工程分为多个施工标段。同时这种施工方法技术较为成熟，施工质量容易得到保证，缺点是工期较长（图 8.4-9）。

　　(2) 明挖预制拼装法

　　明挖预制拼装法是一种较为先进的施工法，采用这种施工方法要求有较大规模的预制厂和大吨位的运输及起吊设备，同时对施工拼接技术要求较高。优点是施工速度快，构件质量易于控制，可以降低基坑支护的费用。目前在国内已有多项工程应用，技术成熟。

　　因椰海大道为现状道路，为节省工期，减少管廊施工对交通的影响，椰海大道综合管廊局部段采用预制拼装法施工（图 8.4-10～图 8.4-12）。采用预制拼装法施工的路段为单

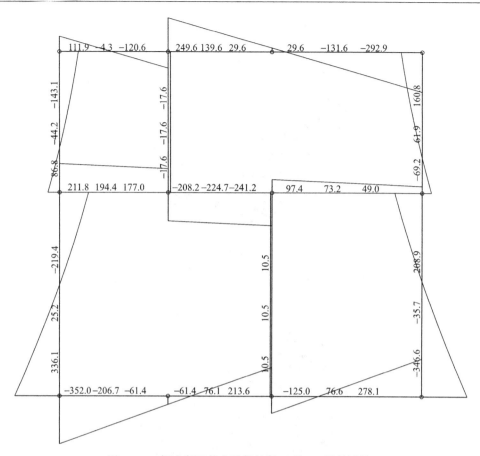

图 8.4-3　标准断面剪力计算结果（理正工具箱计算）

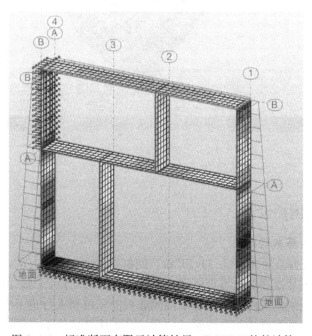

图 8.4-4　标准断面有限元计算结果（ROBOT 软件计算）

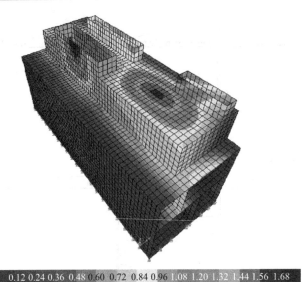

0.12 0.24 0.36 0.48 0.60 0.72 0.84 0.96 1.08 1.20 1.32 1.44 1.56 1.68

图 8.4-5　吊装口变形云图

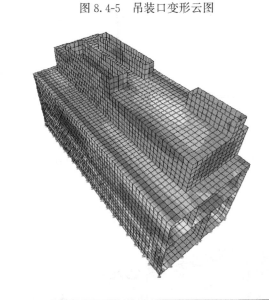

−140.−105.−70.−35.　0.　35.　70. 105. 140. 175. 210. 245. 280. 315.

图 8.4-6　吊装口内力（弯矩）云图

层双舱管廊断面。

8.4.6　管廊基坑围护设计

1. 管廊基坑周边基本概况

本工程基坑开挖深度标准段为 11.45m，倒虹段最深约为 14.33m，基坑开挖水平影响范围约为 2 倍基坑开挖深度，可至椰海大道两侧人行道附近，倒虹段基坑施工时影响范围可至椰海大道两侧绿化带内。资料显示两侧非机动车道和人行道下有大量市政管线，部分路段两侧绿化带内还有高压架空线路。因此综合管廊基坑施工必须做好相关的环境监测工作，确保各类房屋及市政管线不发生破坏，同时做好应急抢修的准备。

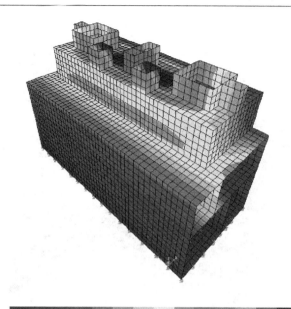

0.12 0.24 0.36 0.48 0.60 0.72 0.84 0.96 1.08 1.20 1.32 1.44 1.56 1.68

图 8.4-7　分变电所变形云图

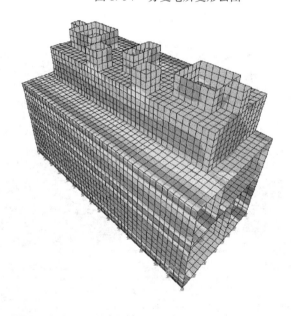

-140.-112. -84. -56. -28. 0. 28. 56. 84. 112. 140. 168. 196. 224.

图 8.4-8　分变电所内力（弯矩）云图

2. 基坑安全等级

依据《建筑基坑支护技术规程》JGJ 120—2012 第 3.1.3 条规定，本项目基坑安全等级取为一级，工程重要性系数 $\gamma = 1.1$。

3. 基坑围护形式

综合管廊位于道路中央绿化带内，两侧为车行道，不具备放坡空间，且管廊埋深较大，为确保基坑稳定，需采取垂直支护体系。支护结构形式根据结构形式、基坑深度、工

图 8.4-9　明挖现浇施工法

图 8.4-10　敞口盾构法施工

程地质情况、场地限制条件、使用条件、施工工艺等确定，力求选用技术成熟、施工安全、造价合理、符合环保要求的方案。本项目基坑围护可选择的支护类型有钻孔灌注桩和SMW 工法桩两种形式。

地勘报告表明管廊基底下存在中密状为主的⑩中砂层，平均厚度 9.97m，初步估算竖向支护构件插入深度约为 20m 左右，需要穿透或进入⑧⑩粗砂层。根据现场试验，SMW工法桩中的型钢难以顺利穿透较为坚硬的岩层和较为密实的中砂层。因此本工程基坑拟采

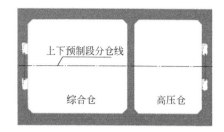

图 8.4-11　预制管节（片）示意

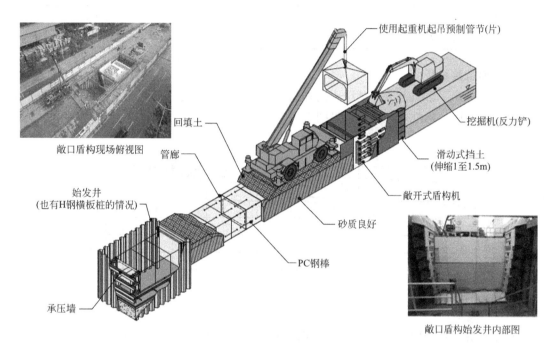

图 8.4-12　敞口盾构法预制拼装施工

用钻孔灌注桩及内支撑形式进行基坑围护，外侧采用高压旋喷桩作为止水帷幕。

4. 基坑围护施工顺序

施工顺序如下：①顶部放坡并整平场地，施做止水帷幕、灌注桩及顶圈梁；②开挖至第一道支撑坑槽，架设第一道钢筋混凝土支撑；③待钢筋混凝土支撑和冠梁达到设计强度后，开挖至第二道支撑坑槽，架设第二道钢支撑，施加预压力；④开挖至第三道支撑坑槽，架设第三道钢支撑，施加预压力；⑤开挖土方至坑底（人工挖除最后 300mm 土层），及时浇筑素混凝土垫层；⑥浇筑底板、传力带和施工缝以下底舱侧墙及内墙混凝土，待主体结构混凝土强度达到设计强度后拆除第三道支撑；⑦继续浇筑底舱侧墙及内墙和中板混凝土，待主体结构混凝土强度达到设计强度后回填中粗砂（两侧对称回填）至中板附近，压实系数不得小于 0.95，然后浇筑中板处传力带，待传力带达到设计强度后拆除第二道支撑；⑧继续浇筑上舱侧墙及内墙和顶板混凝土，待主体结构混凝土强度达到设计强度后回填中粗砂（两侧对称回填）至顶板附近，压实系数不得小于 0.95；⑨继续回填土（黏土）至第一道支撑处，拆除第一道支撑，继续回填至设计地面标高，回填土（黏土）压实系数不得小于 0.94，容重不得小于 18kN/m³。

5. 基坑围护计算

通过计算，各项指标可以满足规范《建筑基坑支护技术规程》JGJ 120—2012 的要求（表 8.4-2）。

基坑计算结果   表 8.4-2

计算参数	倒虹段基坑（一级）	标准段基坑（一级）
整体滑动稳定系数 K_s	1.57＞1.35	1.77＞1.35
坑底抗隆起稳定系数 K_b	2.06＞1.80	1.83＞1.80
抗倾覆稳定系数 K_e	1.39＞1.25	1.54＞1.25
抗渗流稳定系数 K_f	1.75＞1.60	1.71＞1.60

6. 路面沉降分析

基坑开挖水平影响范围为基坑边向外约 2 倍基坑开挖深度，计算此范围内基坑开挖引起的道路面沉降，标准段计算结果见图 8.4-13。

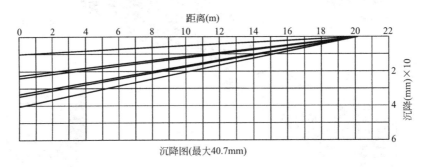

图 8.4-13　基坑开挖影响分析

根据计算，标准段基坑开挖引起的路面沉降，在机非分隔带以外的地面沉降较小，约 20mm 以下，对于机非分隔带以外的现状管线和绿化带内的已有建筑有一定影响。因此管廊施工期间应制订基坑施工的安全措施，加强对周边环境的监测工作（图 8.4-14）。

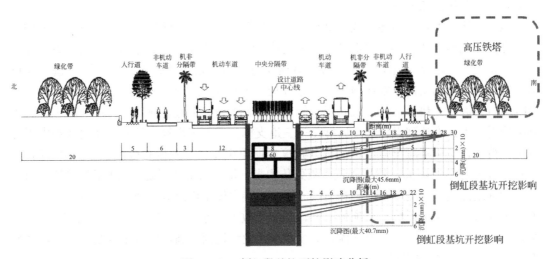

图 8.4-14　倒虹段基坑开挖影响分析

8.4.7　基坑施工安全措施及技术要求

1. 土方开挖要求

基坑开挖前须进行坑内降水，降至坑底下不小于 1.0m。

基坑开挖及支撑结构的安装与拆除顺序，必须按照设计工况进行，严格遵守先支撑后开挖的原则。基坑开挖的土方不应在邻近建筑及基坑周边影响范围内堆放，并应及时外运。土方外运过程中，应做好管线、道路以及测点的保护措施。

土方开挖过程中，基坑边缘外 10m 内荷载不得大于 $30kN/m^2$。

基坑四周支护范围内的地表应加修整，构筑防护栏杆、排水设施和水泥砂浆或混凝土地面，防止地表降水向地下渗透。靠近基坑坡顶宽 2~4m 的地面应适当垫高，并且里高外低，便于径流远离边坡。

土方开挖的顺序，方法必须与设计工况相一致。基坑开挖按照"先撑后挖、限时支撑、分段分层开挖、严禁超挖"的原则。基坑分段长度原则上不大于 25m，每小段开挖宽度不宜超过 10m；每层厚度参照支撑竖向间距，对于非淤泥质土每层开挖厚度不得大于 1.5m，对于淤泥质土每层开挖厚度不得大于 1.0m；每小段开挖支撑时限不得大于 24h。

当土方采用纵向斜面分层分段开挖的方法时，各级边坡坡率应缓于 1∶1.5。同时应在坡顶外设置截水沟或挡水土堤，防止地表水冲刷坡面和基坑外排水再回流渗入坑内。当施工期较长时，开挖边坡时宜及时采用钢丝网水泥喷浆等措施，做好边坡保护，确保纵向稳定性。

钢支撑预加压力施工需满足：支撑安装完成后，应及时检查各节点的连接状况，经确认符合要求后方可施加预压力，预压力的施加应在支撑的两端同步对称进行；预压力应分级施加，重复进行，加至设计值时，再次检查各连接点的情况，必要时对节点加固，待额定压力稳定后锁定。钢围檩连接处需焊接成整体。

开挖至设计标高后要防止扰动原状土，一般在基坑底面以上 300mm 厚的土方由人工挖除。基坑开挖至坑底标高应及时进行垫层施工，垫层应浇筑到基坑围护墙边。对于本基坑局部深坑部位，应在大面积垫层完成后开挖。

机械挖土应避免对工程桩产生不利影响，挖土机械不得直接在工程桩顶部行走；挖土机械严禁碰撞围护桩、支撑、降水设备、监测点等，其周边 200~300mm 范围内的土方应采用人工挖除。

基坑开挖，应及时设置内排水沟和集水井，防止坑底积水。

土方开挖时，弃土堆放应远离基坑顶边线 20m 以外。

本工程土方开挖不得采用爆破方式，如需采用，需专题论证并经主管部门同意后才可实施。

基坑开挖应采用信息化施工和动态控制方法，如基坑支护体系和周边环境（尤其是周围建筑物、管线）监测数据反映异常，应停止施工，并及时通知业主、监理、设计等。

基坑开挖的质量验收应符合现行国家标准《建筑地基基础工程质量验收规范》GB 50202 的相关要求。

2. 钻孔灌注桩施工要求

灌注桩施工前必须试成孔，数量不少于二个，以便核对地质资料，检查所选设备、施工工艺及标高要求是否适当。

钻孔灌注桩的平面定位以主体设计轴线为准，桩底及桩顶标高必须严格控制。

施工单位应充分了解本工程地质条件，在灌注桩成孔过程中，应采取有效工程措施，防止孔壁坍塌、桩体缩颈等，确保成桩质量。

钢筋笼制作偏差应符合下列规定：主筋长度：±100mm，主筋间距：±10mm，钢筋笼直径：±10mm，箍筋间距：±20mm，钢筋笼安装深度：±100mm。

钻孔灌注桩用混凝土粗骨料粒径不得大于40mm，混凝土应连续浇灌，充盈系数为1.0～1.3。

钻孔灌注桩施工垂直偏差应不大于1/150，桩径容许偏差＋30mm，桩位容许偏差50mm。

钢筋笼采用焊接搭接时，单面焊接长度10d，同一断面接头不得超过50%。

钻孔灌注桩成孔后应立即进行清孔，且浇灌混凝土前还应进行第二次清孔，清孔后的沉渣厚度不得大于100mm。

混凝土试块的制作、养护及试验应按国家和地方有关标准执行。混凝土试块未达规定强度时，应取芯进行强度试验，并采取相应补强措施。

混凝土灌注桩采用低应变动测法检测桩身完整性，检测数量不少于总桩数的20%，且不得少于10根；对于低应变动测法判定的桩身缺陷可能影响桩的水平承载力时，应采用钻芯法补充检测，检测数量不少于总桩数的10%，且不得少于10根。

3. 高压旋喷桩桩施工要求

旋喷桩采用双重管法，钻孔的位置与设计位置偏差不得大于50mm。当注浆管置入钻孔，喷嘴达到设计标高即可喷射注浆。喷射注浆参数达到规定值后，按旋喷桩的工艺要求，提升注浆管，由下而上喷射注浆。注浆管分段提升的搭接长度不应小于100mm。

在高压喷射注浆过程中出现压力骤然下降、上升或冒浆等异常情况时，应查明产生的原因并及时采取措施。当高压喷射注浆完毕，应迅速拔出注浆管。

高压旋喷桩施工期间应加强对周边环境的监测，根据监测及时调整施工参数。

达到28d养护龄期后，应进行钻孔取芯强度抽检，现场取芯数量为不少于总桩数量的1%。钻孔取芯完成后的空隙应注浆填充。垂直度偏差不应大于1/150。

4. 回填要求

基坑内结构两侧回填采用中粗砂，压实系数不小于0.95，同时应满足道路专业要求。

5. 混凝土支撑体系

（1）钢筋混凝土圈梁及支撑应在基坑开挖前掏槽施工，并在达到设计强度的80%以后方可开挖基坑。不得在支撑构件上行走与操作。

（2）土方开挖与支撑设置必须密切配合，施工前应做好充分准备，保证开挖后及时设撑，尽量缩短基坑无支撑暴露时间，减少围护变形。

（3）圈梁主筋连接宜采用焊接接头，单面焊10d，双面焊5d，接头在同一断面处应不超过50%，并错开35d。

（4）混凝土施工按《混凝土结构工程施工质量验收规范》GB 50204—2015 执行。

6. 钢支撑体系

钢支撑安装必须确保支撑端头与围护结构均匀接触，支撑体系的安装允许偏差应符合以下规定：

（1）钢支撑轴线竖向偏差：±20mm。

（2）支撑曲线水平向偏差：±20mm。

（3）支撑两端的标高差和水平面偏差不大于 20mm 和支撑长度的 1/600。

（4）支撑的挠曲度：不大于 1/1000。

7. 施工监测

基坑监测应由具有相关资质的第三方监测单位编制详尽的监测方案并独立进行监测，监测方案须得到相关单位的认可。监测数据须及时报送设计单位，施工总包单位应根据监测数据及时调整施工进度和施工工况。

（1）监测范围：从基坑边缘以外 1～3 倍基坑开挖深度范围内需要保护的周边环境应作为监测对象。必要时尚应扩大监测范围。

（2）监测要求：监测内容及报警值见表 8.4-3，监测频率见表 8.4-4。

监测频率应依据施工情况随时作出调整，在监测值的日变化量较大、达到报警值或遇到不良天气时，应加密观测。当监测值达到上述界限，或监测值的变化速率突然增加或连续保持高速率时，应及时报警，及时处理。

监测内容及报警值　　　　　　　　　　　　　　　　表 8.4-3

监测项目	速率（mm/d）	累计值（mm）
围护墙顶部水平及竖向位移	2～3	0.20%H（H 为基坑开挖深度）
围护墙测斜	2～3	0.30%H
坑内外水位	300	1000
地表沉降	2～3	0.25%H
管线	2（刚性）/5（柔性）	20

监测频率表　　　　　　　　　　　　　　　　表 8.4-4

基坑类别	施工进程		基坑设计深度（m）			
			≤5	5～10	10～15	>15
一级	开挖深度（m）	≤5	1次/1d	1次/2d	1次/2d	1次/2d
		5～10	—	1次/1d	1次/1d	1次/1d
		>10	—	—	2次/1d	2次/1d
	底板浇筑后时间（d）	≤7	1次/1d	1次/1d	2次/1d	2次/1d
		7～14	1次/3d	1次/2d	1次/2d	1次/2d
		14～28	1次/5d	1次/3d	1次/2d	1次/2d
		>28	1次/7d	1次/5d	1次/3d	1次/3d

基坑类别	施工进程		基坑设计深度(m)			
			≤5	5~10	10~15	>15
二级	开挖深度(m)	≤5	1次/2d	1次/2d	—	—
		5~10	—	1次/1d	—	—
	底板浇筑后时间(d)	≤7	1次/2d	1次/2d	—	—
		7~14	1次/3d	1次/3d	—	—
		14~28	1次/7d	1次/5d	—	—
		>28	1次/10d	1次/10d	—	—

注：1. 对有支撑的支护结构，从各道支撑开始拆除到拆除完成后3d内，监测频率应为1次/1d；

2. 基坑工程施工至开挖前的监测频率视具体情况确定；

3. 当基坑类别为三级时，监测频率可视具体情况适当降低；

4. 宜测、可测项目的仪器监测频率可视具体情况适当降低。

8. 施工风险控制

(1) 在围护结构及止水桩施工前，应查明基坑范围内地下管线的位置、埋深、材质、基础形式等，并会同有关部门对影响施工的地下管线进行改移或采取保护措施。

(2) 施工期间应注意地面和基坑内的引排水，在雨期施工时，应准备足量抽水设备及独立的应急备用电源。此外，在基坑四周地面设置截水沟，基坑内可根据实际情况设置临时排水沟和集水井，并配备足够的砂袋。对于未及时回填的综合管廊，当可能控制不了基坑内水位时，需在底板上配重以保证抗浮稳定。

(3) 施工期间应尽量减少扰民，废弃泥浆必须经过处理，并达到排放标准后方可集中排放，以满足环境保护和文明施工要求。

(4) 施工期间必须加强施工监测，确保每道工序都处于受控状态，实行"动态设计和信息化施工"。应建立合理有效的监测体系，根据监测内容，适时调整施工工况和施工步骤。通过信息化技术，采取相关措施控制围护结构和保护对象的变形。

(5) 主体结构施工前应做好围护结构堵漏工作，围护结构没有渗漏水时方可施工主体结构。

(6) 施工中应严格执行开挖支撑的施工顺序和施工参数，使各工况下的变形实测值、变化特征和趋势与预控的要求基本吻合，确保基坑及其周边环境的安全始终处于可控状态。

(7) 控制基坑围护结构水平位移的措施：调整基坑开挖步序、每步开挖宽度和无支撑暴露时间；调整或增设支撑，对支撑复加预应力；对基坑内外侧的被动或主动区补偿注浆或控制注浆等。

9. 地下管线的保护要求

(1) 在施工前期和围护结构施工阶段，主要应防止作业机械对管线的损伤；在基坑开挖阶段，主要应防止开挖引起地表沉降造成管线断裂、破损。

(2) 工程实施前，应向有关管线单位提出监护的书面申请，办妥《地下管线监护交底卡》手续。落实保护地下管线的组织措施，项目公司应委派管线保护专职人员负责地下管线的监护和保护工作，项目组、施工队和各班组应设兼职管线保护负责人，组织成地下管线监护体系。

（3）工程实施时，应严格按照经项目公司审定的施工组织设计和地下管线保护技术要求进行施工。

（4）在埋设燃气管的区域，应事先按动火作业审批制度提出"动用明火报告"，办妥审批手续，并落实消防设备，方可开始施工。

（5）施工过程中对可能发生意外情况的地下管线，事先应制订应急措施，配备好抢修器材，以便在管线出现险兆时及时抢修，做到防患于未然。

（6）一旦发生管线损坏事故，应在 24h 内报上级部门和建设单位，特殊管线立即上报，并立即通知有关管线单位抢修，并积极组织力量协助抢修工作。

（7）应对邻近的地下管线进行沉降观测，当沉降量达到报警值时，应及时采取处理措施。

10. 注意事项

（1）施工中应注意雨期的临时排水措施。

（2）施工前应对现有管线进行复核并取得相关管理部门的认可，施工时应注意管线的迁移、保护等。

（3）施工前应制订施工中可能遇到的地下文物的保护措施。

（4）应制订详细完善的施工方案和施工组织设计，并报监理审批、专家评审和业主批准后方可实施。

（5）施工前应按照设计要求进行试桩。

（6）应采用信息化施工和动态控制方法，当土层实际情况与地质报告不符时，需及时与设计及监理联系，协商处理方案。

（7）基坑土方开挖时，弃土堆放应远离基坑顶边线 20m 以外；施工过程中基坑边缘外 10m 内施工活荷载不得大于 $30kN/m^2$。

8.4.8 支架工程

1. 总体要求

支架系统采用装配式综合支架系统，由立柱、托臂等构成。立柱采用化学锚栓固定在混凝土墙壁上。装配式综合支吊架所有产品及型材均在工厂内预制完成，根据现场尺寸装配。所有配件的安装依靠机械咬合实现，严禁任何以配件的摩擦作用承担荷载的安装方式，保证支架系统的可靠连接。

支架系统使用时，通过螺栓机械连接的方式，装配组合成满足实际需要的各种支架或吊架形式。现场不钻孔、不焊接，可进行标高或位置调节，并能根据系统运行需求进行扩展。

2. 材质及防腐要求

支架材料采用 Q235B 碳素结构钢，型钢选用热轧普通槽钢（GB 707）。

为保证综合管线支吊架的耐久性，支架系统所有材料均采用表面热浸镀锌处理，镀锌层厚度不少于 $85\mu m$，并满足《金属覆盖层钢铁制作热浸镀锌层技术要求及试验方法》GB/T 13912 的要求。

3. 防火要求

桥架（信息管线用）为热镀锌钢制耐火桥架，桥架外涂防火漆两道，防火涂料应符合

《钢结构防火涂料应用技术规范》CECS 24：90 及《钢结构防火涂料》GB 14907 的规定。

4. 安装要求

中压电力（10kV）支架、信息线缆桥架支架、管廊自用支架纵向间距为 0.8m，高压电力（110kV、220kV）支架纵向间距为 1.5m（图 8.4-15）。

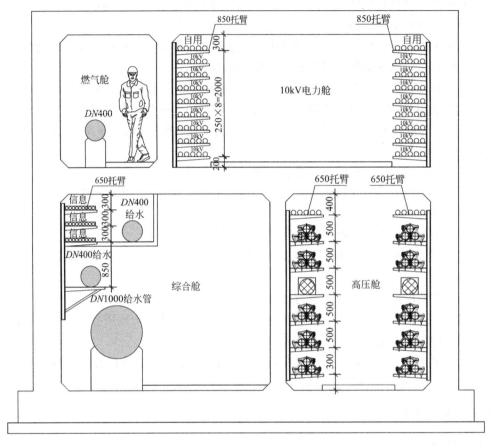

图 8.4-15　综合管廊支架示意图

支架系统安装时应避让变形缝位置，并应避免对管廊主体结构产生破坏。批量安装前应进行荷载和变形实验，安装完成后应按设计要求进行质量检测。

支架系统应满足接地要求。

8.5　综合管廊的附属工程

8.5.1　排水及消防系统

1. 消防系统设计

除水信舱外，其他舱室每隔 200m 采用耐火极限不低于 3.0h 的不燃性墙体进行防火分隔。防火分隔处安装甲级防火门，管线穿越防火隔断部位应采用阻火包等进行封堵。防火门尺寸应满足管道或阀件运输要求。

（1）自动灭火系统

根据《城市综合管廊工程技术规范》GB 50838—2015 规定，在设有电力电缆的舱室应设置自动灭火系统。超细干粉灭火系统和水喷雾灭火系统、高压细水雾灭火系统均可作为综合管廊内发生火灾时的灭火措施。由于超细干粉灭火系统无需设置加压泵房及管道系统等附属设施，运行较为稳定，投资较低，经比选，拟采用超细干粉灭火系统，全淹没设置。

（2）超细干粉灭火系统设计

1）灭火原理

超细干粉灭火剂 90％的颗粒粒径≤20μm，在火场反应速度快，灭火效率高。由于灭火剂粒径小，流动性好，具有良好的抗复燃性、弥散性和电绝缘性。当灭火剂与火焰混合时，超细干粉迅速捕获燃烧自由基，使自由基被消耗的速度大于产生的速度，燃烧自由基很快被耗尽，从而切断燃烧链，实现火焰被迅速扑灭。

2）系统特点

① 可使用于有人场所：超细干粉灭火剂灭火时不会因窒息氧气而造成人员事故，且喷洒时可瞬间降低火场温度，喷口处不会产生高温，喷出的灭火剂对皮肤无损伤，属于洁净、环保的新型产品。

② 独立系统：超细干粉自动灭火系统自带电源、自成系统。在无任何电气配合的情况下仍可实现无外源自发启动、手动启动、区域组网联动启动。

③ 结构简单：超细干粉自动灭火系统由灭火装置、温控启动模块、手启延时模块组成，安装使用方便，可单具使用，也可多具联动应用，组成无管网灭火系统，扑救较大保护空间或较大保护面积的火灾。不需要管网、喷头、阀门等配套设备。

④ 方便施工：超细干粉自动灭火装置结构简单，安装位置可调整，对施工没有特殊要求，方便施工。

⑤ 安全可靠：常态无压储存，不泄露不爆炸，自动感应启动，灭火性能可靠，系统稳定性高。

⑥ 维护简单：免维护期可达 10 年。

⑦ 灭火效率高：超细干粉灭火时间为不大于 5s，可在探测到火灾信号后迅速灭火，将火灾损失降到最低。

⑧ 可全淹没应用灭火，也可局部淹没应用灭火。全淹没应用效率高，局部淹没应用保护范围大。

超细干粉设计用量应按式（8.5-1）～式（8.5-3）计算：

$$M \geqslant M_1 + \sum M_2 \tag{8.5-1}$$

$$M_1 = V_1 \cdot C \cdot K_1 \cdot K_2 \tag{8.5-2}$$

$$M_2 = M_1 \cdot \delta_1 \tag{8.5-3}$$

式中　M——超细干粉灭火剂实际用量（kg）；

M_1——超细干粉灭火剂设计用量（kg）；

M_2——超细干粉灭火剂喷射剩余量（kg）；

V_1——防护区容积（m³）；

C——灭火设计浓度（kg/m³），取 0.12；

δ_1——灭火装置喷射剩余率取 5%；

K_1——配置场所危险等级补偿系数，取 1.5；

K_2——防护区不密封度补偿系数，取 1.1。

综合管廊按 200m 长度设一个防火分区。根据计算的设计灭火剂用量，并考虑管廊特点，为保证效果，综合管廊超细干粉设置情况，推荐采用悬挂式超细干粉自动灭火装置。

（3）手提式磷酸铵盐干粉灭火器辅助灭火设施设计

综合管廊所有舱室沿线，人员出入口、防火门处、吊装口、通风口、逃生口、设备布置间、分变电所处设置手提式磷酸铵盐干粉灭火器，灭火器的配置和数量按《建筑灭火器配置设计规范》GB 50140 要求计算确定。火灾危险性分类除水信舱为丁类，其余均为丙类，舱室按中危险等级，为 E 类火灾计算确定灭火器数量，最大保护距离为 20m。设置间距不大于 50m，每处设置 2 具，型号为 MF/ABC4，充装 4kg 灭火剂。

2. 排水系统设计

（1）综合管廊排水分析

综合管廊内主要容纳有电力、通信、供水等市政管线，引起管廊内积水的原因主要有以下几种：①综合管廊口部进水；②综合管廊内冲洗排水；③综合管廊结构缝处渗漏水。

其中口部进水通过精细化设计及后期运维管理，可以避免。排水设计主要考虑排除冲洗水及其他渗漏水为主。管廊内排水边沟纵向坡度不小于 0.2%。管廊纵坡与道路纵坡一致，满足边沟纵坡要求。

（2）综合管廊排水设计

综合管廊每 200m 设置防火分区，沿管廊全长设置排水沟，横断面地坪以 1% 的坡度坡向排水沟，排水沟纵向坡度与综合管廊纵向坡度一致，但不小于 2‰。在综合管廊吊装口、通风口、端部井、倒虹、交叉口等部位及最低点设置集水坑，内设 2 台排水泵，采用普通排水泵，燃气舱采用防爆型排水泵。由设于集水坑内的液位继电器控制，高液位开泵，低液位停泵，超高液位报警。

排水管接出综合管廊后就近接入道路雨水系统。

8.5.2 电气系统

1. 负荷等级及电源

根据综合管廊运行的安全要求，应急照明、燃气舱事故风机、火灾报警设备、液压井盖成套配电箱为二级负荷（消防负荷）；一般照明、一般通风机、排水泵、检修插座箱等为三级负荷（非消防负荷）。

综合考虑到电网供电现状及灾害天气多等情况，近期申请一路 10kV 市电电源供电，另需配置 10kV 柴油发电机组作为后备电源，以满足综合管廊二级负荷的要求。远期随着电网发展，可对 10kV 系统进行改造，引入第二路 10kV 市电以提高供电可靠性及事故时的供电连续性。

2. 变配电所设置

综合管廊工程按配电单元划分，共划为 35 个配电单元（每个配电区间含有 4 个防火分区）。各配电单元负荷类型、容量、数量、受电位置基本相同，具有沿线分布比较均匀的特点（图 8.5-1）。

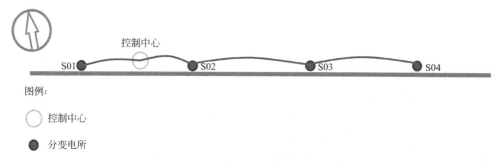

图 8.5-1　综合管廊变配电所设置

以靠近负荷中心兼顾相应电压等级的供电半径要求为原则，设置高低压变配电所的数量及位置。在控制中心设置一座 10kV 配电所，根据综合管廊的特点，并结合 0.4kV 电压等级最大允许的电压降以确保电能质量的要求，在综合管廊沿线均匀设置 4 个 10/0.4kV 分变电所。每个分变电所供电半径原则上不超过 1km，对于特殊远离变电所的区段，适当增大配电电缆的截面，使得末端电压不低于正常的 95%。

3. 变配电系统

控制中心 10kV 开关站至沿线分变电所的配电采用双回路树干式接线的结构，为沿线每个分变电所的 2 台变压器分别供电，2 路电源分别取自控制中心 10kV 开关柜不同母线。每台变压器低压侧设两台配电柜，一台为消防负荷配电柜，另一台为非消防负荷配电柜，分别为所在供电区域内的各单元消防及非消防配电柜配电。

4. 综合管廊电气分区和控制中心的配电

综合管廊每个配电区间内设一台非消防负荷柜 FP，配电柜为单电源进线，由分变电所任一变压器低压侧非消防负荷配电柜双回路树干式供电，负责区间内非消防负荷的配电。

综合管廊每个配电区间内设一台消防负荷柜 XP，配电柜为两路电源进线，两路电源由分变电所内两台变压器低压侧消防负荷配电柜树干式提供。两路电源进柜后自切负责区间内消防负荷的配电。

为不影响地面道路的景观，沿道路分布的变电所采用全地下式布置，并设置排水设施。变压器根据地下易积水、占地空间有限等特点，选择埋地式组合变压器，可浸没在水中连续运行数小时。

5. 继电保护

继电保护装置采用测控保护一体化微机数字继电器，保护装置就地分布于 10kV 开关柜，对每个回路实施继电保护、电量参数测量、状态信号采集和数据变送，并通过现场总线接口与自动化系统联接。

各分变电所 0.4kV 侧进线、主要馈电回路开关和各电气分区、控制中心的低压配电柜的进线开关状态、系统电量等信号上传自动化系统，供监控系统遥测、遥信。

6. 无功补偿

在每个分变电所 0.4kV 侧采用电力电容器集中自动补偿，在 10kV 总配电所设置并联电抗器补偿 10kV 高压电缆线路的容性无功，使 10kV 总进线侧功率因数控制在 0.90以上。

7. 计量测量

各分变电所 0.4kV 进线、重要的出线、各电气区间配电柜的总进线回路均设置智能仪表，采集电量数据。

8. 电气设备选择原则

设备选择原则：安全可靠、技术先进、节能环保、价格合理。

10kV 开关柜：空气绝缘金属封闭可移开式成套开关设备。

埋地式组合变压器：11 系列低损耗油浸式埋地变压器，无载调压。

低压配电柜和控制箱：安全型固定柜盘，柜（箱）体优质钢板，静电喷塑，IP54，透明观察面板。天然气舱内的控制箱采用隔爆型，满足爆炸性气体环境 2 区的要求。

插座箱：高强度箱体，防水防潮防撞击，配工业防水插座。天然气舱内的插座箱采用隔爆型。插座箱平时不送电，当需要临时用电，同时环境符合安全条件时可短时合闸供电。

照明灯具：高效、节能型、显色指数满足工况要求的绿色照明光源，以 T8 荧光灯或LED 光源为主，考虑管廊环境潮湿，灯具满足防护等级不低于 IP54 和触电防护Ⅰ类设备要求。天然气舱内的灯具采用隔爆型。

9. 照明标准及动力控制

（1）控制中心和综合管廊的照明，不同功能区照度标准符合如下规定：

1）综合管廊内人行道上的一般照明的平均照度不小于 15lx，最低照度不小于 5lx。

2）监控室一般照明照度不小于 300lx。

3）综合管廊内疏散应急照明照度不小于 5lx。

（2）设备控制

1）一般风机：综合管廊内一般通风机的配电和控制回路设于各区间的非消防负荷配电柜内，现场设电源隔离检修插座。风机设柜上/远方控制。远方即可通过设于该区间各出入口的按钮盒控制，便于人员进出时开停风机，确保空气流通；还可以通过自动化系统控制，以自动调节管廊内的空气质量和温湿度。当火灾时，排风机由火灾联动系统采用干接点的形式强制停机。

2）排水泵：综合管廊内的排水泵旁设置一台就地控制箱，设现场手动/液位自动控制。排水泵的状态、液位状态上传自动化系统。

3）照明：综合管廊内的照明配电和控制回路设于各区间的配电柜内，设柜上/远方控制，在远方控制时，可通过设于该区间各出入口的按钮盒控制，便于人员进出时开关灯；也可通过自动化系统控制，以便于远方监视。无论何种控制方式，照明状态信号均反馈自动化系统，当火灾发生时，可由火灾联动系统控制强制启动应急照明。

4）天然气舱事故风机：天然气舱事故风机的配电和控制回路设于各区间的消防负荷配电柜内，现场设电源隔离检修插座。风机设柜上/远方控制。远方即可通过设于该区间各出入口的按钮盒控制，便于人员进出时开停风机；当舱室内泄露的天然气浓度大于其爆炸下限值的 20% 时，应由可燃气体报警控制器或消防联动控制器联动启动事故风机。

10. 防雷接地

控制中心等高出地面的建筑按第三类防雷建筑设计。地下部分可不设置直击雷防护措施，但应在配电系统中设置防雷电感应过电压的保护装置。低压系统采用 TN-S 制，除作为自然接地体的建筑主钢筋外，在综合管廊内壁再设置法拉第笼式内部接地系统，将各个建筑段的建筑主钢筋相互连接。另外，将综合管廊内所有电缆支架相互连接成网，形成分布式大接地系统，接地电阻小于 1Ω。廊内电气设备外壳、支架、桥架、穿线钢管均应可靠接地。

天然气舱除等电位连接外，另需设置防静电接地、排气管的防直击雷接地等安全接地措施。

11. 电缆敷设

综合管廊内自用电缆采用电缆桥架敷设，出电缆桥架穿镀锌钢管敷设。消防用电缆均采用耐火或不燃电缆敷设线路并作防火保护，其余电缆均采用阻燃电缆。在天然气舱敷设的电缆不应有中间接头，并按现行国家标准《爆炸危险环境电力装置设计规范》GB 50058 规定的 2 区要求作防爆隔离密封处理。

8.5.3　监控与报警系统

1. 监控与报警系统

综合管廊以约 200m 作为一个监控与报警区段，其中每个监控与报警区段包含四个防火分区：

（1）水信舱；

（2）中压电力舱；

（3）高压电力舱；

（4）天然气舱。

每个防火分区设置独立的通风系统，形式为机械进风、机械排风。

综合管廊内敷设有电力电缆、通信缆线、给水管道、天然气管道等，附属设备多，为了方便综合管廊的日常管理、增强综合管廊的安全性和风险防范能力，根据综合管廊结构形式、内部管线及附属设备布置实际情况、日常管理需要等，配置综合管廊监控与报警系统。配置原则是可靠、先进、实用、经济。

综合管廊监控与报警系统包括：环境与附属设备监控系统；安防系统；通信系统；火灾自动报警系统；可燃气体探测与报警系统。

2. 监控中心

根据现场实际情况，本工程在椰海大道片区设置综合管廊分控中心。主控制中心与椰海大道分控中心之间通过 MPLS VPN（多协议标记转换虚拟网络技术）进行通信。

消防分控中心与监控中心共址。中心消防设备应集中设置，并与其他设备之间有明显间隔。

3. 环境与附属设备监控系统

在每个监控与报警区间中部的吊装口处设置 1 套 ACU 柜，在管廊内设置若干检测仪表。

每个区间 ACU 柜内安装一台千兆工业以太网交换机、一套可编程控制器、一套

UPS。ACU 柜内 PLC 采集的信息包括：温湿度信号；氧气检测信号；集水坑液位信号；风机、排水泵、常规照明总开关工况；配电系统的运行情况（通过 MODBUS 总线）；出入口控制装置信号；人员进出口报警按钮信号；天然气舱紧急切断阀信号（预留）。

ACU 柜内 PLC 控制的设备包括：风机，区间照明系统，出入口控制装置，排水泵，天然气舱紧急切断阀（预留），所有区间的 ACU 柜通过千兆光纤环网连接至综合管廊分变电所信息汇聚柜。各个分变电所信息汇聚柜通过千兆光纤环网连接至管廊分控中心核心通信柜。

区间检测仪表配置要求：在每个区间的每个舱室安装温度/湿度检测仪表一台；在每个区间的集水坑设置投入式液位仪一台，用于检测集水坑水位和管廊危险水位；在每个区间的每个舱室安装氧气检测仪表一台；对天然气舱每个区间人员进出口处 CH4 气体进行监测，信号接入可燃气体探测报警系统。

附属设备联动要求：当某区间温度过高或氧气含量过低时，分控中心监控计算机启动该区间的通风机，强制换气，保障综合管廊内设施和工作人员的安全。

当区间内集水坑处安装的投入式液位仪检测到液位高于地坪 0.30m 时，启动相关应急预案。

当区间内发生安防报警或其他灾害报警时，自动打开相关区间的照明，分控中心显示大屏自动显示相应区间的图像画面。

4. 火灾自动报警系统

在含有电力电缆的舱内设置火灾自动报警系统，其他舱内不设置火灾自动报警系统。

管廊火灾自动报警系统由分控中心和区间两个层级组成：

（1）分控中心：分控中心消防控制室内设置一套火灾报警及联动主机。

（2）监控与报警区间：在每个分变电所和每个监控与报警区间的吊装口设置一套火灾报警控制柜（内含火灾报警控制器 1 台、若干控制模块、若干信号模块、一套 24V 电源），负责本区间内消防设施的控制及信号反馈。

分控中心火灾报警联动主机与分变电所、报警区间内的区域火灾报警控制器通过单模光纤组成火灾报警通信环网。区域火灾报警控制柜完成所管辖区间的火灾监控、报警、火灾联动及将所有信号通过网络上传至分控中心。

监控系统的配置要求如下：

（1）区间火灾报警控制柜：设置于吊装口设备层。

（2）手动报警按钮、声光报警装置：电缆与水舱每隔 50m 设置 1 套手动报警按钮、声光报警装置。

（3）感温电缆：感温电缆敷设于 35kV 电压等级以下的电力电缆层支架上，采用 80℃ 报警不可恢复式，感温电缆采用正弦波形、接触式敷设方式。

（4）感温光缆：沿直线敷设于 35kV 电压等级及以上的每根电力电缆上。

（5）感烟探测器：设置在每个防火分区的吊装口、通风口设备层、分变电所内及含有电力电缆的舱室内顶部（设置间距 12m）。

（6）防火门监控模块：在含有电力电缆的舱室的每个防火门处设置 1 套防火门监控模块。防火门的开启、关闭及故障状态信号通过防火门监控模块反馈至防火门监控器。

（7）非消防负荷强切：所有模块均设置在区间火灾报警控制柜内。

（8）应急照明强启：所有模块均设置在区间火灾报警控制柜内。

（9）防火阀强切：所有模块均设置在区间火灾报警控制柜内。

（10）气体灭火控制器：每个区间设置 1 套气体灭火控制器，安装在火灾报警控制柜内，用于气体灭火装置的联动及控制。

在含有电力电缆的舱室内采用电缆层上的感温电缆、感温光缆和舱室内顶部的感烟探测器作为火灾探测器，当任意一路电力电缆层上的感温电缆、感温光缆或舱室顶部的感烟探测器发生报警，开启相应防火分区内的警铃、应急疏散指示和该防火分区防火门外的声光报警器。当任意一路感温电缆及任意一路电力电缆层上的感温电缆、感温光缆和舱室顶部的感烟探测器同时发生报警，关闭相应及相邻防火分区及正在运行的排风机、防火风阀及切断配电控制柜中的非消防回路，经过 30s 后打开现场放气指示灯，启动气体灭火装置实施灭火。喷放动作信号及故障报警信号反馈至控中心及气体灭火控制器。

5. 可燃气体探测报警系统

在天然气舱内人员出入口、逃生口、吊装口、进风口、排风口等舱室内最高点气体易于聚集处设置可燃气体探测器；在天然气舱沿线顶部设置可燃气体探测器，间隔不大于 15m。在区间吊装口处设置 1 套可燃气体报警控制器，通过总线接入区间内的可燃气体探测器。可燃气体报警控制器通过现场总线将数据上传至监控中心报警主机。

当天然气舱内可燃气体浓度超过报警浓度设定值（爆炸下限的 20%）时，由可燃气体报警控制器发出报警信号至本区间区域火灾报警控制器，由火灾自动报警系统联动启动天然气舱事故段区间及其相邻区间的事故风机及声光报警器。

6. 安防系统

安防系统包括入侵报警、视频监控、出入口控制系统及电子巡查系统四大部分。

在控制中心设置一套安防工作站和视频服务器，管廊安防监控信号通过网络上传至控制中心。

视频安防监控系统与入侵报警系统、预警与报警系统、出入口控制系统、照明系统建立联动。当报警发生时，应打开相应部位正常照明设备，报警现场画面切换到指定的图像显示设备，并全屏显示。

（1）入侵报警系统：在每个进风、出风及吊装口处设置红外线双鉴探测器装置，用膨胀螺栓固定在管廊侧壁且不容易被进入者发现的地方。其报警信号通过现场总线送至该分区 ACU，并通过监控系统以太网送至控制中心安防工作站。控制中心安防工作站显示器和大屏画面上的相应区间和位置的图像元素闪烁，并产生语音报警信号。

（2）视频监控系统：在管廊内吊装口设备安装处设置 1 套网络摄像机，同时管廊内每个舱内设置黑白一体化低照度网络摄像机 2 套，摄像机吊顶安装。控制中心安防工作站可按指定顺序或指定区间显示现场图像画面，当某区间有报警信号时，安防工作站及大屏应能自动显示相应区间的图像画面。摄像机由 ACU 箱负责供电，摄像机信号通过 ACU 箱内以太网交换机送至分控中心安防工作站。

（3）出入口控制系统：管廊人员出入口设置出入口控制装置（电控井盖），出入口控制装置状态信号通过 ACU 柜内以太网交换机送至分控中心安防工作站。

（4）电子巡查系统：在管廊每个舱内下列场所设置离线电子巡查点，离线电子巡查系统后台设在管廊分控中心内。

1）综合管廊人员出入口、逃生口、吊装口、进风口、排风口。

2）综合管廊附属设备安装处。

3）管廊内管道上阀门安装处。

4）电力电缆接头处。

7. 通信系统

（1）电话系统：在管廊中设置光纤紧急电话系统。该系统实现管廊内工作人员与外界通话和控制中心对管廊内人员进行呼叫的功能。

在控制中心设置光纤电话中心主站。在每个区间的吊装口区设置光纤电话主机1台，主站与主机之间用光纤环路连接。同时，在每个区间的每个舱内设置光纤电话副机，两台副机之间的距离不大于100m。光纤电话可兼做消防电话使用。

（2）无线对讲系统：无线对讲系统主要由监控中心的无线控制器AC、工作站、光纤环网、管廊现场无线AP及手持设备VoIP手机组成。

管廊里每个防火分区每60～70m配置一台无线AP，分变电所及吊装口设备层分别设置一台无线AP，手持设备VoIP手机根据运维人数确定。

光纤环网可利用现有监控环网，各无线AP通过网线接入现场ACU监控柜内交换机。

8. 线缆

消防电缆用阻燃耐火电缆，其他电缆均用阻燃电缆。

管廊内火灾报警电缆在自用桥架内沿专用外涂防火涂料的金属封闭型线槽敷设。没有桥架段，均采用穿钢管沿管廊顶、管廊壁明敷并外涂防火保护材料。

在天然气舱敷设的电缆不应有中间接头，并按现行国家标准《爆炸危险环境电力装置设计规范》GB 50058规定的2区要求作防爆隔离密封处理。

9. 防雷接地

综合管廊内监控设备接地与电气设备共用接地装置，接地电阻小于1Ω。

综合管廊内现场控制柜、仪表设备外壳等正常不带电的金属部分，均应做保护接地。此外综合管廊监控系统应做工作接地，工作接地包括信号回路接地和屏蔽接地。各类接地应分别由各自的接地支线引至接地汇流排或接地端子板，再由接地汇流排或接地端子板引出接地干线，与接地总干线和接地极相连。

火灾报警系统的接地应符合规范《火灾自动报警系统设计规范》GB 50116的规定。

10. 防爆与防护

天然气舱内设置的监控与报警系统设备、安装与接线技术要求应符合现行国家标准《爆炸危险环境电力装置设计规范》GB 50058有关爆炸性气体环境2区的防爆规定。

天然气舱内主要监控与报警设备的防爆等级要求见表8.5-1。

监控与报警设备防爆等级   表8.5-1

光纤电话	Ex ib IIB T4
投入式液位仪	Ex ia IIB T4
可燃气体探测器	Ex ia IIB T4
氧气、温湿度检测仪	Ex ib IIB T4
摄像机	Ex ib IIB T4

综合管廊内监控与报警系统设备防护等级不宜低于 IP65。

8.5.4　通风系统

1. 设计范围

综合管廊给水舱通风系统设计。

综合管廊高压电力舱、中压电力舱平时通风及火灾后事故通风系统设计。

综合管廊天然气舱平时通风及燃气泄漏事故通风系统设计。

综合管廊辅助设备用房通风系统设计。

2. 设计参数

夏季通风室外计算干球温度：32.2℃。

冬季通风室外计算干球温度：17.7℃。

年平均气温：24.1℃。

管廊内设计参数见表 8.5-2。

通风设计参数表　　　　表 8.5-2

空间名称	温度(℃)	通风换气次数(次/h)	
		平时	事故
给水舱	≤40	4	—
高压电力舱	≤40	4	6
中压电力舱	≤40	4	6
天然气舱	≤40	8	12

综合管廊外环境噪声要求：综合管廊外声环境执行《声环境质量标准》GB 3096—2008 中的第 4a 类标准，环境噪声等效声级限值：昼间 70dB（A），夜间 55dB（A）。

3. 通风系统设计

（1）平时通风：为保证管廊内余热、余湿、有害气体等能及时排出，并在人员巡视检修时提供适量的新鲜空气，综合管廊平时应设置通风系统进行通风换气。

综合管廊各舱室平时通风均采用机械进风、机械排风的通风方式。天然气舱通风系统每约 200m 为一个通风区间，其他舱室通风系统每约 400m 为一个通风区间，每个通风区间一端设置送风机机械进风，另一端设置排风机机械排风，形成推拉式的纵向通风系统。通风系统原理图分别如图 8.5-2、图 8.5-3 所示。

（2）火灾后事故通风：综合管廊内含有电力电缆的舱室有电力线路起火发生火灾的可能性，应设置火灾后事故通风系统。一旦发生火灾，应及时可靠地关闭相应的通风设施，确保发生火灾的防火分区的密闭；待确认火灾熄灭并冷却后，应启动火灾后事故通风系统排除火灾后残余的有毒烟气，以便工作人员灾后进入管廊进行清理工作。

综合管廊高压电力舱、中压电力舱平时通风系统兼做火灾后事故通风系统。为满足火灾时的密闭要求，高压电力舱、低压电力舱通风系统排风的入口及进风的出口处均设置电动防烟防火阀，阀门平时常开，火灾时接消防联动控制信号自动关闭。

（3）燃气泄漏事故通风：综合管廊天然气舱有发生燃气泄漏事故的可能性，应设置燃气泄漏事故通风系统。当舱室内天然气浓度大于其爆炸下限浓度值（体积分数）20％时，

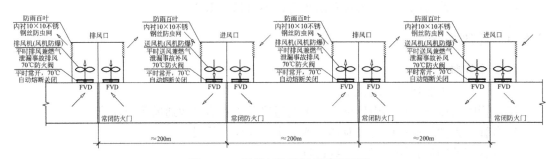

图 8.5-2 天然气舱通风系统原理图

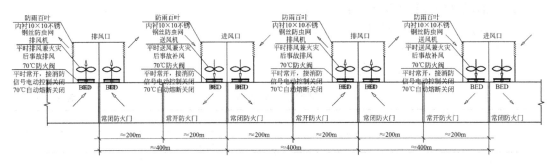

图 8.5-3 综合舱通风系统原理图

应立即启用事故段分区及其相邻分区的事故通风设备进行强制换气。

综合管廊天然气舱平时通风系统兼做燃气泄漏事故通风系统。通风系统风机采用双速风机，平时通风时低速运行，事故通风时高速运行，通风量满足在各自工况下的风量要求。天然气舱通风系统风机应采用防爆型，通风系统应设置导除静电的接地装置；天然气舱通风系统风机应分别在舱室内外便于操作的地点设置手动控制装置。

（4）设备选型：综合管廊通风系统采用平时通风兼做事故通风的舱室，风机风量均按事故工况进行设计选型，以满足事故工况下的通风量要求。平时通风时依靠控制风机的启停满足通风量的要求。各舱室通风系统风机风量计算及设备选型见表 8.5-3。

综合管廊风量计算及设备选型表　　　　　　　　表 8.5-3

舱室名称	断面宽 W(m)	断面高 H(m)	通风区间长度 (m)	通风换气次数 (次/h)	计算通风量 (m³/h)	风机选型风量 (m³/h)	风机选型全压 (Pa)	备注
高压电力舱	2.8	3.7	400	6	24864	27500	250	
中压电力舱	5.0	2.5	400	6	30000	33000	250	
给水舱	4.1	3.7	400	4	24272	26500	250	
天然气舱	1.9	2.5	200	12	11400	12500	220	

4. 通风系统控制及运行模式

为保证综合管廊平时的正常运营及事故工况下的应急处理，需对综合管廊的通风系统进行监控，采用就地手动、就地自动和远程控制相结合的控制方式。各工况下通风系统控制及运行模式如下：

（1）平时工况：综合管廊通风系统在平时正常运行工况下采用定时启停控制。即根据管廊内、外环境空气参数，确定合理的运行工况间歇运行，达到既满足卫生要求又节能的目的。

（2）高温报警工况：本工程综合管廊各舱室内均设有温度探测报警系统，当舱室内任一通风区间的空气温度超过设定值（40℃）时，温度报警控制器发出报警信号，同时立即联动启动该通风区间的通风设备进行强制换气，使该通风区间的空气温度尽快达到设计要求（≤40℃）。当通风系统运行至该通风区间的空气温度≤35℃，并维持 30min 以上时，自动关闭通风设备，通风系统返回平时运行工况。

（3）巡视检修工况：工作人员进入综合管廊进行巡视检修前，需提前启动进入区间的通风系统进行通风换气，直至工作人员离开。

（4）火灾工况：高压电力舱、中压电力舱内设有火灾自动报警系统，当舱室内任一防火分区发生火灾时，消防联动控制器立即联动关闭发生火灾的防火分区及其相邻分区的通风设备及电动防火阀，以确保该防火分区的密闭；待确认火灾熄灭并冷却后，重新打开该防火分区的电动防火阀及通风设备，进行火灾后事故通风，排除火灾后残余的有毒烟气，以便工作人员灾后进入管廊进行清理工作。

（5）燃气泄漏事故工况：本工程天然气舱内设有可燃气体探测报警系统，且与天然气舱事故通风系统联动。当舱室内任一通风区间的天然气浓度大于其爆炸下限浓度值（体积分数）20%时，可燃气体报警控制器发出报警信号，同时立即联动启用事故段分区及其相邻分区的事故通风设备进行强制换气。

5. 地面风亭布置

（1）综合管廊通风系统地面风亭的布置应与周边景观环境相协调，并满足城市规划的要求。

（2）通风口处应设防雨百叶，百叶面积满足通风量要求。

（3）通风口处应加设防止小动物进入的金属网格，网孔净尺寸不应大于 10mm×10mm。

（4）通风口下沿距室外地坪高度不应低于 0.5m，并应满足当地防洪要求。

（5）天然气舱的排风口与其他舱室排风口、进风口、人员出入口以及周边建（构）筑物口部距离不应小于 10m，并远离火源 30m 以上，距可能火花溅落地点应大于 20m。

（6）天然气舱排风口应设置隔离设施，隔离设施应高于排风口并设置明显的警示标识。

6. 节能环保

通风系统在平时正常运行工况下根据管廊内、外环境空气参数，确定合理的运行工况间歇运行，以减少通风系统的运行能耗。应选用能效比高的通风设备，通风系统单位风量耗功率：$W_s \leqslant 0.27 W/(m^3/h)$，宜选用低噪声的通风设备，并采取必要的消声措施，以减小通风系统对地面周围环境的噪声影响。地面风亭通风口处空气流速不大于 5m/s，落地安装的风机设置橡胶减振垫，吊装风机设置减振吊架。

8.5.5 标识系统

综合管廊的主要出入口处应设置介绍牌，对综合管廊建设的时间、规模等情况进行说明。纳入综合管廊的管线，采用符合管线管理单位要求的标志、标识进行区分，标志铭牌设置于醒目位置，间隔距离不大于100m。标志铭牌应标明管线的产权单位名称、紧急联系电话。综合管廊的设备旁边，应设置设备铭牌，铭牌内注明设备的名称、基本数据、使用方式及紧急联系电话。在综合管廊内，应设置"禁烟"、"注意碰头"、"注意脚下"、"禁止触摸"等警示、警告标识。在人员出入口、人员逃生孔、灭火器材等部位，应设置明确的标识。

8.6 交通组织设计

8.6.1 设计内容

由于椰海大道为现状道路，交通车流量大，施工期间应做好交通组织，避免造成交通拥堵。交通组织设计主要包括椰海大道施工期间路段交通组织设计，以及施工期间主要道路节点交通组织设计。全线共包含2个重要节点和5个普通节点，划分为7个子施工段及八个节点施工处，各节点平均间距为1.1km（图8.6-1）。

● 重要节点　　○ 普通节点

图 8.6-1　主要交通节点分布

8.6.2 施工交通组织总体方案

综合管廊工程施工期间交通组织总体方案如下：

（1）路段管廊施工：对各子施工段开挖施工基槽浇筑管廊结构物，各段可同时开工，该阶段施工围挡会侵占椰海大道主线部分机动车道路幅，拟采取压缩车道宽度并利用现状辅道等措施使路段维持在双六的服务水平，同时与各交叉口现状渠化衔接。

（2）路段土建恢复：管廊基槽回填素土并夯实路基，结合道路改造总体方案恢复路面结构及中分带绿化，其中交叉口至上下游掉头处路面及中分带可统一采用临时硬化，方便交叉口管廊施工交通组织。

（3）节点管廊施工：开展各交叉口管廊结构物施工，若采用明挖法可结合掉头段临时硬化制订交叉口禁左绕行路径，若采用盖挖法则可保留现状交叉口渠化方式。

（4）节点土建恢复：交叉口路基路面恢复，掉头段硬化破除并恢复路面、中间带。

（5）全线交通恢复：待一般路段、交叉口土建恢复完毕后即可恢复全线交通。

（6）路段交通组织设计：根据现状路段用地条件，结合综合管廊施工所需要围挡空间，通过交通组织对其施工期间路段交通进行疏导，尽量减少对椰海大道全线交通影响，道路现状横断面如图 8.6-2 所示。

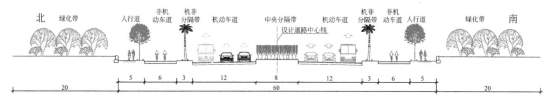

图 8.6-2　道路现状横断面（单位：m）

根据施工期间工程车辆进出空间需求，围挡边墙各侵占主线 7m、5m，南北主线剩余 5m、7m，仅能保留 1 根及 2 根车道，为满足椰海大道主线高峰小时车流通行，将北侧 6m 辅道临时征用为机动车道，设置为 3m×2 两车道，非机动车通过交管措施（指示标志、机非护栏）与行人临时共板，南侧维持辅道机非混行现状，同时增设机非隔离栏保证非机动车通行安全。最终保证施工期间主辅双向 6 车道的路段通行能力。施工期间路段交通组织横断面如图 8.6-3 所示。

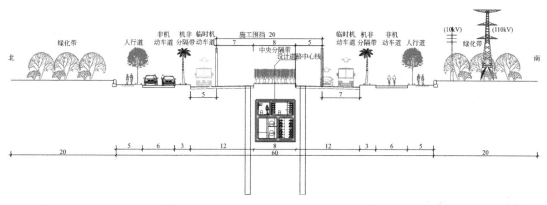

图 8.6-3　路段交通组织横断面（单位：m）

节点交通组织设计：沿线交通节点主要分为三类：对外联系重要节点、普通节点、沿线小区单位出入口。从施工方法上又可分为明挖法和盖挖法，分别对应不同施工交通组织形式。

1. 明挖法

（1）对外联系重要节点

工程范围内对外联系重要节点有海榆中线、丘海大道。该类型十字交叉口综合管廊施工方式为明挖法施工，交叉口全部禁左，信控方式调整为对向直行两相位，左转通过掉头＋右转来实现。以丘海大道～椰海大道交叉口为例，丘海大道直行方向通过划设标线往两侧偏离施工围挡区域，仍保留原车道数不变，南北、东西直行根据实测流量分别设置相位参数，北→东、南→西左转流向通过右转＋掉头实现，西→北、东→南左转流向通过掉头＋右转实现，同时在路口提前设置临时标志牌指示左转交通绕行线路。交通组织示意图如图 8.6-4 所示。

（2）普通节点

工程范围内一般节点有五个，分别为：金福路、中央大道、海马一路、苍峰路、学

图 8.6-4　交通组织示意图

院路。该类型丁字交叉口综合管廊施工方式为明挖法施工，交叉口全部禁左，以中央大道-椰海大道交叉口为例，北→东、西→北两个流向的左转分别通过右转＋掉头、掉头＋右转来实现，同时在路口提前设置临时标志牌指示左转交通绕行线路。交通组织示意如图 8.6-5 所示。

图 8.6-5　交通组织示意图

（3）小区单位出入口

工程沿线单位及小区出入口全部调整为右进右出，出入车辆通过绕行至临近交叉口掉头实现左转。

2. 盖挖法

考虑到椰海大道车型中货车占较大比例，如采取明挖法，交叉口左转需要通过两侧掉头来实现，货车、拖挂车车辆较长，掉头不方便，容易造成主线拥堵，因此提出盖挖法比选方案，即以快速开挖交叉口并浇筑结构顶板维持地面原有渠化方式再向下施工，用连续墙、钻孔桩等形式做围护结构和中间桩，然后做钢筋混凝土盖板，在盖板、围护墙、中间桩保护下进行土方开挖和结构施工，可根据需要采用逆作法或顺作法。盖挖法的主要优点是安全，占地少，对居民生活干扰小，采取措施合理甚至可做到基本不影响交通，但施工速度比明挖法要慢。

本工程根据现场施工条件经技术、经济比较后确定采用明挖法。

第 9 章　松江南站大型居住区综合管廊工程

9.1　概述

　　松江新城是长三角地区重要的节点城市之一，是上海市西南部重要的门户枢纽。松江南站大型居住社区是松江新城的重要组成部分，总面积约 13.62km^2，北至沪杭铁路-北松公路，西至毛竹港，南至 S32 申嘉湖高速公路，东至北柳泾。其功能定位为高端商务和生态居住为主导的宜居宜业的复合城区（图 9.1-1）。

　　松江南站大型社区控规的布局结构可以概括为："双轴双心，多廊多片"。

　　"双轴"——沿人民路形成松江新城至高铁片区的区域性公共服务轴线；沿玉阳路形成东西向地区性公共服务轴连接两个片区。

　　"双心"——高铁站周边地区形成服务长三角的商务办公中心，凤栖湖周边地区形成地区生态商业休闲中心。

　　"多廊"——沿沪杭客运专线和主要河流北泖泾等形成南北向多条生态廊道，与南部市域黄浦江生态廊道相贯通。

　　"多片"——规划共形成 7 个主要功能片区，包含 4 个居住片区、2 个公共服务片区和一个市政设施片区。

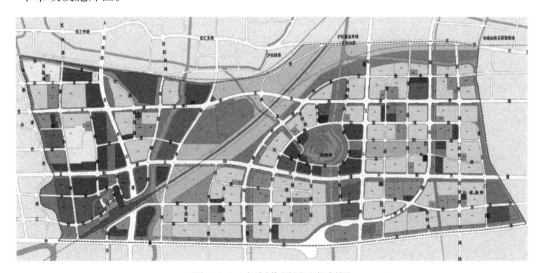

图 9.1-1　规划范围用地规划图

　　基于新城的定位和发展目标，在进行基础设施规划建设时，需要充分考虑未来城市规模扩大对市政设施的负荷需求，尤其是各种市政管线，应积极寻求集约化建设、统一管理的建设运营方式，推动南站大型居住社区基础设施的现代化水平提升，实现持续发展。综合管廊作为一种新型市政基础设施，使管线"统一规划、统一建设、统一管理"的目标得以实现，它解决了管线直埋带来的诸多难题，是市政管线建设的趋势和方向。

2015 年 12 月，上海市人民政府办公厅发布《关于推进本市地下综合管廊建设若干意见的通知》，将松江南站大型居住社区综合管廊工程列为试点工程之一，目标是高标准规划建设，做到规划科学、技术先进，为国内综合管廊建设起到示范作用（图 9.1-2）。

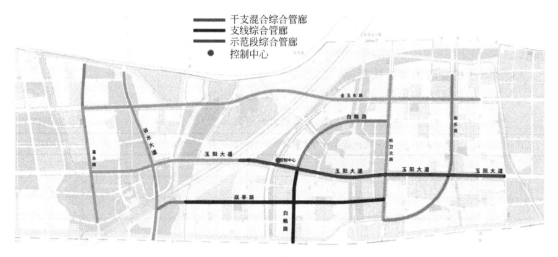

图 9.1-2　综合管廊系统规划图

9.2　场地地质概况

1. 地形地貌及周边环境

南站大型居住区地貌属于上海地区四大地貌单元中的湖沼平原 I-2 地貌类型，经现场踏勘，拟建场地地形相对平坦。区域现为农田、居民区、树林等。

2. 地基土的构成与特征

拟建场地 55.0m 深度范围内的地基土主要由填土、粉性土、淤泥质土和一般黏性土组成，按各土层的地质时代、成因类型、物理力学性质等特征综合分析，可划分为 6 个主要工程地质层及分属不同层次的亚层。各地基土层埋藏分布条件及特征自上而下分述如下：

（1）①$_1$ 层素填土，一般厚度 0.90m 左右，以杂色黏性土为主，土质松散、不均匀。

（2）①$_2$ 层浜土，见于明暗浜塘底部，富含有机质，含腐烂植物根茎。

（3）②$_{3-1}$ 层黏质粉土，一般厚度 1.9m 左右，含云母、夹薄层黏性土，土质不均，韧性低，干强度低，无光泽，摇振反应中等。

（4）②$_{3-2}$ 层黏砂质粉土，一般厚度 11.6m 左右，含云母、局部夹薄层黏性土、粉砂，土质不均，韧性低，干强度低，无光泽，摇振反应迅速。

（5）④层淤泥质黏土，一般厚度 5.2m 左右，饱和，流塑，高等压缩性，含有机质、云母，夹极薄层粉性土。无摇振反应，有光泽，干强度、韧性高，土质均匀。

（6）⑤$_1$ 层黏土，一般厚度 5.5m 左右，很湿，软塑，高等压缩性，含有机质、腐植物、贝壳屑，夹极薄层粉性土。无摇振反应，有光泽，干强度、韧性高，土质均匀。

（7）⑥层粉质黏土，一般厚度 1.9m 左右，湿，可塑，含氧化铁斑点，夹粉性土，韧性中等，干强度高，无光泽，无摇振反应。

（8）⑦$_{1-1}$ 层砂质粉土，一般厚度 3.8m 左右，中密，中等压缩性，含云母，夹薄层黏性土，韧性低，干强度低，无光泽，摇振反应迅速。

（9）⑦$_{1-2}$ 层粉砂，一般厚度 3.4m 左右，含云母、石英，夹薄层黏性土。

（10）⑦$_2$ 层粉砂，一般厚度大于 15.8m，含云母、石英、长石等，夹细砂，次棱角状。

3. 地基土的物理力学性质指标

地基土的物理力学性质指标分层统计结果详见表 9.2-1。

地基承载力一览表　　　　　　　　　　　　　　表 9.2-1

层序	土名	平均比贯入阻力 P_s(MPa)	黏聚力 c(kPa)	内摩擦角 φ(°)	f_{ak}(kPa)
②$_1$	粉质黏土	0.63	23	18.5	85
③	淤泥质粉质黏土	0.45	13	17.0	55
④	淤泥质黏土	0.55	14	13.5	50
⑤$_1$	黏土	0.76	16	13.0	60
⑤$_2$	砂质粉土		6	30.0	85
⑥	粉质黏土	2.57	42	17.0	130
备注					

4. 场地地震效应

（1）抗震设计基本条件、建筑场地类别：根据勘察地层资料，按上海市工程建设规范《建筑抗震设计规程》DGJ 08-9—2013 和国家标准《建筑抗震设计规范》GB 50011—2010（2016 年局部修改版）的有关条文判别：场地的抗震设防烈度为 7 度，设计基本地震加速度为 0.10g，所属的设计地震分组为第二组，地基土属软弱土，场地类别为Ⅳ类。

（2）液化判别：场地 20m 以浅分布有②$_{3-2}$ 层饱和砂质粉土，根据邻近场地经验为不液化土层。

（3）抗震地段划分：根据拟建场地地基土分布特征，按上海市工程建设规范《岩土工程勘察规范》DGJ 08-37—2012 第 8.2.3 条条文说明，不需考虑抗震设防烈度为 7 度条件下的软土震陷问题。本工程沿线有大量明暗浜塘及河道，为抗震不利地段，需注意加强对河岸边坡的监测和保护。

5. 软土震陷

上海地区除新近沉积的土层或松散的填土外，一般土层的等效剪切波速均大于 90m/s，根据上海市工程建设规范《岩土工程勘察规范》DGJ 08-37—2012 条文说明 8.1.3 条，可不考虑软土的震陷。

6. 地下水

（1）潜水：影响本工程的场地地下水主要是浅部黏性土层和粉性土层中的潜水，浅部土层中的潜水位埋深，一般离地表面 0.3～1.5m，年平均地下水位离地表面 0.5～0.7m。由于本工程浅部粉性土层较厚，潜水对本工程影响较大，管槽开挖施工时应做好降排水工作。

（2）承压水：拟建场地勘察深度内赋存有第⑦$_{1-1}$、⑦$_{1-2}$、⑦$_2$层承压水。根据上海市工程建设规范《岩土工程勘察规范》DGJ 08-37—2012 第 12.1.4 条，承压水水位呈周期性变化，水位埋深 3～12m。本工程承压水位取高水位 3.0m，土的重度取 17.5kN/m³，⑦$_{1-1}$层层面揭遇埋深取 26.8m，则当管廊开挖深度按 a 考虑，根据上海市工程建设规范《岩土工程勘察规范》DGJ 08-37—2012 第 12.3.3 条，坑底土体抗承压水稳定性应满足以下条件：

$$[17.5(26.8-a)]/[10(26.8-3.0)] \geqslant 1.05$$

故 a 需＜12.6m

即管廊开挖深度≥12.6m 时，⑦$_{1-1}$层承压水突涌；管廊开挖深度＜12.6m 时，⑦$_{1-1}$层承压水不会突涌。

本工程管廊开挖深度不一，且⑦$_{1-1}$层承压水存在突涌可能。建议施工期间对承压含水层水位进行监测，以合理调整降水方案。

（3）地表水、地下水水质：根据场地周边的已有勘察的水质分析资料，在场地内及其附近无相关地表水、地下水污染，场区环境类型按Ⅲ类考虑。地下水和地基土对混凝土有微腐蚀性；当长期浸水时，地下水对混凝土中的钢筋有微腐蚀性；当干湿交替时，对混凝土中的钢筋具有弱腐蚀性；地下水对钢结构有弱腐蚀性。承压水对混凝土有微腐蚀性，对混凝土中的钢筋有微腐蚀性。

7. 不良地质条件

场地内分布有多处明浜塘、暗浜。浜土土质极差，对拟建管槽开挖管槽边坡不利，应进行处理，一般可采用换填、搅拌桩等方法。

场地浅部粉性土厚度较大，在地下水动力作用下易发生渗流液化，对管槽边坡稳定性不利。管槽开挖施工时应做好降排水工作。

8. 场地的稳定性和适宜性评价

拟建场地地形平坦，无崩塌、滑坡等不良地质条件存在，属稳定场地，不考虑软土震陷的影响。场地地基土分布较为稳定，适宜建造本工程。

9. 基坑工程

综合管廊最大开挖深度为 13.5m，其基底一般位于③层地基土中，其影响深度范围内的土层还涉及①、②$_1$、②$_2$层黏土。

在基坑开挖过程中应注意以下问题：

（1）基坑开挖后，人工作用易引起坑底土体扰动，降低坑底土体强度，从而影响到基础稳定性及基坑安全，必要时建议对坑底土体进行加固。

（2）可按工程实际情况对隔水帷幕进行加强，确保止水可靠。

（3）注意选择适宜的停止降水时间或保持适当延续的降水措施。

（4）加强对邻近建筑及构筑物基础、道路、地下管线进行监测。

（5）建议限制基坑周边地面堆载≤20kPa。

（6）尽量加快施工进度，缩短工期。

10. 结论

拟建场地处于平原地区，为构造稳定区，无滑坡等重大地质灾害现象，可进行本工程的建设。场地浅部土层中的地下水属潜水类型，其补给来源主要为大气降水和地表径流，雨季期间地下水位普遍升高。拟建场地潜水水位埋深一般为 0.3～1.5m，年平均水位埋深一般为 0.5～0.7m。拟建场地地表水、地下水（潜水）在Ⅲ环境类型中对混凝土具微腐蚀性；在长期浸水条件下对钢筋混凝土结构中的钢筋具微腐蚀性，在干湿交替条件下对钢筋混凝土结构中的钢筋具弱腐蚀性，潜水对钢结构具有弱腐蚀性。不考虑软土震陷影响，场地抗震设防烈度为 7 度，场地设计基本地震加速度为 0.10g，所属的设计地震分组为第一组，场地土类型属软弱场地土，建筑场地类别为Ⅳ类，拟建场地为不液化场地，拟建场地对建筑抗震属一般场地。

9.3 相关规划梳理

9.3.1 管线规划分析

1. 电力专项规划

根据电力规划，未来区域内将新增六座 110（35）kV 变电站，规划的 110/35kV 电力线路将会作为综合管廊路径考虑的重要因素（图 9.3-1）。

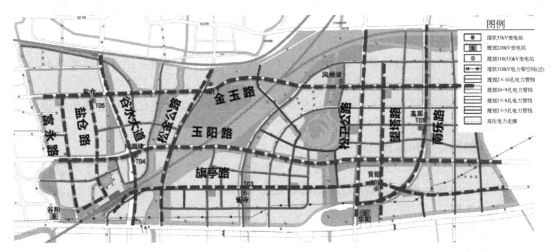

图 9.3-1 电力路径规划图

2. 给水专项规划

社区东部由现状车墩水厂供水，金玉东路道路下敷设 $DN500$ 给水管，欣玉东路、金玉路（富永路-松金公路）、玉阳大道（盐仓路以西、大官绍塘路-望塔路）道路下敷设有 $DN300$ 给水管。在管廊系统布置上，将结合道路建设及其他因素考虑，将主要给水管线纳入管廊（图 9.3-2）。

3. 通信专项规划

信息基础设施是信息服务、通信业务的基本载体。在综合管廊系统布置上，将结合道路建设及其他因素，将主要通信管线纳入管廊（图 9.3-3）。

4. 燃气专项规划

在综合管廊系统规划中，根据需求，在金玉路、玉阳大道将干线天然气管道纳入综合

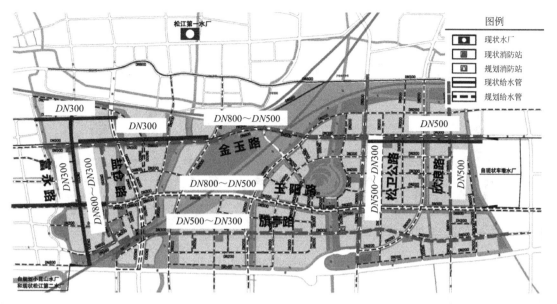

图 9.3-2　给水规划图

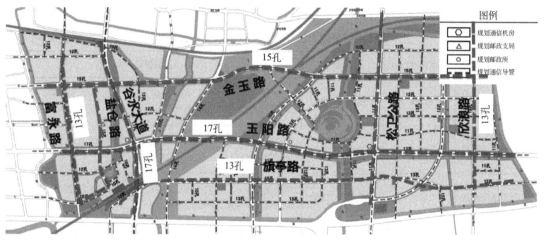

图 9.3-3　通信规划图

管廊（图 9.3-4）。

5. 雨水专项规划

根据综合管廊系统布局，满足条件的重力雨水管道或压力管道可考虑与综合管廊合建。在玉阳大道部分路段，拟将雨水纳入综合管廊。

6. 污水专项规划

老松金路、金玉路南现有松江污水处理厂一座，处理能力为 13.8 万 m^3/日。沿老来青路（金玉路以北）、金玉路（富永路-老来青路）、梅园埭路（金玉路以北）、松金公路（金玉路以北）道路下现有 $DN600 \sim DN1200$ 污水管。本工程在玉阳大道部分路段，拟将污水管道纳入综合管廊。

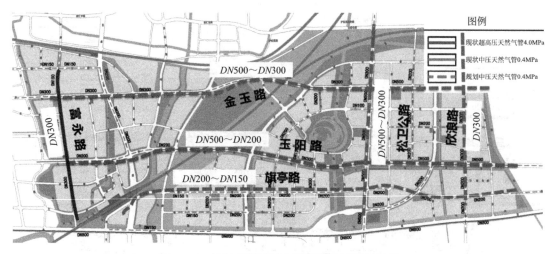

图 9.3-4 松江南部新城大型居住社区燃气规划

9.3.2 管线统计

为进一步确定入廊管线的种类及数量，前期向管线单位进行了征询，根据征询回复，将入廊管线统计列表如下（表 9.3-1）。

松江南部新城大型居住社区管廊系统布置统计　　　　　表 9.3-1

道路	管廊长度(m)	类型	容纳管线
金玉路	5260	干支混合：四舱	20 孔 110kV、20 孔 10kV、信息、DN1000 及 DN300 给水、DN1500 污水、DN500 燃气
玉阳大道示范段	2350	干支混合：七舱	20 孔 110kV、20 孔 10kV、信息、2×DN1000 及 2×DN300 给水、DN1000 雨水、DN400 污水、DN500 燃气
玉阳大道标准段	3300	干支混合：四舱	20 孔 110kV、20 孔 10kV、信息、2×DN1000 及 2×DN300 给水、DN400 污水、DN500 燃气
富永路	2060	干支混合：三舱	20 孔 10kV、信息、2×DN300 给水、DN300 燃气、DN600 污水
松卫北路	1850	干支混合：三舱	20 孔 110kV、20 孔 10kV、信息、DN800 及 2×DN300 给水、DN500 燃气
南乐路	2400	干支混合：三舱	20 孔 110kV、20 孔 10kV、信息、DN800 及 2×DN300 给水、DN400 污水
白粮路	2150	支线：单舱	20 孔 10kV、信息、DN300 给水
玉阳大道	3010	支线：双舱	20 孔 110kV、20 孔 10kV、信息、DN300 给水
谷水大道	2210	支线：三舱	20 孔 110kV、20 孔 10kV、信息、DN800 及 2×DN300 给水、DN400 污水
总计	24700		

9.4　综合管廊总体设计

9.4.1　系统布置

根据综合管廊专项规划，区域内规划建设综合管廊总计约 24.7km，近期启动建设玉阳大道、旗亭路、白粮路等路段综合管廊建设，总长 7.47km（图 9.4-1）。

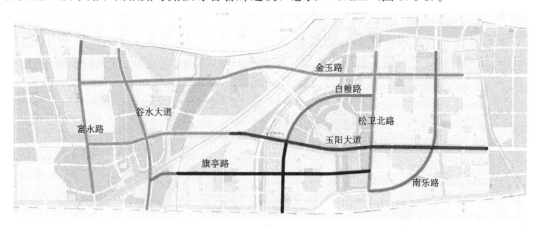

图 9.4-1　综合管廊系统布置图

9.4.2　断面设计

综合管廊断面设计应以"经济适用、适当预留"为原则，充分考虑纳入管线安装维护的功能需求，同时考虑地区长远发展对管线的扩容需求，经技术经济综合研判确定。

依据上述原则，本工程综合管廊标准断面设计如下：

玉阳大道综合管廊标准段采用三舱断面（图 9.4-2），纳入管线为 20 孔 110kV 电力电缆、20 孔 10kV 电力电缆、信息管线、$DN1000＋DN800＋DN500＋DN300$ 给水管线及 $DN500$ 天然气管线。

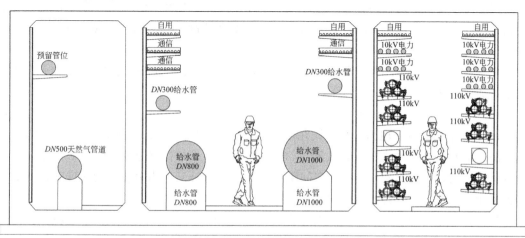

图 9.4-2　玉阳大道综合管廊标准断面

电力舱断面净尺寸为 2.60m（B）×3.80m（H），人行检修通道宽度为 1.00m。舱内为 110kV 电力电缆留设九排支架，竖向间距 500mm，为 10kV 电力电缆留设五排支架，竖向间距 350mm，预留自用桥架两排。

通信与给水舱断面净尺寸为 2.00m（B）×3.80m（H），人行检修通道宽度为 1.60m。舱内为通信缆线留设 3 排支架，支架竖向间距 350mm，为 DN300 给水管线预留两个管位。

天然气舱断面净尺寸为 2.00m（B）×3.80m（H），人行检修通道宽度为 0.90m。舱内布设一根 DN500 燃气管线，并预留 DN300 管位。

在玉阳大道示范段，除纳入前述标准段的管线外，还纳入了 DN1000 雨水管线、DN400 污水管线，并设置了初期雨水舱（图 9.4-3）。

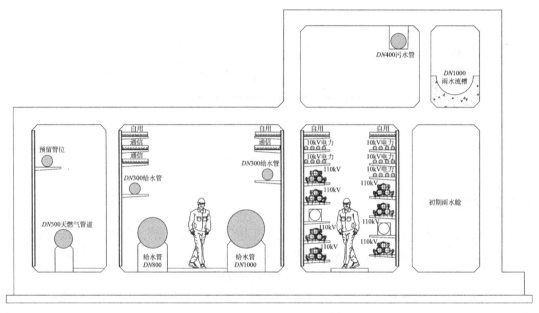

图 9.4-3　玉阳大道（官绍一号河-陈家浜）综合管廊标准断面

考虑将玉阳大道南北各 500m 范围内的初期雨水收集入廊，经计算，初期雨水舱尺寸定为 1.8m（B）×3.8m（H）。雨水舱与污水舱净高为 2.1m，净宽分别为 3.15m 和 1.3m。

旗亭路综合管廊采用双舱断面（图 9.4-4），纳入管线为 110kV 电力电缆、10kV 电力电缆、通信缆线及 DN300 给水管线。

110kV 电力舱断面净尺寸为 2.60m（B）×3.00m（H），人行检修通道宽度为 1.00m。舱内为 110kV 电力电缆留设九排支架，竖向间距 500mm，预留自用桥架两排。

综合舱断面净尺寸为 2.70m（B）×3.00m（H），人行检修通道宽度为 1.00m。舱内为通信缆线留设 3 排支架，支架竖向间距 350mm，为 10kV 电力电缆留设 5 排支架，支架竖向间距 350mm，预留自用桥架 2 排。

白粮路综合管廊为单舱断面，纳入管线为 20 孔 10kV 电力电缆、通信缆线及 DN300 给水管道（图 9.4-5）。

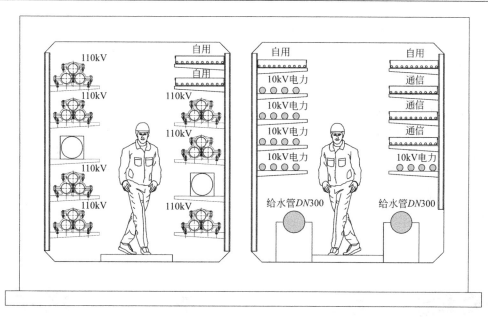

图 9.4-4　旗亭路（松金公路～松卫北路）综合管廊标准断面

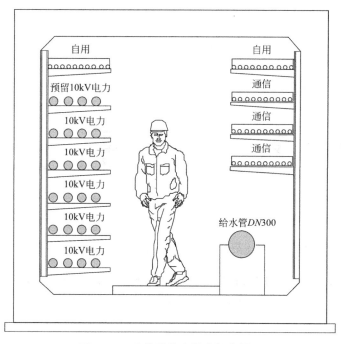

图 9.4-5　白粮路综合管廊标准断面

9.4.3　综合管廊在道路下方位置

1. 设计原则

综合管廊一般布置在绿化带或人行道下。将综合管廊布置在绿化带下，可以减少对道路施工的影响，有利于处理各种露出地面的口部，对道路交通及景观影响较小，因此，在有条件的路段，应首选将综合管廊放在绿化带下方。

综合管廊布置在人行道下方时，应采取措施，避免各类露出地面的口部影响人员通行，并做好景观处理。

2. 综合管廊位置

玉阳大道为区域内东西向主要道路，红线宽度 50m，道路两侧设有 15～20m 公共绿地。为了减少道路和管廊竖向不均匀沉降，拟将玉阳大道综合管廊布置于公共绿地下，综合管廊节点出地面部分放置在绿地中，对道路功能基本无影响。由于道路北侧临近环湖中心区，管线引出点较多，且南侧有规划小官绍塘及三官绍塘横河，不利于管线的引出。为了减少过路排管的数量，节约造价，将玉阳大道综合管廊布置在道路北侧绿地下方（图 9.4-6、图 9.4-7）。

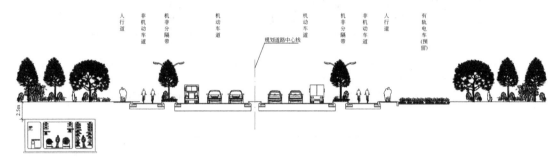

图 9.4-6　玉阳大道综合管廊标准段在道路下方位置图

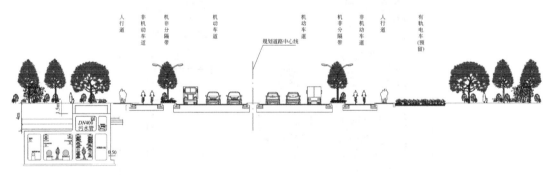

图 9.4-7　玉阳大道综合管廊示范段在道路下方位置图

旗亭路及白粮路道路无中央绿化带，南侧侧分带宽度为 2m。拟将综合管廊布置于侧分带及非机动车道下，综合管廊节点出地面部分布置在侧分带中，对道路无影响（图 9.4-8、图 9.4-9）。

9.4.4　综合管廊埋深

1. 设计原则

综合管廊的埋深对工程造价影响较大，因此，在满足外部条件下，尽量采用浅埋方式敷设。综合管廊的埋深主要考虑如下因素：

（1）结构抗浮

结构抗浮主要依靠结构自重及覆土重量，必要时可以把综合管廊的底板外挑以增加覆

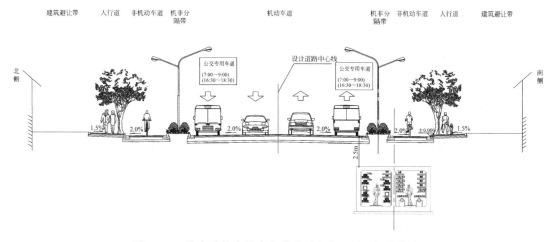

图 9.4-8　旗亭路综合管廊在道路下方位置图（绿化带内）

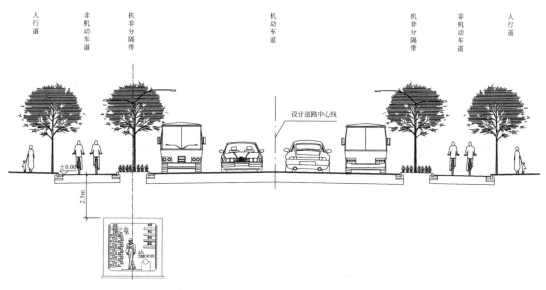

图 9.4-9　白粮路综合管廊在道路下方位置图（绿化带内）

土重量，或采用抗浮锚杆、抗拔桩的做法，一般不考虑综合管廊内的管线重量。综合管廊的断面越大，需要的覆土厚度也越大。经计算（不考虑锚杆做法及底板外挑），本工程综合管廊断面满足抗浮需要的覆土厚度为 2.2m 左右。

（2）绿化种植

综合管廊布置在绿化带下方，覆土厚度应满足绿化种植的要求。一般灌木种植需要的覆土厚度为 0.5～1.0m，乔木需要的覆土厚度往往需要 2m 以上。

（3）设备层

综合管廊的标准断面埋深还影响到相关口部的布置，由于综合管廊沿线设置有吊装、通风、逃生、管线分支口等各种口部，部分节点需要考虑设备安装空间，管线分支口需要满足管线转换的空间。如果标准断面的覆土太少，相关口部需要局部加深，进而对综合管廊纵断面布置产生影响。因此标准断面的埋深要综合考虑不同埋深的经济性。一般设备层需要的空间净高为2m左右。

（4）相交管线埋深

相交道路下方的重力流管线与综合管廊交叉时，应尽量实现竖向避让，综合管廊的埋深应大于2m为宜。

2. 综合管廊埋深

根据前述分析，玉阳大道综合管廊标准段布置在道路北侧公共绿地下方，旗亭路及白粮路综合管廊布置在侧分带下方，经过抗浮计算并综合考虑各种因素，确定综合管廊的覆土厚度为2.5m。

玉阳大道综合管廊示范段布置在道路北侧公共绿地下方，并将雨水及污水管线纳入综合管廊，结合区域内雨、污水管线规划，将综合管廊示范段综合管廊设置为双层六舱的L形，雨、污水舱的覆土厚度为1.5m，下层舱室覆土厚度为4.0m。

9.4.5 综合管廊节点设计

为保证内部管线安全运行，综合管廊内需设置各类口部，以满足通风、吊装、管线分支等需求，在通风口内，需布置风机等设备，净高需满足设备安装要求，露出地面的通风格栅应避免对景观和交通产生影响，并应采取防止雨水倒灌的措施；吊装口应考虑管线及其配件的尺寸，满足管线和设备吊装要求，分支口应满足各类管线的弯转半径和安装要求。各类节点设计是综合管廊总体设计的重要内容，对综合管廊运行安全起着重要作用。

1. 吊装口

综合管廊吊装口的主要功能是管线及设备投放，可兼做人员逃生口。根据综合管廊内给水管道、天然气管道等刚性管道的下料长度及管径，确定吊装口孔口尺寸，一般给水管的投料长度取≥6m、电力及通信管线的投料长度取2～4m，燃气管线的投料长度取≥12m。综合管廊内设备投料的需求尺寸一般为≥4.0m×1.5m（长×宽）。

人员逃生口结合吊装口节点布置，根据规范要求，人员逃生口尺寸不应小于1m×1m，当为圆形时，内径不应小于1m，逃生口设置爬梯及专用防盗井盖，其功能应满足人员在内部使用时便于手动开启，且在外部使用时非专业人员难以开启（图9.4-10～图9.4-12）。

吊装口宜结合绿化隔离带或人行道设置，应充分考虑管线安装时对道路交通的影响，并做好密闭防水措施，逃生口出地面部分不应位于机动车道及非机动车道范围。

2. 通风口

综合管廊通风口是为保障内部通风换气而设置的口部，兼做人员逃生口，通风口内部空间应满足风机及其附属设施的安装维护要求（图9.4-13～图9.4-16）。

为减少口部数量，结合入廊管线的种类及运行需求，电力舱、综合舱及污水舱的通风区间按照400m设置，天然气舱的排风口与其他舱室排风口、进风口以及周边建构筑物口部距离不应小于10m，天然气舱的通风区间按照200m设置。通风口采用出地面的通风格栅与大气联通，为防止路面雨水倒灌，通风口应有一定的出地面高度。

综合管廊通风口的布置应结合道路景观及绿化带的设计，在满足通风功能的前提下，应尽量不影响周边景观效果。

玉阳大道综合管廊通风口布置在绿化带内，出地面的景观结合道路景观及绿化进行设计，并与城市宣传海报相结合。材质选用涂料，在满足通风功能的前提下与周边景观相协

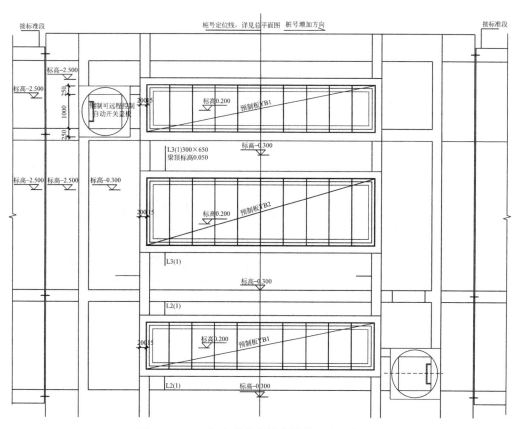

图 9.4-10 玉阳大道综合管廊吊装口平面布置图

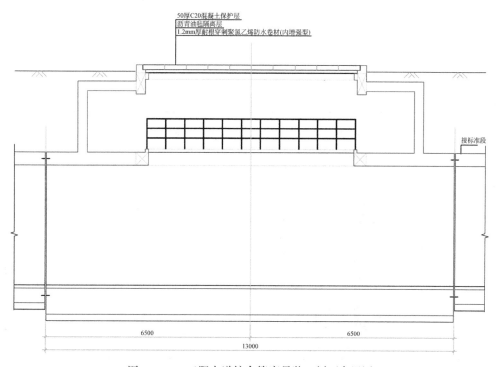

图 9.4-11 玉阳大道综合管廊吊装口剖面布置图

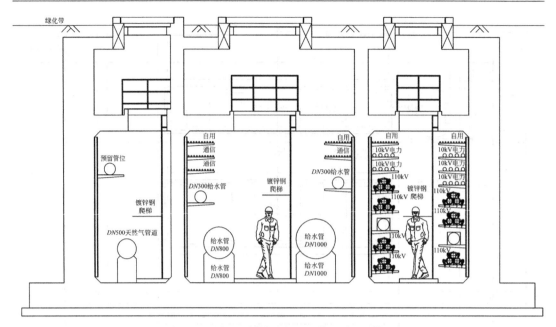

图 9.4-12　玉阳大道综合管廊吊装口剖面布置图

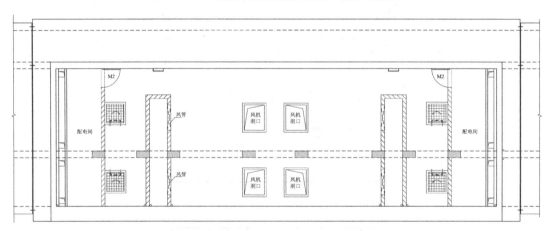

图 9.4-13　玉阳大道综合管廊通风口平面布置图一

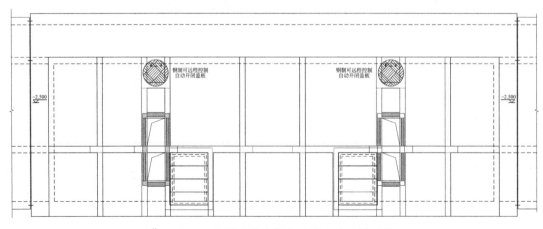

图 9.4-14　玉阳大道综合管廊通风口平面布置图二

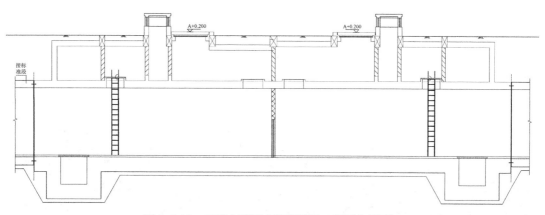

图 9.4-15 玉阳大道综合管廊通风口剖面布置图一

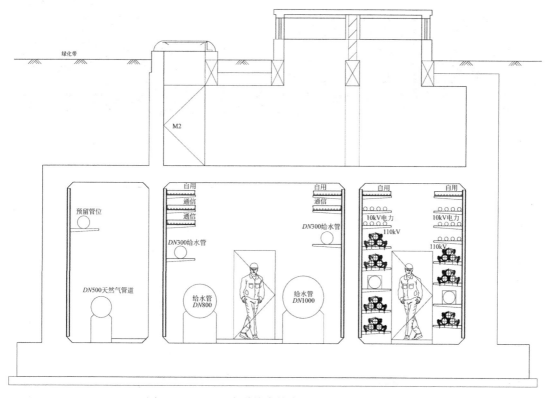

图 9.4-16 玉阳大道综合管廊通风口剖面布置图二

调（图 9.4-17）。

3. 管线分支口

为满足服务沿线地块的需求，综合管廊需设置管线分支口，管廊内部的管线通过管线分支口引向道路两侧管线工作井内，地块所需管线由工作井引出。

管线分支口数量及位置应根据入廊管线专项设计及管线综合规划的要求确定。管线分支口的空间设计应满足管线安装敷设的要求，并应满足相关附属设施安装的要求，其中电力电缆弯转半径应不小于 20d（图 9.4-18、图 9.4-19）。

图 9.4-17 综合管廊通风口

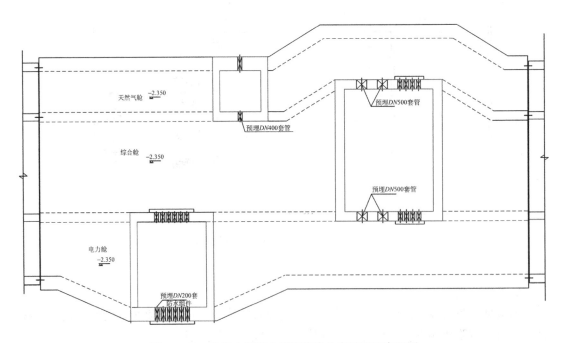

图 9.4-18 玉阳大道综合管廊管线分支口平面布置图

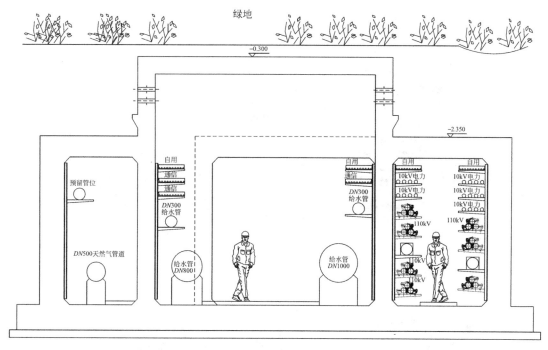

图 9.4-19　玉阳大道综合管廊管线分支口剖面布置图

9.5　综合管廊建筑结构设计

9.5.1　综合管廊建筑设计

根据玉阳大道断面布置情况，为集约有效的利用地下空间，对断面布置进行优化，局部路段预留地下空间（图 9.5-1～图 9.5-4）。

图 9.5-1　地下空间剖面示意

图 9.5-2　综合管廊集约利用地下空间

图 9.5-3　综合管廊人员出入口

图 9.5-4　综合管廊利用自然采光

根据所处地块的周边环境及综合管廊设计方案，预留地下空间的综合管廊段落共有七处，长度从 60～125m 不等，功能定位为综合管廊辅助空间、地下设备存储空间等。出地面部分以灵活轻盈的构筑物造型体现绿化环绕式布局特性，强调对空间次序的追求，通过周边道路、地形的软化处理,体现对自然生态的尊重。

地下空间出地面部分考虑人员出入以及通风采光的需求,人员出入口以钢结构构筑物附以半透明材质的装饰板构筑而成,配以新颖独特的不规则造型,地面通风采光口采用可自动开启的天窗,实现智能化控制,天窗造型与人员出入口造型相呼应。地下空间的灯光通过半透明材料折射到地面上,成为夜晚地面景观带的一部分。

9.5.2 综合管廊结构设计

1. 结构设计原则

根据《建筑结构可靠度设计统一标准》GB 50068、《城市综合管廊工程技术规范》GB 50838,本工程管廊结构设计基准期为 50 年,结构设计使用年限为 100 年,结构重要性系数取值为 1.1。

综合管廊的施工方法和结构形式,应根据沿线工程地质和水文地质条件,并结合周围地面建筑物和构筑物、管线和道路交通状况,经技术、经济、环保及使用功能等方面综合分析后确定。

结构构件应力求简单、施工简便、经济合理,施工技术应成熟可靠,尽量减少对周边环境的影响。临近地块基坑开挖或其他工程施工时,距管廊净距应不小于 3m,并对综合管廊工程及附属设施进行监测,采取有效措施确保管廊工程结构安全。

2. 设计标准

综合管廊属于城市生命线工程,主体结构安全等级为一级,根据《建筑工程抗震设防分类标准》GB 50233,抗震设防类别为重点设防类。根据《建筑抗震设计规范》GB 50011,上海市抗震设防烈度为 7 度,设计基本地震加速度值为 0.10g,抗震构造措施的抗震等级采用三级。

混凝土裂缝控制标准:≤0.2mm。

环境类别:二 a 类。

3. 工程材料

主体结构材料应满足结构受力性能要求,并采取抗渗措施。预埋件等附属构件满足使用功能及耐久性设计要求。

(1)混凝土:综合管廊及其附属工程结构混凝土强度等级为 C35 防水混凝土,抗渗等级为 P6,埋深超过 10m 的交叉口、倒虹等节点抗渗等级为 P8。垫层采用 C20 素混凝土。混凝土骨料要求洁净并级配良好,水泥用量不应小于 $280kg/m^3$,水胶比不大于 0.50。防水混凝土的施工配合比应通过试验确定,抗渗等级应比设计要求提高一级(0.2MPa)。防水混凝土中各类材料的总碱量(Na$_2$O 当量)不得大于 $3kg/m^3$;氯离子含量不应超过胶凝材料总量的 0.1%。

(2)钢筋:采用热轧 HPB300 级钢筋及热轧 HRB400 级钢筋。钢筋标准强度要求应满足《混凝土结构设计规范》GB 50010—2010(2015 年版)第 3.9.2 条的规定,应具有不小于 95%的保证率。带肋钢筋应符合《钢筋混凝土用钢:第Ⅱ部分:热轧带肋钢筋》GB 1499.2—2007 的规定;光圆钢筋应符合《钢筋混凝土用钢:第Ⅰ部分:钢筋混凝土用热轧光圆钢筋》GB 1499.1—2008 的规定。

(3)支架:综合管廊内的电缆和管道支架应优先采用工厂生产并符合国家或行业规范

规定的产品。所有支架应满足防腐要求，并根据管线重量计算支架的强度和变形，满足设计文件要求。综合管廊支架可选用复合材料或钢质支架，当选用钢质支架时，220kV 电力电缆支架应采用不锈钢或铝合金材质。综合管廊的支架布置图如图 9.5-5 所示。

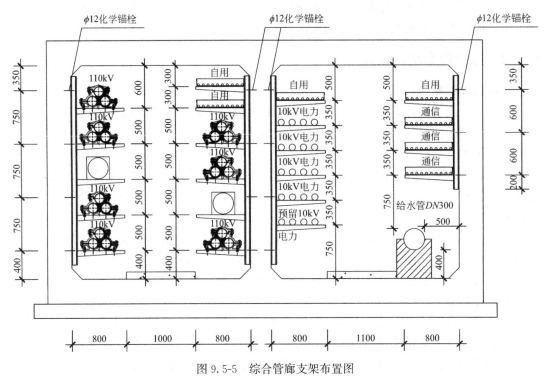

图 9.5-5 综合管廊支架布置图

支架采用复合材料时，应满足以下性能要求：

1）1000h 加速老化后弯曲强度不低于 200MPa；

2）1000h 加速老化后弯曲模量不低于 1000MPa；

3）使用寿命不低于 30 年；

4）绝缘性能：绝缘电阻大于 $1.0 \times 10^{12}\Omega$；

5）防火性能：燃烧性能等级不低于 B 级，材质必须无卤、无毒，在火焰条件下材料不延燃、不软化、不滴落，材料背面无任何燃烧现象；

6）阻燃性：Fv-0 级。

复合材料支架安装示意如图 9.5-6 所示。

复合材料支架的验收标准见表 9.5-1。

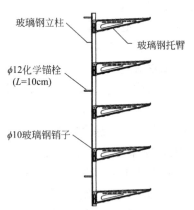

图 9.5-6 复合材料支架安装示意图

复合材料支架验收标准   表 9.5-1

项目	托臂	立柱	销子	销子帽
承载（形式检验）	顶端 5cm 处承载 150kg	顶端 5cm 处承载 150kg	顶端 5cm 处承载 150kg	顶端 5cm 处承载 150kg
阻燃	V_0	B 级	V_0	V_0
绝缘电阻	$\geqslant 8.7 \times 10^{14}\Omega$	$\geqslant 8.7 \times 10^{14}\Omega$	$\geqslant 8.7 \times 10^{14}\Omega$	$\geqslant 8.7 \times 10^{14}\Omega$

项目	托臂	立柱	销子	销子帽
外观	白色,表面光滑,无裂缝	白色,表面光滑,无裂缝	黑色	黑色
尺寸	托臂规格型号与图纸一致,外形尺寸±2mm	按图纸尺寸公差±2mm 孔间距位置±1mm $\phi15$ 螺栓孔 15±1mm $\phi18$ 螺栓孔 18±1mm $\phi8$ 销子孔 8.5±1mm $\phi9.5$ 销子孔 10.5±1mm	$\phi8.0$ 外径 8±0.1mm 长度 74±1mm $\phi9.5$ 外径 9.5±0.1mm 长度 80±1mm	$\phi8.0$ 内径 7.9±0.1mm 长度 15±0.1mm $\phi9.5$ 内径 9.5±0.1mm 长度 15±0.1mm

（4）桥架：钢制电缆桥架宜采用冷轧板,在满足强度要求的条件下,也可使用热轧板,其材质应符合《碳素结构钢》GB/T 700 标准中 Q235B 钢,并符合《碳素结构钢冷轧钢带》GB 716 及《普通结构钢和低合金结构钢热轧钢板和钢带》GB/T 3274 标准的有关规定。

钢质桥架的厚度应满足表 9.5-2 的要求。

钢质桥架厚度对照表 表 9.5-2

电缆桥架宽度（mm）	允许最小厚度（mm）
500~800	2
≥800	2.5

桥架的荷载等级为 B 级（1.5kN/m）,采用热浸锌（R）进行防腐处理,防腐处理的技术质量应符合表 9.5-3 的规定。每节桥架的直线段长度可为 2m、3m、4m、6m。桥架在承受额定均布荷载时,相对挠度不应大于 1/200L（L 为跨度）。

桥架热浸锌技术要求 表 9.5-3

镀锌厚度平均值	桥架构件	≥85μm
	螺栓及杆件（直径≥10mm）	≥54μm
锌层附着力	划线,划格法或锤击法试验,锌层应不剥离、不凸起	
锌层均匀性	硫酸铜试验 4 次不应露铁	
外观	锌层表面应均匀、无毛刺、过烧、挂灰、伤痕、局部未镀锌（直径 2mm 以上）等缺陷,不得有影响安装的锌瘤。螺纹的镀层应光滑、螺栓连接件应能拧入	

综合管廊内防火砖墙采用 MU10 实心砖,M7.5 水泥砂浆砌筑,20 厚 1∶2 水泥砂浆抹面,耐火极限大于 3.0h。防火门均为钢制甲级防火门,应采用工厂生产并符合国家或行业规范规定的合格产品。除防火门外为阻燃式防火胶泥,耐火极限不低于 3h。综合管廊防火隔断布置如图 9.5-7、图 9.5-8 所示。

9.5.3 综合管廊结构防水防渗

1. 基本原则

根据《城市综合管廊工程技术规范》GB 50838—2015 的相关规定,综合管廊防水等级

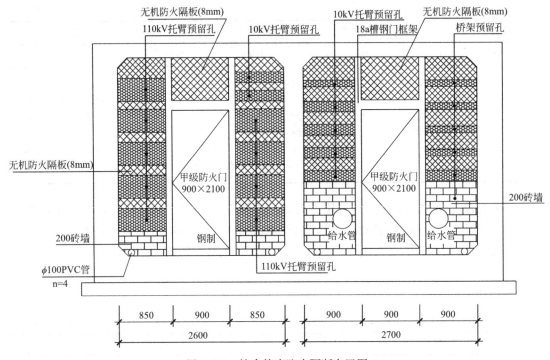

图 9.5-7　综合管廊防火隔断布置图

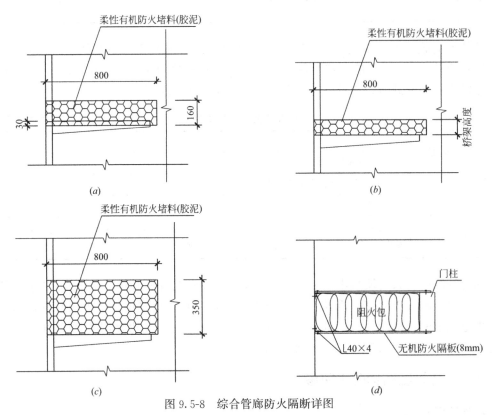

图 9.5-8　综合管廊防火隔断详图

(a) 10kV 托臂对应防火胶泥预留孔；(b) 各类桥架对应防火胶泥预留孔；

(c) 110kV/220kV 托臂对应防火胶泥预留孔；(d) 防火隔断详图

为二级。

综合管廊主体结构防渗的原则是"以防为主，防、排、截、堵相结合，刚柔相济，因地制宜，综合治理"。通过采用防水混凝土、合理的混凝土级配、优质的外加剂、合理的结构分缝、科学的细部设计来解决综合管廊钢筋混凝土主体结构的防渗。

变形缝、施工缝、通风口、吊装口、人员出入口、预留口等部位，是渗漏设防的重点部位，应加强防水构造。

2. 变形缝设计

变形缝设计要满足密封防水、适应变形、施工方便、检修容易等要求。变形缝处混凝土结构厚度不应小于 300mm。用于沉降的变形缝的宽度宜为 20～30mm。变形缝的防水采用复合防水构造措施，中埋式橡胶止水带与外贴防水层复合使用（图 9.5-9）。

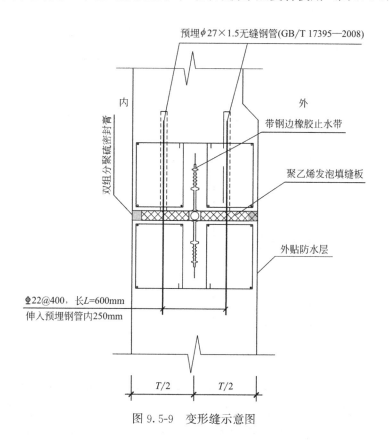

图 9.5-9 变形缝示意图

3. 施工缝设计

由于综合管廊为现浇钢筋混凝土箱涵结构，在浇筑混凝土时需要分期进行。施工缝均设置为水平缝，水平施工缝一般设置在综合管廊底板上 300～500mm 处及顶板下部 300～500mm 处。在施工缝中设计埋设钢板止水带（300×3）（图 9.5-10、图 9.5-11）。

4. 外防水设计

综合管廊外部防水可采用涂料防水或卷材防水。涂料类包括高弹橡胶沥青、聚脲等，卷材防水包括沥青卷材、高分子卷材等。采用卷材防水时，应根据主体结构施工工序，确定综合管廊的底板底及侧壁、顶部面的防水做法。本工程综合管廊侧壁及顶板外侧粘贴

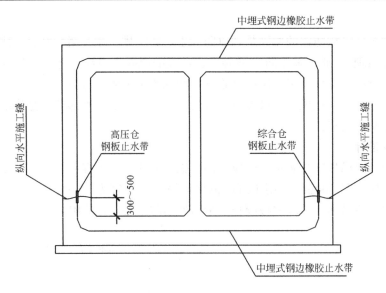

图 9.5-10　综合管廊变形缝止水带及施工缝布置图

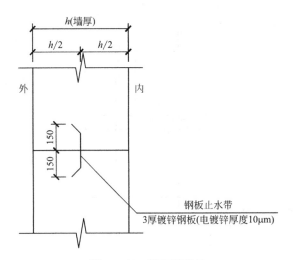

图 9.5-11　施工缝做法

（冷粘）高分子自粘胶膜防水卷材（覆膜型），厚度不小于 1.2mm；卷材接缝处卷材应相互搭接并采用热风焊接，搭接宽度不小于 100mm；管廊底板底在底板浇筑前预铺反粘（冷粘）1.2mm 厚高分子自粘胶膜防水卷材（撒砂型）；卷材接缝处应相互搭接并采用热风焊接，搭接宽度不小于 100mm。

顶板面在防水卷材施工完成后，再浇筑 50mm 厚的细石混凝土作为保护层（不要求设置分仓缝），细石混凝土强度等级为 C20。侧壁外表面在防水卷材施工完成后，再施作 40mm 厚聚苯乙烯泡沫板保护层（图 9.5-12、图 9.5-13）。

5. 预埋穿墙管

在综合管廊中，管线分支口的侧壁有多处需要预埋电缆或管道的穿墙管，根据预埋穿墙管的不同形式，分为预埋墙管和预埋套管。电缆及管道通过穿墙管时，与套管内壁之间的空隙是引起渗漏的薄弱环节，从国内已建的综合管廊工程看，由于没有采取有效措施，

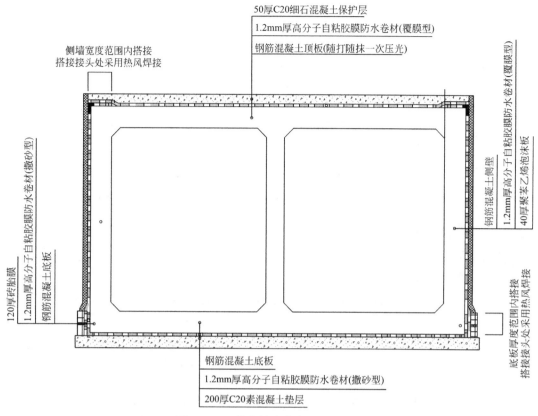

图 9.5-12　综合管廊防水工程示意图
注：本图适用于除变形缝外的一般断面

管线分支口处的穿墙管成为渗漏的主要部位，工程实践表明，刚性管道穿墙时，应在壁板预埋带止水环片的定制套管，管道与套管之间的空隙应采用专用填料密封。缆线穿墙时，应在壁板预埋专用密封组件，通过橡胶组合件的挤压实现防渗。

　　此外，在各类出地面的口部，应采取措施防止地面水倒灌。对采用侧面进排风的通风口部，应将百叶窗底标高设置在防洪水位以上，对采用顶面进排风的通风口，应在内部设置合理的阻水机构及排水设施，确保雨水无法汇入综合管廊。

9.5.4　综合管廊地基处理

　　综合管廊底部位于③黏土层（地基土承载力特征值 55kPa），天然地基无法满足地基承载力要求。根据地质情况，经计算，地基处理采用水泥土深层搅拌桩法，双轴水泥土搅拌桩桩径 0.7m，搭接长度为 0.2m，桩距采用 1.5m 及 2.0m，处理深度为 8m。双轴水泥土搅拌桩参数及要求详见《地基处理技术规范》DG/T J08-40—2010。

9.5.5　综合管廊的基坑支护

1. 基坑支护工程概况

以玉阳大道综合管廊为例，拟建玉阳大道道路路面标高介于吴淞高程＋3.920～

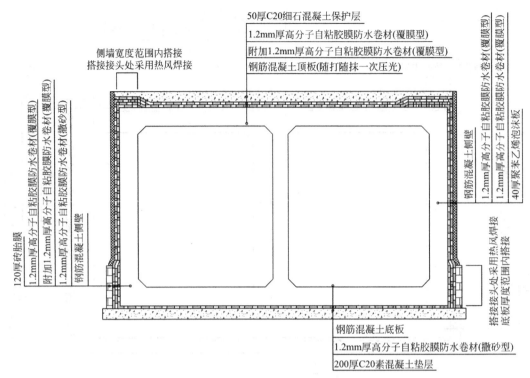

图 9.5-13　综合管廊变形缝处断面防水工程示意图

注：本图适用于变形缝处断面（以变形缝中心线为界两侧各 0.5m 宽范围内）

+5.450m 之间。综合管廊位于道路北侧绿化带下，板顶位于路面标高以下 2.5m，三舱管廊及六舱管廊下层主体结构高度 3.8m，六舱管廊上层主体结构高度 2.1m/3.1m，考虑 0.2m 厚素混凝土垫层＋0.2m 厚褥垫层，三舱基坑底标高介于吴淞高程－3.630～－2.10m 之间；现状地面标高介于吴淞高程＋2.480～＋4.420m 之间（大部分现状地面标高介于吴淞高程＋2.900～＋3.200m 之间）。故三舱基坑深度普遍为 6～7m，六舱基坑普遍挖深 8～9m，局部道路交叉口处基坑深度 12～13m，需进行基坑支护。

2. 周边环境

玉阳大道现状沿线主要为农宅、水田、池塘及沟渠，无需要保护的建构筑物及管线。

3. 设计标准

（1）基坑支护为临时支护，设计使用年限为 1 年。

（2）基坑安全等级为一级～三级，环境保护等级为三级。

4. 基坑支护总体设计

综合管廊工程基坑呈线形布置，开挖深度差异明显，具有分段开挖、施工周期短的特点。综合考虑基坑场地的周边环境、土层条件以及基坑开挖深度，经过计算分析和方案比较，并结合上海地区习惯做法，基坑支护采用的方案为：

（1）挖深小于 7.0m 处，采用钢板桩＋二道钢管水平支撑；

（2）挖深大于等于 7.0m 且小于 9.0m 处，采用 SMW 工法桩隔一插二＋二道水平支撑（一混凝土一钢）；

（3）挖深大于等于 9.0m 且小于 12.0m 处，采用 SMW 工法桩密插＋三道水平支撑（一混凝土二钢）；

（4）挖深大于等于 12.0m 处，采用钻孔灌注桩＋二～三道钢筋混凝土水平支撑。

5. 基坑支护典型剖面简介

（1）三舱标准段

1）围护结构：基坑计算挖深 6.75m。采用 SP-U 500×200×24.3 钢板桩，桩长 15m，小锁口打入，插入坑底以下 8.285m，插入比 1.22，如图 9.5-14 所示。

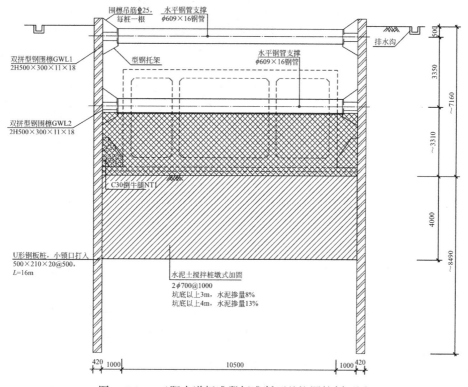

图 9.5-14　玉阳大道标准段标准断面基坑围护剖面图

2）支撑体系：采用两道水平钢支撑，支撑布置方面，普遍采用"对撑"，端部采用"角撑"；围檩采用双拼型钢 H500×300×11×18＋φ609×16 钢管支撑，第一道支撑间距按 6.0m 布置，第二道支撑间距按 3.0m 布置；第一道支撑自地面落地 0.85m，中心标高－1.650m；第二道支撑与第一道支撑间距 3m，中心标高－4.650m。

3）被动区加固：坑内采用 2φ700@1000 两轴水泥土搅拌桩作墩式加固，采用格栅式布置。加固范围为坑底以上 2.5m，坑底以下 4.0m。

（2）六舱标准段

1）围护结构：基坑计算挖深 8.55m。采用 3Φ850@1200 三轴水泥土搅拌桩，桩长 17.5m，内插 H700×300×13×24 型钢，桩长 18m，隔一插二，插入坑底以下 9.75m，插入比 1.14。如图 9.5-15 所示。

2）支撑体系：采用两道水平支撑，普遍采用"对撑"＋端部采用"角撑"的支撑布置型式；第一道支撑采用 C35 钢筋混凝土水平支撑，圈梁采用 1200mm×800mm（b×h）＋

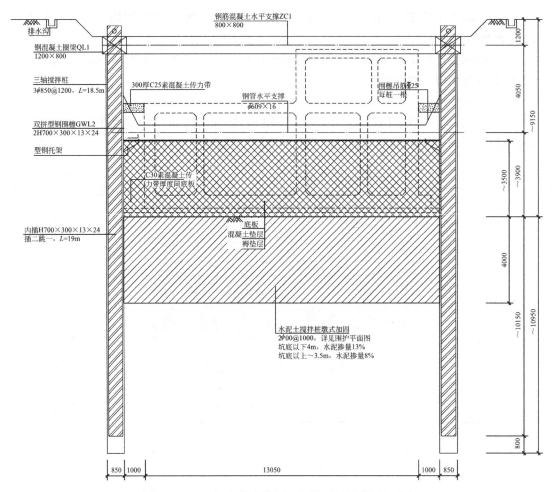

图 9.5-15　玉阳大道示范段标准断面基坑围护剖面图

$800mm \times 800mm$（$b \times h$）内支撑，支撑间距按 7.0m 布置，中心标高－2.000m；第二道支撑采用型钢支撑，围檩采用双拼 $H700 \times 300 \times 13 \times 24$ 型钢＋$\phi 609 \times 16$ 钢管，支撑间距按 3.0m 布置，第二道支撑与第一道支撑间距 4.1m，中心标高－6.100m。

3）被动区加固：坑内采用 $2\phi 700@1000$ 两轴水泥土搅拌桩作墩式加固，采用格栅式布置。加固范围为坑底以上 3.5m，坑底以下 4.0m。

6. 基坑降水设计

（1）轻型井点降水：采用坑内轻型井点单侧降水，每 45～50 延米设置一套。

（2）真空深井降水：除局部深坑外，开挖深度超过 7.0m 处须外加真空深井降水，约 $200m^2$ 布设一口。

（3）在止水帷幕闭合后将地下水位降低到基坑开挖面以下 0.5m，降水时间不宜少于 15d。

7. 基坑回填设计

综合管廊两侧采用中砂或灰土回填，压实度不小于 0.95，并符合道路设计要求。

8. 基坑支护施工要求

（1）三轴水泥土搅拌桩（SMW 工法）

1）三轴搅拌桩采用 3ϕ850 型，全圆套打，采用一喷一搅工艺施工。

2）三轴搅拌桩水泥掺入量 20%，水泥浆液水灰比 1.5～2.0：1，28d 无侧限抗压强度不小于 0.8MPa，达到设计强度后方可开挖基坑。

3）三轴搅拌桩施工定位误差不超过 50mm，桩身垂直度偏差不得大于 0.5%，桩径误差不大于 10mm，桩底标高误差不大于 50mm。

4）相邻搅拌桩搭接施工的间歇时间宜小于 2h，若搭接时间超过 24h，应按冷缝处理。

5）搅拌桩均使用新鲜、干燥的 P.O. 42.5 级普硅水泥配制的浆液，浆液配比可根据现场试验进行修正。不得使用已发生离析的水泥浆液。不同品种、标号、生产厂家的水泥不能混用于同一根桩内。

6）基坑开挖前应对水泥土搅拌桩的桩身强度，进行钻芯取样检测，取样数量不少于总桩数的 2%；每根桩取芯数量不少于 5 点，每点 3 个试块。

（2）两轴搅拌桩

1）两轴搅拌桩采用 2ϕ700 型，搭接长度 200mm，采用两喷三搅工艺施工。

2）两轴搅拌桩水泥掺入量为 13%，水泥浆液水灰比为 0.55：1；桩身 28d 无侧限抗压强度不小于 0.8MPa。

3）两轴搅拌桩施工的桩位误差不大于 50mm，垂直误差不大于 1%，桩底标高误差不大于 100mm，桩径和桩长不小于设计值；施工要求连续、封闭，搅拌均匀。

4）相邻搅拌桩搭接施工的间歇时间宜小于 2h，若搭接时间超过 16h，应按冷缝处理。

5）搅拌桩使用新鲜、干燥的 P.O. 42.5 级普硅水泥配制的浆液，不得使用已发生离析的水泥浆液。不同品种、标号、生产厂家的水泥不能混用于同一根桩内；搅拌桩施工机械应配备计量装置。

6）基坑开挖前应对水泥土搅拌桩的桩身强度，进行钻芯取样检测，取样数量不少于总桩数的 0.5% 且不少于 3 根；每根桩取芯数量不少于 3 点，每点 3 个试块。

（3）围护桩内插型钢

1）插入型钢采用 H700×300×13×24 型钢，型钢外涂减摩剂以利于拔除，H 型钢与混凝土圈梁之间应采用油毡隔离。

2）型钢定位误差：垂直于基坑边线方向小于 10mm，平行于基坑边线方向小于 50mm，转角误差不大于 3°；型钢长度误差不大于 10mm；型钢底标高误差不大于 30mm。

3）型钢宜在搅拌桩施工结束后 30min 内插入，并宜依靠自重插入；相邻型钢焊接接头位置应相互错开，竖向错开间距不小于 1m。

4）围护墙体和地下结构外墙之间的空隙回填密实后，方可拔出型钢，拔出后的空隙应及时灌注水泥浆液填充。

（4）钢板桩施工要求

1）采用小企口 SP-U500×200×24.3 钢板桩，必须咬合防水，咬口宜涂抹黄油以利于咬合。

2）钢板桩进场使用前应进行检验，保证桩身挺直，经检验合格的钢板桩在堆放时应避免沉陷弯曲和碰撞。

3）定位桩定位偏差不超过 30mm；成桩垂直度偏差不超过 1/100L（L 为桩长）。

4）基坑转角处，应根据转角的平面形状加工相应的异型转角板桩，且转角桩和定位桩宜比其他钢板桩长 2.0m。

5）钢板桩的施工应采用屏风法顺序施工，不得跳跃间隔进行，以保证钢板桩完整连接。

6）施工钢板桩时，桩身应调直整平；先施工定位桩，固定导向型钢；首尾两端处打设附加桩，并使其紧贴主桩。

7）锤击法沉桩时，应采用重锤低击，并设置桩帽桩垫。

8）钢板桩在基坑回填后方可拔除；采用跳拔方式拔出，拔桩的顺序宜与打桩顺序相反。

9）拔桩时为减轻振动以及拔桩带土对环境的不利影响，应对拔桩之后的空隙采用压密注浆填充。

9.6 综合管廊监控与报警系统

9.6.1 设计范围及设计原则

为使城市地下综合管廊在日常运行和管理过程中更加安全和方便，综合管廊一般有配套的附属设施系统，主要包括通风系统、照明系统、配电系统、消防系统、排水系统、监控与报警系统等。监控与报警系统就是运用先进的技术及设备，实现综合管廊运维管理系统监控实时化、数据精确化、系统集中化和管理自动化。综合管廊监控与报警系统应能够准确、及时地探测管廊内火情，监测有害气体、空气含氧量、温度、湿度等环境参数，具备防入侵、防盗窃、防破坏等功能，并应及时将信息传递至监控中心。综合管廊的监控与报警系统还应对管廊内的机械风机、排水泵、供电设备、消防等设施进行监测和控制。

监控与报警系统主要由如下几个子系统组成：环境与设备监控系统、安全防范系统、预警与报警系统、通信系统。

9.6.2 环境与设备监控系统

1. 系统构成

在分变电所设置一台信息汇聚箱，箱内设置千兆工业以太网交换机 1 台；在综合管廊每个分区设置一台 ACU 箱，箱内安装 PLC 1 套、百兆卡轨式工业以太网交换机 1 台、UPS 1 台。

每个分区 ACU 箱采集分区内所有仪表的信号，并对相关附属设备进行监控。控制网络采用双层结构，所有现场 ACU 柜通过百兆光纤环网连接至管廊分变电所信息汇聚箱。分变电所信息汇聚箱与其他路段综合管廊分变电所信息汇聚箱组成千兆光纤环网连接至管廊控制中心平台服务器柜，通过平台服务器将监控信号上传至统一管理平台。

2. 监控内容

每个分区单元采集的信号如下：

（1）温湿度信号；

（2）氧气检测信号；

（3）集水坑液位信号；

（4）风机、排水泵、常规照明总开关工况；

（5）配电系统的运行情况（通过 MODBUS 总线）；

（6）出入口控制装置信号；

（7）电动百叶窗的信号；

（8）手动紧急报警按钮信号；

（9）电力井盖信号。

现场 ACU 柜内 PLC 控制的设备如下：

（1）风机；

（2）区间照明系统；

（3）出入口控制装置；

（4）电动百叶窗控制；

（5）排水泵；

（6）电力井盖。

3. 联动功能

（1）当某区间温度过高或氧气含量过低或检测到 H2S、CH4 气体含量超标时，监控中心监控计算机启动该区间的通风机，强制换气，保障综合管廊内设施和工作人员的安全。

（2）当区间内最低处设置的超声波液位仪检测到危险水位时，启动相关应急预案。

（3）当区间内发生安防报警或其他灾害报警等，自动打开相关区间的照明，控制中心显示大屏自动显示相应区间的图像画面。

9.6.3　安全防范系统

综合管廊安全防范系统包括入侵报警系统、视频安防监控系统、出入口控制系统、电子巡查系统四部分。

在分变电所设置一台安防汇聚箱，箱内设置千兆工业以太网交换机 1 台及一台 NVR；在综合管廊每个分区 ACU 内设置一台千兆卡轨式工业以太网交换机 1 台，用于汇聚分区内所有摄像机视频信号。

1. 入侵报警系统

在每个进风、出风口处设置微波与被动红外复合入侵探测器，其报警信号接入分区 ACU 内 PLC，通过网络送至控制中心，一旦发生报警，信号传至控制中心内的统一管理平台，监控计算机显示器和大屏画面上的相应区间和位置的图像元素闪烁，并产生语音报警信号。

2. 视频安防监控系统

在分变电所设置一台安防汇聚箱，箱内设置千兆工业以太网交换机 1 台及一台 NVR；在综合管廊每个分区 ACU 内设置一台千兆卡轨式工业以太网交换机 1 台，用于汇聚分区内所有摄像机视频信号。分变电所内 NVR 存储分变电所所有分区的视频信号。

在分变电所变压器室、低配间、每个分区设备间、通风口设置黑白一体化低照度网络摄像机，同时在每个舱室内设置黑白一体化低照度网络摄像机 2 套，由 ACU 箱负责供电，视频信号通过安防网络送至控制中心视频后台服务器。

正常情况下，组合大屏按顺序或指定分区显示现场影像画面。当某分区摄像机视频移动检测报警、爆管专用液位开关报警、红外防入侵装置报警或水管上压力开关低压力报警时，控制中心组合大屏及部分统一平台监控计算机自动显示相应分区的图像画面，并对该防火分区影像进行刻录。控制中心视频循环存储时间为39d。

3. 出入口控制系统

在综合管廊人员进出口处设置自动液压井盖作为出入口控制装置，自动液压井盖接入分区 ACU 内 PLC，通过网络送至控制中心。

4. 电子巡查系统

在管廊每个舱内下列场所设置离线电子巡查点，离线电子巡查系统后台设在综合管廊控制中心内。

（1）综合管廊人员出入口、逃生口、吊装口、进风口、排风口；

（2）综合管廊附属设备安装处；

（3）管廊内管道上阀门安装处；

（4）电力电缆接头处。

9.6.4　预警与报警系统

综合管廊内纳入了电力电缆、给水管道及天然气管道等，针对各类管线事故类型及灾害特点，相应配置预警与报警系统，对相关事故进行报警，通知各部门联合处理事故。

1. 火警报警系统

在含有电力电缆的综合舱及电力舱设置火灾报警系统。

在分变电所设置一套火灾报警主机及一套光纤测温主机，在每个分区设置一套消防柜，柜内配置若干消防模块及一台灭火控制器，负责分区内消防报警、系统联动及灭火。分区消防柜通过总线连接至分变电所火灾报警主机。

（1）在舱室顶部设置烟感探测器；

（2）在舱室顶部敷设通长感温光纤；

（3）每隔50m设置1套手动报警按钮、声光报警装置；

（4）在每个防火分区出口设置灭火装置紧急启/停按钮、声光报警器、放气指示灯。

当任意一台烟感或感温光纤主机发生报警，开启相应防火分区内的声光报警器、应急疏散指示和该防火分区防火门外的声光报警器。当任意一台烟感及感温光纤主机同时报警，关闭相应防火分区正在运行的排风机、百叶窗、关闭常开防火门、防火风阀及切断配电控制柜中的非消防回路，经过30s后启动灭火装置实施灭火。喷放动作信号及故障报警信号反馈至控制中心及灭火控制器，开启放气指示灯。

在电力舱每个防火门设置1套防火门监控模块。防火门的开启、关闭及故障状态信号通过防火门监控模块反馈至防火门监控器。

2. 可燃气体探测报警系统

在天然气舱内顶部和人员出入口、逃生口、吊装口、进风口、排风口等舱室内最高点气体易于聚集处设置天然气探测器，设置间隔不大于15m。在区间吊装口处设置1套可燃气体报警控制器，通过总线接入区间内的天然气探测器。可燃气体报警控制器通过现场总线或光纤将数据上传至监控中心报警主机。

当天然气舱内的天然气浓度超过一级报警浓度设定值（爆炸下限的 20%）时，由可燃气体报警控制器联动启动天然气舱事故段区间及其相邻区间的事故风机。当天然气浓度超过二级报警浓度设定值（爆炸下限的 40%）时，应发出关闭天然气管道紧急切断阀联动信号。

3. 水管爆管检测

在管道舱每个分区的最低处设置一台超声波液位仪用于管廊危险水位检测。信号接入环境与设备监控系统，一旦检测到液位超过设置值，联动安防系统摄像机确认现场爆管后，紧急关闭相关阀门。

9.6.5 通信系统

1. 固定语音通信系统

在综合管廊中设置光纤紧急电话系统。该系统应具备管廊内工作人员与外界通话及控制中心对管廊内人员进行呼叫的功能。

在控制中心设置光纤电话中心主站，在每个区间的设备间设置光纤电话主机 1 台，主站与主机之间用光纤环路连接。同时，在每个区间的每个舱室内设置光纤电话副机，两台副机之间的距离不大于 100m。光纤电话可兼做消防电话使用。

2. 无线通信系统

无线通信系统主要由监控中心的无线控制器 AC、工作站、光纤环网、管廊现场无线 AP 及手持设备 VoIP 手机组成。

综合管廊内各分区每 60～70m 配置一台无线 AP，分变电所及吊装口设备层分别设置一台无线 AP，手持设备 VoIP 手机根据运维人数确定。

9.6.6 监控与报警系统线缆

消防电缆采用阻燃耐火电缆，其他电缆均采用阻燃电缆。

综合管廊内火灾报警电缆敷设在自用桥架内，无桥架段，穿钢管沿管廊顶、壁明敷并外涂防火保护材料。

9.6.7 防雷接地

综合管廊内监控设备接地与电气设备共用接地装置，接地电阻小于 1Ω。

综合管廊内现场控制柜、仪表设备外壳等正常不带电的金属部分，均应做保护接地。综合管廊监控系统应做好工作接地，工作接地包括信号回路接地和屏蔽接地。各类接地应分别由各自的接地支线引至接地汇流排或接地端子板，再由接地汇流排或接地端子板引出接地干线，与接地总干线和接地极相连。

火灾报警系统的接地应符合规范《火灾自动报警系统设计规范》GB 50116 的规定。

9.6.8 防爆与防护

天然气舱内设置的监控与报警系统设备、安装与接线技术要求应符合现行国家标准《爆炸危险环境电力装置设计规范》GB 50058 有关爆炸性气体环境 2 区的防爆规定。在

ACU 柜内增加安全栅以接入天然气舱内监控信号。

天然气管道舱内主要监控与报警设备的防爆等级要求如下：

光纤电话　Ex ib IIC T6；

投入式液位仪　Ex ia IIC T6；

可燃气体探测器　Ex ia IIC T6；

氧气、温湿度检测仪　Ex ib IIC T6；

摄像机　Ex ib IIC T6；

综合管廊内监控与报警系统设备防护等级不宜低于 IP65。

9.7　消防、排水系统设计

9.7.1　消防系统设计

1. 防火分区

纳入电力电缆的舱室每隔 200m 采用耐火极限不低于 3.0h 的不燃性墙体进行防火分隔。防火分隔处的门应采用甲级防火门，管线穿越防火隔断部位应采用阻火包等防火封堵措施进行严密封堵。

2. 自动灭火系统

根据综合管廊内火灾原因的分析，电力电缆是较容易产生火灾的管线，因此舱室内需设置主动灭火系统保护。根据计算的设计灭火剂用量，并考虑到管廊内部空间狭长的特点，为保证灭火效果，可采用悬挂式超细干粉自动灭火装置。按单个防火分区确定超细干粉灭火装置布置间距，每台超细干粉的充装量为 8kg。

3. 铵盐干粉灭火器辅助灭火设施设计

在综合管廊所有舱室沿线，及人员出入口、防火门处、吊装口、通风口、逃生口、设备间、分变电所设置手提式磷酸铵盐干粉灭火器，灭火器的配置和数量按《建筑灭火器配置设计规范》GB 50140—2005 要求计算确定。天然气舱灭火器最大保护距离为 15m；电力舱和综合舱灭火器最大保护距离为 20m。

9.7.2　排水系统设计

综合管廊沿全长设置排水沟，横断面地坪以 1% 的坡度坡向排水沟，排水沟纵向坡度与综合管廊纵向坡度一致，但不小于 2‰。在综合管廊通风口以及局部低洼点（倒虹、交叉口等）等设置集水坑。

综合舱集水坑内设 2 台排水泵，平时 1 用 1 备，事故时 2 用，通风口处集水坑单泵排水量为 25m³/h，扬程 14m，功率 3kW；倒虹、交叉口处集水坑单泵排水量为 25m³/h，扬程 18m，功率 4kW。

电力舱和天然气舱室集水坑内设 1 台排水泵，1 常用，通风口处集水坑单泵排水量为 25m³/hr，扬程 14m，功率 3kW；倒虹、交叉口集水坑单泵排水量为 25m³/hr，扬程 18m，功率 3kW。电力舱和综合舱采用普通排水泵，天然气舱采用防爆型排水泵。集水坑尺寸 1.5m（宽）×1.5m（长）×1.5m（高）。集水坑内设液位浮球开关，高水位自动启泵，低水位停泵。

排水管出综合管廊后就近接入道路雨水系统。

9.8　通风系统设计

9.8.1　综合管廊通风系统设计

1. 平时通风

为保证管廊内余热、余湿、有害气体等能及时排出，并在人员巡视检修时提供适量的新鲜空气，综合管廊应设置通风系统进行通风换气。

综合管廊各舱室平时通风采用机械进风、机械排风的通风方式。天然气舱的通风区间长度约 200m，其余舱室通风区间长度约 400m，每个通风区间一端设置送风机机械进风，另一端设置排风机机械排风，形成推拉式的纵向通风系统。

2. 火灾后事故通风

综合管廊内含有电力电缆的舱室有发生火灾的可能性，应设置火灾后事故通风系统。一旦发生火灾，应及时可靠地关闭相应的通风设施，确保发生火灾的防火分区的密闭；待确认火灾熄灭并冷却后，启动火灾后事故通风系统，排除残余的有毒烟气，以便工作人员进入管廊进行清理工作。

综合管廊电力舱平时通风系统兼做火灾后事故通风系统。为满足火灾时的密闭要求，电力舱通风系统排风口及进风口处均设置电动防火阀，平时常开，火灾时接消防信号电动控制关闭。

3. 天然气舱事故通风

天然气舱应设置事故通风系统。当舱室内天然气浓度大于其爆炸下限浓度值（体积分数）20％时，应立即启用事故段分区及其相邻分区的事故通风设备进行强制换气。

综合管廊天然气舱平时通风系统兼做事故通风系统。天然气舱风机应采用防爆型，通风系统应设置导除静电的接地装置，并设置手动控制装置。

9.8.2　通风系统控制及运行模式

为保证综合管廊平时的正常运营及事故工况下的应急处理，需对综合管廊的通风系统进行监控，采用就地手动、就地自动和远程控制相结合的控制方式。各工况下通风系统控制及运行模式如下：

1. 平时工况

综合管廊通风系统在平时正常运行工况下采用定时启停控制。即根据管廊内、外环境空气参数，确定合理的运行工况间歇运行，达到既满足卫生要求又节能的目的。

2. 高温报警工况

综合管廊各舱室内均设有温度探测报警系统，当舱室内任一通风区间的空气温度超过设定值（40℃）时，温度报警控制器发出报警信号，立即联动启动该通风区间的通风设备进行强制换气，使该通风区间的空气温度达到设计要求（≤40℃）。当通风系统运行至该通风区间的空气温度≤35℃，并维持 30min 以上时，自动关闭通风设备，通风系统返回平时运行工况。

3. 有害气体报警工况

含有污水管道的舱室内设有 H_2S、CH_4 气体探测报警系统，当舱室内任一通风区间的 H_2S、CH_4 浓度超过设定值时，气体报警控制器发出报警信号，同时立即联动启动该通风区间的通风设备进行强制换气。

4. 巡视检修工况

工作人员进入综合管廊进行巡视检修前，需提前启动进入区间的通风系统进行通风换气，直至工作人员离开为止。

5. 火灾工况

电力舱内设有火灾自动报警系统，当舱室内任一防火分区发生火灾时，消防联动控制器立即联动关闭发生火灾的防火分区及其相邻分区的通风设备及电动防火阀，以确保该防火分区的密闭；待确认火灾熄灭并冷却后，重新打开该防火分区的电动防火阀及通风设备，进行灾后事故通风，排除火灾后残余的有毒烟气。

6. 天然气舱事故工况

天然气舱内设有可燃气体探测报警系统，且与天然气舱事故通风系统联动。当舱室内任一通风区间的天然气浓度大于其爆炸下限浓度值（体积分数）20％时，可燃气体报警控制器发出报警信号，立即联动启用事故段分区及其相邻分区的事故通风设备进行强制换气。

9.8.3　地面风亭布置

综合管廊通风系统地面风亭的布置应与周边景观环境相协调，并满足城市规划的要求。通风口处应设防雨百叶，百叶面积满足通风量要求。通风口处应加设防止小动物进入的金属网格，网孔净尺寸不应大于 $10mm \times 10mm$。

通风口下沿距室外地坪高度应满足当地的防洪、防涝要求。天然气舱的排风口与其他舱室排风口、进风口、人员出入口以及周边建（构）物口部距离不应小于 $10m$，天然气舱排风口应设置明显的安全警示标识。

9.8.4　节能环保

通风系统在平时正常运行工况下根据综合管廊内、外环境的空气参数，确定合理的运行工况间歇运行，以减少通风系统平时的运行能耗。应选用能效比高的通风设备，通风系统单位风量耗功率：$Ws \leqslant 0.27W/(m^3/h)$。为减小风机启动时对周围环境的噪声影响，应选用低噪声的通风设备，并采取必要的消声措施。

地面风亭处空气流速不大于 $5m/s$，落地安装的风机应设置橡胶减振垫。

9.9　电气设计

9.9.1　负荷等级及电源

根据综合管廊运行的安全要求，监控设备、应急照明、天然气舱风机为二级负荷；一般照明、一般舱（综合舱、电缆舱、污水舱）风机、排水泵、雨水泵、检修插座箱等为三级负荷。

电源：由城市电网就近提供两路 10kV 电源供电，电源运行方式为一用一备。

9.9.2　变配电系统设计

综合管廊各配电区间负荷基本相同，沿线分布比较均匀。根据这一特点，并结合 0.4kV 电压等级最大允许的电压降，以及确保电能质量的要求，综合管廊的负荷划为多个供电区域，在每一分区的负荷中心位置设置 10/0.4kV 变电所一座，负责该区域的负荷配电。每座变电所的供电半径原则上不超过 1.0km，对于远离变电所的区段，适当增大配电电缆的截面，使得末端电压不低于正常的 95%。

1. 负荷计算

变电所的计算容量见表 9.9-1（以玉阳大道为例）。

各变电所容量计算　　　　　　　　　　　　　　　　表 9.9-1

序号	变电所名称	计算有功容量（kW）	计算无功容量（kVar）	计算视在容量（kVA）	二级负荷计算容量（kW）
1	变电所 S03	274	113	296	103
2	变电所 S04	250	95	267	96
	总计	524	208	563	199

总计算容量约 555kW，补偿后合约 602kVA，功率因数 0.92。

2. 10kV 系统主接线

综合管廊沿线的变电所采用环网供电，构成双回路单边供电、环式网络接线的结构，开环运行。环网由 10kV 配电所（设于控制中心）的两段母排分别馈出一回路 10kV 线路供电。

3. 变电所

由于综合管廊横断面较大，负荷较多，且设有天然气舱，拟在每座分变电所设 2 台 10/0.4kV 变压器，将 10kV 电源降压为 0.4kV 配电。各分变电所变压器装机情况见表 9.9-2（以玉阳大道为例）。

各变电所装机　　　　　　　　　　　　　　　表 9.9-2

序号	分变电所名称	变压器编号	变压器容量(kVA)	变压器负荷率
1	分变电所 S03	T31、T32	2×250	59%
2	分变电所 S04	T41、T42	2×250	53%

各分变电所 0.4kV 系统为双电源单母线分段的主接线，采用分区树干式为该变电所供电区域内的各电气分区的负荷配电，树干式配电回路采用预分支电缆配电线路。

每个电气分区内设 2 组配电柜（多台），分别为三级负荷和二级负荷配电。其中三级负荷配电柜的电源由变压器低压侧树干式提供。消防配电柜的双电源分别由 2 台变压器的低压侧各供一回路。

为不影响地面道路的景观，变电所采用全地下式布置，并设排水设施。变压器根据地下易积水、占地空间有限等特点，选择埋地式组合变压器，可浸没在水中连续运行数小时。组合式变压器高压侧带四工位负荷开关，当变压器事故时，不影响环网开关的运行，可直接用于 10kV 线路的环入环出，不另设 10kV 环网柜，以节省投资，并节约占地面面积。

4. 低压继电保护

低压配电回路以空气断路器或熔断器作短路保护，电机回路采用电机保护器或热继电器保护元件作过载保护。所有设备的电动机均采用直接起动方式。

各变电所 0.4kV 侧进线、主要馈电回路开关和各防火分区、控制中心的配电柜的进线开关状态、系统电量等信号上传自动化系统，供监控系统遥测、遥信。

5. 无功功率补偿

综合管廊照明灯具采用电子镇流器型荧光灯，以提高功率因数。在每座变电所 0.4kV 侧采用电力电容器集中自动补偿，使 10kV 总进线侧功率因数控制在 0.90 以上。

6. 防雷与接地

综合管廊为地下构筑物，无需设置防直接雷击措施，配电系统中设置避雷器、浪涌保护器等防雷电感应过电压保护装置。

0.4kV 配电系统采用 TN-S 制。工作、保护接地与防雷接地共用接地装置，接地电阻不大于 1Ω，接地体优先利用结构基础钢筋，每隔一定距离设置人工接地极。同时，利用管廊内的钢筋构成法拉第笼型均压环，降低跨步电压。

综合管廊内的接地线采用 40×6 热镀锌扁钢，管廊内所有不带电金属均应与接地线做等电位联接。

7. 计量

10kV 电源高供高计，动照合一，由供电部门设专用有功和无功电度表计，作电业计量。每处变电所 0.4kV 进线、重要的出线、各电气区间配电柜的总进线回路均设置智能仪表，采集电量数据。

9.9.3 动力设备的配电和控制

1. 综合舱风机

综合管廊内风机的配电和控制回路设于各区间的配电柜内，现场设电源隔离检修插座。风机采用电动保护器保护，设柜上/远方控制。远方即可通过设于该区间各出入口的按钮盒控制，便于人员进出时开停风机，确保空气畅通；还可以通过自动化系统控制，以自动调节管廊内的空气质量和温湿度。风机的状态通过马达保护器的 RS485 通信口上传自动化系统，当火灾时，为避免事故扩大，风机由火灾联动系统采用干接点的形式强制停机。

2. 天然气舱风机

当舱室内天然气浓度大于其爆炸下限值的 20%，由天然气体报警控制器联动启动本区段及相邻区段天然气舱内的风机。

3. 排水泵

在管廊内的排水泵旁设置一台就地控制箱，采用电动保护器保护，设现场手动/液位自动控制。在液位自动时，通过电动保护器实现高液位开泵、低液位停泵、超高液位报警。排水泵的状态、液位状态通过马达保护器的 RS485 通信口上传自动化系统。

4. 插座箱

在综合管廊沿线每 50m（不超过 60m）左右设置一只工业插座箱，供施工安装、维修等临时接电使用，检修插座箱采用树干式或链式供电。天然气舱插座箱平时不送电，当需要临时用电，在环境符合安全条件时可短时合闸供电。

9.9.4　照明系统

综合管廊内设一般照明和应急照明，其中应急照明兼作一般照明。管廊普通段照度 15lx，最低照度 5lx，人孔、吊装口及防火分区门等处局部照度提高到 50～100lx。应急照明平均照度不低于 5lx，疏散指示灯距不大于 20m，并在出入口设安全出口标识。

综合管廊内的照明配电和控制回路设于各区间的配电柜内，设柜上/远方控制，在远方控制时，可通过设于该区间各出入口的按钮盒控制，便于人员进出时开关灯；也可通过自动化系统控制，以便于远方监视。不论何种控制方式，照明状态信号均反馈自动化系统，当火灾发生时，可由火灾联动系统控制强制起动应急照明。

照明灯具光源以节能型荧光灯为主，综合管廊内照明灯具防护等级采用 IP65，Ⅰ类绝缘结构，设专用 PE 线保护。

9.9.5　综合管廊的接地

综合管廊为地下构筑物，无需设置防直接雷击措施。地面以上的建（构）筑物按规范要求设置防直击雷保护。

综合管廊内工作接地、保护接地和自控设备接地共用接地装置，接地电阻不大于 1Ω。综合管廊内集中敷设了大量的电缆，为确保综合管廊运行安全，应有可靠的接地系统。除利用构筑物主钢筋作为自然接地体，在综合管廊内壁将各个构筑物段的建筑主钢筋相互连接构成法拉第笼式主接地网系统。综合管廊内所有电缆支架均经通长接地线与主接地网相互连接。另外，在综合管廊外壁每隔 100m 处设置人工接地体预埋连接板，作为后备接地。综合管廊接地网还应与各变电所接地系统可靠连接，组成分布式大接地系统，接地电阻应不大于 1Ω，并满足电力公司高电压电缆接地阻值要求。

低压系统采用 TN-S 制。管廊内设置等电位联结，管廊内电气设备外壳、支架、桥架、穿线钢管、建筑钢筋均应与接地干线妥善连接。配电系统分级设置电涌保护器，保护人员及弱电设备的安全。天然气舱除等电位连接另需设置防静电接地。

9.9.6　电缆敷设与防火

综合管廊应急照明、监控设备、火灾报警设备的电源和控制电缆等采用耐火电缆，其他电缆采用阻燃电缆。综合管廊含有电力电缆的舱室按照 200m 设置防火分区。综合管廊内自用电缆沿专用电缆桥架敷设，桥架涂防火漆，跨越防火分区时设防火封堵。耐火电缆、通信管线出桥架穿钢管保护明敷，并涂防火漆。

在天然气舱敷设的电缆不应有中间接头，并按现行国家标准《爆炸危险环境电力装置设计规范》GB 50058 规定的 2 区要求作防爆隔离密封处理。

9.9.7 电气设备

电气设备选择的原则：技术先进、安全可靠、节能环保、经济适用。天然气舱内的电气设备均采用防爆型，满足爆炸性气体环境 2 区的要求，外壳带防爆标识。

埋地式组合变压器：11 系列低损耗油浸式埋地变压器，无载调压。

低压配电柜和控制箱：安全型固定柜盘，柜（箱）体为优质钢板，静电喷塑，防护等级不低于 IP54，透明观察面板。

插座箱：高强度复合材料箱体，防护等级 IP67，并应防水、防潮、防撞击，配工业防水插座。

照明灯具：应选择高效、节能、显色指数满足工况要求的绿色照明光源，以 T5 荧光灯或 LED 光源为主。

参考文献

[1] 缆线型管廊选型研究［R］.上海市政工程设计研究总院（集团）有限公司，2017.8.

[2] 关于推进城市地下综合管廊建设的指导意见（国办发〔2015〕61号文）［R］.

[3] 中共中央、国务院关于进一步加强城市规划建设管理工作的若干意见（中发〔2016〕6号文）［R］.

[4] 市政府办公厅印发关于推进本市地下综合管廊建设若干意见的通知（沪府办〔2015〕122号文）［R］.

[5] 关于本市地下管线纳入地下综合管廊的若干意见.（沪建设施联〔2017〕267号）［R］.

[6] 上海市城市道路架空线管理办法（2008年8月修正）［R］.

[7] 上海市城市道路管理条例（2016年修订）［R］.

[8] 黄浦江两岸地区公共空间建设设计导则（2017年版）［R］.

[9] 黄浦江两岸地区发展"十三五"规划（沪府发〔2016〕99号）［R］.

[10] 城市综合管廊工程技术规范 GB 50838—2015［S］.北京：中国计划出版社，2015.

[11] 建筑结构荷载规范 GB 50009—2012［S］.北京：中国建筑工业出版社，2012.

[12] 混凝土结构设计规范 GB 50010—2010（2015版）［S］.北京：中国建筑工业出版社，2011.

[13] 电气装置安装工程 电缆线路施工及验收规范 GB 50168—2018［S］.北京：中国计划出版社，2018.

[14] 电力工程电缆设计标准 GB 50217—2018［S］.北京：中国计划出版社，2018.

[15] 通信线路工程设计规范 YD 5102—2010［S］.北京：北京邮电大学出版社，2010.

[16] 通信线路工程验收规范 YD 5121—2010［S］.北京：北京邮电大学出版社，2010.

[17] 光缆进线室设计规定 YD/T 5151—2007［S］.

[18] 光缆进线室验收规定 YD/T 5152—2007［S］.

[19] 地下工程防水技术规范 GB 50108—2008［S］.北京.中国计划出版社，2009.

[20] 建筑信息模型分类和编码标准 GB/T 51269—2017［S］.北京：中国建筑工业出版社，2018.

[21] 民用建筑信息模型设计标准 DB11/T 1069—2014［S］.

[22] 综合管廊BIM应用 18GL102［S］.

[23] 城市地下综合管廊管线工程技术规程 T/CECS 532—2018［S］.

[24] 国家建筑标准设计图集 18GL102：综合管廊工程BIM应用.中国建筑标准设计研究院.

[25] 城市综合管廊防水工程技术规程 T/CECS 562—2018［S］.